机械结构有限元法基础理论及工程应用

李朝峰　孙伟　汪博　刘杨　编著

机 械 工 业 出 版 社

本书主要介绍了机械结构有限元法的基础理论及工程应用实例，简述了有限元方法的基本概念、一维问题、二维问题、三维问题、梁理论的有限元方法应用、形函数理论、等参元理论、有限元方法的动力学问题等有限元方法内容。利用 ANSYS 软件结合振动筛、齿轮箱、旋转叶片、航空发动机轴承转子系统等典型的机械结构进行其静力学和动力学分析，说明有限元分析的原理和流程。书中注重了理论编程与 ANSYS 编程的结果对比。

本书可供工科院校机械类本科生和研究生使用，也可作为相关专业工程设计和研究人员的参考书。

图书在版编目（CIP）数据

机械结构有限元法基础理论及工程应用/李朝峰等 编著. —北京：机械工业出版社，2020.4（2023.7 重印）

ISBN 978-7-111-65119-2

Ⅰ. ①机… Ⅱ. ①李… Ⅲ. ①机械工程-结构分析-有限元法-高等学校-教材 Ⅳ. ①TH112

中国版本图书馆 CIP 数据核字（2020）第 047119 号

机械工业出版社（北京市百万庄大街 22 号　邮政编码 100037）

策划编辑：郑小光

责任编辑：周晟宇

责任校对：李　伟

河北宝昌佳彩印刷有限公司印刷

2023 年 7 月第 1 版第 2 次印刷

185mm×260mm · 18.5 印张 · 440 千字

标准书号：ISBN 978-7-111-65119-2

定价：58.00 元

电话服务	网络服务
客服电话：010-88361066	机 工 官 网：www.cmpbook.com
010-88379833	机 工 官 博：weibo.com/cmp1952
010-68326294	金 书 网：www.golden-book.com
封底无防伪标均为盗版	机工教育服务网：www.cmpedu.com

前　言

基于计算力学的各种数值模拟方法在工程应用中正发挥着不可替代的作用，一个工程企业现代化的标志之一便是数字化设计校核软件的应用水平，特别是力学问题数值求解软件的应用更是影响着研发成本的高低。因此，熟悉力学问题求解软件的使用方法，俨然已成为一个现代工程技术人员的最基本要求。

但也正是因为软件的操作被过分地重视，导致出现了一些轻视理论学习的现象，这是不正常的现象。一个典型的例子就是在不懂有限元理论的前提下，对于一些工程问题的边界条件设置模糊，对于结果的正确性判别无从下手，对于问题求解总是认为单元越高级结果越好，这种做法忽视了理论假设和数值求解的真实意义所在。本书试图将这一问题讲述清楚，以帮助工科学生和工程技术人员正确地理解有限元理论知识和相关软件的关系，提高自己对工程问题求解的认识水平。在撰写过程中，尽量将具体问题的 MATLAB 编程求解和 ANSYS 软件编程求解过程和结果进行比较，以实现本书的撰写初衷。

本书共 11 章。第 1 章介绍了有限单元法的由来及其和其他相关方法的区别，并总结了应用有限元法分析工程问题的一般步骤；第 2 章讲述了有限单元法的基本概念和必要的数学基础；第 3 章以杆单元为例分析了一维问题有限单元法的推导求解过程，在这里也重点介绍了有限元方法的组集方法及边界条件的处理方法；第 4 章在第 3 章的基础上分析了平面桁架与空间桁架的建模和求解问题；第 5 章以平面三角形单元为例分析了二维问题的建模和求解，同时给出了平面应力问题和平面应变问题的推导过程；第 6 章从平面梁单元出发介绍了梁单元的推导过程并给出三维空间梁单元和三维框架问题的处理方法；第 7 章重点介绍三维实体单元的推导过程，并介绍了 ANSYS 软件的一些三维实体单元；第 8 章给出了形函数的构建方法和特点以及等参元的基本理论，尝试引导读者具备创建新型单元的能力；第 9 章介绍了动力学问题的有限元求解问题，给出质量矩阵、阻尼矩阵的推导方法以及动力学基本求解方法；第 10 章以梁单元和动力学求解方法为基础开展旋转梁的动力学问题建模和求解问题，尝试引导读者具备对具体问题的动态建模求解思路；第 11 章利用 ANSYS 软件针对几个机械结构中的典型问题进行有限元编程求解。在每一章的开头给出了问题的典型适用对象，在具体理论后面给出了相应例题的 MATLAB 编程和 ANSYS 编程求解和对比，在结尾处总结了本章的知识点，便于读者对知识体系的梳理掌握。

本书由东北大学机械工程与自动化学院多位科研教学一线教师共同撰写，具体分工如下：第 1、6、10、11 章由李朝峰撰写；第 2、9 章由孙伟撰写，李朝峰参与了部分内容的撰写；第3、4、8章由刘杨撰写；第5、7章由汪博撰写。在编写过程中得到东北大学韩清凯教授的指导与大力支持；研究生申增闯、佘厚鑫、乔瑞环、陈子林、苗雪阳、张紫璇等在文字编排过程中完成了很多工作，在此一并表示感谢！本书第3、4、5、6、7、9、10、11章ANSYS和MATLAB程序有电子版可供读者下载，文件下载地址为：http://qr.cmpedu.com/CmpBookResource/download_resource.do?id=133200。

为增加可读性，文中增加了一些来自网络的实物图片，在此对原作者表示感谢。在编写过程中，作者力求完美，但由于作者水平有限，书中难免存在不足之处，敬请广大读者批评指正。

作　者

2019年6月于沈阳

主要符号列表

符号	含义
$OXYZ$, $oxyz$	整体坐标系，局部坐标系
E, G, ν, κ, ρ, g	弹性模量，剪切弹性模量，泊松比，剪切校正因子，密度，重力加速度
$\boldsymbol{\varepsilon}$, $(\varepsilon_x, \varepsilon_y, \varepsilon_z, \gamma_{yz}, \gamma_{zx}, \gamma_{xy})$	应变矢量/矩阵，ε 为正应变分量，γ 为剪应变分量
$\boldsymbol{\sigma}$, $(\sigma_x, \sigma_y, \sigma_z, \tau_{yz}, \tau_{zx}, \tau_{xy})$	应力矢量/矩阵，σ 为正应变分量，τ 为剪应变分量
n_x, n_y, n_z	力作用面外法线方向余弦
F, M	分析对象的集中力，转矩
A, I, I_p	截面面积，截面惯性矩，截面极惯性矩
u, v, w, θ_x, θ_y, θ_z	在任意点/节点处沿坐标轴平动及转动方向位移
N, n	单元个数，节点个数
$\boldsymbol{N}$, $\boldsymbol{D}$, $\boldsymbol{B}$, $\boldsymbol{S}$	形函数矩阵，弹性矩阵，应变矩阵，应力矩阵
$\boldsymbol{F}_C$, $\boldsymbol{F}_A$, $\boldsymbol{F}_V$	集中力，面力，体积力
$\boldsymbol{F}$, $\boldsymbol{F}^e$	整体载荷列阵，单元总的等效节点载荷列阵
$\boldsymbol{F}_C^e$, $\boldsymbol{F}_A^e$, $\boldsymbol{F}_V^e$	集中力、表面力、体积力移置到节点上的等效节点载荷
$\delta\boldsymbol{q}$, $\delta\boldsymbol{\varepsilon}$	虚位移列阵，虚应变列阵
$\boldsymbol{d}$, $\delta\boldsymbol{d}$	单元内任一点位移列阵和虚位移列阵
$\boldsymbol{K}$, $\boldsymbol{M}$, $\boldsymbol{C}$, $\boldsymbol{R}$	整体刚度、质量、阻尼矩阵、外载荷向量
$\overline{\boldsymbol{K}}^e$, $\overline{\boldsymbol{M}}^e$, $\overline{\boldsymbol{C}}^e$, $\overline{\boldsymbol{R}}^e$	整体坐标系下单元刚度、质量、阻尼矩阵、载荷列阵
$\boldsymbol{K}^e$, $\boldsymbol{M}^e$, $\boldsymbol{C}^e$, $\boldsymbol{R}^e$	局部坐标系下单元刚度、质量、阻尼矩阵、载荷列阵
$\boldsymbol{T}^e$, $\boldsymbol{G}^e$	单元坐标系转换矩阵，单元扩展转换矩阵
$(^{T})$, $(^{e})$	矩阵/向量的转置，表示为单元属性的变量
$(_x)$, $(_y)$, $(_z)$	正应变/应力/力/位移的方向
$(_{yz})$, $(_{zx})$, $(_{xy})$	第一字符表示剪应变/应力的所在面法向，第二字符表示其方向
$(_i)$, $(_{i,j})$	变量在矢量/矩阵中的位置或节点号
$(')$, $(\dot{})$	变量的位置求导，对变量的时间求导
$^{(ext)}$	扩展矩阵
$\boldsymbol{q}$	节点位移矢量
Λ_i, Λ_j, Λ_m	面积坐标
	单方向约束
	平动方向完全约束
	固支约束

目　录

第1章 概述

对于机械结构的工程力学求解问题，有限元法是一种十分有效和便捷的数值计算方法。随着当代电子计算机的发展和应用，有限元法已经在众多学科的仿真模拟工作中起着不可或缺的作用，特别是对于大型工程问题的数值求解更是无可替代。有限元法发展至今，已经基本形成了自己的理论体系，与传统的解析方法相比，有着理论体系完善、物理意义直观明确、建模方便快速、求解结果可视化程度高等优点。但毋庸置疑，它是由经典力学理论演化而来的数值求解工具，在理论上和经典方法有着不可分割的联系，因此在进行有限元理论学习之前有必要了解一下工程问题的经典解法和有限元解法的区别。

1.1 典型结构问题的力学求解

在经典工程力学理论中，对于经典机械结构的工程问题，一般通过求解其数学模型的控制方程，得到其解析解/近似解来描述结构的力学变形行为。在这个过程中，主要利用弹性力学的知识进行问题数学建模和求解。弹性力学是固体力学的一个重要分支，其基本任务是针对各种具体情况，确定弹性体内应力与应变的分布规律，校核分析对象是否满足刚度和强度的需求，提出进行结构优化的方法。即，当已知弹性体的形状、材料参数、受力情况和边界条件时，确定其任一点的应力、应变状态和位移，甚至进行反求优化工作。

在固体力学领域，除了弹性力学外，还有其他力学课程需要相关人员学习了解。这里将常用且相近的几门力学课程进行简单的比较。表1-1所示为理论力学、材料力学、弹性力学和结构力学四门课程的研究对象和研究内容对比。

表1-1 四门课程的研究对象和研究内容

课程	研究对象	主要研究内容
理论力学	质点/刚体	质点/刚体的静力学、运动学与动力学等
材料力学	杆状材料	外力下的应变、应力、强度、刚度、稳定性和破坏极限等
弹性力学	弹性结构	外力和其他外界因素作用下的变形、内力、应力和应变等
结构力学	杆系、薄壁等结构	桁架和薄壁结构的静力学、动力学、稳定性和断裂行为等

从表 1-1 中可以看出，理论力学与其他三门课程的区别是显而易见的。而其他三门课程之间有着相互重叠的内容，但三者出发点和侧重点却完全不同。材料力学主要侧重于了解材料的实际承受能力和内部变化情况，因此仅需要简单的杆状结构来了解材料的强度、刚度和稳定性问题。其任务是研究材料在外力作用下的破坏规律，为受力构件提供强度、刚度和稳定性计算的基础。弹性力学的主要任务是研究弹性体结构在弹性阶段的应力和位移，校核它们是否满足强度、刚度、稳定性要求，因此在分析对象范围方面要远大于材料力学，这也是由其研究任务所决定的。尽管其研究结构的范围相对于材料力学有了很大的扩充，但是它并不关心构件间的受力问题。结构力学则主要研究工程结构在各种载荷下的弹塑性变形和应力状态及结构优化问题，甚至是结构断裂和疲劳问题。除了杆系结构，随着新型结构的不断涌现，结构力学的研究范畴也扩展到了薄壁层合结构及变厚度整体结构等新的研究任务。因此说，材料力学和弹性力学是结构力学的基础。

值得一提的是，尽管材料力学和弹性力学都研究杆件结构，但两者的研究方法完全不同。在材料力学里面引入了形变状态和应力分布的假定，因此得出的结果只是近似的，但在弹性力学里没有这种假定，因此所得的结果会相对精确。另外，材料力学、弹性力学和结构力学这三门课程之间的界限不是一成不变的，在研究工作中不应强调它们之间的分工，更应该发挥它们综合应用的优势，有限元法便是这种综合应用的结果。

作为由弹性力学发展而来的有限元法，要想弄清楚它和弹性力学求解方法的不同，需要了解材料力学和弹性力学求解工程问题的一般方法。表 1-2 为部分常见的工程问题实例。

从表 1-2 中可以看出，其中几个问题的求解均采用解析方法，该方法通过简化总是希望获得问题的精确解的表达式。遗憾的是，只有经过特殊的简化且为理想的结构才能获得精确解的表达式，这一点从表 1-2 中问题的解能得出结论。也正因如此，学者们在解析解的基础上通过插值表达式近似地描述位移与位置的关系，进一步获得问题的数值解。在这一过程中形成了不同数值方法，有限元法便是其中之一。

1.2　机械结构受力问题的求解方法

如前面所述，针对工程结构的受力，材料力学和弹性力学由于考虑问题的复杂程度不同，所得结果的详细程度不同，材料力学相对简单一些。而对于这些问题的解，无论是材料力学还是弹性力学，总希望得到问题的解析解。但是对于复杂的结构，不是所有的问题都能得到解析解，因此学者们又提出了这些问题的数值解法。本节将以简支梁的受力问题为例说明解析方法、差分法、变分法及有限元法的求解思路，以帮助了解有限元法的特点和优越性。

1.2.1　用解析法求解

图 1-1 所示为中部受集中载荷的简支梁结构，其挠度问题可以用以下方程来表述

$$\frac{\mathrm{d}^2 w}{\mathrm{d}x^2}=M=-\frac{F}{2EI}x \quad (0\leqslant x\leqslant L/2) \tag{1-1}$$

表 1-2 材料力学和弹性力学经典问题的解

问题示意图示		边界条件、控制方程	解析解
等截面柱体，两端受形心轴线方向集中拉力 F，柱体长 L，截面面积 A，自由表面，弹性模量 E。求柱体的整体伸长量。	材力解	两端轴向力 F；$\sigma = E\varepsilon$	$\Delta l = \frac{FL}{EA}$
	弹力解	侧面应力边界：$n_x\sigma_x + n_y\tau_{xy} = 0$；$n_x\tau_{yx} + n_y\sigma_y = 0$；$n_x\tau_{zx} + n_z\sigma_z = 0$ 两端应力边界：$F = \pm\sigma_z A$；控制方程：$\frac{d^2\sigma_z}{dz^2} = 0$	$u = -\frac{\nu F}{EA}x$；$v = -\frac{\nu F}{EA}y$； $w = \frac{F}{EA}z$
等截面柱体，截面面积 A，两端面受到扭矩 M；单位长度扭转角 α；截面极惯性矩 I_p，剪切模量 G。求柱体的扭转变形角度与位移。	材力解	圆轴扭矩 M；$M = G\frac{d\varphi}{dz}I_p$；	$\varphi = \frac{ML}{GI_p}$
	弹力解	两端应力边界：$(\sigma_x = \sigma_y = \sigma_z = \tau_{xy})_{x=0,y=0} = 0$；$\iint_A \tau_{xz}dxdy = 0$； $\iint_A \tau_{yz}dxdy = 0$；$\iint_A (y\tau_{zx} - x\tau_{zy})dxdy = M$ 位移关系：$u = -\alpha zy$；$v = \alpha zx$；$w = 0$	$u = \frac{M}{GI_P}yz$；$v = -\frac{M}{GI_P}xz$；$w = 0$
等截面悬臂梁，自由端受集中力 F，梁高 $2h$，厚度 b，跨度 L，忽略重力；弹性模量 E，截面惯性矩 I。求梁弯曲变形情况	材力解	位移边界：$\omega(o) = 0$；$\omega'(o) = 0$；$EI\omega''(x) = M(x) = F(L-x)$；	$v = \frac{Fx^2}{6EI}(3L-x)$；$\theta = \frac{Fx}{2EI}(2L-x)$
	弹力解	位移边界：$u(o) = 0$；$v(o) = 0$ 应力边界：$(\sigma_x)_{x=L} = 0$；$(\tau_{xy})_{y=\pm h} = 0$；$(\sigma_y)_{y=\pm h} = 0$；$\int_{-h}^{h}\tau_{xy}bdy = F$ 应力函数：$\varphi(x,y) = -\frac{Fl}{6I}y^3 + \frac{F}{6I}xy^3 - \frac{Fh}{2I}xy$	$u = \frac{F}{EI}\left[xy\left(\frac{1}{2}x - L\right) - \frac{2+\nu}{6}y^3 + (1+\nu)h^2y\right]$ $v = \frac{F}{EI}\left[\frac{\nu}{2}y^2(L-x) + \frac{L}{2}x^2 - \frac{1}{6}x^3\right]$

推导过程见文献 [2]，[3]，[4]。

注：材力解：材料力学的解；弹力解：弹性力学的解。

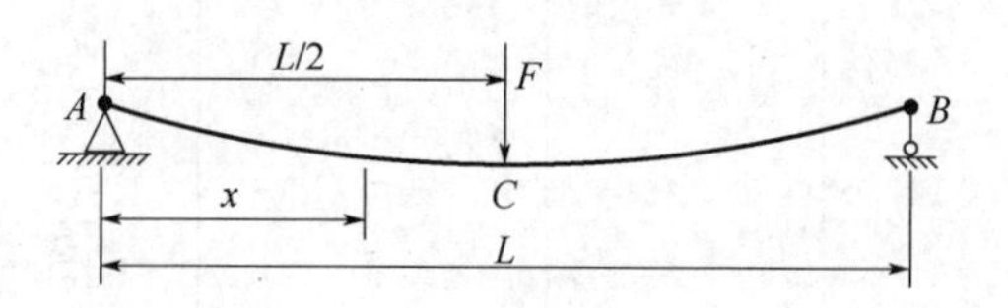

图 1-1　中部受集中载荷的简支梁结构

由于简支梁的挠度对其中点 C 对称分布，因此这里仅以 $0 \leqslant x \leqslant L/2$ 为例进行挠度方程的推导。边界条件可以描述为

$$\begin{cases} w|_{x=0}=0 \\ w'|_{x=L/2}=0 \end{cases}$$

式中，E 为梁材料的弹性模量；I 为梁截面对中性轴的惯性矩；L 为简支梁的长度。

求解该物理问题的数学模型，通过所得到的解就可以明确地获得该问题的物理规律，即该简支梁的弯曲变形挠度方程为

$$w=-\frac{Fx}{48EI}(3L^2-4x^2) \quad (0 \leqslant x \leqslant L/2) \tag{1-2}$$

从式（1-2）可知，该梁轴心的变形曲线为一条三次曲线。在梁的中间位置（$x=L/2$ 处），梁的变形挠度最大，为 $w=-FL^3/48EI$。通过该问题的求解可以得出机械结构中的物理问题的求解基本思路，可以用图 1-2 来表示。

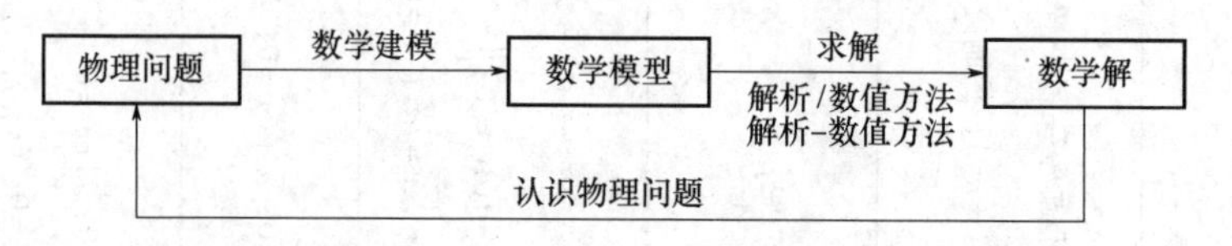

图 1-2　求解物理问题的基本思路

从图 1-2 中可以看到，第一步的物理问题到数学模型的建模问题十分重要。根据物理模型建立正确的数学模型后，模型的求解方法就变得很重要。而针对模型的复杂程度，可以采用解析或数值方法，甚至是解析和数值联合的方法。

在实际工程问题中，由于物理对象几何形状、材料特性和边界条件的复杂性，使得边值问题的求解非常困难。通常，数值方法十分方便，而在数值方法中，差分法和变分法有着十分重要的地位，有限元法正是在吸取了这两种方法的基础上发展起来的。因此，这里对这两种方法进行简单的介绍，以方便更好地理解有限元法。

1.2.2　用差分法求解

差分法的基本思想是用均匀的网格离散求解域，用离散点的差分代替微分，从而将连续的微分方程和边界条件转换为网格节点处的差分方程，并用差分方程的解作为边值问题的近似解。由于差分方程是一组线性代数方程，因而容易求解。

下面用差分法求解方程（1-1），未知函数 $w(x)$ 定义在区间 $[0,L/2]$ 上，边值问题为

$$
\begin{cases}
\dfrac{d^2 w}{dx^2}+\dfrac{F}{2EI}x=0 \quad (0\leqslant x\leqslant L/2)\\
w|_{x=0}=0;w'|_{x=L/2}=0
\end{cases}
\tag{1-3}
$$

首先进行离散过程，即将连续区域［$0,L/2$］划分为 n 个均匀的直线网格，每个网格的两个端点称为节点，共 $n+1$ 个，设为 $x_i(i=0,1,\cdots,n)$，相邻节点之间的距离 h 称为步长，$h=L/(2n)$。

对于每个内节点 $x_i(i=1,\cdots,n-1)$用节点处的差分近似代替微分，有

$$
w'(x_i)\approx\frac{w(x_{i+1})-w(x_i)}{h}
\tag{1-4}
$$

将 $w(x_{i+1})$、$w(x_i)$、$w'(x_i)$简记为 w_{i+1}、w_i、w_i'(以下类似)，则式（1-4）变为

$$
w_i'\approx\frac{w_{i+1}-w_i}{h}
\tag{1-5}
$$

式（1-5）中，网格划分越密，即 h 越小，式（1-5）的近似误差越小。对于 x_i处的二阶微分，其差分形式为

$$
w''(x_i)\approx\left(\frac{w(x_{i+1})-w(x_i)}{h}-\frac{w(x_i)-w(x_{i-1})}{h}\right)\Big/h=(w(x_{i+1})-2w(x_i)+w(x_{i-1}))/h^2
\tag{1-6}
$$

将式（1-5）、式（1-6）代入式（1-3），得

$$
w_{i+1}-2w_i+w_{i-1}=-\frac{Fh^2}{2EI}x_i(i=1,2,\cdots,n-1)
\tag{1-7}
$$

再由式（1-3）中的边界条件有

$$
w_0=0;\ w_n=0
\tag{1-8}
$$

式（1-7）和式（1-8）组成一个封闭的关于 w_0，w_1，…，w_n的线性方程组，共有 $n+1$ 个方程，因此可求解 w_0，w_1，…，w_n共 $n+1$ 个未知量。这些量便是差分法求得的未知函数 $w(x)$在节点 x_i上的数值解。数值解是一种近似值，差分网格越密，近似误差越小。对于相邻节点 x_i、x_{i+1}之间其他各点的 w 值，可通过 w_i、w_{i+1}插值求得，这样便可求得区间［$0,L$］内任一点的 w 值。对于任一段内部位置的变形可用两端点变形值插值获得。

1.2.3 用变分法求解

变分法是利用变分原理求解边值问题的一种方法。变分原理是指微分方程边值问题的解等价于相应泛函极值问题的解。利用这一原理，可将边值问题转换为相对简单的泛函极值问题。

里兹法是求解泛函极值的一种直接方法。其基本原理是：选择一个定义于整个求解域并满足边界条件的试探函数，试探函数的形式一般为含有 n 个待定系数的多项式；然后将试探函数代入泛函表达式中，并利用泛函有极值的条件（泛函对各待定系数的偏微分为零），建立起 n 个关于待定系数的线性方程；联立求解这些方程，计算出各个待定系数，确定使泛函存在极值的试探函数，该函数就是原边值问题的近似解。

用里兹法求解方程（1-1），未知函数 $w(x)$ 定义在区间 $[0,L/2]$ 上，边值问题可表述为

$$\begin{cases}\dfrac{d^2w}{dx^2}+\dfrac{F}{2EI}x=0 \quad (0\leqslant x\leqslant L/2)\\ w(0)=0 \; w'(L/2)=0\end{cases} \tag{1-9}$$

通过数学推导，求得其泛函数为

$$I[w(x)] = \int_0^L \frac{1}{2}w'^2 + \frac{F}{4EI}x^2\mathrm{d}x \tag{1-10}$$

现用一个试探函数近似原边值问题的解，试探函数设为以下多项式形式

$$\varphi(x)=\alpha_1(x-x^2)+\alpha_2(x-x^3)+\alpha_3(x-x^4)+\cdots+\alpha_n(x-x^{n+1}) \tag{1-11}$$

式中，α_1，α_2，…，α_n为待定系数。

因此有

$$w(x)\approx\varphi(x) \tag{1-12}$$

试探函数中所取的项数越多，逼近的精度越高。

将试探函数代入公式（1-10），可以得到关于 n 个待定系数的泛函表达式，简记为

$$I[w(x)]\approx I(\alpha_1,\alpha_2,\alpha_3,\cdots,\alpha_n) \tag{1-13}$$

根据多元函数有极值的必要条件，有

$$\begin{cases}\dfrac{\partial}{\partial\alpha_1}I(\alpha_1,\alpha_2,\alpha_3,\cdots,\alpha_n)=0\\ \dfrac{\partial}{\partial\alpha_2}I(\alpha_1,\alpha_2,\alpha_3,\cdots,\alpha_n)=0\\ \quad\vdots\\ \dfrac{\partial}{\partial\alpha_n}I(\alpha_1,\alpha_2,\alpha_3,\cdots,\alpha_n)=0\end{cases} \tag{1-14}$$

式（1-14）是关于待定系数 α_1，α_2，…，α_n的由 n 个线性方程组成的方程组，求解该方程组便可求出这 n 个待定系数。再将这些系数代回到式（1-11），就可得到试探函数 $\varphi(x)$，即求出原边值问题的近似解。

1.2.4 用有限元法求解

区别于前面差分法和变分法的方法，有限元法的近似方法仅限于每个单元的子域中。和前面变分法不同的是，有限元法将形函数定义在简单几何形状的单元域内，而且推导时忽略单元域的边界条件，这使得有限元法的建模过程非常方便。

这里仍以图 1-1 中所示问题为例进行有限元法的应用。首先将简支梁划分为若干个单元，取任意单元可知该平面梁单元有两个节点，如图 1-3 所示。在局部坐标系中，平面梁单

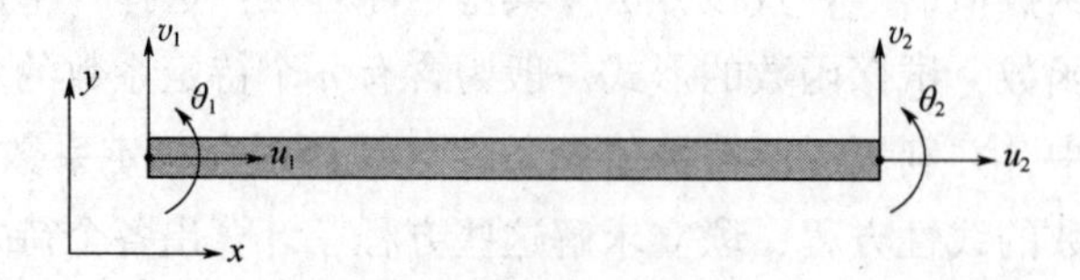

图 1-3　平面梁单元模型

元定义有6个自由度，在略去轴向位移之后，平面梁单元有如下4个自由度

$$\boldsymbol{q}^{\mathrm{e}}=[w_i,\theta_{z_i},w_j,\theta_{z_j}]^{\mathrm{T}} \tag{1-15}$$

对于该平面梁单元，其弯曲变形的位移模式 $w(x)$ 可以设为如下形式的插值函数

$$w(x)=\alpha_1+\alpha_2 x+\alpha_3 x^2+\alpha_4 x^3 \tag{1-16}$$

则，该单元内任意位置的转角（斜率）为

$$\theta_z=\frac{\mathrm{d}w}{\mathrm{d}x}=\alpha_2+2\alpha_3 x+3\alpha_4 x^2 \tag{1-17}$$

可将位移模式统一写成矩阵形式

$$\begin{pmatrix} v(x) \\ \theta_z(x) \end{pmatrix}=\begin{pmatrix} 1 & x & x^2 & x^3 \\ 0 & 1 & 2x & 3x^2 \end{pmatrix}\begin{pmatrix} \alpha_1 \\ \alpha_2 \\ \alpha_3 \\ \alpha_4 \end{pmatrix} \tag{1-18}$$

代入该单元节点位移和节点坐标

$$w(0)=w_i;\ \left.\frac{\mathrm{d}w}{\mathrm{d}x}\right|_{x=0}=\theta_i;\ w(L^{\mathrm{e}})=w_j;\ \left.\frac{\mathrm{d}w}{\mathrm{d}x}\right|_{x=L}=\theta_j \tag{1-19}$$

式中，L 为梁单元的长度。得到

$$\begin{aligned} \alpha_1&=w_i \\ \alpha_2&=\theta_i \\ \alpha_3&=\frac{3}{L^2}(w_j-w_i)-\frac{1}{L}(2\theta_i+\theta_j) \\ \alpha_4&=\frac{2}{L^3}(w_i-w_j)+\frac{1}{L^2}(\theta_i+\theta_j) \end{aligned} \tag{1-20}$$

将式（1-20）写成矩阵形式，可求得

$$\begin{pmatrix} \alpha_1 \\ \alpha_2 \\ \alpha_3 \\ \alpha_4 \end{pmatrix}=\begin{pmatrix} 1 & x_i & x_i^2 & x_i^3 \\ 0 & 1 & 2x_i & 3x_i^2 \\ 1 & x_j & x_j^2 & x_j^3 \\ 0 & 1 & 2x_j & 3x_j^2 \end{pmatrix}^{-1}\begin{pmatrix} w_i \\ \theta_{zi} \\ w_j \\ \theta_{zj} \end{pmatrix} \tag{1-21}$$

将式（1-21）代入式（1-18），$w(x)=\alpha_1+\alpha_2 x+\alpha_3 x^2+\alpha_4 x^3$，用节点的位移形式重新整理，得到单元内任一点的位移

$$\begin{pmatrix} v(x) \\ \theta_z(x) \end{pmatrix}=\begin{pmatrix} 1 & x & x^2 & x^3 \\ 0 & 1 & 2x & 3x^2 \end{pmatrix}\begin{pmatrix} \alpha_1 \\ \alpha_2 \\ \alpha_3 \\ \alpha_4 \end{pmatrix}=\begin{pmatrix} 1 & x & x^2 & x^3 \\ 0 & 1 & 2x & 3x^2 \end{pmatrix}\begin{pmatrix} 1 & x_i & x_i^2 & x_i^3 \\ 0 & 1 & 2x_i & 3x_i^2 \\ 1 & x_j & x_j^2 & x_j^3 \\ 0 & 1 & 2x_j & 3x_j^2 \end{pmatrix}^{-1}\begin{pmatrix} w_i \\ \theta_{zi} \\ w_j \\ \theta_{zj} \end{pmatrix}=\boldsymbol{N}(x)\boldsymbol{q}^{\mathrm{e}} \tag{1-22}$$

式中，$\boldsymbol{N}(x)$ 为平面梁单元的形函数；$\boldsymbol{q}^{\mathrm{e}}$ 为单元节点位移矢量。对于式（1-22）中的具体表

达式是

$$\begin{aligned}(N_w)_i &= 1-3\left(\frac{x}{L}\right)^2+2\left(\frac{x}{L}\right)^3;(N_\theta)_i = x-2\frac{x^2}{L}+\frac{x^3}{L^2}\\(N_w)_j &= 3\left(\frac{x}{L}\right)^2-2\left(\frac{x}{L}\right)^3;(N_\theta)_j = -\frac{x^2}{L}+\frac{x^3}{L^2}\end{aligned} \tag{1-23}$$

该单元的弯曲应变能为

$$U = \frac{1}{2}\int_L EI\left(\frac{\mathrm{d}^2 w}{\mathrm{d}x^2}\right)^2\mathrm{d}x \tag{1-24}$$

式中，二阶导数可由方程（1-22）决定，表示为

$$\frac{\mathrm{d}^2 w}{\mathrm{d}x^2} = \begin{pmatrix}\frac{\mathrm{d}^2\ (N_w)_i}{\mathrm{d}x^2} & \frac{\mathrm{d}^2\ (N_\theta)_i}{\mathrm{d}x^2} & \frac{\mathrm{d}^2\ (N_w)_j}{dx^2} & \frac{\mathrm{d}^2\ (N_\theta)_j}{\mathrm{d}x^2}\end{pmatrix}\begin{pmatrix}w_i\\ \theta_i\\ w_j\\ \theta_j\end{pmatrix} = (B_1 \quad B_2 \quad B_3 \quad B_4)\begin{pmatrix}w_i\\ \theta_i\\ w_j\\ \theta_j\end{pmatrix} = \boldsymbol{B}\boldsymbol{q}^{\mathrm{e}} \tag{1-25}$$

其中，$\boldsymbol{B} = [B_1 \quad B_2 \quad B_3 \quad B_4]$

$$B_1 = \frac{\mathrm{d}^2\ (N_w)_i}{\mathrm{d}x^2} = -\frac{6}{L^2}+12\frac{x}{L^3};\ B_2 = \frac{\mathrm{d}^2\ (N_\theta)_i}{\mathrm{d}x^2} = -\frac{4}{L}+6\frac{x}{L^2}$$

$$B_3 = \frac{\mathrm{d}^2\ (N_w)_j}{\mathrm{d}x^2} = \frac{6}{L^2}-12\frac{x}{L^3};B_4 = \frac{\mathrm{d}^2\ (N_\theta)_j}{\mathrm{d}x^2} = -\frac{2}{L}+6\frac{x}{L^2}$$

代入梁单元应变能公式，同时由于同单元内截面和材料参数不变，因此 EI 对于该单元而言是常量，节点位移矢量 $\boldsymbol{q}^{\mathrm{e}}$ 不是 x 的函数，得到单元应变能

$$U = \frac{1}{2}(\boldsymbol{q}^{\mathrm{e}})^{\mathrm{T}}[(EI)]\int_L \boldsymbol{B}^{\mathrm{T}}\boldsymbol{B}\mathrm{d}x\boldsymbol{q}^{\mathrm{e}} = \frac{1}{2}(\boldsymbol{q}^{\mathrm{e}})^{\mathrm{T}}\boldsymbol{k}^{\mathrm{e}}\boldsymbol{q}^{\mathrm{e}} \tag{1-26}$$

得到局部坐标系下的平面梁单元的单元刚度矩阵

$$\boldsymbol{k}^{\mathrm{e}} = \left(\frac{EI}{L^3}\right)\begin{pmatrix}12 & 6L & -12 & 6L\\ 6L & 4L^2 & -6L & 2L^2\\ -12 & -6L & 12 & -6L\\ 6L & 2L^2 & -6L & 4L^2\end{pmatrix} \tag{1-27}$$

之后，通过整体矩阵的组集与坐标变换，将简支梁的约束条件引入整体矩阵。接下来求解施加约束后的整体矩阵，可得所有节点的位移，然后梁上任意一点的挠度（挠度）便可通过所在单元的位移模式函数获得，更详细的内容在后面章节中将会具体介绍。从这四种方法可以明显看出，应用有限元法仅需关心单元域内的准确度，让问题变得非常简单，容易进行计算的数值求解。

1.3　有限元法的诞生和学习的必要性

有限元方法发展到今天可以用其思想和方法来处理几乎所有的工程问题及数值计算问

题。结构力学、热力学、流体力学和电磁学等领域的静态问题和动态问题都可以利用有限元法进行计算。有限元方法的基本思想最早起源于对航空发动机结构的分析需求。1941 年 Hrennikoff（雷尼科夫，Alexander Hrennikoff，俄国人，1896—1984 年）首次提出采用框架法求解弹性变形问题；1943 年 Courant（可兰特，Richard Courant，德国人，1888—1972 年）采用三角形区域内的分片多项式插值的方法来处理扭转问题的建模。在 1950—1962 年波音公司的 Turner（特纳，M. Jonathan Turner，美国人，1915—1995 年）推广并完善了直接刚度法，推导了杆、梁等单元的刚度，并应用于飞机构件的开发。1960 年 Clough（克拉夫，Ray William Clough，美国人，1920—2016 年）在其论文《The finite element method in plane stress analysis》正式提出“有限单元”这一名称。从此以后，有限元法的理论开始迅速发展，并逐渐应用于处理各种工程问题。由于有限元法的特点就是适应数值算法，因此伴随着计算机产业的不断发展，各种专业有限元分析软件就随即产生，如美国国家太空总署（NASA）开发了第一套有限元分析软件 Nastran（1966 年），美国宾州匹兹堡西屋公司的 John Swanson 博士开发了一些程序来计算加载温度和压力的结构应力和变形（1969 年），经过几年的积累该程序包含的功能越来越丰富，包含三维结构及板壳、非线性、动态分析等功能，此程序当时命名为 STASYS（Structural Analysis System），并沿用至今；同时，美国加州大学 Berkeley 分校的 Wilson 教授也开始开发线性有限元分析程序 SAP。之后，随着有限元理论的日趋成熟，各种有限元软件开始不断涌现，截至目前依然有新的有限元软件出现，但各软件开始侧重于某一方面特色功能的开发。在有限元方法理论的研究初期，我国很多学者为该理论的奠基做出了不少贡献，如陈伯屏、钱令希、钱伟长、胡海昌和冯康等学者都在不同的方面做出了重要贡献。

截至目前，传统的有限元法理论成熟，原理已经显得相对简单，并且已形成强大的商业软件市场，在工程应用中占据着重要地位。在许多领域的工程建设中，有限元方法发挥着不可替代的作用，这些领域主要涉及航空航天、机械能源、土木建筑、交通工程，甚至是电子技术等。但是随着各种特色领域研究的深入，传统的有限单元法在功能和精度上逐渐出现不能满足设计校核需求的状况，因此学者们一直在对传统的有限元法进行不断的改进以适应新问题。在传统有限元法的基础上，近年来也出现了不少新型有限元方法，如广义协调元、基于理性有限元哲理的复合单元法、样条有限元、数值流形法、无网格法、云团法、等几何分析法、小波有限元法，以及节点有限元法。由此可见，作为一门工具方法类的学科，无论是工程应用还是进行科学研究工作，都需要以传统有限元法的思想方法为基础，只有掌握了有限元法的精髓才能在应用中减少差错，在理论研究中事半功倍。

1.4 有限元法的应用特点

有限元法除了适宜进行计算机的数值化求解外，其还存在以下众多优点：

1. 能够分析形状复杂的结构

由于单元不限于均匀的规则网格，单元形状有一定的任意性，单元大小可以不同，且单元边界可以是曲线或曲面，因此分析结构可以具有非常复杂的形状。它不仅可以是复杂的平面或轴对称结构，也可以是三维曲面或实体结构。

2. 能够处理复杂的边界条件

在有限元法中，边界条件不需引入每个单元的特性方程，而是在求解结构代数方程时对有关特性矩阵进行处理，所以对内部和边界上的单元都采用相同的场变量函数。而当边界条件改变时，场变量函数不需要改变，因此边界条件的处理和程序编制非常简单。

3. 能够保证规定的工程精度

当单元尺寸减小或插值函数的阶次增加时，有限元解收敛于实际问题的精确解。因此，可通过网格加密或采用高阶插值函数来提高解的精度，从而使分析解具有一定的实用价值。

4. 能够处理不同类型的材料

有限元法可用于各向同性、正交各向同性、各向异性及复合材料等多种类型材料的分析，还可处理随时间或温度变化的材料以及非均匀分布的材料。由于不同的单元可以独立赋予不同的材料特性，因此有限元法可以非常方便地处理由不同材料组成的结构，只需将不同材料划分为不同的单元，并对不同材料单元赋予相应的材料特性。

1.5 有限元法分析工程问题的一般步骤

用有限元法分析工程问题包括三个阶段：前处理阶段、求解阶段、后处理阶段。这三个阶段的基本步骤具体如下：

前处理阶段：

1）分析工程问题的研究对象，弄清研究对象的边界点及载荷形式；

2）针对分析对象建立求解几何域，并将其离散化为有限个单元（根据问题的需要先确定好单元结构），据此可确定问题的节点和单元数量和位置；

3）假设单元物理行为的形函数，即用一个连续函数近似地描述每个单元内部的位移与节点位移的函数关系；

4）用能量法等推导单元矩阵；

5）组集单元以建立总刚度矩阵；

6）应用边界条件和初始条件，施加相应载荷。

求解阶段：

7）用合适的求解器/求解方法获得线性或非线性方程组节点解，如节点的位移或温度结果。

后处理阶段：

8）求解其他单元或非节点位置的重要信息，如单元应力、应变、热通量、非节点位置的位移、温度等。甚至是用云图等形式对结果进行可视化显示。

以上步骤通用于各种有限元方法问题的求解，一些商用软件的应用步骤也不外乎如此，只是大部分步骤被软件内部程序完成，大致的建模和求解步骤依然分为前处理阶段、求解阶段、后处理阶段三部分。

1.6 圣维南原理介绍

在求解弹性力学问题时，不仅要使应力分量、应变分量、位移分量在求解域内（物体内）完全满足问题的基本方程，而且在边界上要满足给定的边界条件。但是，在工程实际中物体所受的外载荷往往比较复杂，一般很难完全满足边界条件。例如，考虑一个简单的悬臂梁受力分析问题，该梁一端自由，另一端通过铆接与另外一结构相连。那么在进行问题的边界条件考虑时，该铆接是考虑成完全刚性的约束处理还是部分刚性处理？在固定端界面上的每一个点是否都应设置为相同的边界条件？

对于该类问题，在1855年圣维南发表了著名的理论“圣维南原理”。该理论一般可以这样来表述：如果把物体的一小部分边界上的面力，变换为分布不同但静力等效的面力(即主矢量相同、对同一点的主矩也相同)，那么，近处的应力分布将有显著的改变，但远处所受的影响可以不计。圣维南原理还可以表述为：如果物体一小部分边界上的面力是一个平衡力系（即主矢量及主矩都等于零)，那么，这个面力就只会使得近处产生显著的应力，远处的应力可以不计。

应该特别注意的是，应用圣维南原理不能离开“静力等效”的条件。例如，对图1-4a所示的受力平面梁，宽度为D，如果把一端或两端的拉力F变换为静力等效的力$F/2$或均匀分布的拉力F/D，那么只有图中虚线部分的应力分布有显著的改变，而其余部分所受的影响可以不计。这就是说，在图1-4所示的四种情况下，离开两端较远的部位的应力分布并没有显著的差别。

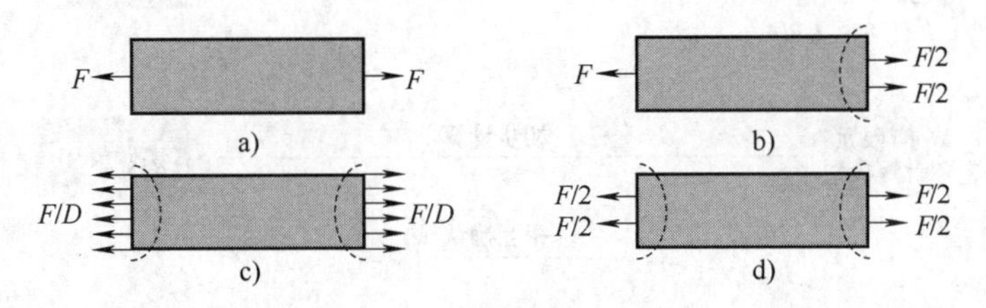

图1-4 圣维南原理示意图

圣维南原理提出至今已有100多年的历史，虽然目前还没有确切的数学表示和严格的理论证明，但无数的实际计算和试验测量都证实了它的正确性。该理论不但在应用弹性力学求解问题时适用，在一些处理比较困难的有限元方法载荷加载时也同样适用，例如在一些不用加载转矩的场合，可以用力偶来代替。

1.7 有限元结果的确认和验证

对于采用有限元的方法来进行工程问题的模拟分析，甚至是进行有限元程序代码开发的人来讲，一个非常严肃又具有实际意义的事情就是进行计算结果的确认和验证。本质上讲，验证需要将数值计算结果与试验结果进行对比来验证所建立数值模型的准确性。通常情况下，会在实验室中使用分析对象的缩比模型进行实验，并且会针对实际结构的特殊工况开展实验工作。实验测试的正确性和实验结果的可靠性是验证过程中的关键问题，特别是针对大型结构的求解问题。但事实上，在进行有限元模型验证时，有时也可采用与更精确的数值方法或标准问题的解析解进行对比，获得所建模型的准确性。

在图 1-5 给出了有限元结果确认和验证的步骤，图中可以看出，针对真实的模型，在进行理论验证之前需要对分析对象的真实结构进行化简，保证数值分析和实验测试的结构统一，并确认边界约束条件和载荷条件。然后分数值建模分析和实验测试两条路线进行验证工作。在数值分析中要保证两部分的验证工作：一是代码验证，以确定数学模型和求解算法正确性；二是计算验证，旨在确保数学模型的数值结果是准确的。在代码验证时，最常用的方法是与相应问题的解析解进行比较，但并不是所有的问题都有解析解，因此还可以与其他方法的结果进行比较，如差分法、变分法及设解的方法进行比较，甚至是其他采用不同理论的商用软件进行对比。事实上，除了进行代码验证工作外，还需要进行计算验证，也就是进行计算误差分析。关于误差分析有专门的分析技术，这在一般的商用软件里面也有提供，当然通过更精细的网格划分或者更高阶次的单元，也可以找到更为精确的数值解。

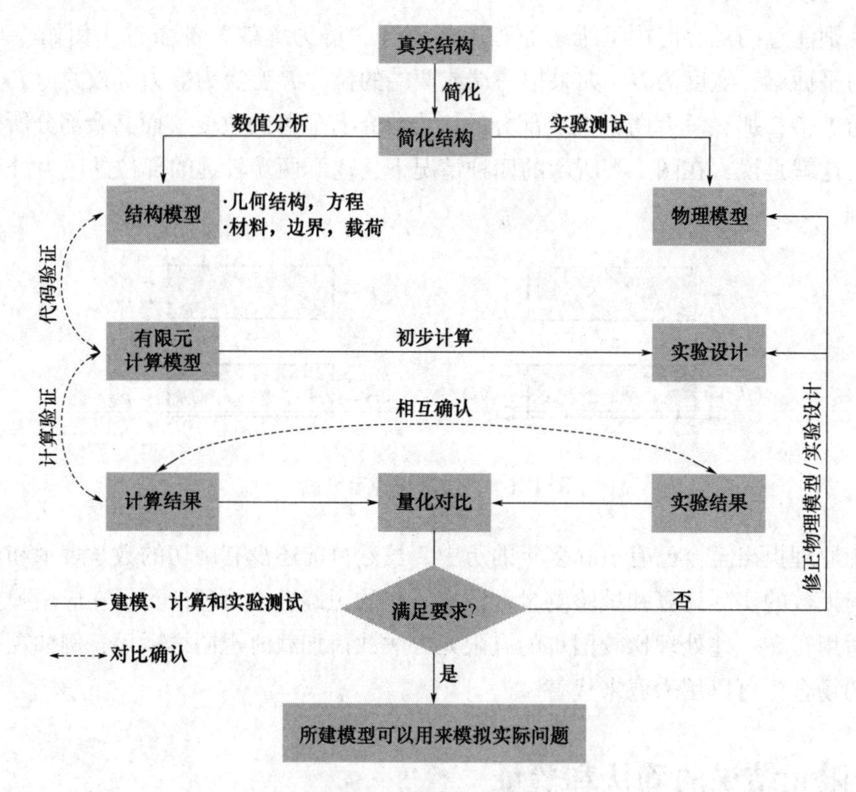

图 1-5　有限元结果确认和验证的步骤

通过数值分析中的代码验证、计算验证及实验验证工作，如果所得数值结果与实验结果相比误差令人满意，则可认为所建立的数值模型可以用来模拟整体结构的静力学、动力学问题。有些情况下，尽管评估了结构模型和计算方法的准确性，但是和已经确认的实验结果或者经典程序结果仍有较大差距，这意味着结构模型依然存在一些不合理的地方，应尽量找出结构模型的不合理之处，特别是边界条件及载荷的加载问题。

小 结

通过本部分内容的学习，读者应该能够：初步了解典型结构问题力学求解的区别，特别是弹性力学与材料力学求解的不同；了解机械结构受力问题的四种不同的求解方法，认识有限元方法的优越性；了解有限元方法的历史和发展方向，认识其学习的必要性及应用的一般步骤和特点；了解圣维南原理的基本思想，便于在将来的数值计算中用该原理使问题简化；了解有限元结构正确性确认和验证方法。

习 题

1.1 以2~3人为小组，查阅相关力学书籍（材料力学、弹性力学、固体力学等），了解总结各课程的关注对象和研究思路，并进行简单讨论。

1.2 以图1-1中所示受集中载荷的简支梁为例，假设 $L=0.5\mathrm{m}$，截面宽和高 $a=h=2\mathrm{cm}$，$F=100\mathrm{N}$。尝试分别用解析方法、差分法、变分法求解在 C 点及 $x=0.25\mathrm{m}$ 处的弯曲变形。

1.3 以小组为单位查阅相关文献了解有限元法的历史，以及目前新的发展和应用方向。

第 2 章

基础概念及数学基础

有限元法最广泛的应用就是要求解机械结构的应力及应变问题。为了更好地理解有限元法的求解过程，需要了解与有限元求解相关的基本概念和数学基础。弹性力学是一门基础学科，其基本任务就是针对各种受力情况，确定弹性体内应力、应变及位移的分布情况。因而弹性力学的基本原理与有限元的求解理论密切相关，可以说有限元是求解弹性力学的一种数值方法。本章在有限元基础概念部分，重点介绍弹性力学的基本方程、边界条件以及力学方程的推导方法，这些都与后续有限元求解的基本原理相关。例如，在有限元单元刚度矩阵的推导中需要利用弹性力学的几何方程、物理方程以及最小势能原理等。在数学基础部分，重点介绍线性代数及高斯法（含高斯消去与高斯积分）。整个有限元程序是以矩阵为基本量值进行运算的，而高斯法又是求解线性方程的一个基本方法，因而学习这些数学基础对于学习有限元的基础理论也是非常重要的。

2.1　应力与平衡微分方程

2.1.1　应力

所谓一点处的应力矢量 $\boldsymbol{T}$，就是物体的内力在该点处的集度，定义式为

$$\boldsymbol{T}=\lim_{\Delta A\to 0}\frac{\Delta F_G}{\Delta A} \tag{2-1}$$

这里 ΔA 为弹性体内一微小面积，ΔF_G为微小面积上作用的内力。

常用的表达一点的应力有两种方法，一是将矢量 $\boldsymbol{T}$ 沿截面 ΔA 的法线方向和切线方向进行分解，所得到的分量就是正应力分量 σ_n 和切应力分量 τ_n，它们满足

$$|\boldsymbol{T}_n|^2=\sigma_n^2+\tau_n^2 \tag{2-2}$$

另一种方法更加常用，即用应力状态来描述。应力状态需要对应明确的参考坐标系（通常用直角坐标系来描述），如图 2-1 所示，在某点处切取一个微小正方体，

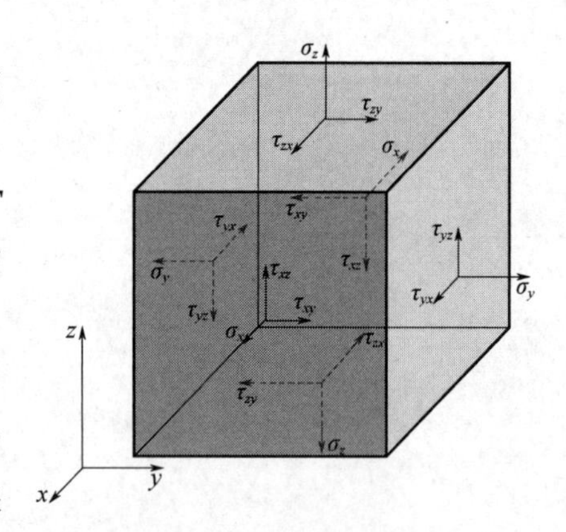

图 2-1　微小正方体元素的应力状态

该正方体的棱线与坐标轴平行。正方体各面上的应力可按坐标轴方向分解为一个正应力和两个切应力，即每个面上的应力都用三个应力分量来表示。由于物体内各点的内力都是平衡的，正方体相对两面上的应力分量大小相等、方向相反。这样，用一个包含 9 个应力分量的应力矩阵 $\boldsymbol{\sigma}$ 来表示正方体各面上的应力，即

$$\boldsymbol{\sigma}=\begin{pmatrix}\sigma_x & \tau_{xy} & \tau_{xz}\\ \tau_{yx} & \sigma_y & \tau_{yz}\\ \tau_{zx} & \tau_{zy} & \sigma_z\end{pmatrix} \tag{2-3}$$

其中，σ 表示正应力分量，下角标同时表示作用面和作用方向；τ 表示切应力分量，第一下标表示与截面外法线方向相一致的坐标轴，第二下标表示切应力的方向。

进一步，图 2-1 中作用在正方体各面上的切应力分量存在互等关系，即作用在两个互相垂直的面上并且垂直于该两面交线的切应力分量是互等的，不仅大小相等，而且正负号也相同，即

$$\tau_{xy}=\tau_{yx},\tau_{xz}=\tau_{zx},\tau_{yz}=\tau_{zy} \tag{2-4}$$

这就是所谓的切应力互等定理。因此，用 6 个独立的应力分量 σ_x，σ_y，σ_z，τ_{xy}，τ_{yz}，τ_{zx} 就可以完全描述微小正方体各面上的应力，记作

$$\sigma=(\sigma_x \quad \sigma_y \quad \sigma_z \quad \tau_{xy} \quad \tau_{yz} \quad \tau_{zx})^{\mathrm{T}} \tag{2-5}$$

2.1.2　平衡微分方程

当弹性体在外力作用下保持平衡时，可以根据平衡条件来导出应力分量与体积力分量之间的关系式，即应力平衡微分方程。应力平衡微分方程是弹性力学基础理论中的一个重要方程。

设有一个物体在外力作用下处于平衡状态。由于整个物体处于平衡，其内各部分也都处于平衡状态。为导出平衡微分方程，从中取出一个微元体（这里是一个微小六面体）进行研究，其棱边尺寸分别为 dx，dy，dz，如图 2-2 所示。为清楚起见，图中仅画出了在 x 方向有投影的应力分量。考虑两个对应面上的应力分量，由于其坐标位置不同，而存在一个应力增量。例如，在 $AA'D'D$ 面上作用有正应力 σ_x，那么由于 $BB'C'C$ 面与 $AA'D'D$ 面在 x 坐标方向上相差了 dx，由 Taylor 级数展开原则，并舍弃高阶项，可导出 $BB'C'C$ 面上的正应力应表示为 $\sigma_x+\dfrac{\partial\sigma_x}{\partial x}\mathrm{d}x$。其余情况可类推。

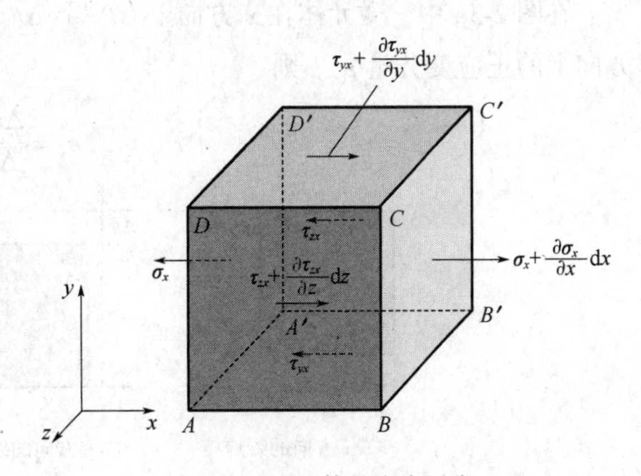

图 2-2　微元体的应力平衡

由于所取的六面体是微小的，其各面上所受的应力可以认为是均匀分布的。另外，若微元体上除应力之外，还作用有体积力，那么也假定体积力是均匀分布的。这样，在 x 方向上，根据平衡方程 $\Sigma F_x=0$，有

$$
\begin{aligned}
\sum F_x &= \left(\sigma_x + \frac{\partial \sigma_x}{\partial x}\mathrm{d}x\right)\mathrm{d}y\mathrm{d}z - \sigma_x \mathrm{d}y\mathrm{d}z + \left(\tau_{yx} + \frac{\partial \tau_{yx}}{\partial y}\mathrm{d}y\right)\mathrm{d}x\mathrm{d}z - \tau_{yx}\mathrm{d}x\mathrm{d}z + \\
&\left(\tau_{zx} + \frac{\partial \tau_{zx}}{\partial z}\mathrm{d}z\right)\mathrm{d}x\mathrm{d}y - \tau_{zx}\mathrm{d}x\mathrm{d}y + X\mathrm{d}x\mathrm{d}y\mathrm{d}z = 0
\end{aligned} \tag{2-6}
$$

整理得

$$
\frac{\partial \sigma_x}{\partial x} + \frac{\partial \tau_{yx}}{\partial y} + \frac{\partial \tau_{zx}}{\partial z} + X = 0 \tag{2-7}
$$

同理可得 y 方向和 z 方向上的平衡微分方程，即

$$
\begin{aligned}
&\frac{\partial \sigma_x}{\partial x} + \frac{\partial \tau_{yx}}{\partial y} + \frac{\partial \tau_{zx}}{\partial z} + X = 0 \\
&\frac{\partial \tau_{xy}}{\partial x} + \frac{\partial \sigma_y}{\partial y} + \frac{\partial \tau_{zy}}{\partial z} + Y = 0 \\
&\frac{\partial \tau_{xz}}{\partial x} + \frac{\partial \tau_{yz}}{\partial y} + \frac{\partial \sigma_z}{\partial z} + Z = 0
\end{aligned} \tag{2-8}
$$

上述微分方程即应力平衡微分方程，这是弹性力学中的基本关系之一。凡处于平衡状态的物体，其任一点的应力分量都应满足这组基本力学方程。

2.2 应变与几何方程

2.2.1 应变

为了考察物体内某一点处的变形，可在该点处从物体内截取一单元体，研究其棱边长度和各棱边夹角之间的变化情况。对于微分单元体的变形，可以用应变来表达。分为两方面讨论：第一，棱边长度的伸长量，即正应变（或线应变）；第二，两棱边间夹角的改变量（用弧度表示），即切应变（或角应变）。图 2-3 是对这两种应变的几何描述，表示变形前后的微元体在 x、y 面上的投影，微元体的初始位置和变形后的位置分别由实线和虚线表示。物体变形时，物体内一点处产生的应变，与该点的相对位移有关。在小应变情况下（位移导数远小于 1 的情况），位移分量与应变分量之间的关系如下：

在图 2-3a 中，微元体在 x 方向上有一个 Δu_x 的伸长量。微元体棱边的相对变化量就是 x 方向上的正应变分量 ε_x。则

$$
\varepsilon_x = \frac{\Delta u_x}{\Delta x} \tag{2-9}
$$

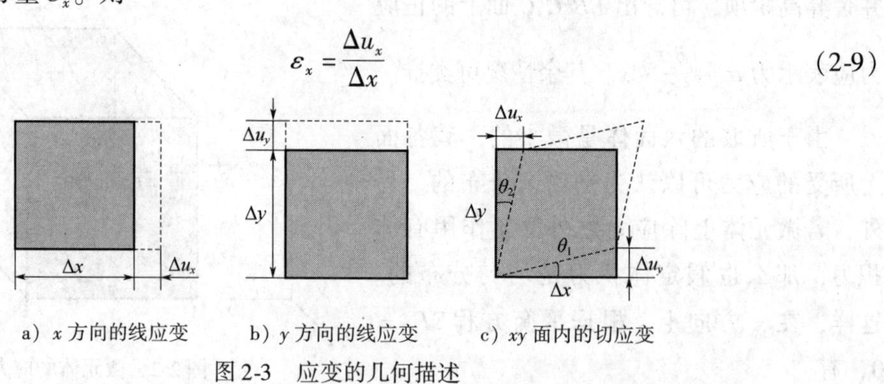

图 2-3 应变的几何描述

相应地，如图 2-3b 所示为 y 轴方向的正应变分量

$$\varepsilon_y = \frac{\Delta u_y}{\Delta y} \tag{2-10}$$

图 2-3c 所示为 $x-y$ 平面内的切应变分量 γ_{xy}。切应变定义为微单元体棱边之间夹角的变化。图中总的角变化量为 $\theta_1+\theta_2$。假设 θ_1 和 θ_2 都非常小，可以认为 $\theta_1+\theta_2 \approx \tan\theta_1+\tan\theta_2$。根据图 2-3c 可知

$$\tan\theta_1 = \frac{\Delta u_y}{\Delta x}; \quad \tan\theta_2 = \frac{\Delta u_x}{\Delta y} \tag{2-11}$$

由于小变形假设，有 $\theta_1=\tan\theta_1$，$\theta_2=\tan\theta_2$，因此，切应变分量 γ_{xy} 可以表示为

$$\gamma_{xy} = \theta_1+\theta_2 = \frac{\Delta u_y}{\Delta x} + \frac{\Delta u_x}{\Delta y} \tag{2-12}$$

依次类推，$\varepsilon_x,\varepsilon_y,\varepsilon_z$ 分别代表了一点 x,y,z 轴方向的正应变分量，$\gamma_{xy},\gamma_{yz},\gamma_{xz}$ 则分别代表了 xy、yz 和 xz 面上的切应变分量。与直角应力分量类似，上边的六个应变分量称为直角应变分量，也称应变状态。这 6 个应变分量可用应变矩阵 $\boldsymbol{\varepsilon}$ 来表示，即

$$\boldsymbol{\varepsilon} = \begin{pmatrix} \varepsilon_x & \gamma_{xy} & \gamma_{xz} \\ \gamma_{yx} & \varepsilon_y & \gamma_{yz} \\ \gamma_{zx} & \gamma_{zy} & \varepsilon_z \end{pmatrix} \tag{2-13}$$

正应变分量 ε 和切应变分量 γ 都是无量纲的量。

2.2.2 几何方程

弹性体受到外力作用时，其形状和尺寸会发生变化，即产生变形，在弹性力学中需要考虑几何学方面的问题。弹性力学中用几何方程来表示这种变形关系，其实质是反映弹性体内任一点的应变分量与位移分量之间的关系，或叫 Cauchy 几何方程。

考察物体内任一点 $P(x,y,z)$ 的变形时，与研究物体的平衡状态一样，也是从物体内 P 点处取出一个正方微元体，其三个棱边长分别为 dx、dy 和 dz，如图 2-4 所示。当物体受到外力作用产生变形时，不仅微元体的棱边长度会随之改变，而且各棱边之间的夹角也会发生变化。为研究方便，可将微元体分别投影到 oxy、oyz 和 ozx 三个坐标面上，如图 2-4 所示。投影到 oxy 面上的位移与应变关系如图 2-5 所示。

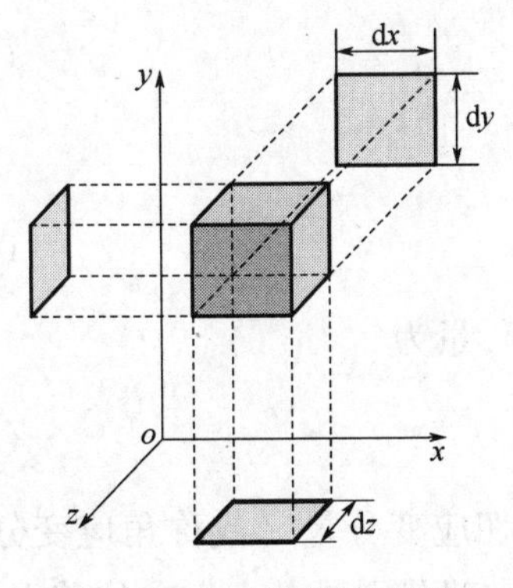

图 2-4 微元体的几何投影

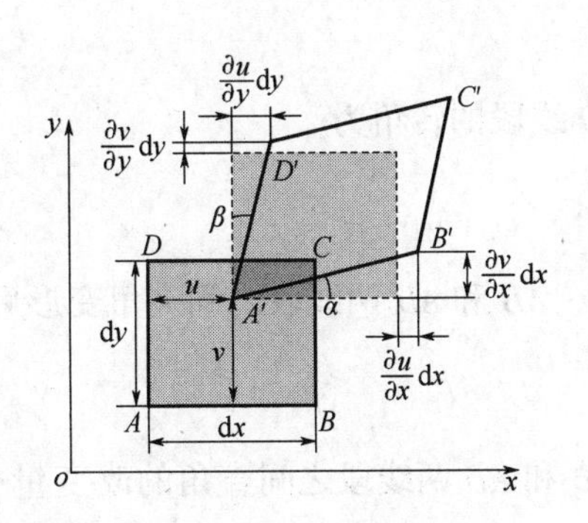

图 2-5 位移与应变关系

在外力作用下，物体可能发生两种位移，一种是与位置改变有关的刚体位移，另一种是与形状改变有关的形变位移。在研究物体的弹性变形时，可以认为物体内各点的位移都是坐标的单值连续函数。在图2-5中，若假设A点沿坐标方向的位移分量为u、v，则B点沿坐标方向的位移分量应分别为$u+\frac{\partial u}{\partial x}\mathrm{d}x$和$v+\frac{\partial v}{\partial x}\mathrm{d}x$，而$D$点的位移分量分别为$u+\frac{\partial u}{\partial y}\mathrm{d}y$及$v+\frac{\partial v}{\partial y}\mathrm{d}y$。据此，可以求得

$$\overline{A'B'}^2=\left(\mathrm{d}x+\frac{\partial u}{\partial x}\mathrm{d}x\right)^2+\left(\frac{\partial v}{\partial x}\mathrm{d}x\right)^2 \tag{2-14}$$

根据正应变（线应变）的定义，AB线段的正应变分量为

$$\varepsilon_x=\frac{\overline{A'B'}-\overline{AB}}{\overline{AB}} \tag{2-15}$$

因$\overline{AB}=\mathrm{d}x$，故由式（2-15）可得：$\overline{A'B'}=(1+\varepsilon_x)\overline{AB}=(1+\varepsilon_x)\mathrm{d}x$，代入式（2-14），得

$$2\varepsilon_x+\varepsilon_x^2=2\frac{\partial u}{\partial x}+\left(\frac{\partial u}{\partial x}\right)^2+\left(\frac{\partial v}{\partial x}\right)^2 \tag{2-16}$$

由于只是微小变形的情况，可略去上式中的高阶小量。这样

$$\varepsilon_x=\frac{\partial u}{\partial x} \tag{2-17}$$

当微元体趋于无限小时，即AB线段趋于无限小，AB线段的正应变分量就是P点沿x方向的正应变分量。

用同样的方法考察AD线段，则可得到P点沿y方向的正应变分量

$$\varepsilon_y=\frac{\partial v}{\partial y} \tag{2-18}$$

现在再来分析AB和AD两线段之间夹角（直角）的变化情况。在微小变形时，变形后AB线段的转角为

$$\alpha\approx\tan\alpha=\frac{\frac{\partial v}{\partial x}\mathrm{d}x}{\mathrm{d}x+\frac{\partial u}{\partial x}\mathrm{d}x}=\frac{\frac{\partial v}{\partial x}}{1+\frac{\partial u}{\partial x}} \tag{2-19}$$

式中，$\frac{\partial u}{\partial x}$与1相比可以略去，故

$$\alpha=\frac{\partial v}{\partial x} \tag{2-20}$$

同理，AD线段的转角为

$$\beta=\frac{\partial u}{\partial y} \tag{2-21}$$

由此可见，AB和AD两线段之间夹角变形后的改变（减小）量为

$$\gamma_{xy}=\frac{\partial v}{\partial x}+\frac{\partial u}{\partial y} \tag{2-22}$$

把AB和AD两线段之间直角的改变量γ_{xy}称为P点的切应变分量（或称角应变分量），它由两部分组成，一部分是由y方向的位移引起的，而另一部分则是由x方向位移引起的；

并规定角度减小时为正，增大时为负。

至此，讨论了微元体在 oxy 投影面上的变形情况。如果再进一步考察微元体在另外两个投影面上的变形情况，还可以得到 P 点沿其他方向的正应变分量和剪应变分量。ε_x、ε_y 和 ε_z 是任意一点在 x、y 和 z 方向上的正应变分量（线应变分量），γ_{xy}、γ_{yz} 和 γ_{xz} 分别代表在 xy、yz 和 xz 平面上的切应变分量。

弹性力学几何方程完整表示如下

$$\boldsymbol{\varepsilon}=\begin{pmatrix}\varepsilon_x\\ \varepsilon_y\\ \varepsilon_z\\ \gamma_{xy}\\ \gamma_{yz}\\ \gamma_{zx}\end{pmatrix}=\begin{pmatrix}\dfrac{\partial u}{\partial x}\\ \dfrac{\partial v}{\partial y}\\ \dfrac{\partial w}{\partial z}\\ \dfrac{\partial v}{\partial x}+\dfrac{\partial u}{\partial y}\\ \dfrac{\partial w}{\partial y}+\dfrac{\partial v}{\partial z}\\ \dfrac{\partial u}{\partial z}+\dfrac{\partial w}{\partial x}\end{pmatrix}=\left(\frac{\partial u}{\partial x},\quad \frac{\partial v}{\partial y},\quad \frac{\partial w}{\partial z},\quad \frac{\partial v}{\partial x}+\frac{\partial u}{\partial y},\quad \frac{\partial w}{\partial y}+\frac{\partial v}{\partial z},\quad \frac{\partial u}{\partial z}+\frac{\partial w}{\partial x}\right)^{\mathrm{T}} \tag{2-23}$$

2.3　物理方程

本节讨论应力与应变关系的方程式，即物理方程。物理方程与材料特性有关，它描述材料抵抗变形的能力，也叫本构方程。物理方程是物理现象的数学描述，是建立在实验观察基础上的。另外，物理方程只描述材料的行为而不是物体的行为，它描述的是同一点的应力状态和与它相应的应变状态之间的关系。

2.3.1　应力-应变一维关系

当理想弹性构件受拉伸或者压缩的外力作用时，其体内应力及应变的关系是一维的，主要体现在拉伸轴向的正应力分量 σ 同正应变分量 ε 之间的关系。例如，在进行材料的简单拉伸实验时，从应力应变关系曲线上可以发现，在材料达到屈服极限前，试件的轴向应力分量 σ 正比于轴向应变分量 ε，这个比例常数定义为弹性模量 E，有如下表达式

$$\varepsilon=\sigma/E \tag{2-24}$$

在材料拉伸实验中还可发现，当试件被拉伸时，它的径向尺寸（如直径）将减少。当应力不超过屈服极限时，其径向应变分量与轴向应变分量的比值也是常数，定义为泊松比 ν。

实验证明，弹性体切应力与切应变也成正比关系，比例系数称之为剪切模量，用 G 表示。拉压弹性模量、剪切模量和泊松比三者之间有如下的关系

$$G=\frac{E}{2(1+\nu)} \tag{2-25}$$

2.3.2　应力-应变三维关系

一般情况下理想弹性体内的任一点均受着三维的应力及应变作用。按照广义胡克定律，一点的6个直角坐标应力分量与对应的应变分量可表示成如下线性关系。

$$\boldsymbol{\sigma}=\begin{pmatrix}\sigma_x\\ \sigma_y\\ \sigma_z\\ \tau_{xy}\\ \tau_{yz}\\ \tau_{zx}\end{pmatrix}=\begin{pmatrix}a_{11}&a_{12}&a_{13}&a_{14}&a_{15}&a_{16}\\ a_{21}&a_{22}&a_{23}&a_{24}&a_{25}&a_{26}\\ a_{31}&a_{32}&a_{33}&a_{34}&a_{35}&a_{36}\\ a_{41}&a_{42}&a_{43}&a_{44}&a_{45}&a_{46}\\ a_{51}&a_{52}&a_{53}&a_{54}&a_{55}&a_{56}\\ a_{61}&a_{62}&a_{63}&a_{64}&a_{65}&a_{66}\end{pmatrix}\begin{pmatrix}\varepsilon_x\\ \varepsilon_y\\ \varepsilon_z\\ \gamma_{xy}\\ \gamma_{yz}\\ \gamma_{zx}\end{pmatrix}=\boldsymbol{D\varepsilon} \tag{2-26}$$

式中，$a_{ij}(i,j=1,2,\cdots,6)$描述了应力和应变之间的关系，$\boldsymbol{D}$为弹性矩阵。对于线弹性材料，式（2-26）可进一步变为

$$\boldsymbol{\sigma}=\begin{pmatrix}\sigma_x\\ \sigma_y\\ \sigma_z\\ \tau_{xy}\\ \tau_{yz}\\ \tau_{zx}\end{pmatrix}=\begin{pmatrix}a_{11}&a_{12}&a_{13}&0&0&0\\ a_{21}&a_{22}&a_{23}&0&0&0\\ a_{31}&a_{32}&a_{33}&0&0&0\\ 0&0&0&a_{44}&0&0\\ 0&0&0&0&a_{55}&0\\ 0&0&0&0&0&a_{66}\end{pmatrix}\begin{pmatrix}\varepsilon_x\\ \varepsilon_y\\ \varepsilon_z\\ \gamma_{xy}\\ \gamma_{yz}\\ \gamma_{zx}\end{pmatrix} \tag{2-27}$$

对于各向同性的线弹性材料，在工程上，广义胡克定律常采用的表达式为

$$\begin{cases}\varepsilon_x=\dfrac{1}{E}[\sigma_x-\nu(\sigma_y+\sigma_z)]\\ \varepsilon_y=\dfrac{1}{E}[\sigma_y-\nu(\sigma_z+\sigma_x)]\\ \varepsilon_z=\dfrac{1}{E}[\sigma_z-\nu(\sigma_x+\sigma_y)]\\ \gamma_{xy}=\dfrac{\tau_{xy}}{G}\\ \gamma_{yz}=\dfrac{\tau_{yz}}{G}\\ \gamma_{zx}=\dfrac{\tau_{zx}}{G}\end{cases} \tag{2-28}$$

如果用应变表达应力，则式（2-28）可变为

$$
\begin{cases}
\sigma_x = \dfrac{E}{(1+\nu)(1-2\nu)}[(1-\nu)\varepsilon_x + \nu(\varepsilon_y + \varepsilon_z)] \\
\sigma_y = \dfrac{E}{(1+\nu)(1-2\nu)}[(1-\nu)\varepsilon_y + \nu(\varepsilon_z + \varepsilon_x)] \\
\sigma_z = \dfrac{E}{(1+\nu)(1-2\nu)}[(1-\nu)\varepsilon_z + \nu(\varepsilon_x + \varepsilon_y)] \\
\tau_{xy} = G\gamma_{xy} \\
\tau_{yz} = G\gamma_{yz} \\
\tau_{zx} = G\gamma_{zx}
\end{cases}
\tag{2-29}
$$

对于各向同性材料，式（2-26）中的弹性矩阵 $\boldsymbol{D}$ 只与弹性模量 E 和泊松比 ν 相关，具体表达为

$$
\boldsymbol{D} = \frac{E(1-\nu)}{(1+\nu)(1-2\nu)}
\begin{pmatrix}
1 & \dfrac{\nu}{1-\nu} & \dfrac{\nu}{1-\nu} & 0 & 0 & 0 \\
\dfrac{\nu}{1-\nu} & 1 & \dfrac{\mu}{1-\nu} & 0 & 0 & 0 \\
\dfrac{\nu}{1-\nu} & \dfrac{\nu}{1-\nu} & 1 & 0 & 0 & 0 \\
0 & 0 & 0 & \dfrac{1-2\nu}{2(1-\nu)} & 0 & 0 \\
0 & 0 & 0 & 0 & \dfrac{1-2\nu}{2(1-\nu)} & 0 \\
0 & 0 & 0 & 0 & 0 & \dfrac{1-2\nu}{2(1-\nu)}
\end{pmatrix}
\tag{2-30}
$$

2.3.3 应力-应变二维关系

当弹性体厚度很小、外观呈平板状，外载荷（包括体积力）都与厚度方向垂直且沿厚度方向没有变化时，这时可以定义弹性体处于平面应力状态。对于平面应力状态，有 $\sigma_z = \tau_{zx} = \tau_{zy} = 0$，这时式（2-28）的物理方程变为

$$
\begin{cases}
\varepsilon_x = \dfrac{1}{E}(\sigma_x - \nu\sigma_y) \\
\varepsilon_y = \dfrac{1}{E}(\sigma_y - \nu\sigma_x) \\
\varepsilon_z = -\dfrac{\nu}{E}(\sigma_x + \sigma_y) \\
\gamma_{xy} = \dfrac{\tau_{xy}}{G}
\end{cases}
\tag{2-31}
$$

式（2-31）的逆形式，即应力和应变之间的关系为

$$
\begin{pmatrix} \sigma_x \\ \sigma_y \\ \tau_{xy} \end{pmatrix} = \frac{E}{1-\nu^2}
\begin{pmatrix} 1 & \nu & 0 \\ \nu & 1 & 0 \\ 0 & 0 & (1-\nu)/2 \end{pmatrix}
\begin{pmatrix} \varepsilon_x \\ \varepsilon_y \\ \gamma_{xy} \end{pmatrix}
\tag{2-32}
$$

由式（2-32）可以发现，当弹性体处于平面应力状态时，弹性矩阵 $\boldsymbol{D}$ 变成了 3×3 阶。

当弹性体在某个方向（例如 z 轴方向）上的尺寸很长时，物体所受的载荷（包括体积力）平行于其横截面，即垂直于 z 轴且不沿长度方向（z 方向）变化，也即物体的内在因素和外来作用都不沿长度方向变化，那么这时可以定义弹性体处于平面应变状态。对于平面应变状态，有 $\varepsilon_z=\gamma_{zx}=\gamma_{zy}=0$，这时式（2-29）的物理方程变为

$$\begin{cases}\sigma_x=\dfrac{E}{(1+\nu)(1-2\nu)}[(1-\nu)\varepsilon_x+\nu\varepsilon_y]\\ \sigma_y=\dfrac{E}{(1+\nu)(1-2\nu)}[(1-\nu)\varepsilon_y+\nu\varepsilon_x]\\ \sigma_z=\dfrac{E\nu(\varepsilon_x+\varepsilon_y)}{(1+\nu)(1-2\nu)}\\ \tau_{xy}=G\gamma_{xy}\end{cases} \tag{2-33}$$

将上述应力-应变关系写成矩阵形式有

$$\begin{pmatrix}\sigma_x\\ \sigma_y\\ \tau_{xy}\end{pmatrix}=\frac{E}{(1+\nu)(1-2\nu)}\begin{pmatrix}1-\nu & \nu & 0\\ \nu & 1-\nu & 0\\ 0 & 0 & 1/(2-\nu)\end{pmatrix}\begin{pmatrix}\varepsilon_x\\ \varepsilon_y\\ \gamma_{xy}\end{pmatrix} \tag{2-34}$$

对比式（2-32）和式（2-34）可以发现，平面应力、平面应变状态及弹性矩阵具有不同的表达形式。

2.4 边界条件

在针对机械结构的有限元分析中，边界条件是一个重要概念，只有将边界条件引入才能得到相应问题的准确求解。边界条件一般可以分为应力边界条件和位移边界条件。有些情况下一个弹性体还可能同时存在上述两种边界条件，称之为混合边界条件。

2.4.1 应力边界条件

若物体在外力的作用下处于平衡状态，那么物体内部各点的应力分量必须满足前述的平衡微分方程式（2-8）。该方程是基于各点的应力分量、以点的坐标函数为前提导出的。

现在考察位于物体表面上的点，即边界点。显然，这些点的应力分量（代表由内部作用于这些点上的力）应当与作用在该点处的外力相平衡。这种边界点的平衡条件称为用表面力表示的边界条件，也称为应力边界条件，即面力分量与应力分量之间的关系。物体边界上的点需满足柯西应力公式，设弹性体上某一点的面力为 F_{Ax}、F_{Ay}、F_{Az}，柯西应力公式的表达式为

$$\begin{aligned}F_{Ax}&=n_x\sigma_x+n_y\tau_{yx}+n_z\tau_{zx}\\ F_{Ay}&=n_x\tau_{xy}+n_y\sigma_y+n_z\tau_{yz}\\ F_{Az}&=n_x\tau_{zx}+n_y\tau_{yz}+n_z\sigma_z\end{aligned} \tag{2-35}$$

式中，n_x,n_y,n_z 为某点外法线方向同坐标轴夹角的方向余弦。柯西应力公式可作为弹性体应力边界条件分析的基本表达式。

例2.1　设一弹性体受力状态为平面应力状态（$\sigma_z=\tau_{xz}=\tau_{yz}=0$），如图2-6所示，$P_1$和$P_2$为边界上的点，在这两点分别作用面力（$F_{Ax1}$，$F_{Ay1}$）和（$F_{Ax2}$，$F_{Ay2}$），写出$P_1$和$P_2$两点的应力边界条件。

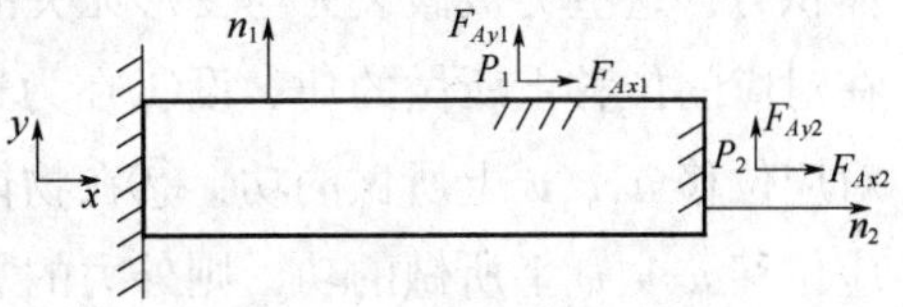

图2-6　弹性体边界微分单元应力

解：（1）P_1点的应力边界条件，由柯西公式可知

$$F_{Ax1}=\sigma_x n_{1x}+\tau_{xy}n_{1y}$$

$$F_{Ay1}=\tau_{xy}n_{1x}+\sigma_y n_{1y}$$

这里$n_{1x}=\cos 90°=0$，$n_{1y}=\cos 0°=1$，因此有

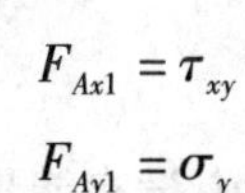

$$F_{Ax1}=\tau_{xy}$$

$$F_{Ay1}=\sigma_y$$

（2）P_2点的应力边界条件，P_2点的方向余弦为$n_{2x}=\cos 0°=1$，$n_{2y}=\cos 90°=0$，代入柯西应力公式有

$$F_{Ax2}=\sigma_x\cdot 1+\tau_{xy}\cdot 0=\sigma_x$$

$$F_{Ay2}=\tau_{xy}\cdot 1+\sigma_y\cdot 0=\tau_{xy}$$

2.4.2　位移边界条件

对于一个弹性体，往往只在其中一部分面积S_σ上给定了外力，即前面所述的应力边界条件，而另一部分面积S_u上则给定的是位移，所给定的位移就是位移边界条件。

现设$\bar{u}$、$\bar{v}$和$\bar{w}$表示给定的S_u上的点在x、y和z轴方向的位移，则位移边界条件，在S_u上可表示为

$$u=\bar{u},\ v=\bar{v},\ w=\bar{w} \tag{2-36}$$

通常情况下，遇到的问题是指定边界条件上位移为0。

例2.2　说明图2-7所示的平面悬臂结构的位移边界条件。

解：在悬臂梁的根部，位移边界条件为：$u=0$，$v=0$

图2-7　平面悬臂梁

2.5　常用的力学方程推导方法

有限元法是一种数值化求解方法，在单元方程以及整个结构的运动方程推导中均需要合适的力学方程推导法。能量法由于不用考虑作用力方向，可以大为简化力学方程的推导过程。本节主要介绍常用的能量法，包括最小势能原理、虚位移原理以及瑞利-里兹法等。

2.5.1　最小势能原理

在学习最小势能原理之前，先简单介绍一下与最小势能原理乃至整个能量法密切相关的两个重要概念：外力功和应变能。

1. 外力功

外力功即所施加力在产生的位移上所做的功。外力有两种，包括作用在物体上的面力和

体积力，这些力被假设为与变形无关的不变力系，即为保守力系，则外力功包括这两部分力在对应的位移上所做的功。设①在力边界条件上，有面力 F_{Ax}、F_{Ay}、F_{Az} 在弹性体表面（S）对应位移 u,v,w 上所做的功；②在物体内部，有体积力 F_{Vx}、F_{Vy}、F_{Vz} 在弹性体内部（Ω）对应位移 u,v,w 上所做的功，则外力的总功可表示为

$$W = \int_A (F_{Ax}u + F_{Ay}v + F_{Az}w)\mathrm{d}A + \int_V (F_{Vx}u + F_{Vy}v + F_{Vz}w)\mathrm{d}V \tag{2-37}$$

有时考虑力是非均匀地作用到物体上，外力功也经常表示为

$$W = \frac{1}{2}\left[\int_A (F_{Ax}u + F_{Ay}v + F_{Az}w)\mathrm{d}A + \int_V (F_{Vx}u + F_{Vy}v + F_{Vz}w)\mathrm{d}V\right] \tag{2-38}$$

2. 应变能

对于理想弹性体，假设外力作用过程中没有能量损失，外力所做的功将以一种能的形式积累在弹性体内，一般把这种能称为弹性变形势能。以位移（或应变）为基本变量的变形能叫应变能。三维情形下变形体的应力与应变的对应关系为

$$(\sigma_x \quad \sigma_y \quad \sigma_z \quad \tau_{xy} \quad \tau_{yz} \quad \tau_{zx})^{\mathrm{T}} \xrightarrow{\text{对应于}} (\varepsilon_x \quad \varepsilon_y \quad \varepsilon_z \quad \gamma_{xy} \quad \gamma_{yz} \quad \gamma_{zx})^{\mathrm{T}}$$

可以看出，其应变能应包括两个部分：①对应于正应力与正应变的应变能，②对应于切应力与切应变的应力能。

由叠加原理，将各个方向的正应力分量与正应变分量、切应力分量与切应变分量所产生的应变能相加，可得到整体应变能

$$U = \frac{1}{2}\int_V (\sigma_x\varepsilon_x + \sigma_y\varepsilon_y + \sigma_z\varepsilon_z + \tau_{xy}\gamma_{xy} + \tau_{yz}\gamma_{yz} + \tau_{zx}\gamma_{zx})\mathrm{d}V \tag{2-39}$$

则弹性体单位体积的应变能（应变能密度）表示为

$$U^{\mathrm{e}} = \frac{1}{2}\boldsymbol{\sigma}^{\mathrm{T}}\boldsymbol{\varepsilon} = \frac{1}{2}(\sigma_x\varepsilon_x + \sigma_y\varepsilon_y + \sigma_z\varepsilon_z + \tau_{xy}\gamma_{xy} + \tau_{yz}\gamma_{yz} + \tau_{xz}\gamma_{xz}) \tag{2-40}$$

3. 系统的总势能

对于受外力作用的弹性体，基于它的外力功和应变能的表达，根据哈密尔顿定理，定义系统的总能量（或称拉格朗日算子）为

$$\begin{aligned}\Pi &= W - U \\ &= \frac{1}{2}\left[\int_A (F_{Ax}u + F_{Ay}v + F_{Az}w)\mathrm{d}A + \int_V (F_{Vx}u + F_{Vy}v + F_{Vz}w)\mathrm{d}V\right] - \\ &\quad \frac{1}{2}\int_V (\sigma_x\varepsilon_x + \sigma_y\varepsilon_y + \sigma_z\varepsilon_z + \tau_{xy}\gamma_{xy} + \tau_{yz}\gamma_{yz} + \tau_{zx}\gamma_{zx})\mathrm{d}V\end{aligned} \tag{2-41}$$

4. 最小势能原理

对于理想弹性体，依照变分法可知，在静平衡状态时，要求满足最小势能原理。弹性体的最小势能原理可描述为：在给定的外力作用下，在满足位移边界条件的所有可能的位移中，能满足平衡条件的位移应使总势能成为极小值，即

$$\Pi = 0 \tag{2-42}$$

在最小势能状态，弹性体对应的平衡状态是稳定的。

2.5.2　虚位移原理

在理论力学中，虚位移原理（也叫虚功原理）是指：如果一个质点处于平衡状态，则作用于质点上的力，在该质点的任意虚位移上所做的虚功总和等于零。从本质上讲，虚位移原理是以能量（功）形式表示的平衡条件。对于弹性体，可以看作是一个特殊的质点系，如果弹性体在若干个面力和体积力作用下处于平衡，那么弹性体内的每个质点也都是处于平衡状态的。假定弹性体有一虚位移，由于作用在每个质点上的力系在相应的虚位移上的虚功总和为零，所以作用于弹性体所有质点上的一切力（包括体积力和面力），在虚位移上的虚功总和也等于零。由于弹性体内部的各个质点应始终保持连续，在给定虚位移时，必须使其满足材料的连续性条件和几何边界条件。

假定弹性体在一组外力 F_{x_i}、F_{y_i}、F_{z_i}、F_{x_j}、F_{y_j}、F_{z_j}…的作用下处于平衡状态，由外力所引起的任一点的应力分量为 σ_x、σ_y、σ_z、τ_{xy}、τ_{yz}、τ_{zx}。并且，按前述条件对弹性体取了任意的虚位移 δu_i、δv_i、δw_i、δu_j、δv_j、δw_j…，由虚位移所引起的虚应变分量为 $\delta\varepsilon_x$、$\delta\varepsilon_y$、$\delta\varepsilon_z$、$\delta\gamma_{xy}$、$\delta\gamma_{yz}$、$\delta\gamma_{zx}$，这些虚应变分量满足相容性方程。那么，外力在虚位移上所做的功为

$$\begin{aligned}\delta W &= F_{x_i}\delta u_i + F_{y_i}\delta v_i + F_{z_i}\delta w_i + F_{x_j}\delta u_j + F_{y}\delta v_j + F_{z_j}\delta w_j + \cdots \\ &= \begin{pmatrix}\delta u_i\\ \delta v_i\\ \delta w_i\\ \delta u_j\\ \delta v_j\\ \delta w_j\\ \vdots\end{pmatrix}^{\mathrm{T}}\begin{pmatrix}F_{x_i}\\ F_{y_i}\\ F_{z_i}\\ F_{x_j}\\ F_{y_j}\\ F_{z_j}\\ \vdots\end{pmatrix} = (\delta\boldsymbol{d})^{\mathrm{T}}\boldsymbol{F}\end{aligned} \tag{2-43}$$

受到外力作用而处于平衡状态的弹性体，在其变形过程中，外力将做功。对于完全弹性体，当外力移去时，弹性体将会完全恢复到原来的状态。在恢复过程中，弹性体可以把加载过程中外力所做的功全部还原出来，也即可以对外做功。这就说明，在产生变形时外力所做的功以一种能的形式积累在弹性体内，即上文所述的弹性变形势能（或称应变能）。

对弹性体取虚位移之后，外力在虚位移上所做的虚功将在弹性体内部积累有虚应变能。根据能量守恒定律，可以推出弹性体内单位体积中的虚应变能（即一点的虚应变能密度）

$$\begin{aligned}\delta \mathrm{d}V &= \sigma_x\delta\varepsilon_x + \sigma_y\delta\varepsilon_y + \sigma_z\delta\varepsilon_z + \tau_{xy}\delta\gamma_{xy} + \tau_{yz}\delta\gamma_{yz} + \tau_{zx}\delta\gamma_{zx} \\ &= \begin{pmatrix}\delta\varepsilon_x\\ \delta\varepsilon_y\\ \delta\varepsilon_z\\ \delta\gamma_{xy}\\ \delta\gamma_{yz}\\ \delta\gamma_{zx}\end{pmatrix}^{\mathrm{T}}\begin{pmatrix}\sigma_x\\ \sigma_y\\ \sigma_z\\ \tau_{xy}\\ \tau_{yz}\\ \tau_{zx}\end{pmatrix} = (\boldsymbol{\delta\varepsilon})^{\mathrm{T}}\boldsymbol{\sigma}\end{aligned} \tag{2-44}$$

整个弹性体的虚应变能为

$$\delta W = \iiint_V ((\delta \boldsymbol{\varepsilon})^{\mathrm{T}} \boldsymbol{\sigma}) \mathrm{d}V \tag{2-45}$$

弹性体的虚位移原理可以叙述为：若弹性体在已知的面力和体力的作用下处于平衡状态，那么使弹性体产生虚位移时，所有作用在弹性体上的外力在虚位移上所做的功就等于弹性体所具有的虚应变能，即

$$(\delta \boldsymbol{d})^{\mathrm{T}} \boldsymbol{F} = \iiint_V ((\delta \boldsymbol{\varepsilon})^{\mathrm{T}} \boldsymbol{\sigma}) \mathrm{d}V \tag{2-46}$$

2.5.3 瑞利-里兹法

瑞利-里兹法是能量法中的一种重要方法，经常用来求解结构力学中的静态或动态变形问题。在瑞利-里兹法中，首先对变形进行假设，进而给出应变能表达式，然后根据能量法原理求解问题的解。具体的求解过程可描述为：假设一组符合边界条件的多项式试探函数，将其函数代入能量方程式，再对试探函数的各系数作微分并令其等于零，找出能量方程式的最小值，最后解得试探函数的各系数。

在应用瑞利-里兹法的过程中，确定合理的试探函数是成功应用该方法的关键。例如，在用瑞利-里兹法分析梁弯曲的情况时，可假设中心轴的挠度$v(x)$为

$$v(x) = \sum_{i=1}^{n} a_i f_i(x) \tag{2-47}$$

式中，a_i 是 n 个未知常数，$f_i(x)$是 n 个关于 x 的已知（假设）函数。而对于一个悬臂板，可将其横向位移 $q_{\overline{W}}(x,y)$设为

$$q_{\overline{W}}(x,y) = \sum_{m=1}^{M} \sum_{n=1}^{N} c_{mn} P_m(x) P_n(y) \tag{2-48}$$

这里 c_{mn}为待定常数，$P_m(x)$，$P_n(y)$为已知的多项式函数。

将假设的位移试探函数代入式（2-41）或（2-46）的能量方程，整理成应变能和功的变化量之间的关系式，二者应该是相等的，即

$$\mathrm{d}U = \mathrm{d}W \tag{2-49}$$

依据式（2-49）可确定试探位移函数的所有待定常数，进而确定最终的位移场完成求解。

2.6 线性代数

线性代数是学习有限元基本原理的重要数学基础，本节主要介绍与有限元编程密切相关的几项线性代数操作。

1. 矩阵的乘积

设 $\boldsymbol{A} = (a_{ij})_{m \times l}$，$\boldsymbol{B} = (b_{ij})_{l \times n}$，称

$$\boldsymbol{C} = (c_{ij})_{m \times n} = \boldsymbol{AB} \tag{2-50}$$

为矩阵 $\boldsymbol{A}$ 与矩阵 $\boldsymbol{B}$ 的乘积，其中

$$c_{ij} = a_{i1}b_{1j} + a_{i2}b_{2j} + \cdots + a_{il}b_{lj} = \sum_{k=1}^{l} a_{ik}b_{kj}(i = 1,2,\cdots,m;j = 1,2,\cdots,n) \quad (2\text{-}51)$$

在 MATLAB 中矩阵可作为一个设计变量直接参与计算。

2. 矩阵的转置

把矩阵 $\boldsymbol{A}$ 的行换成同序数的列得到的新矩阵成为 $\boldsymbol{A}$ 的转置矩阵，记作$\boldsymbol{A}^{\mathrm{T}}$。矩阵的转置运算对任何型的矩阵均可实施，转置计算后，$m\times n$ 阶矩阵变为 $n\times m$ 阶。在 MATLAB 中矩阵的转置计算用 $\boldsymbol{A}'$。

3. 矩阵的行列式

行列式的概念来源于解线性方程组的问题，只有方阵可以求行列式，以方阵 $\boldsymbol{A}$ 为例，求解行列式的运算符为$|\boldsymbol{A}|$。对于 n 阶行列式其求解式可表示为

$$\begin{vmatrix} a_{11} & a_{12} & \cdots & a_{1n} \\ a_{21} & a_{22} & \cdots & a_{2n} \\ \vdots & \vdots & & \vdots \\ a_{n1} & a_{n2} & \cdots & a_{nn} \end{vmatrix} = \sum_{j_1j_2\cdots j_n} (-1)^{\tau(j_1j_2\cdots j_n)} a_{1j_1}a_{2j_2}\cdots a_{nj_n} \quad (2\text{-}52)$$

式中，$j_1,j_2,\cdots,j_n$ 为 n 级排列；$\sum$表示对所有 n 级排列求和；$\tau(j_1,j_2,\cdots,j_n)$表示逆序数。3 阶以下行列式很容易手算出结果，但是对于高阶行列式则需要采用数值算法。在 MATLAB 中计算行列式的命令为 det( )。

4. 矩阵的逆

如果矩阵 $\boldsymbol{A}$ 可逆，其必须为方阵且满足$|\boldsymbol{A}|\neq 0$，$\boldsymbol{A}$ 的逆矩阵记作$\boldsymbol{A}^{-1}$。当方阵阶数比较低或矩阵形式比较特殊时，可利用矩阵 $\boldsymbol{A}$ 的伴随矩阵$\boldsymbol{A}^*$及行列式的值求解矩阵的逆，求解式为

$$\boldsymbol{A}^{-1} = \frac{1}{|\boldsymbol{A}|}\boldsymbol{A}^* \quad (2\text{-}53)$$

对于矩阵阶数较多的情况需采用数值算法，在 MATLAB 中可利用 inv( ) 函数直接求解出矩阵的逆。

5. 代数余子式

在 n 阶行列式 $D = |a_{ij}|_{n\times n}$中，去掉元素 a_{ij}所在的第 i 行和第 j 列的所有元素而得到 $n-1$ 阶行列式，称为元素 a_{ij}的余子式，记作 M_{ij}，并把数

$$A = -1^{(i+j)}M_{ij} \quad (2\text{-}54)$$

称为元素 a_{ij}的代数余子式。MATLAB 没有专门的求解代数余子式函数，可按照定义编程序求解。

6. 奇异矩阵与非奇异矩阵

如果一个方阵的行列式$|\boldsymbol{A}|=0$，则称方阵 $\boldsymbol{A}$ 为奇异矩阵；反之，如果$|\boldsymbol{A}|\neq 0$，则称方阵 $\boldsymbol{A}$ 为非奇异矩阵。

7. 线性方程组的求解

考虑如下线性方程组

$$\begin{cases} a_{11}x_1 + a_{12}x_2 + \cdots + a_{1n}x_n = b_1 \\ a_{21}x_1 + a_{22}x_2 + \cdots + a_{2n}x_n = b_2 \\ \vdots \\ a_{n1}x_1 + a_{n2}x_2 + \cdots + a_{nn}x_n = b_n \end{cases} \tag{2-55}$$

如果该方程组有解，则其系数方阵 $\boldsymbol{A}$ 应满足 $|\boldsymbol{A}| \neq 0$（即可逆），参照式（2-53）逆矩阵的求解式则可快速获得该线性方程组的解，即

$$\boldsymbol{x} = \boldsymbol{A}^{-1}\boldsymbol{b} = \frac{1}{|\boldsymbol{A}|}\boldsymbol{A}^{*}\boldsymbol{b} \tag{2-56}$$

具体地，解向量 $\boldsymbol{x}$ 的每一个元素可表达为

$$x_j = \frac{1}{|\boldsymbol{A}|}\sum_{i=1}^{n} A_{ij}b_i\ (j = 1,2,\cdots,n) \tag{2-57}$$

进一步，定义 $D_j = \sum_{i=1}^{n} A_{ij}b_i$，具体求解可将 $|\boldsymbol{A}|$ 中的第 j 列换成 $\boldsymbol{b}$，即

$$D_j = \sum_{i=1}^{n} A_{ij}b_i = \begin{vmatrix} a_{11} & \cdots & a_{1(j-1)} & b_1 & a_{1(j+1)} & \cdots & a_{1n} \\ a_{21} & \cdots & a_{2(j-1)} & b_2 & a_{2(j+1)} & \cdots & a_{2n} \\ \vdots & & \vdots & \vdots & \vdots & & \vdots \\ a_{n1} & \cdots & a_{2(j-1)} & b_n & a_{n(j+1)} & \cdots & a_{nn} \end{vmatrix} \tag{2-58}$$

综上，可得

$$x_j = \frac{D_j}{|\boldsymbol{A}|}(j = 1,2,\cdots,n) \tag{2-59}$$

式（2-59）即为著名的克莱姆法则，这是求解线性方程组的基本方法。利用克莱姆法则求解线性方程组的解时，需要系数矩阵 $\boldsymbol{A}$ 为方阵。当系数矩阵不是方阵的时候，需要用更一般的解法，例如高斯消元法。在 Matlab 中对于式（2-55）所列问题，可以用如下表达式

$$\boldsymbol{x} = \boldsymbol{A}\backslash\boldsymbol{b} \text{ 或者 } \boldsymbol{x} = \mathrm{inv}(\boldsymbol{A}) * \boldsymbol{b} \tag{2-60}$$

快速得到线性方程组的解。

8. 特征值及特征向量

设 $\boldsymbol{A}$ 为 n 阶方阵，如果存在数 λ 和非零向量 $\boldsymbol{X}$，使得

$$\boldsymbol{AX} = \lambda\boldsymbol{X} \tag{2-61}$$

称 λ 为矩阵 $\boldsymbol{A}$ 的特征值，$\boldsymbol{X}$ 为矩阵 $\boldsymbol{A}$ 的特征向量。特征值和特征向量在机械系统动力学中对应于固有频率和模态振型，为系统的固有特性。通常求解方阵的特征值及特征向量需要使用数值解法，在 Matlab 中求解方阵 $\boldsymbol{A}$ 的特征值的命令为

$$[\boldsymbol{v},\boldsymbol{d}] = \mathrm{eig}(\boldsymbol{A},\boldsymbol{I}) \tag{2-62}$$

式中，$\boldsymbol{v}$，$\boldsymbol{d}$ 均为方阵；$\boldsymbol{I}$ 是 n 阶单位矩阵；$\boldsymbol{d}$ 对角线元素即是特征值；方阵 $\boldsymbol{v}$ 的每一行对应一个特征向量。

9. 正定矩阵

如果一个对称矩阵所有特征值都是正的（大于0），就说这个矩阵是正定的。

2.7　高斯积分法

在有限元法中，计算单元特性矩阵（例如刚度矩阵）常采用高斯积分，这是一种数值积分方法，数值积分法的思想可用图2-8来描述。

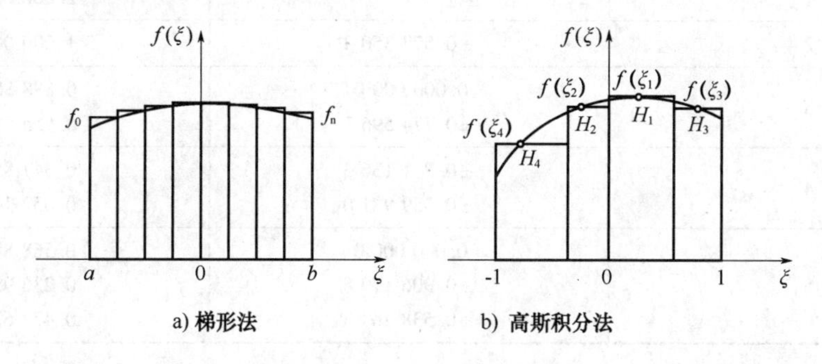

图2-8　数值积分

以下用一个一维问题 $\int_a^b f(\xi)\,\mathrm{d}\xi$ 来描述高斯积分法的基本思想。具体为：构造一个多项式 $\phi(\xi)$，使在 $\xi_i\,(i=1,2,\cdots,n)$ 上有 $\phi(\xi_i)=f(\xi_i)$，然后利用近似函数 $\phi(\xi)$ 的积分 $\int_a^b \phi(\xi)\,\mathrm{d}\xi$ 近似原被积函数 $f(\xi)$ 的积分 $\int_a^b f(\xi)\,\mathrm{d}\xi$。$\xi_i$ 称为积分点或积分点坐标，其数目和位置决定了函数 $\phi(\xi)$ 对函数 $f(\xi)$ 的近似程度，因而也决定了数值积分的精度。

有了此定义可以针对一维、二维和三维问题进行高斯积分，对于一维问题，有

$$\int_{-1}^{1} f(\xi)\,\mathrm{d}\xi \approx \sum_{i=1}^{n} H_i f(\xi_i) \tag{2-63}$$

式中，n 是积分点的个数；H_i 是加权系数。

下面通过一个例子来说明如何确定加权系数 H_i。

例如，积分点 $n=2$ 时，可得

$$\int_{-1}^{1} f(\xi)\,\mathrm{d}\xi = H_1 f(\xi_1) + H_2 f(\xi_2) \tag{2-64}$$

若函数 $f(\xi)$ 为 ξ 的 $2n-1$ 次多项式，则有

$$f(\xi) = c_0 + c_1\xi + c_2\xi^2 + c_3\xi^3 \tag{2-65}$$

对上式积分可得

$$\int_{-1}^{1} f(\xi)\,\mathrm{d}\xi = \int_{-1}^{1}(c_0 + c_1\xi + c_2\xi^2 + c_3\xi^3)\,\mathrm{d}\xi = 2c_0 + \frac{2}{3}c_2 \tag{2-66}$$

因此可得

$$H_1(c_0 + c_1\xi_1 + c_2\xi_1^2 + c_3\xi_1^3) + H_2(c_0 + c_1\xi_2 + c_2\xi_2^2 + c_3\xi_2^3) = 2c_0 + \frac{2}{3}c_2 \tag{2-67}$$

可以求得

$$\xi_1 = \xi_2 = -\frac{1}{\sqrt{3}} = -0.577\,350\,269\,2,\; H_1 = H_2 = 1.000\,000\,000\,0$$

高斯积分法采用以上这种方法，设置不同的积分点 n，可以获得积分点坐标 ξ_i 及其对应的加权系数 H_i，见表 2-1。

表 2-1　高斯积分法中的积分点坐标和加权系数

积分点数 n	积分点坐标 ξ_i	加权系数 H_i
1	0	2. 000 000 0
2	±0. 577 350 3	1. 000 000 0
3	0. 000 000 0 ±0. 774 596 7	0. 888 888 9 0. 555 555 6
4	±0. 861 136 3 ±0. 339 981 0	0. 347 854 8 0. 652 145 2
5	0. 000 000 0 ±0. 906 179 8 ±0. 538 469 3	0. 568 888 9 0. 236 926 9 0. 478 628 7

另外，逐次利用一维高斯求积公式可以构造出二维和三维高斯求积公式

$$\int_{-1}^{1}\int_{-1}^{1} f(\xi,\eta)\,\mathrm{d}\xi\mathrm{d}\eta \approx \sum_{i=1}^{n}\sum_{j=1}^{m} H_iH_jf(\xi_i,\eta_j) \tag{2-68}$$

$$\int_{-1}^{1}\int_{-1}^{1}\int_{-1}^{1} f(\xi,\eta,\zeta)\,\mathrm{d}\xi\mathrm{d}\eta\mathrm{d}\zeta \approx \sum_{i=1}^{n}\sum_{j=1}^{m}\sum_{k=1}^{l} H_iH_jH_kf(\xi_i,\eta_j,\zeta_k) \tag{2-69}$$

式中的积分点坐标 ξ_i,η_j,ζ_k 及其对应的加权系数 H_i,H_j,H_k 可以采用同样的办法获得。

小　结

通过本部分内容的学习，读者应该能够：掌握了有限单元法的基础概念，如应力平衡微分方程、应变和几何方程、物理方程、边界条件以及常用的力学方程的推导方法；了解应具备的线性代数知识，及高斯积分方法。在有限单元相关矩阵方程推导时应充分理解和应用这些概念和方法。

习　题

2.1　以 y 轴或 z 轴为例，推导平衡微分方程（要求写出详细的推导过程）。

2.2　从理想弹性体中取出一微元体，见下图，试以向 yoz 面投影为例，推导几何方程。

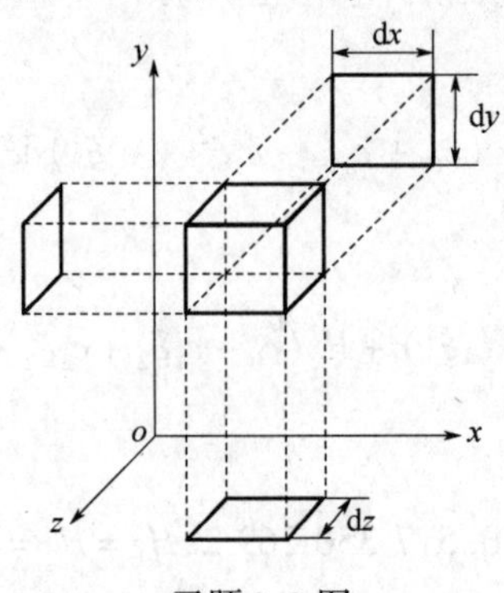

习题 2. 2 图

2.3　已知点 $P(1,2,0)$ 处位移场为 $\boldsymbol{u}=[(x^3+y^2)\cdot\boldsymbol{i}+3xyz\cdot\boldsymbol{j}+(3+5x^2+3yz+7z^2)\cdot\boldsymbol{k}]\times10^{-6}\mathrm{m}$，求点 P 处的应变状态，假如材料参数为弹性模量 $E=206\mathrm{GPa}$，$\nu=0.3$，试求该点的应力状态。

2.4　一个理想弹性体，材料参数为 E 和 ν，设体内某点所受的体积力为 F_{Vx}，F_{Vy}，F_{Vz}，所处的位移场为 $\boldsymbol{u}=[(x+y^2)\cdot\boldsymbol{i}+4yz\cdot\boldsymbol{j}+(6yz+8z^2)\cdot\boldsymbol{k}]\times10^{-3}\mathrm{m}$，试求在此坐标系下体积力的表达式。

2.5　如下图所示处于平面应力状态的薄板结构，在 P 点区域作面力 F，请标示出该结构的应力及位移边界条件。

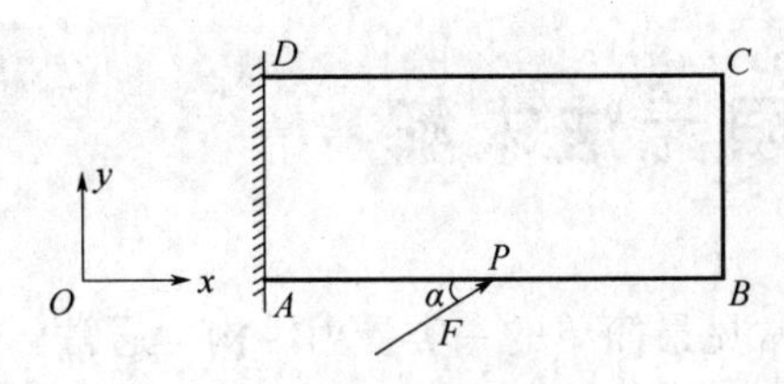

习题 2.5 图

2.6　一点处的应力状态由应力矩阵给出，如下

$$\boldsymbol{\sigma}=\begin{pmatrix}30 & -15 & 20\\ -15 & -25 & 10\\ 20 & 10 & 40\end{pmatrix}\mathrm{MPa}$$

如果 $E=70\ \mathrm{GPa}$，$\nu=0.33$，求单位体积的应变能密度。

第3章 一维问题的有限元法求解

杆件在工程结构中是最常见最简单的一类受力结构。通常，长度方向尺寸比横向尺寸要大得多且仅受轴向（长度方向）或绕轴向扭转载荷的构件，称之为杆。杆件的形状和尺寸可由其横截面和轴线两个主要几何特征来描述，由于截面的变化可将其分为等截面杆和变截面杆。杆单元是有限单元理论中最简单的单元。类似活塞杆、连杆、压力杆等受轴向或扭转单一方向的柱状构件在工程应用中十分常见。如图 3-1 所示，分别为活塞式发动机的连杆结构和四驱车辆传动轴扭力杆结构。

图 3-1　活塞式发动机与四驱车辆的连杆结构

有限单元法分析的基本思路是将区域离散化，用离散点的值来表示位移场，通过单元刚度分析、等效节点力计算建立整体结构的平衡方程，进而引入边界约束条件来进行求解。下面将以一维杆单元为例，详细介绍有限元建模分析过程。

3.1　问题的描述

一般情况下，认为一维轴力杆结构只承受轴向力，只有一个方向受力和产生相应的变形。如图 3-2 所示为一非等截面一维杆结构，一维杆结构左端固支，右端承受集中载荷 F_C。

这里以非等截面杆结构为例进行一维杆单元问题的描述与分析。将变截面杆件离散为一个阶梯轴模型，离散后得到 5 个单元 6 个节点的有限元模型，如图 3-3 所示。

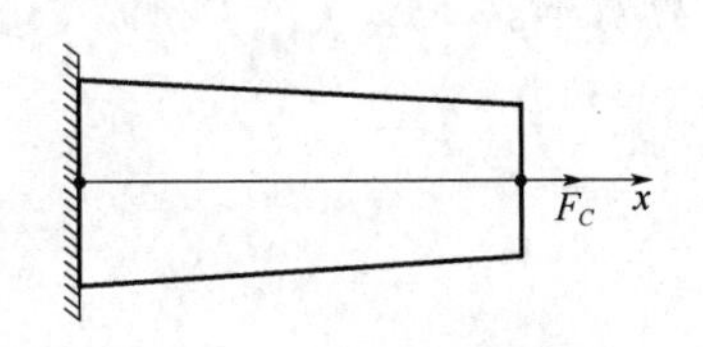

图 3-2　受轴向力的非等截面一维杆

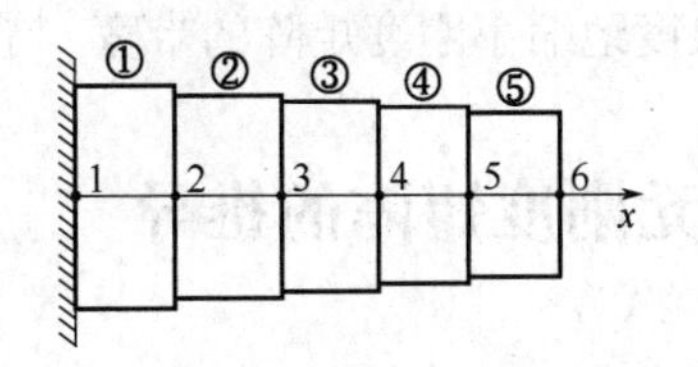

图 3-3　一维杆的离散

此模型由若干个等截面的杆单元组成，每个等截面部分可以用杆单元来模拟。简单来说，是将整个杆件划分为多个区域，每个单元（区域）有两个节点，每个节点只在 x 方向受力，把这样的单元叫一维杆单元。分别求出每个区域内横截面积的平均值、长度和弹性模量，进而可以对各等截面的一维杆单元进行定义。该非等截面杆结构的有限元模型有 6 个自由度，整体位移列阵可表示为$\boldsymbol{q}=[u_1,u_2,u_3,u_4,u_5,u_6]^{\mathrm{T}}$ 整体载荷列阵可表示为 $\boldsymbol{F}=[F_1,F_2,F_3,F_4,F_5,F_6]^{\mathrm{T}}$。

通常，将单元内的面积力和体积力都当作常数对待，但在不同单元内，其面积力和体积力以及横截面积在数值上并不是相同的。另外，需要注意的一点是，在施加集中力的地方应该定义相应的节点，换句话说，集中力施加在节点上将极大地有利于计算；同时，适当地增加单元数量能够得到更加精确的计算结果，但同时也会增加计算量，增长求解时间，需要根据实际问题把握。

3.2　单元划分编号方案

有限单元法建模的坐标系分为整体坐标系和局部坐标系。对于一个结构体，整体坐标系一般只有一个；而局部坐标系可以有很多个，每个单元就是一个局部坐标。同类单元的局部坐标系的定义都是相同的，因此，同类型单元刚度矩阵相同。

一般情况下，在一维问题中，认为杆件只承受一个方向的力（轴向力，x 方向），只有一个方向的受力和相应的变形，因此，每个节点只有一个自由度。每个一维杆单元有两个节点。在表 3-1 中给出了图 3-3 的单元编号与局部节点编号和整体节点编号的关系。

表 3-1　编号信息表

	局部编号	整体编号					
单元编号	i	1	2	3	4	5	6
节点编号	1	1	2	3	4	5	6
	2	2	3	4	5	6	7

在表 3-1 中，单元 i 的节点 1、2 指的是单元局部坐标的节点编号，而下方相应的节点编号称为整体坐标系中的整体编号。假设 i 单元的单元编号为 i，对于杆单元来说，其局部坐标下节点 1 在整体坐标中的编号与 i 相同，局部节点 2 在整体坐标中的编号则为 $i+1$。

需要注意的是，一般情况下，取一维杆之间的交点、集中力作用点、杆件与支承的交点为节点。相邻两节点间的杆件则为一个杆单元。节点编号时力求单元两端点节点号差最小，以便最大限度地缩小刚度矩阵的带宽，节省存储、提高计算效率。

3.3 单元刚度矩阵的推导

1. 建立坐标系，离散单元

对于3.1节例中的任意一个杆单元，都可以建立自己的局部坐标系。对应地，取其杆单元的左端点为坐标原点，建立一维的局部坐标系。对于图3-4所示的一维杆单元，在局部坐标系 x 中，节点1的 x 坐标为0，节点2的 x 坐标为 L。另外还有：单元横截面积为 A^e，材料参数弹性模量为 E^e。

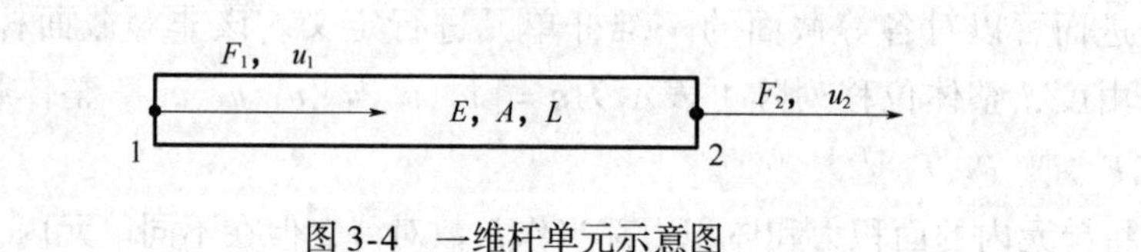

图3-4 一维杆单元示意图

该杆单元的位移变量为：节点1的位移 u_1，节点2的位移 u_2。

该杆单元的载荷参数为：节点1的载荷力为 F_1，节点2的载荷力为 F_2。

这样，该杆单元（共有两个节点）的节点力和节点位移的关系可以用如下单元刚度矩阵的形式来表示

$$\begin{pmatrix} F_1 \\ F_2 \end{pmatrix} = \boldsymbol{K}^e \begin{pmatrix} u_1 \\ u_2 \end{pmatrix} \tag{3-1}$$

式中，$\boldsymbol{F}^e = \begin{pmatrix} F_1 \\ F_2 \end{pmatrix}$为杆单元节点力矢量；$\boldsymbol{q}^e = \begin{pmatrix} u_1 \\ u_2 \end{pmatrix}$为杆单元节点位移矢量；$\boldsymbol{K}^e$ 为单元刚度矩阵。

2. 确定位移模式

可以假设单元的位移场具有多项式形式，即 $u(x) = a_1 + a_2x + a_3x^2 + \cdots$。对于上述二节点杆单元而言，只取其线性部分，其位移插值函数即位移模式取如下形式

$$u(x) = a_1 + a_2x \tag{3-2}$$

其中，系数 a_1、a_2 由单元结构和节点位移 $\boldsymbol{q}^e = \begin{pmatrix} u_1 \\ u_2 \end{pmatrix}$确定。

3. 形函数矩阵的推导

由单元的节点坐标条件，两个节点坐标为 x_1、x_2，两个节点位移为 $u(x)|_{x=x_1} = u_1$，$u(x)|_{x=x_2} = u_2$，代入式（3-2）得

$$a_1 + a_2x_1 = u_1$$
$$a_1 + a_2x_2 = u_2$$

求解得到

$$a_1 = u_1 - x_1(u_1 - u_2)/(x_1 - x_2)$$

$$a_2 = (u_1 - u_2)/(x_1 - x_2)$$

或者，推导过程可以写成如下矩阵形式

$$u(x) = (1 \quad x)\begin{pmatrix} a_1 \\ a_2 \end{pmatrix}, \begin{pmatrix} u_1 \\ u_2 \end{pmatrix} = \begin{pmatrix} 1 & x_1 \\ 1 & x_2 \end{pmatrix}\begin{pmatrix} a_1 \\ a_2 \end{pmatrix}$$

$$\begin{pmatrix} a_1 \\ a_2 \end{pmatrix} = \begin{pmatrix} 1 & x_1 \\ 1 & x_2 \end{pmatrix}^{-1}\begin{pmatrix} u_1 \\ u_2 \end{pmatrix}$$

导出

$$u(x) = (1 \quad x)\begin{pmatrix} a_1 \\ a_2 \end{pmatrix} = (1 \quad x)\begin{pmatrix} 1 & x_1 \\ 1 & x_2 \end{pmatrix}^{-1}\begin{pmatrix} u_1 \\ u_2 \end{pmatrix}$$

上式是杆单元内任一点的位移与单元结点位移的关系，可以进一步采用形函数矩阵的形式来表示，即

$$u(x) = \boldsymbol{N}(x)\begin{pmatrix} u_1 \\ u_2 \end{pmatrix} \tag{3-3}$$

式中，形函数矩阵为

$$\boldsymbol{N}(x) = (1 \quad x)\begin{pmatrix} 1 & x_1 \\ 1 & x_2 \end{pmatrix}^{-1} = \begin{pmatrix} 1 - \dfrac{x - x_1}{x_2 - x_1} & \dfrac{x - x_1}{x_2 - x_1} \end{pmatrix} \tag{3-4}$$

其中，形函数矩阵的两个元素分别为 $N_1(x) = 1 - \dfrac{x - x_1}{x_2 - x_1}$，$N_2(x) = \dfrac{x - x_1}{x_2 - x_1}$，即$\boldsymbol{N} = [N_1, N_2]$。

记节点位移矢量为

$$\boldsymbol{q}^{\mathrm{e}} = \begin{pmatrix} u_1 \\ u_2 \end{pmatrix} \tag{3-5}$$

因此，用形函数矩阵表达的单元内任一点的位移函数是

$$u(x) = N(x)\boldsymbol{q}^{\mathrm{e}} \tag{3-6}$$

式中，$u(x)$是单元内任一点的位移；$\boldsymbol{N}(x)$是单元的形函数矩阵；$\boldsymbol{q}^{\mathrm{e}}$ 是单元的节点位移矢量。

4. 应变

由弹性力学的几何方程可知，一维杆单元满足如下应变位移关系

$$\varepsilon(x) = \frac{\partial u(x)}{\partial x} = \frac{\mathrm{d}\boldsymbol{N}(x)}{\mathrm{d}x}\begin{pmatrix} u_1 \\ u_2 \end{pmatrix} = \begin{pmatrix} -\dfrac{1}{L} & \dfrac{1}{L} \end{pmatrix}\begin{pmatrix} u_1 \\ u_2 \end{pmatrix} = \boldsymbol{B}\begin{pmatrix} u_1 \\ u_2 \end{pmatrix} \tag{3-7}$$

式中，$\boldsymbol{B}$ 为应变矩阵；$L = x_2 - x_1$，为杆单元长度。

5. 应力

由弹性力学的物理方程知

$$\sigma(x) = D^{\mathrm{e}}\boldsymbol{B}\boldsymbol{u}^{\mathrm{e}} = \boldsymbol{S}\boldsymbol{u}^{\mathrm{e}} = \begin{pmatrix} -\dfrac{E^{\mathrm{e}}}{L} & \dfrac{E^{\mathrm{e}}}{L} \end{pmatrix}\begin{pmatrix} u_1 \\ u_2 \end{pmatrix} \tag{3-8}$$

式中，$\boldsymbol{S}$ 为应力矩阵。这里的 D^e 为杆单元的弹性矩阵，由于为一维单元，D^e 是一个常量，即材料的弹性模量 E。

6. 利用最小势能原理导出单元刚度矩阵

杆单元的势能具有如下形式

$$\begin{aligned}\Pi^e &= U^e - W^e \\ &= \frac{1}{2}\int_{V^e}\boldsymbol{\varepsilon}^{\mathrm{T}}\boldsymbol{\sigma}\mathrm{d}V - \frac{1}{2}\begin{pmatrix}u_1\\u_2\end{pmatrix}^{\mathrm{T}}\begin{pmatrix}F_1\\F_2\end{pmatrix} \\ &= \frac{1}{2}\int_0^{L^e}(\boldsymbol{B}\boldsymbol{q}^e)^{\mathrm{T}}(\boldsymbol{S}\boldsymbol{q}^e)A^e\mathrm{d}x - \frac{1}{2}\begin{pmatrix}u_1\\u_2\end{pmatrix}^{\mathrm{T}}\begin{pmatrix}F_1\\F_2\end{pmatrix} \\ &= \frac{1}{2}(\boldsymbol{q}^e)^{\mathrm{T}}\left(\int_0^L \boldsymbol{B}^{\mathrm{T}}E^e\boldsymbol{B}A^e\mathrm{d}x\right)\boldsymbol{q}^e - \frac{1}{2}(\boldsymbol{q}^e)^{\mathrm{T}}\boldsymbol{F}^e\end{aligned}$$

上式记作如下矩阵形式

$$\Pi^e = \frac{1}{2}(\boldsymbol{q}^e)^{\mathrm{T}}\boldsymbol{K}^e\boldsymbol{q}^e - \frac{1}{2}(\boldsymbol{q}^e)^{\mathrm{T}}\boldsymbol{F}^e \tag{3-9}$$

根据最小势能原理，$\dfrac{\partial \Pi^e}{\partial \boldsymbol{q}^e}=0$，可以得到

$$\boldsymbol{K}^e\boldsymbol{q}^e = \boldsymbol{F}^e \tag{3-10}$$

式中，杆单元刚度矩阵具有如下形式

$$\boldsymbol{K}^e = \int_0^L \boldsymbol{B}^{\mathrm{T}}E^e\boldsymbol{B}A^e\mathrm{d}x = \frac{E^eA^e}{L}\begin{pmatrix}1 & -1\\ -1 & 1\end{pmatrix} \tag{3-11}$$

单元刚度矩阵的物理意义是，其任一列的元素分别等于该单元的某个节点沿坐标方向发生单位位移时，在各节点上所引起的节点力。单元的刚度取决于单元的大小、方向和弹性模量，而与单元的位置无关，即不随单元或坐标轴的平行移动而改变。单元刚度矩阵一般具有如下特性：对称性和奇异性。

3.4 整体刚度矩阵和载荷列阵的组集

3.4.1 直接叠加法

假设一维弹性结构被离散为 N 个单元和 n 个节点，$n=N+1$，对每个单元按前文描述的方法进行推导，可以得到 N 个单元刚度矩阵 $\boldsymbol{K}_i^e(i=1,2,\cdots,N)$。在有限单元法求解问题的过程中，对单元刚度矩阵、载荷列阵等进行组集，求得整体刚度矩阵和载荷列阵的这个步骤不可缺少，进而能够得到描述整个弹性体平衡关系式的有限元方程。

对于一维单元来说，每个节点只有 x 方向一个自由度。首先，引入整个弹性体的节点位移列阵 $\boldsymbol{q}_{n\times1}$，它由所有节点位移按节点整体编号顺序从小到大排列而成，即

$$\boldsymbol{q}_{n\times1} = (u_1^{\mathrm{T}} \quad u_2^{\mathrm{T}} \quad \cdots \quad u_n^{\mathrm{T}})^{\mathrm{T}} \tag{3-12}$$

下面来确定一维弹性结构整体载荷列阵。设一维单元的两个节点（1，2 节点）对应的整体编号分别为 i、j（i、j 的次序从小到大排列），每个单元两个节点的等效节点力分别记为 $\boldsymbol{F}_i^{\mathrm{e}}$，$\boldsymbol{F}_j^{\mathrm{e}}$。将弹性体离散后的所有单元节点力列阵 $\{\boldsymbol{F}\}_{2\times1}^{\mathrm{e}}$ 加以扩充，使之成为 $n\times1$ 阶的列阵，即

$$\boldsymbol{F}_{n\times1}^{\mathrm{e}}=\begin{pmatrix}1 & \cdots & i & \cdots & j & \cdots & n\\ & \cdots & (\boldsymbol{F}_i^{\mathrm{e}})^{\mathrm{T}} & \cdots & (\boldsymbol{F}_j^{\mathrm{e}})^{\mathrm{T}} & \cdots & \end{pmatrix}^{\mathrm{T}} \tag{3-13}$$

在求得各单元扩充后的节点力列阵之后，将所有单元的节点力列阵叠加在一起，重叠的部分则进行简单的相加，便可得到整个弹性体的载荷列阵 $\boldsymbol{F}$。结构整体载荷列阵记为

$$\boldsymbol{F}_{n\times1}=\sum_{i=1}^{N}\boldsymbol{F}_{n\times1}=(\boldsymbol{F}_1^{\mathrm{T}}\quad \boldsymbol{F}_2^{\mathrm{T}}\quad\cdots\quad \boldsymbol{F}_n^{\mathrm{T}})^{\mathrm{T}} \tag{3-14}$$

由于结构整体载荷列阵是由移置到节点上的等效节点载荷按节点号码对应叠加而成，相邻单元公共节点内力引起的等效节点力在叠加过程中必然会全部相互抵消，所以结构整体载荷列阵只会剩下外载荷所引起的等效节点力，在结构整体载荷列阵中大量元素的值一般都为0。因此在一般情况下，外载荷列阵可以直接用相关单元扩展后的等效载荷列阵简单叠加后给出。

下面，我们来确定一维弹性结构整体刚度矩阵。以一维杆单元为例，将其2阶单元刚度矩阵 $\boldsymbol{K}^{\mathrm{e}}$ 进行扩充，使之成为一个 $n\times n$ 阶的方阵 $\boldsymbol{K}_{\mathrm{ext}}^{\mathrm{e}}$。具体扩充方式如下，单元内的两个节点（1、2 节点）分别对应的整体编号 i 和 j，那么扩充后的单元刚度矩阵 $\boldsymbol{K}_{i,\mathrm{ext}}^{\mathrm{e}}$ 可以表示为

$$\boldsymbol{K}_{i,\mathrm{ext}}^{\mathrm{e}}=\begin{array}{c} \begin{matrix}1 & \cdots & i & \cdots & j & \cdots & n\end{matrix}\\ \begin{pmatrix}\cdots & \cdots & \cdots & \cdots & \cdots & \cdots & \cdots\\ \vdots & & \vdots & & \vdots & & \vdots\\ \cdots & \cdots & k_{ii} & \cdots & k_{ij} & \cdots & \cdots\\ \vdots & & \vdots & & \vdots & & \vdots\\ \cdots & \cdots & k_{ji} & \cdots & k_{jj} & \cdots & \cdots\\ \vdots & & \vdots & & \vdots & & \vdots\\ \cdots & \cdots & \cdots & \cdots & \cdots & \cdots & \cdots\end{pmatrix}\begin{matrix}1\\ \vdots\\ i\\ \vdots\\ j\\ \vdots\\ n_{(n\times n)}\end{matrix}\end{array} \tag{3-15}$$

单元刚度矩阵经过扩充以后，除了对应的第 i、j 行和 i、j 列上的四个元素之外，其余元素均为0。

求得扩充后的单元刚度矩阵 $\boldsymbol{K}_{i,\mathrm{ext}}^{\mathrm{e}}$ 之后，将 N 个单元的扩充刚度矩阵 $\boldsymbol{K}_{i,\mathrm{ext}}^{\mathrm{e}}$ 进行叠加，与载荷列阵同理，重叠的部分进行简单相加得到结构整体刚度矩阵

$$\boldsymbol{K}=\sum_{i=1}^{N}\boldsymbol{K}_{i,\mathrm{ext}}^{\mathrm{e}} \tag{3-16}$$

可以得到用整体刚度矩阵、节点位移列阵和节点载荷列阵表达的结构有限元方程为

$$\boldsymbol{Kq}=\boldsymbol{F} \tag{3-17}$$

这是一个关于节点位移的 n 阶线性方程组。

弹性结构整体刚度矩阵 $\boldsymbol{K}$ 中每一列元素的物理意义为：欲使弹性体的某一节点在坐标轴方向发生单位位移而其他节点都保持为0的变形状态，在各节点上所需要施加的节点力。

整体刚度矩阵 $\boldsymbol{K}$ 具有如下性质：

1）是对称矩阵，主对角元素总是正的。

2）维数是 $n \times n$，其中，n 是节点的数量，且每个节点只有一个自由度。

3）是带状稀疏矩阵。

4）是奇异矩阵，在排除刚体位移后，是一个正定矩阵。

3.4.2 转换矩阵法

下面介绍另外一种整体矩阵的组集方法，即转换矩阵法。

对于离散化的弹性体有限元模型，首先求得各个单元的刚度矩阵、单元位移列阵和单元载荷列阵。在进一步分析之前，需要对各单元的各项矩阵（包括列阵）进行组集，同时要求单元各矩阵的阶数和整体弹性结构各矩阵的阶数（即结构的节点自由度数）相同。除了直接叠加法以外，也可以利用转换矩阵 $\boldsymbol{G}^{e}$ 对单元各矩阵进行组集。

若弹性结构的节点总数为 n，则一维杆单元的两个节点对应的整体节点序号为 i 和 j，该单元节点自由度的转换矩阵为

$$
\begin{matrix} & 1 & \cdots & i & \cdots & j & \cdots & n & \\ \boldsymbol{G}^{e}_{2\times n} = & \left(\begin{matrix} 0 \\ 0 \end{matrix}\right. & \begin{matrix} \cdots \\ \cdots \end{matrix} & \begin{matrix} 1 \\ 0 \end{matrix} & \begin{matrix} \cdots \\ \cdots \end{matrix} & \begin{matrix} 0 \\ 1 \end{matrix} & \begin{matrix} \cdots \\ \cdots \end{matrix} & \left.\begin{matrix} 0 \\ 0 \end{matrix}\right) & \begin{matrix} 1 \\ 2 \end{matrix} \end{matrix} \tag{3-18}
$$

转换矩阵法的关键在于获取每个单元节点自由度的转换矩阵 $\boldsymbol{G}^{e}$，转换矩阵的行数为每个单元的自由度数，列数为整体刚度矩阵的维数。也就是说，在转换矩阵中，一维杆单元两个节点所对应的整体编号位置（i,j）所在的元素为 1，其他均为 0。利用转换矩阵 $\boldsymbol{G}^{e}$ 求得扩充后的单元刚度矩阵后，可以直接求和得到弹性结构的整体刚度矩阵

$$
\boldsymbol{K} = \sum_{i=1}^{N} (\boldsymbol{G}_{i}^{e})^{\mathrm{T}} \boldsymbol{K}_{i}^{e} \boldsymbol{G}_{i}^{e} \tag{3-19}
$$

同理，弹性结构的整体载荷列阵可以表示为

$$
\boldsymbol{F} = \sum_{i=1}^{N} (\boldsymbol{G}_{i}^{e})^{\mathrm{T}} \boldsymbol{F}_{i}^{e} \tag{3-20}
$$

3.5 边界条件

上面分析了单元刚度矩阵等的组集过程，以单元刚度矩阵为例，运用直接叠加法或转换矩阵法组集之后，求得的整体刚度矩阵 $\boldsymbol{K}$ 是奇异矩阵，不能直接求解，只有在消除了整体刚度矩阵奇异性之后，才能联立方程组并求解出节点位移。一般情况下，所要求解的问题，其边界往往具有一定的位移约束条件，本身已排除了刚体运动的可能性。整体刚度矩阵奇异性的消除需要通过引入边界约束条件、消除结构的刚体位移来实现。下面介绍一下如何引入边界条件。

3.5.1 边界条件的类型

在对连续体进行离散化建模后，弹性体的总势能可以表示为

$$\Pi = \frac{1}{2}\boldsymbol{q}^{\mathrm{T}}\boldsymbol{K}\boldsymbol{q} - \boldsymbol{q}^{\mathrm{T}}\boldsymbol{F} \tag{3-21}$$

式中，$\boldsymbol{K}$ 是结构的整体刚度矩阵；$\boldsymbol{F}$ 是整体载荷列阵；$\boldsymbol{q}$ 是整体位移列阵。

利用最小势能原理：当一个体系的势能最小时，系统会处于稳定平衡状态，即在满足结构系统边界条件的所有可能位移中，真实的位移使得总势能取最小值。因此在满足边界条件的情况下，通过将势能表达式对 $\boldsymbol{q}$ 求最小值来得到平衡方程，边界条件通常的形式为

$$u_1 = a_1, u_2 = a_2, \cdots, u_n = a_n \tag{3-22}$$

即在每一个节点 1，2，…，n 的位移被相应地指定为 a_1，a_2，…，a_n。例如，如图 3-3 中的一维杆，其边界条件为 $q_1 = 0$。

关于一维边界条件的处理同样可以用在二维和三维问题中，在二维问题中一个节点有两个自由度，所以下式中用自由度代替节点。如二维问题中的斜面线约束，即多点相关约束的边界条件为

$$\beta_1 u_1 + \beta_2 u_2 = \beta_0 \tag{3-23}$$

式中，β_0、β_1 和 β_2 是常数。边界条件应排除结构发生刚体移动的可能，还应精确地对原物理系统进行建模描述。对于给定位移的边界条件，其处理的方法有两种：消元法和罚函数法。该部分将会在桁架部分做更详细的讲述。

3.5.2　消元法

对于自由度数为 n 的弹性结构来说，其位移列阵和载荷列阵分别为

$$\boldsymbol{q} = [u_1, u_2, \cdots, u_n]^{\mathrm{T}}$$

$$\boldsymbol{F} = [F_1, F_2, \cdots, F_n]^{\mathrm{T}}$$

整体刚度矩阵形式如下

$$\boldsymbol{K} = \begin{pmatrix} k_{11} & k_{12} & \cdots & k_{1n} \\ k_{21} & k_{22} & \cdots & k_{2n} \\ \vdots & \vdots & & \vdots \\ k_{n1} & k_{n2} & \cdots & k_{nn} \end{pmatrix}$$

保持方程组为 $n \times n$ 阶不变，仅对 $\boldsymbol{K}$ 和 $\boldsymbol{F}$ 进行修正。例如，若指定自由度 i 的位移为 u_i，则令 $\boldsymbol{K}$ 中的元素 $k_{i,i}$ 为 1，而第 i 行和第 i 列的其余元素都为零。$\boldsymbol{F}$ 中的第 i 个元素则用位移 u_i 的已知值代入，$\boldsymbol{F}$ 中的其他各行元素均减去已知节点位移的指定值和原来 $\boldsymbol{K}$ 中该行的相应列元素的乘积。

例如一个只有 4 个自由度的简单例子

$$\begin{pmatrix} k_{11} & k_{12} & k_{13} & k_{14} \\ k_{21} & k_{22} & k_{23} & k_{24} \\ k_{31} & k_{32} & k_{33} & k_{34} \\ k_{41} & k_{42} & k_{43} & k_{44} \end{pmatrix} \begin{pmatrix} u_1 \\ u_2 \\ u_3 \\ u_4 \end{pmatrix} = \begin{pmatrix} F_1 \\ F_2 \\ F_3 \\ F_4 \end{pmatrix} \tag{3-24}$$

假定该系统中节点位移 u_1 和 u_3 分别被指定为

$$u_1 = \beta_1,\ u_3 = \beta_3 \tag{3-25}$$

当引入这些节点的已知位移之后，方程（3-24）就变成

$$\begin{pmatrix} 1 & 0 & 0 & 0 \\ 0 & k_{22} & 0 & k_{24} \\ 0 & 0 & 1 & 0 \\ 0 & k_{42} & 0 & k_{44} \end{pmatrix}\begin{pmatrix} u_1 \\ u_2 \\ u_3 \\ u_4 \end{pmatrix} = \begin{pmatrix} \beta_1 \\ F_2 - k_{21}\beta_1 - k_{23}\beta_3 \\ \beta_3 \\ F_4 - k_{41}\beta_1 - k_{43}\beta_3 \end{pmatrix} \tag{3-26}$$

利用这组维数不变的方程来求解所有的节点位移，显然，其解仍为原方程（3-24）的解。

若在整体刚度矩阵、整体位移列阵和整体载荷列阵中对应去掉边界条件中位移为 0 的行和列，将会得到降阶之后的矩阵和列阵，达到消除整体刚度矩阵奇异性的目的，其处理方式与本方法在原理和最终结果等方面是一致的。

3.5.3　罚函数法

现在讨论处理边界条件的另一种方法。这种方法很容易通过计算机程序实现，而且即使在考虑式（3-22）中所给出的一般边界条件时也保持了它的简洁性。

将整体刚度矩阵 $\boldsymbol{K}$ 中与指定自由度位移有关的主对角元素乘上一个大数 C，例如 10^{15}，将 $\boldsymbol{F}$ 中的对应元素换成指定的节点位移值与该大数的乘积。实际上，这种方法就是使 $\boldsymbol{K}$ 中相应行的修正项远大于非修正项。

把此方法用于 3.5.2 节的例子，则方程（3-24）就变为

$$\begin{pmatrix} k_{11}\times C & k_{12} & k_{13} & k_{14} \\ k_{21} & k_{22} & k_{23} & k_{24} \\ k_{31} & k_{32} & k_{33}\times C & k_{34} \\ k_{41} & k_{42} & k_{43} & k_{44} \end{pmatrix}\begin{pmatrix} u_1 \\ u_2 \\ u_3 \\ u_4 \end{pmatrix} = \begin{pmatrix} \beta_1 k_{11}\times C \\ F_2 \\ \beta_3 k_{33}\times C \\ F_4 \end{pmatrix} \tag{3-27}$$

可以看到，该方程组的第一个方程为

$$k_{11}\times C\times u_1 + k_{12}u_2 + k_{13}u_3 + k_{14}u_4 = \beta_1 k_{11}\times C \tag{3-28}$$

由于

$$k_{11}\times C \gg k_{1j}\ (j=2,3,4) \tag{3-29}$$

故有

$$u_1 = \beta_1 \tag{3-30}$$

同理可得

$$u_3 = \beta_3 \tag{3-31}$$

进而方程组降阶为 2×2 阶，同时可以求得 u_2 和 u_4 的值。

需要说明的是：这里所介绍的罚函数法只是一种近似的方法，求解的精度取决于 C 的选取。

将式（3-28）除以 C，可以得到

$$k_{11}u_1 + k_{12}u_2/C + k_{13}u_3/C + k_{14}u_4/C = \beta_1 k_{11} \tag{3-32}$$

从式（3-32）中可以发现，如果 C 选得足够大，那么 $u_1 \approx \beta_1$，尤其是当 C 比刚度系数 k_{11}，k_{12}，…，k_{1n}大得多时，有 $u_1 \approx \beta_1$。

可以使用一个简单的方法来选取 C 值，即

$$C = \max|k_{ij}| \times 10^5, (1 \leqslant i \leqslant n, 1 \leqslant j \leqslant n) \tag{3-33}$$

式（3-33）中系数选用 10^5乘以刚度元素的最大值对于大多数实际问题是适合的。可以通过一个简单的方式来验证，使用上述这个公式（比如用10^5 或10^6）来验证所得到的支反力的解相差是否很大。

例 3.1　如图 3-5 所示的一维阶梯杆，受到一个轴向作用力 $F_x = 1 \times 10^5$N，请尝试用罚函数法来处理边界条件，并求解各节点的位移。弹性模量 $E = 200$ GPa，截面积分别为 $A_1 = 2\ 000\ \text{mm}^2$，$A_2 = 800\ \text{mm}^2$。

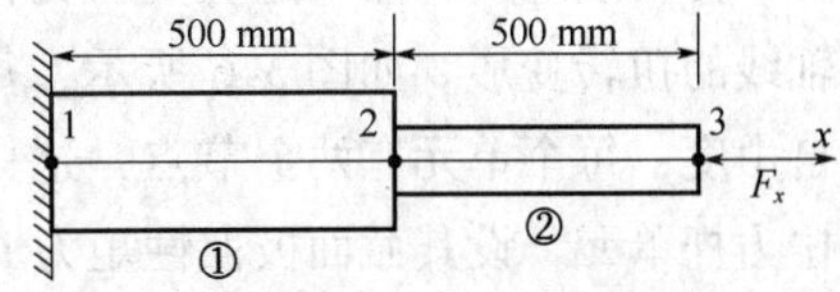

图 3-5　例题 3.1 图

解：

单元①与单元②的刚度矩阵为

$$\boldsymbol{K}^{(1)} = \frac{2 \times 10^{11} \times 2\ 000 \times 10^{-6}}{500 \times 10^{-3}} \begin{pmatrix} 1 & -1 \\ -1 & 1 \end{pmatrix}$$

和

$$\boldsymbol{K}^{(2)} = \frac{2 \times 10^{11} \times 800 \times 10^{-6}}{500 \times 10^{-3}} \begin{pmatrix} 1 & -1 \\ -1 & 1 \end{pmatrix}$$

由单元刚度矩阵 $\boldsymbol{K}^{(1)}$ 和 $\boldsymbol{K}^{(2)}$ 组集得到的整体结构刚度矩阵为

$$\boldsymbol{K} = \begin{pmatrix} 0.8 & -0.8 & 0 \\ -0.8 & 1.12 & -0.32 \\ 0 & -0.32 & 0.32 \end{pmatrix} \times 10^9$$

整体载荷列阵为

$$\boldsymbol{F} = [0, 0, -1 \times 10^5]^{\mathrm{T}}$$

本例中的节点 1 是固定约束，所以在使用罚函数时，将大数 C 分别加到 $\boldsymbol{K}$ 的第一个对角元素上，根据式（3-33）选取 C，为

$$C = (1.12 \times 10^9) \times 10^5$$

因此，修正后的整体刚度矩阵为

$$\boldsymbol{K} = \begin{pmatrix} 112\ 000.8 & -0.8 & 0 \\ -0.8 & 1.12 & -0.32 \\ 0 & -0.32 & 0.32 \end{pmatrix} \times 10^9$$

建立的静力学方程为

$$10^9 \times \begin{pmatrix} 112\ 000.8 & -0.8 & 0 \\ -0.8 & 1.12 & -0.32 \\ 0 & -0.32 & 0.32 \end{pmatrix} \begin{pmatrix} q_1 \\ q_2 \\ q_3 \end{pmatrix} = \begin{pmatrix} 0 \\ 0 \\ -1 \times 10^5 \end{pmatrix}$$

解得

$$q = [-8.9286 \times 10^{-7}, -0.125, -0.4375]^T \times 10^{-3}\text{m}$$

3.6　扭力杆刚度矩阵的推导

在工程实际中，有很多构件，例如汽车传动轴、独立悬挂中的扭力杆以及扭力弹簧等都是受扭构件，其工作原理均是通过对材质柔软、韧度较大的弹性材料的扭曲或旋转进行蓄力、传动或避震，假设这些受扭构件只承受扭矩，只有绕轴线的扭转变形。如图 3-6 所示，每个节点只有一个回转自由度，每个单元有两个节点，这样的一维杆单元常称为扭力杆单元。设其截面极惯性矩为 I_p，材料切变模量为 G，尝试推导其刚度矩阵。

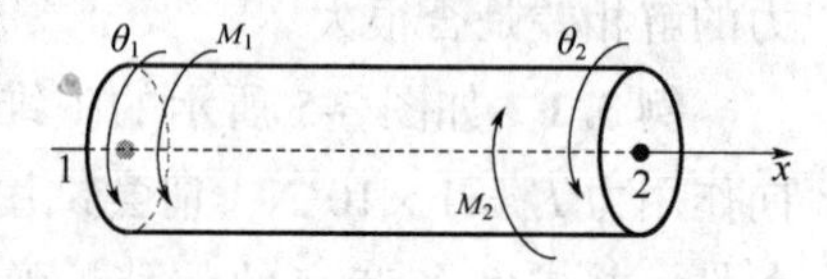

图 3-6　扭力杆单元示意图

扭力杆单元刚度矩阵的推导过程与前面讲解过的一维轴力杆单元刚度矩阵的推导步骤类似。

1. 建立坐标系，离散单元

在局部坐标系 x 中，节点 1 的 x 坐标为 0，节点 2 的 x 坐标为 L。

扭力杆单元绕 x 轴旋转的位移变量为：节点 1 的转角位移 θ_1，节点 2 的转角位移 θ_2。

扭力杆单元的载荷力矩为：节点 1 的载荷力矩为 M_1，节点 2 的载荷力矩为 M_2。

扭力杆单元（共有两个节点）的节点力与节点转角位移的关系可以用如下单元刚度矩阵的形式来表示

$$\begin{pmatrix} M_1 \\ M_2 \end{pmatrix} = \boldsymbol{K}^e \begin{pmatrix} \theta_1 \\ \theta_2 \end{pmatrix} \tag{3-34}$$

式中，$\boldsymbol{M}^e = \begin{pmatrix} M_1 \\ M_2 \end{pmatrix}$为扭力杆单元节点力向量；$\boldsymbol{q}^e = \begin{pmatrix} \theta_1 \\ \theta_2 \end{pmatrix}$为扭力杆单元节点位移矢量；$\boldsymbol{K}^e$ 为单元刚度矩阵。

2. 确定位移模式

假设扭力杆单元的位移场具有多项式形式，即 $\theta(x) = a_1 + a_2 x + a_3 x^2 + \cdots$。对于上述二节点扭力杆单元而言，取其线性部分，其位移插值函数即位移模式取如下形式

$$\theta(x) = a_1 + a_2 x \tag{3-35}$$

式中，系数 a_1、a_2 将由单元结构和节点转角位移 $\boldsymbol{q}^e = \begin{pmatrix} \theta_1 \\ \theta_2 \end{pmatrix}$确定。

3. 形函数矩阵的推导

扭力杆单元的两个节点坐标为 x_1、x_2，两个节点转角位移为 $\theta(x)|_{x=x_1} = \theta_1$，$\theta(x)|_{x=x_2} = \theta_2$，代入式（3-35）得

$$a_1 + a_2 x_1 = \theta_1$$

$$a_1 + a_2 x_2 = \theta_2$$

可推导得出

$$\theta(x)=(1\quad x)\begin{pmatrix}a_1\\a_2\end{pmatrix}=(1\quad x)\begin{pmatrix}1&x_1\\1&x_2\end{pmatrix}^{-1}\begin{pmatrix}\theta_1\\\theta_2\end{pmatrix}$$

可以进一步采用形函数矩阵的形式来表示扭力杆单元内任一点的转角位移与单元节点转角位移的关系，即

$$\theta(x)=\boldsymbol{N}(x)\begin{pmatrix}\theta_1\\\theta_2\end{pmatrix}\tag{3-36}$$

式中，形函数矩阵为

$$\boldsymbol{N}(x)=(1\quad x)\begin{pmatrix}1&x_1\\1&x_2\end{pmatrix}^{-1}=\begin{pmatrix}1-\dfrac{x-x_1}{x_2-x_1}&\dfrac{x-x_1}{x_2-x_1}\end{pmatrix}\tag{3-37}$$

其中，形函数矩阵的两个元素分别为$N_1(x)=1-\dfrac{x-x_1}{x_2-x_1}$，$N_2(x)=\dfrac{x-x_1}{x_2-x_1}$，即$\boldsymbol{N}=[N_1,N_2]$。

记节点位移矢量为

$$\boldsymbol{q}^{\mathrm{e}}=\begin{pmatrix}\theta_1\\\theta_2\end{pmatrix}\tag{3-38}$$

则用形函数矩阵表达的单元内任一点的位移函数是

$$\theta(x)=\boldsymbol{N}(x)\boldsymbol{q}^{\mathrm{e}}\tag{3-39}$$

式中，$\theta(x)$是单元内任一点的位移；$\boldsymbol{N}(x)$是单元的形函数矩阵；$\boldsymbol{q}^{\mathrm{e}}$是单元的节点位移矢量。

4. 能量法推导单元刚度矩阵

根据材料力学的基本原理，直接可以得到图3-6中扭力杆单元的扭转应变能为

$$U=\frac{1}{2}\frac{M^2}{GI_{\mathrm{p}}}L\tag{3-40}$$

同理，由材料力学可知，M为杆单元上的合力矩，θ表示杆单元两节点的相对转角，可用$\mathrm{d}\theta$表示相距为$\mathrm{d}x$的两个横截面之间的相对转角，则可得

$$M=GI_{\mathrm{p}}\frac{\mathrm{d}\theta}{\mathrm{d}x}\tag{3-41}$$

将式（3-41）代入式（3-40）中，可得

$$U=\frac{1}{2}GI_{\mathrm{p}}L\left(\frac{\mathrm{d}\theta}{\mathrm{d}x}\right)^2\tag{3-42}$$

由式（3-36）可知，式（3-42）中的一阶导数$\dfrac{\mathrm{d}\theta}{\mathrm{d}x}$可以变化为对形函数求导

$$\frac{\mathrm{d}\theta}{\mathrm{d}x}=\frac{\mathrm{d}\boldsymbol{N}(x)}{\mathrm{d}x}\begin{pmatrix}\theta_1\\\theta_2\end{pmatrix}=\begin{pmatrix}-\dfrac{1}{L}&\dfrac{1}{L}\end{pmatrix}\begin{pmatrix}\theta_1\\\theta_2\end{pmatrix}=\boldsymbol{B}\begin{pmatrix}\theta_1\\\theta_2\end{pmatrix}\tag{3-43}$$

式中，$l^{\mathrm{e}}=x_2-x_1$为扭力杆单元的长度。

代入扭力杆单元应变能公式，可得

$$U = \frac{1}{2} G I_p L (\boldsymbol{q}^e)^T \boldsymbol{B}^T \boldsymbol{B} \boldsymbol{q}^e \tag{3-44}$$

考虑到单元应变能也可以表达为刚度矩阵的形式

$$U = \frac{1}{2} (\boldsymbol{q}^e)^T \boldsymbol{K}^e \boldsymbol{q}^e \tag{3-45}$$

可将式（3-44）改写为

$$U = \frac{1}{2} (\boldsymbol{q}^e)^T G I_p L \boldsymbol{B}^T \boldsymbol{B} \boldsymbol{q}^e$$

这样，扭转杆单元刚度矩阵的表达式为

$$\boldsymbol{K}^e = G I_p L \boldsymbol{B}^T \boldsymbol{B} = \frac{G I_p}{L} \begin{pmatrix} 1 & -1 \\ -1 & 1 \end{pmatrix} \tag{3-46}$$

由此可见，扭力杆的单元刚度矩阵与前述的一维轴力杆单元的刚度矩阵（式 3-11）在形式上是一致的。

3.7　一维杆单元应用举例

例 3.2　轴力杆举例：图 3-2 所示为一非等截面杆结构模型，在其右端施加一个集中力载荷 F，大小为 200 N。将其划分为图 3-3 所示的有限元模型，不考虑其自身质量的影响，试分析各节点的位移变化情况。其单元长度均为 0.1m，单元 1 ~ 5 的横截面积分别为 3 cm²，2.5 cm²，2 cm²，1.5 cm²，1 cm²。弹性模量 E 为 200 GPa。

解：将模型划分成 5 个一维杆单元，求出每个单元的刚度矩阵，然后组集成总体刚度矩阵，计算出整体载荷列阵后引入边界条件后，再进行求解。具体的计算过程可参见以下 MATLAB 程序。

```
clear all
E=2e11;                                      %弹性模量
A=[3  2.5 2 1.5 1]*1e-4;                     %单元截面积
L=[0.1 0.1 0.1 0.1 0.1];                     %单元长度
%
numberElements=5;                            %单元个数
numberNodes=6;                               %节点个数
elementNodes=[1 2;2 3;3 4;4 5;5 6];          %单元编码
nodeCoordinates=[0;0.1;0.2;0.3;0.4;0.5];     %节点坐标
%
GDof=1*numberNodes;                          %总自由度数
displacements=zeros(GDof,1);                 %位移矢量
force=zeros(GDof,1);                         %载荷向量
%在节点 6 处加载荷 20N
force(6)=200;
%总体刚度矩阵的组集
```

```
Ge = zeros(6,GDof,numberElements);                %单元转换矩阵
ke = zeros(2,2,numberElements);                   %单元刚度矩阵
Ke = zeros(GDof,GDof,numberElements);             %扩展之后的单元刚度矩阵
K = zeros(GDof);                                  %总体刚度矩阵
for i =1:numberElements
ke(:,:,i) = E * A(i)/L(i) * [1 -1;-1 1];          %单元刚度矩阵
    pos_1 = elementNodes(i,1);
    pos_2 = elementNodes(i,2);                    %节点位置
Ke(pos_1:pos_2,pos_1:pos_2,i) = ke(:,:,i);
    Ge(pos_1,pos_1,i) =1;
    Ge(pos_2,pos_2,i) =1;
    K = K + Ge(:,:,i)' * Ke(:,:,i) * Ge(:,:,i);
end
%引入边界条件
K_s = K(2:6,2:6);              %节点1位移为0,所以去掉第一行及第一列
force = force(2:6);
%得到位移结果
x = inv(K_s) * force;
x = [0 x']'                    %扩展成完整的节点位移
```

作为对照，利用 ANSYS 对该例题进行同样的分析计算。ANSYS 的命令流如下：

```
FINISH
/CLEAR
/PREP7                                  ! 进入前处理器
ET,1,LINK180                            ! 定义杆单元类型
R,1,3e-4,,0 $ R,2,2.5e-4,,0 $ R,3,2e-4,,0 $ R,4,1.5e-4,,0 $ R,5,1e-4,,0
                                        ! 定义第一~五段杆的实常数
MP,EX,1,2e11 $ MP,PRXY,1,0.3            ! 定义弹性模量、泊松比
N,1,0,0,0 $ N,2,0.1,0,0 $ N,3,0.2,0,0 $ N,4,0.3,0,0 $ N,5,0.4,0,0 $ N,6,0.5,0,0!
                                        创建节点1~6
REAL,1 $ E,1,2                          ! 选择实常数号1,创建节点1、2形成线
REAL,2 $ E,2,3                          ! 选择实常数号2,创建节点2、3形成线
REAL,3 $ E,3,4                          ! 选择实常数号3,创建节点3、4形成线
REAL,4 $ E,4,5                          ! 选择实常数号4,创建节点4、5形成线
REAL,5 $ E,5,6                          ! 选择实常数5,创建节点5、6形成线
D,1,ALL                                 ! 约束节点1全位移,
F,6,FX,200                              ! 在节点6施加x正方向为200 N的力
FINISH                                  ! 求解

/SOLU
/STATUS,SOLU                            ! 进入求解阶段
```

```
SOLVE
FINISH
/POST1                              ！进入通用后处理器
/VSCALE,1,1,0                       ！进入查看位移矢量图模式
PLVECT,U,,,,VECT,ELEM,ON,0          ！显示节点总位移矢量图
PRNSOL,U,COMP                       ！列表显示节点位移值
```

MATLAB 与 ANSYS 所求得的节点位移见表 3-2 所示。

表 3-2　各节点位移变化情况　　（单位：μm）

节点编号	1	2	3	4	5	6
MATLAB	0	0. 333 3	0. 733 3	1. 233	1. 900	2. 900
ANSYS	0	0. 333 3	0. 733 3	1. 233	1. 900	2. 900

例 3. 3　扭力杆举例：图 3-2 所示为一非等截面杆结构模型，在其右端施加一个扭矩 M，大小为20 N · m，方向沿 x 轴正向。将其划分为图 3-3 所示的有限元模型，不考虑其自身重力的影响，试分析各节点的位移变化情况。其单元长度均为 0. 1m，单元 1 ~ 5 的横截面积分别为 3 cm^2，2. 5 cm^2，2 cm^2，1. 5 cm^2，1 cm^2。弹性模量 E 为 200 GPa。（极惯性矩公式为 $I_p = \pi D^4/32$）

解：将模型划分成 5 个一维杆单元，求出每个单元的刚度矩阵，然后将单元组集成总体刚度矩阵，计算出整体载荷列阵后引入边界条件后，再进行求解。具体的计算过程可参见以下 MATLAB 程序。

```
clear all
E=2e11; mu=0.3; G=E/(2*(1+mu));                %弹性模量,泊松比,材料参数剪切模量
R=[9.772 8.921 7.979 6.910 5.642]*1e-3; L=[0.1 0.1 0.1 0.1 0.1];
                                                %半径,单元长度
numberElements=5;numberNodes=6;                 %单元个数,节点个数
elementNodes=[1 2;2 3;3 4;4 5;5 6];             %单元编码
nodeCoordinates=[0;0.1;0.2;0.3;0.4;0.5];        %节点坐标
%
GDof=1*numberNodes;                             %总自由度数
displacements=zeros(GDof,1);                    %位移矢量
M=zeros(GDof,1);                                %载荷向量
M(6)=20;                                        %在节点 6 处加扭矩 200N.m
%总体刚度矩阵的组集
Ge=zeros(6,GDof,numberElements);                %单元转换矩阵
ke=zeros(2,2,numberElements);                   %单元刚度矩阵
Ke=zeros(GDof,GDof,numberElements);             %扩展之后的单元刚度矩阵
K=zeros(GDof);                                  %总体刚度矩阵
for i=1:numberElements
ke(:,:,i)=G*pi*R(i)^4/2/L(i)*[1 -1;-1 1];
```

```
                                                   %单元刚度矩阵
    pos_1 = elementNodes(i,1);
    pos_2 = elementNodes(i,2);                     %节点位置
 Ke(pos_1:pos_2,pos_1:pos_2,i) = ke(:,:,i);
    Ge(pos_1,pos_1,i) =1;
    Ge(pos_2,pos_2,i) =1;
    K = K + Ge(:,:,i)' * Ke(:,:,i) * Ge(:,:,i);
 end
 %引入边界条件
 K_s = K(2:6,2:6);                                 %节点1位移为0,所以去掉第一行及第一列
 M = M(2:6);
 %得到位移结果
 x = inv(K_s) * M;
 x = [0 x']'                                       %扩展成完整的节点位移
```

作为对照，利用ANSYS对该例题进行同样的分析计算。ANSYS的命令流如下：

```
/PREP7                                          ! 进入前处理器
ET,1,BEAM188                                    ! 定义梁单元类型
MP,EX,1,2e11                                    ! 定义弹性模量
MP,PRXY,1,0.3                                   ! 定义泊松比
SECTYPE,1,BEAM,CSOLID,,0                        ! 创建第一段梁
SECOFFSET,CENT
SECDATA,0.009772,0,0,0,0,0,0,0,0,0,0,0          ! 定义第一段梁的横截面积
SECTYPE,2,BEAM,CSOLID,,0                        ! 创建第二段梁
SECOFFSET,CENT
SECDATA,0.008921,0,0,0,0,0,0,0,0,0,0,0          ! 定义第二段梁的横截面积
SECTYPE,3,BEAM,CSOLID,,0                        ! 创建第三段梁
SECOFFSET,CENT
SECDATA,0.007979,0,0,0,0,0,0,0,0,0,0,0          ! 定义第三段梁的横截面积
SECTYPE,4,BEAM,CSOLID,,0                        ! 创建第四段梁
SECOFFSET,CENT
SECDATA,0.00691,0,0,0,0,0,0,0,0,0,0,0           ! 定义第四段梁的横截面积
SECTYPE,5,BEAM,CSOLID,,0                        ! 创建第五段梁
SECOFFSET,CENT
SECDATA,0.005642,0,0,0,0,0,0,0,0,0,0,0          ! 定义第五段梁的横截面积
K,1,0,0,0, $ K,2,0.1,0,0, $ K,3,0.2,0,0, $ K,4,0.3,0,0, $ K,5,0.4,0,0, $ K,6,0.5,0,
0,                                              ! 创建关键点1~6
LSTR,1,2 $ LSTR,2,3 $ LSTR,3,4 $ LSTR,4,5 $ LSTR,5,6
! 连接关键点形成线
CM,_Y,LINE
LSEL,,,,1 $ LATT,1,,1,,,,1                      ! 选择直线1,赋予第一段梁的属性
```

```
LSEL,,,,2 $ LATT,1,,1,,,,2              ! 选择直线 2,赋予第二段梁的属性
LSEL,,,,3 $ LATT,1,,1,,,,3              ! 选择直线 3,赋予第三段梁的属性
LSEL,,,,4 $ LATT,1,,1,,,,4              ! 选择直线 4,赋予第四段梁的属性
LSEL,,,,5 $ LATT,1,,1,,,,5              ! 选择直线 5,赋予第五段梁的属性
CMSEL,S,_Y  $  CMDELE,_Y  $  CMDELE,_Y1
FLST,5,5,4,ORDE,2
FITEM,5,1
FITEM,5,-5
CM,_Y,LINE
LSEL,,,,ALL                             ! 选择线
CM,_Y1,LINE
CMSEL,,_Y
LESIZE,_Y1,,,1,,,,,1                    ! 设置单元尺寸
FLST,2,5,4,ORDE,2
FITEM,2,1
FITEM,2,-5
LMESH,ALL                               ! 对线进行网格划分
FINISH
/SOL
D,1,ALL                                 ! 对节点 1 施加全位移约束
F,6,MX,20                               ! 对节点 6 施加扭矩
/STATUS,SOLU                            ! 求解
SOLVE
FINISH
/POST1                                  ! 进入通用后处理器
PRNSOL,ROT,COMP                         ! 类别显示节点扭转角
```

MATLAB 与 ANSYS 所求得的节点位移见表 3-3 所示。

表 3-3　各节点转动变化情况　　(单位：10^{-3} rad)

节点编号	1	2	3	4	5	6
MATLAB	0	1.815 2	4.428 5	8.512 3	15.772 4	32.107 5
ANSYS	0	1.818 9	4.437 7	8.529 9	15.805 0	32.174 0

小　结

通过本部分内容的学习，读者应该能够：掌握一维问题的有限元求解方法、一维杆单元编号划分的方案、一维杆单元刚度矩阵的推导、整体刚度矩阵的组集；同时了解有限元求解方法中边界条件的处理方法，即消元法和罚函数法；推导一维扭力杆的刚度矩阵，并针对一维杆单元求解相关问题。在解决一维杆单元问题时应充分理解和应用这些概念和方法。

习　题

3.1　对如习题3.1图所示的杆单元模型，求解其编号信息表，并用直接叠加法与转换矩阵法分别对其进行组集。

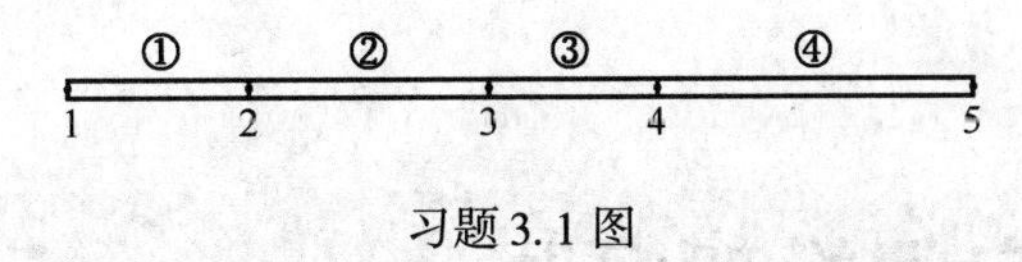

习题3.1图

3.2　杆件的尺寸如习题3.2图所示，求各节点位移、单元应力和支座支反力。

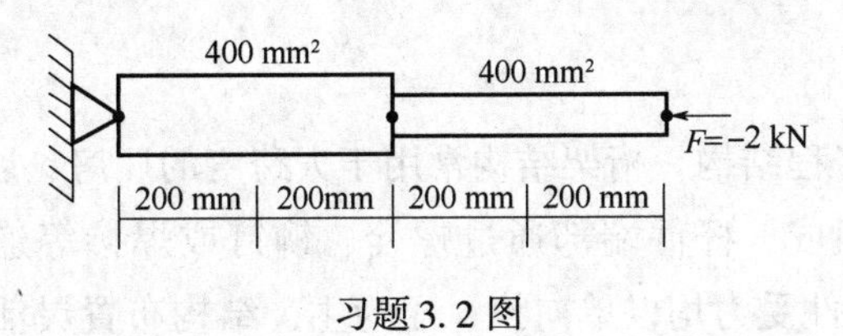

习题3.2图

3.3　如习题3.2图所示，请尝试用罚函数法来处理边界条件，求得C值。

3.4　如习题3.4图所示，设杆件由三个等截面杆件①、②、③所组成，写出四个节点1、2、3、4的节点轴向力F_1、F_2、F_3、F_4与节点轴向位移u_1、u_2、u_3、u_4之间的整体刚度矩阵$\boldsymbol{K}$。

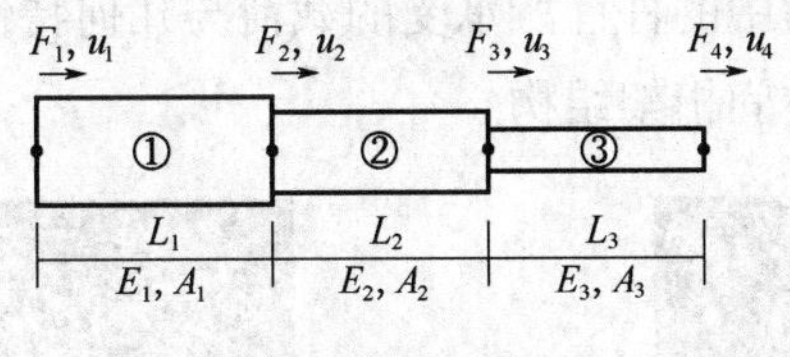

习题3.4图

3.5　在工程中为了保证螺栓连接的紧密度，经常使用力矩扳手施加特定扭矩值，其工作状态如习题3.5图，扳手套筒可以视为由同一材料的两个等截面杆件①与②组成的扭力杆，其剪切模量$G=81$ GPa。套筒的长度和直径分别为：$L_1=0.1$ m，$D_1=0.016$ m，$L_2=0.1$ m，$D_2=0.01$ m。螺栓扭紧时，节点1可以视为固支。当力矩扳手的扭转力矩为5 N·m时，试求解各节点的转角位移。

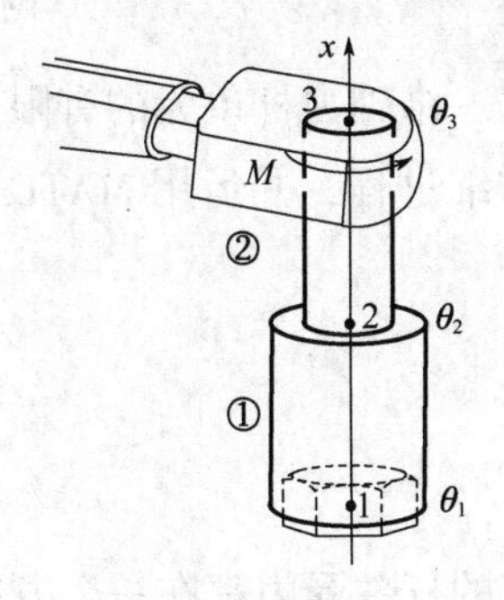

习题3.5图

第 4 章

平面桁架与空间桁架问题

桁架是一种常见的工程结构，桁架结构常用于大跨度的厂房、展览馆、体育馆和桥梁等公共建筑中，其由直杆组成，杆件端部通过螺栓、铆钉或焊接等连接在一起，如图 4-1 和 4-2 所示。桁架中的各杆件受力均以单向拉、压为主，结构布置灵活。桁架结构能够使材料强度得到充分发挥，并将横弯作用下的实腹梁内部复杂的应力状态转化为桁架杆件内简单的拉压应力状态，使得能够直观地了解力的分布和传递，便于结构的变化和组合，从而适用于各种跨度的建筑结构。从杆件间的连接方式上区分，若杆件间为铰接方式连接，则可以将其称作桁架结构。根据桁架结构中的杆件所承受的载荷与几何特性是否在同一平面上，桁架结构又可分为平面桁架结构与空间桁架结构。

图 4-1　闻名中外的上海外白渡桥

图 4-2　某展馆顶棚结构

本章利用坐标变换矩阵，依据一维轴力杆单元的有限元特点，给出了平面杆单元以及空间杆单元进行结构有限元分析的详细过程，并运用 MATLAB 和 ANSYS 软件对两类具体桁架问题进行编程、求解与结果分析。

4.1　平面桁架问题

在工程实际当中，不可能所有的杆件受力都在一个方向上，因此需要将实际问题转化为平面桁架问题来分析。一维结构和平面桁架（平面杆单元）之间所存在的主要区别在于：桁架的单元有不同方向的自由度。这里从坐标变换（整体坐标和局部坐标）的角度出发来说明平面杆单元的建模方法。

4.1.1　局部坐标系下平面杆单元

图4-3给出的是一个典型的平面杆单元，其中 $O\text{-}XY$ 为整体坐标系，$o\text{-}xy$ 为局部坐标系，$Z(z)$ 轴通过原点垂直于纸面朝外；α 为局部坐标系与整体坐标系间 x 轴（y 轴）的夹角。平面杆单元是一个典型的两节点单元，在整体坐标系下，每个节点上都具有两个位移，即 x 方向和 y 方向位移，单元节点的位移列阵可表示为

$$\boldsymbol{q}^{e}=(\bar{u}_1\quad \bar{v}_1\quad \bar{u}_2\quad \bar{v}_2)^{\mathrm{T}} \tag{4-1}$$

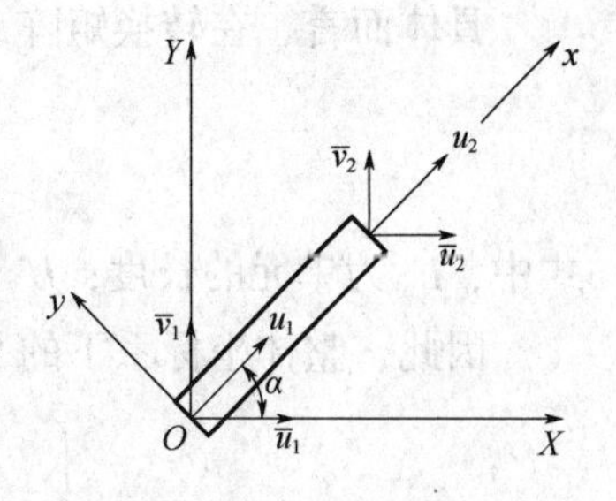

图4-3　平面杆单元示意图

式中，$\bar{u}_i$、$\bar{v}_i$ 为节点 i 沿整体坐标方向的位移。

由第3章可知平面杆单元在局部坐标系中的刚度矩阵为

$$\boldsymbol{K}^{e}=\begin{pmatrix}\dfrac{EA}{L} & -\dfrac{EA}{L}\\ -\dfrac{EA}{L} & \dfrac{EA}{L}\end{pmatrix} \tag{4-2}$$

式中，E 为弹性模量；A 为横截面积。

下面我们将通过坐标变换来求得平面杆单元的刚度矩阵。

4.1.2　平面杆单元刚度矩阵的推导

从能量法的角度来看，杆单元的势能不会因坐标系变换而产生能量的变化。如图4-3所示，局部坐标系中杆单元位移 u_1 和 u_2，可以投影到整体坐标系中，变成$(\bar{u}_1\quad \bar{v}_1\quad \bar{u}_2\quad \bar{v}_2)^{\mathrm{T}}$；两个节点的坐标变为$(x_1,y_1)$，$(x_2,y_2)$。

整体坐标系中位移和局部坐标系中位移的变换关系为

$$\begin{pmatrix}u_1\\ u_2\end{pmatrix}=\begin{pmatrix}\cos\alpha & \sin\alpha & 0 & 0\\ 0 & 0 & \cos\alpha & \sin\alpha\end{pmatrix}\begin{pmatrix}\bar{u}_1\\ \bar{v}_1\\ \bar{u}_2\\ \bar{v}_2\end{pmatrix}=\boldsymbol{T}^{e}\begin{pmatrix}\bar{u}_1\\ \bar{v}_1\\ \bar{u}_2\\ \bar{v}_2\end{pmatrix} \tag{4-3}$$

式中，$\boldsymbol{T}^{e}$ 为坐标变换矩阵，其表达式为

$$\boldsymbol{T}^{e}=\begin{pmatrix}\cos\alpha & \sin\alpha & 0 & 0\\ 0 & 0 & \cos\alpha & \sin\alpha\end{pmatrix} \tag{4-4}$$

因此，平面杆单元节点位移矢量的变换关系记为

$$\boldsymbol{q}^{e}=\boldsymbol{T}^{e}\bar{\boldsymbol{q}}^{e} \tag{4-5}$$

单元势能是一个标量，不会因坐标系的不同而改变。导出整体坐标系下的单元势能函数

$$\begin{aligned}\Pi^{e}&=\frac{1}{2}(\boldsymbol{q}^{e})^{\mathrm{T}}\boldsymbol{K}^{e}\boldsymbol{q}^{e}-\frac{1}{2}(\boldsymbol{q}^{e})^{\mathrm{T}}F^{e}=\frac{1}{2}(\bar{\boldsymbol{q}}^{e})^{\mathrm{T}}(\boldsymbol{T}^{e})^{\mathrm{T}}\bar{\boldsymbol{K}}^{e}\boldsymbol{T}^{e}\bar{\boldsymbol{q}}^{e}-\frac{1}{2}(\bar{\boldsymbol{q}}^{e})^{\mathrm{T}}(\boldsymbol{T}^{e})^{\mathrm{T}}\boldsymbol{F}^{e}\\&=\frac{1}{2}(\bar{\boldsymbol{q}}^{e})^{\mathrm{T}}((\boldsymbol{T}^{e})^{\mathrm{T}}\bar{\boldsymbol{K}}^{e}\boldsymbol{T}^{e})\bar{\boldsymbol{q}}^{e}-\frac{1}{2}(\bar{\boldsymbol{q}}^{e})^{\mathrm{T}}((\boldsymbol{T}^{e})^{\mathrm{T}}\boldsymbol{F}^{e})\\&=\frac{1}{2}(\bar{\boldsymbol{q}}^{e})^{\mathrm{T}}\boldsymbol{K}^{e}\bar{\boldsymbol{q}}^{e}-\frac{1}{2}(\bar{\boldsymbol{q}}^{e})^{\mathrm{T}}\bar{\boldsymbol{F}}^{e}\end{aligned} \tag{4-6}$$

从式（4-6）可以推导出在整体坐标系下平面杆单元的刚度矩阵

$$\overline{\boldsymbol{K}}^{e}=(\boldsymbol{T}^{e})^{T}\boldsymbol{K}^{e}\boldsymbol{T}^{e} \tag{4-7}$$

具体而言，在转换矩阵 $\boldsymbol{T}^{e}$ 中，有

$$\cos\alpha=\frac{x_1-x_2}{L^e},\sin\alpha=\frac{y_1-y_2}{L^e} \tag{4-8}$$

式中，L^e 为单元的长度；$L^e=\sqrt{(x_1-x_2)^2+(y_1-y_2)^2}$。

因此，整体坐标系下的平面杆单元刚度矩阵为

$$\overline{\boldsymbol{K}}^{e}=\frac{E^eA^e}{L^e}\begin{pmatrix}\cos^2\alpha & \cos\alpha\sin\alpha & -\cos^2\alpha & -\cos\alpha\sin\alpha\\ \cos\alpha\sin\alpha & \sin^2\alpha & -\cos\alpha\sin\alpha & -\sin^2\alpha\\ -\cos^2\alpha & -\cos\alpha\sin\alpha & \cos^2\alpha & \cos\alpha\sin\alpha\\ -\cos\alpha\sin\alpha & -\sin^2\alpha & \cos\alpha\sin\alpha & \sin^2\alpha\end{pmatrix} \tag{4-9}$$

这样，就可以推导出整体坐标系下的平面杆单元刚度矩阵。在此基础上可以进一步推导出整体刚度矩阵并建立整体系统方程，进而求解整体结构各节点的位移分量。

4.1.3　平面桁架问题举例

例 4.1　如图 4-4 所示为一平面桁架结构，$L=2.5$ m。在 A 点处承受力 $F_x=120$ kN，$F_y=-240$ kN。试求解 A 点的位移。

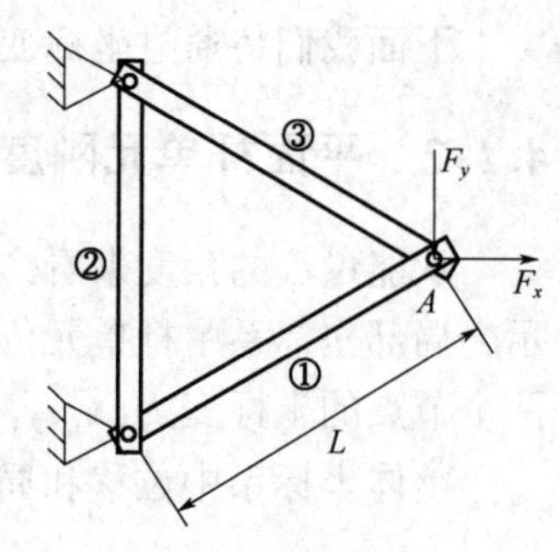

图 4-4　二维桁架例题图

具体参数如下：

单元 1：截面积 $A_1=30$ cm^2，弹性模量 $E_1=207$ GPa

单元 2：截面积 $A_2=35$ cm^2，弹性模量 $E_2=69$ GPa

单元 3：截面积 $A_3=28$ cm^2，弹性模量 $E_3=207$ GPa

解：将模型划分成 3 个二维杆单元，求出每个单元的刚度矩阵，然后将单元组集成总体刚度矩阵，计算出整体载荷列阵后引入边界条件后，再进行求解。具体的计算过程可参见以下 MATLAB 程序。

```
clear all
E=[20.7 6.9 20.7]*1e10;                         %弹性模量
A=[30 35 28]*1e-4;                               %单元截面积
L=[2.5 2.5 2.5];                                 %单元长度
theta=[pi/6 pi/2 5*pi/6];
%
numberElements=3;                                %单元个数
numberNodes=3;                                   %节点个数
elementNodes=[1 2;2 3;1 3];                      %单元编码
%
GDof=2*numberNodes;                              %总自由度数
displacements=zeros(GDof,1);                     %位移矢量
force=zeros(GDof,1);                             %载荷向量
```

```
                                        %在节点1处加载荷
force(1) =1.2e5;
force(2) = -2.4e5;
                                        %总体刚度矩阵的组集
Ge = zeros(4,GDof,numberElements);      %单元转换矩阵
ke = zeros(2,2,numberElements);         %单元刚度矩阵
Te = [];                                %坐标变换矩阵
                                        % Ke = zeros(GDof,GDof,
                                        numberElements);
                                        %扩展之后的单元刚度矩阵
K = zeros(GDof);                        %总体刚度矩阵
for i =1:numberElements
ke(:,:,i) =E(i) * A(i)/L(i) * [1 -1; -1 1];   %单元刚度矩阵
Te(:,:,i) =[cos(theta(i)) sin(theta(i)) 0 0;0 0 cos(theta(i)) sin(theta(i))];
    pos_1 =elementNodes(i,1);
    pos_2 =elementNodes(i,2);           %节点位置
Ke(:,:,i) =Te(:,:,i)' * ke(:,:,i) * Te(:,:,i);  %整体坐标系下的单元刚度矩阵
    Ge(1,2 * pos_1 -1,i) =1;
    Ge(2,2 * pos_1,i) =1;
    Ge(3,2 * pos_2 -1,i) =1;
    Ge(4,2 * pos_2,i) =1;
    K =K + Ge(:,:,i)' * Ke(:,:,i) * Ge(:,:,i);  %总体刚度矩阵的组集
end
                                        %引入边界条件
K_s =K(1:2,1:2);                        %节点2、3位移为0
force = force(1:2);
                                        %得到位移结果
x = inv(K_s) * force;
x =[x' 0 0 0 0]'                        %扩展成完整的节点位移
```

作为对照，利用ANSYS对该例题进行同样的分析计算。ANSYS的命令流如下：

```
FINISH
/CLEAR
/PREP7                          ! 进入前处理器
ET,1,LINK180                    ! 定义杆单元类型
R,1,0.3e-2,,0                   ! 定义第一段杆的实常数
R,2,0.35e-2,,0                  ! 定义第二段杆的实常数
R,3,0.28e-2,,0                  ! 定义第三段杆的实常数
MP,EX,1,20.7e10                 ! 定义第一种材料弹性模量
MP,PRXY,1,0.3                   ! 定义第一种材料泊松比
MP,EX,2,6.9e10                  ! 定义第二种材料弹性模量
```

```
MP,PRXY,2,0.3                              ! 定义第二种材料泊松比
N,1,2.5*sin(60*3.1415926/180),0,0          ! 创建节点 1
N,2,0,-1.25,0                              ! 创建节点 2
N,3,0,1.25,0                               ! 创建节点 3
MAT,1                                      ! 选择材料号 1
REAL,1                                     ! 选择实常数号 1
E,1,2                                      ! 创建节点 1、2 形成线
MAT,2                                      ! 选择材料号 2
REAL,2                                     ! 选择实常数号 2
E,2,3                                      ! 创建节点 2、3 形成线
MAT,1                                      ! 选择材料号 1
REAL,3                                     ! 选择实常数号 3
E,3,1                                      ! 创建节点 3、1 形成线
D,2,ALL                                    ! 约束节点 2 全位移
D,3,ALL                                    ! 约束节点 3 全位移
F,1,FX,1.2e5                               ! 在节点 1 施加 x 正方向为
120000N 的力
F,1,FY,-2.4e5                              ! 在节点 1 施加 Y 负方向为
240000N 的力
FINISH                                     ! 求解
/SOLU
/STATUS,SOLU                               ! 进入求解阶段
SOLVE
FINISH
/POST1                                     ! 进入通用后处理器
/VSCALE,1,1,0                              ! 进入查看位移矢量图模式
PLVECT,U,,,,VECT,ELEM,ON,0                 ! 显示节点总位移矢量图
PRNSOL,U,COMP                              ! 列表显示节点位移值
```

MATLAB 与 ANSYS 所求得的 *A* 点位移结果见表 4-1 所示。

表 4-1　*A* 点位移结果对比　（单位：m）

位　移	*X*	*Y*
MATLAB	0.37340×10^{-3}	-2.0213×10^{-2}
ANSYS	0.37341×10^{-3}	-2.0213×10^{-2}

4.2　空间桁架问题

4.2.1　三维杆单元刚度矩阵的推导

空间桁架又称为三维桁架，是有限单元法中的重要结构形式，也是工程上常见的结构类

型。对于空间桁架问题，可以将桁架结构离散为若干个三维杆单元，进而应用有限单元法的思路来进行求解。三维杆单元仅受 x、y 或 z 轴方向上的压力或拉力。

在前面的章节中，已介绍了一维及平面杆单元的推导建模过程，接下来考虑空间杆单元的问题，三维桁架单元可直观地认为是二维桁架单元的扩展。如图4-5所示，局部坐标系中杆单元一维位移 u_1 和 u_2，可以投影到三维整体坐标系中，变换为 $(\overline{u}_1 \quad \overline{v}_1 \quad \overline{w}_1 \quad \overline{u}_2 \quad \overline{v}_2 \quad \overline{w}_2)^{\mathrm{T}}$，两个节点的坐标转变为 (X_1, Y_1, Z_1)，(X_2, Y_2, Z_2)。

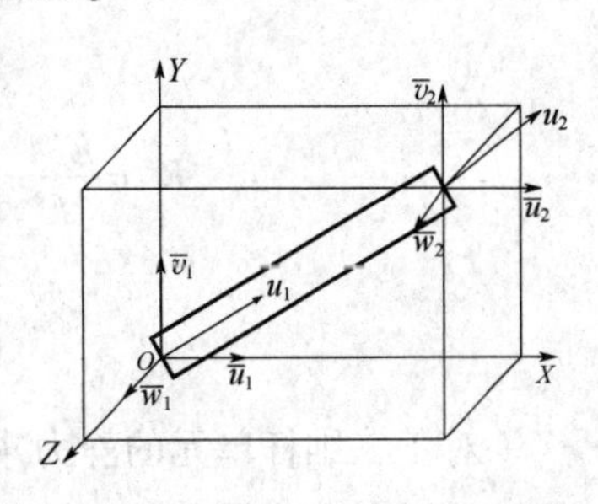

图4-5　空间杆单元

空间杆单元坐标转换的原理与平面杆单元的坐标转换相同，只要分别写出局部坐标系和整体坐标系中的位移矢量的等效关系则可得到坐标转换矩阵，进而实现坐标转换。

假设局部坐标系下空间梁单元的节点位移列阵为

$$\boldsymbol{q}^{\mathrm{e}} = (u_1 \quad u_2)^{\mathrm{T}} \tag{4-10}$$

整体坐标系下的节点位移列阵为

$$\overline{\boldsymbol{q}}^{\mathrm{e}} = (\overline{u}_1 \quad \overline{v}_1 \quad \overline{w}_1 \quad \overline{u}_2 \quad \overline{v}_2 \quad \overline{w}_2)^{\mathrm{T}} \tag{4-11}$$

局部坐标与整体坐标系之间的转换关系式为

$$\begin{pmatrix} u_1 \\ u_2 \end{pmatrix} = \begin{pmatrix} \cos\alpha & \cos\beta & \cos\chi & 0 & 0 & 0 \\ 0 & 0 & 0 & \cos\alpha & \cos\beta & \cos\chi \end{pmatrix} \begin{pmatrix} \overline{u}_1 \\ \overline{v}_1 \\ \overline{w}_1 \\ \overline{u}_2 \\ \overline{v}_2 \\ \overline{w}_2 \end{pmatrix} \tag{4-12}$$

式中，α，β，χ 分别为在整体坐标系中杆单元与坐标轴 x、y、z 方向的夹角。

在式（4-12）中，转换矩阵 $\boldsymbol{T}^{\mathrm{e}}$ 为

$$\boldsymbol{T}^{\mathrm{e}} = \begin{pmatrix} \cos\alpha & \cos\beta & \cos\chi & 0 & 0 & 0 \\ 0 & 0 & 0 & \cos\alpha & \cos\beta & \cos\chi \end{pmatrix} \tag{4-13}$$

同理，可令

$$\cos\alpha = \frac{x_1 - x_2}{L} = l, \cos\beta = \frac{y_1 - y_2}{L} = m, \cos\chi = \frac{z_1 - z_2}{L} = n$$

式中，L^{e} 为三维杆单元的长度，由下式给出

$$L = \sqrt{(x_1 - x_2)^2 + (y_1 - y_2)^2 + (z_1 - z_2)^2}$$

则，$\boldsymbol{T}^{\mathrm{e}} = \begin{pmatrix} l & m & n & 0 & 0 & 0 \\ 0 & 0 & 0 & l & m & n \end{pmatrix}$。

参考前面的方法，可以推导出整体坐标系下空间杆单元的刚度矩阵

$$\overline{\boldsymbol{K}}^{\mathrm{e}} = (\boldsymbol{T}^{\mathrm{e}})^{\mathrm{T}} \boldsymbol{K}^{\mathrm{e}} \boldsymbol{T}^{\mathrm{e}}$$

进而，可得整体坐标系下空间杆单元的刚度矩阵为

$$\overline{\boldsymbol{K}}^{e}=\frac{E^{e}A^{e}}{L^{e}}\begin{pmatrix} l^2 & lm & ln & -l^2 & -lm & -ln \\ lm & m^2 & mn & -lm & -m^2 & -mn \\ ln & mn & n^2 & -ln & -mn & -n^2 \\ -l^2 & -lm & -ln & l^2 & lm & ln \\ -lm & -m^2 & -mn & lm & m^2 & mn \\ -ln & -mn & -n^2 & ln & mn & n^2 \end{pmatrix} \tag{4-14}$$

对于三维杆单元的静力求解问题，可以进一步推导出整体刚度矩阵和系统力学平衡方程，通过引入边界条件，施加载荷，进而求解出系统位移。

4.2.2　空间桁架问题举例

在获得空间杆单元的刚度矩阵之后，我们便可以对空间桁架问题进行分析求解。

例 4.2　如图 4-6 所示一空间桁架结构，在 A 点处承受力 $F_y=-2$ kN 的作用，试求解 A 点的位移。

具体参数如下：

单元 1：截面积 $A_1=20\ \text{cm}^2$，弹性模量 $E_1=200$ GPa

单元 2：截面积 $A_2=17\ \text{cm}^2$，弹性模量 $E_2=200$ GPa

单元 3：截面积 $A_3=15\ \text{cm}^2$，弹性模量 $E_3=200$ GPa

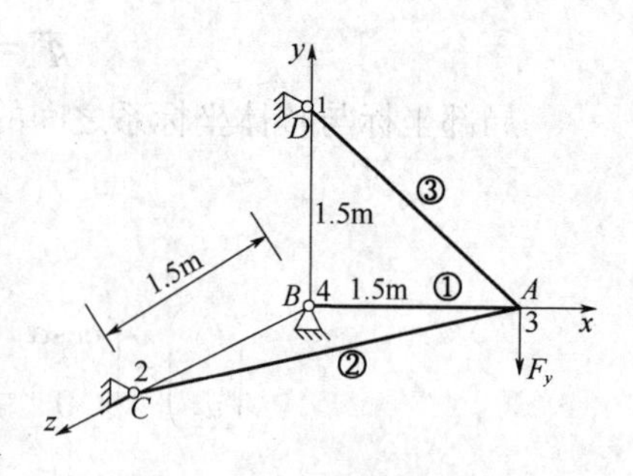

图 4-6　三维桁架例题图

解：将模型划分成 3 个三维杆单元①、②、③，求出每个单元的刚度矩阵，然后将单元组集成总体刚度矩阵，计算出整体载荷列阵并引入边界条件进行求解。这里定义模型的 4 个节点的编号 1、2、3、4 如图所示。具体的计算过程可参见以下 MATLAB 程序。

```
clear all
E=[2 2 2 ]*1e11;                                    %弹性模量
A=[20 17 15]*1e-4;                                  %单元截面积
X=[0  0  1.5 0];
Y=[1.5  0  0 0];
Z=[0  1.5  0 0];                                    %节点坐标
L1=sqrt((X(3)-X(1))^2+(Y(3)-Y(1))^2+(Z(3)-Z(1))^2);
L2=sqrt((X(4)-X(3))^2+(Y(4)-Y(3))^2+(Z(4)-Z(3))^2);
L3=sqrt((X(2)-X(3))^2+(Y(2)-Y(3))^2+(Z(2)-Z(3))^2);
L=[L1 L2 L3];                                       %单元长度
CX=[(X(3)-X(1))/L(1) (X(3)-X(4))/L(2) (X(2)-X(3))/L(3)];
CY=[(Y(3)-Y(1))/L(1) (Y(3)-Y(4))/L(2) (Y(2)-Y(3))/L(3)];
CZ=[(Z(3)-Z(1))/L(1) (Z(3)-Z(4))/L(2) (Z(2)-Z(3))/L(3)];
%
```

```
numberElements = 3;                             %单元个数
numberNodes = 4;                                %节点个数
elementNodes = [1 3;3 4;2 3];                   %单元编码
%
GDof = 3 * numberNodes;                         %总自由度数
displacements = zeros(GDof,1);                  %位移矢量
force = zeros(GDof,1);                          %载荷向量
force(8) = -2000;                               % 在节点3处加载荷
                                                %总体刚度矩阵的组集
Ge = zeros(6,GDof,numberElements);              %单元转换矩阵
ke = zeros(2,2,numberElements);                 %单元刚度矩阵
Te = [];                                        %坐标变换矩阵
K = zeros(GDof);                                %总体刚度矩阵
for i = 1:numberElements
ke(:,:,i) = E(i) * A(i)/L(i) * [1 -1; -1 1];    %单元刚度矩阵
Te(:,:,i) = [CX(i) CY(i) CZ(i) 0 0 0; 0 0 0 CX(i) CY(i) CZ(i)];
    pos_1 = elementNodes(i,1);
    pos_2 = elementNodes(i,2);                  %节点位置
Ke(:,:,i) = Te(:,:,i)' * ke(:,:,i) * Te(:,:,i); %整体坐标系下的单元刚度矩阵
    Ge(1,3 * pos_1 -2,i) = 1;
    Ge(2,3 * pos_1 -1,i) = 1;
    Ge(3,3 * pos_1,i) = 1;
    Ge(4,3 * pos_2 -2,i) = 1;
    Ge(5,3 * pos_2 -1,i) = 1;
    Ge(6,3 * pos_2,i) = 1;
    K = K + Ge(:,:,i)' * Ke(:,:,i) * Ge(:,:,i); %总体刚度矩阵的组集
end
%引入边界条件
K_s = K(7:9,7:9);                               %节点1、2、4位移为0
force = force(7:9);
%得到位移结果
x = inv(K_s) * force;
x = [0 0 0 0 0 0 x' 0 0 0]'                     %扩展成完整的节点位移
```

作为对照，利用ANSYS对该例题进行同样的分析计算。ANSYS的命令流如下：

```
FINISH
/CLEAR
/PREP7                          ! 进入前处理器
ET,1,LINK180                    ! 定义杆单元类型
R,1,0.2e-2,,0                   ! 定义第一段杆的实常数
R,2,0.17e-2,,0                  ! 定义第二段杆的实常数
```

```
R,3,0.15e-2,,0                        ! 定义第三段杆的实常数
MP,EX,1,2e11                          ! 定义弹性模量
MP,PRXY,1,0.3                         ! 定义泊松比
N,1,0,1.5,0                           ! 创建节点1
N,2,0,0,1.5                           ! 创建节点2
N,3,1.5,0,0                           ! 创建节点3
N,4,0,0,0                             ! 创建节点4
REAL,1                                ! 选择实常数号1
E,1,3                                 ! 创建节点1、3形成线
REAL,2                                ! 选择实常数号2
E,3,4                                 ! 创建节点3、4形成线
REAL,3                                ! 选择实常数号3
E,2,3                                 ! 创建节点2、3形成线
D,1,ALL                               ! 约束节点1全位移
D,2,ALL                               ! 约束节点2全位移
D,4,ALL                               ! 约束节点4全位移
F,3,FY,-2000                          ! 在节点3施加Y负方向为
                                        2000N的力
FINISH                                ! 求解
/SOLU
/STATUS,SOLU                          ! 进入求解阶段
SOLVE
FINISH
/POST1                                ! 进入通用后处理器
/VSCALE,1,1,0                         ! 进入查看位移矢量图模式
PLVECT,U,,,,VECT,ELEM,ON,0            ! 显示节点总位移矢量图
PRNSOL,U,COMP                         ! 列表显示节点位移值
```

MATLAB 与 ANSYS 所求得的 A 点位移结果如表 4-2 所示。

表 4-2　A 点位移结果对比　　（单位：m）

位　移	X	Y	Z
MATLAB	-0.88235×10^{-5}	-0.30037×10^{-4}	-0.88235×10^{-5}
ANSYS	-0.88235×10^{-5}	-0.30037×10^{-4}	-0.88235×10^{-5}

4.3　桁架结构刚度矩阵组装问题

从前面的知识点中我们可以发现，刚度矩阵就是一个对称带状矩阵，带状矩阵即为矩阵中的所有非零元素都包含在一个带状区域内。对于如下的 $n\times n$ 的带状矩阵 $\boldsymbol{K}$，该刚度矩阵有明显的对称性和稀疏性，因此我们在进行计算时应充分考虑这两个特性以降低计算资源。

$$
\begin{array}{c}
|\leftarrow \text{hbw} \rightarrow| \\
\boldsymbol{K}=\left(\begin{array}{cccccccccc}
x & x & x & x & 0 & 0 & 0 & 0 & 0 & 0 \\
 & x & x & x & x & 0 & 0 & 0 & 0 & 0 \\
 & & x & x & x & x & 0 & 0 & 0 & 0 \\
 & & & x & x & x & x & 0 & 0 & 0 \\
 & & & & x & x & x & x & 0 & 0 \\
 & & & & & x & x & x & x & 0 \\
 & & & & & & x & x & x & x \\
 & & & & & & & x & x & x \\
 & \text{SYM} & & & & & & & x & x \\
 & & & & & & & & & x
\end{array}\right)
\begin{array}{l}
\\ \\ \\ \\ \\ \\ \\ \\
\rightarrow \text{第二对角线} \\
\rightarrow \text{主对角线}
\end{array}
\end{array}
$$

hbw 称为半带宽度。因为在计算求解的过程中只有非零元素需要保存，故如上对称带状矩阵的元素可以紧凑地保存在如下 $n \times \text{hbw}$ 矩阵中，此处称之为 $\boldsymbol{H}$ 矩阵。

$$
\begin{array}{c}
\text{第 1 列} \quad \text{第 2 列} \quad \quad \text{hbw} \\
\boldsymbol{H}=\left(\begin{array}{cccc}
x & x & x & x \\
x & x & x & x \\
x & x & x & x \\
x & x & x & x \\
x & x & x & x \\
x & x & x & x \\
x & x & x & x \\
x & x & x & \\
x & x & & \\
x & & &
\end{array}\right)
\end{array}
$$

矩阵 $\boldsymbol{K}$ 中的主对角线或第 1 对角线是 $\boldsymbol{H}$ 矩阵中的第一列。展开来说，矩阵 $\boldsymbol{K}$ 中的第 p 个对角线保存在 $\boldsymbol{H}$ 矩阵中的第 p 列，矩阵 $\boldsymbol{K}$ 和 $\boldsymbol{H}$ 矩阵中的元素之间具有如下对应关系

$$
a_{ij}\,|_{K,j>i} = a_{i(j-i+1)}\,|_{H}
$$

对于二维桁架单元，可以使用上述的带状法把单元刚度矩阵组装成带状的整体刚度矩阵。例如一个单元 e，其局部节点编号 1、2 分别对应整体节点编号 i，j。其单元刚度矩阵为

$$
\boldsymbol{K}^{\mathrm{e}}=\left(\begin{array}{cccc}
\boldsymbol{K}_{11} & \boldsymbol{K}_{12} & \boldsymbol{K}_{13} & \boldsymbol{K}_{14} \\
 & \boldsymbol{K}_{22} & \boldsymbol{K}_{23} & \boldsymbol{K}_{24} \\
\text{SYM} & & \boldsymbol{K}_{33} & \boldsymbol{K}_{34} \\
 & & & \boldsymbol{K}_{44}
\end{array}\right)
\begin{array}{l}
2i-1 \\ 2i \\ 2j-1 \\ 2j
\end{array}
\tag{4-15}
$$

$\boldsymbol{K}^{\mathrm{e}}$ 的主对角线元素放在 $\boldsymbol{H}$ 矩阵的第 1 列，次对角线元素放在第 2 列，以此类推。这样，$\boldsymbol{K}^{\mathrm{e}}$ 和 $\boldsymbol{H}$ 矩阵元素的对应关系为

$$
\boldsymbol{K}_{\alpha,\beta}^{\mathrm{e}} \rightarrow \boldsymbol{H}_{p,(q-p+1)}
\tag{4-16}
$$

其中，α 和 β 是取值为 1，2，3 和 4 的局部自由度，而 p 和 q 是取值为 $2i-1$，$2j-1$ 和 $2j$ 的整体自由度。例如

$$\boldsymbol{K}^{\mathrm{e}}_{1,3}\rightarrow\boldsymbol{H}_{2i-1,2(j-i)+1};\boldsymbol{K}^{\mathrm{e}}_{4,4}\rightarrow\boldsymbol{H}_{2j,1} \tag{4-17}$$

由于对称性，故只需组装上三角元素，因而，式（4-16）仅适用于 $q\geqslant p$ 情形。

二维桁架结构的半带宽 hbw 的计算式可以很容易地得到。如果一个桁架单元 e，连接在两个节点之间，两节点整体编号为 4 和 6，两节点在整体刚度矩阵中的自由度为 7 与 8、11 与 12，该单元在整体刚度矩阵中的各项为

$$\begin{array}{c} \begin{array}{cccccccc} 1 & \cdots 7 & 8 & \cdots & \cdots & 11 & 12 & \cdots n \end{array} \\ \left(\begin{array}{cccccccc} & & \leftarrow & & m & & \rightarrow & \\ x & & x & . & . & x & x & \\ & & x & . & . & x & x & \\ & & & . & . & . & . & \\ & & & & . & . & . & \\ & & & & & x & x & \\ \mathrm{SYM} & & & & & & x & \\ & & & & & & & \\ & & & & & & & \\ & & & & & & & \end{array}\right) \begin{array}{c} 1 \\ \vdots \\ 7 \\ 8 \\ \vdots \\ \vdots \\ 11 \\ 12 \\ \vdots \\ n \end{array} \end{array}$$

可以看到，以上矩阵非零项的展宽 m 为 6，可由相连接的节点号得到：$m=2(6-4+1)$；一般来说，连接节点 i 和 j 的单元 e 的相应展宽为

$$m_{\mathrm{e}}=2(|i-j|+1) \tag{4-18}$$

因而，最大展宽或半带宽为

$$\mathrm{hbw}=\max_{1\leqslant \mathrm{e}\leqslant N/2} m_{\mathrm{e}} \tag{4-19}$$

在带状法中可以看出，为保证计算效率，应尽量使连接各单元的节点编号之差保持为最小，这样可以保证各单元的 $\boldsymbol{H}$ 矩阵阶数最小，运算规模较小。

4.4　桁架结构中的特殊边界条件问题

为了求解桁架问题，必须施加适当的边界条件。对于一个普通的二维桁架至少需要三个边界条件，比如，可以在一个铰接点上约束 x 和 y 方向位移，在另一个铰接点固定 y 方向位移。如果这个条件不能满足，则在有限元求解时会出现被零除的问题。对于一般的位移约束问题前面已经介绍过了，而对于斜支撑的问题则需要进行特殊处理。

1. 二维问题的斜支撑

如图 4-7 所示，在节点 j 上，沿方向 $n=i\cos\theta+j\sin\theta$ 的线上，作用有斜支撑。约束方程为 $q_{2j-1}=c\cos\theta$，$q_{2j}=csin\theta$，其中 c 为比例常数，由此得到方程

$$-q_{2j-1}sin\theta+q_{2j}\cos\theta=0 \tag{4-20}$$

显然，这是一个多点约束方程，可以用罚函数法来处理。

罚函数法在对诸如斜滚子支座或刚性连接等问题进行处理时，得到的边界条件有如下形式

$$\beta_1 q_{P_1} + \beta_2 q_{P_2} = \beta_0$$

其中，β_0、β_1 和 β_2 是已知常数，这样的边界条件在一些文献中被称为多点约束。下面将讨论如何采用罚函数法来处理这种类型的边界条件。

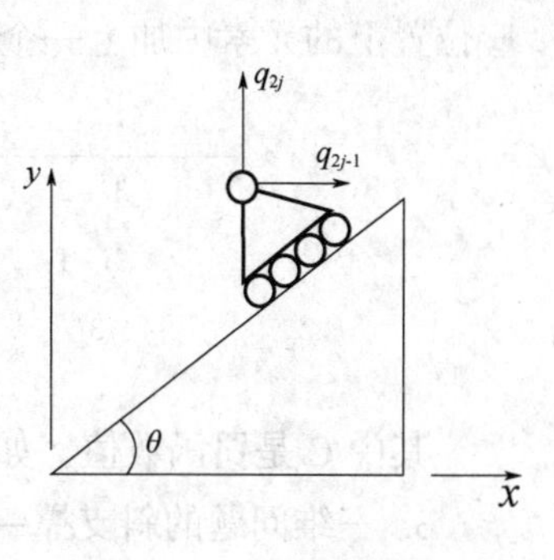

图4-7　斜支撑桁架图

考虑修正后的总势能，有表达式

$$\Pi = \frac{1}{2}\boldsymbol{q}^{\mathrm{T}}\boldsymbol{K}\boldsymbol{q} + \frac{1}{2}C\left(\beta_1 q_{P_1} + \beta_2 q_{P_2} - \beta_0\right)^2 - \boldsymbol{q}^{\mathrm{T}}\boldsymbol{F} \tag{4-21}$$

其中，C 是一个大数。因为 C 很大，仅当 $\beta_1 q_{P_1} + \beta_1 q_{P_2} - \beta_0$ 非常小时，即当$\beta_1 q_{P_1} + \beta_1 q_{P_2} \approx \beta_0$ 时，Π 才可能取最小值。令$\frac{\partial \Pi}{\partial q_i} = 0$（$i = 1, 2, \cdots, n$），得到修正后的刚度和载荷矩阵，相应的修改过程如下所示

$$\begin{pmatrix} K_{P_1P_1} & K_{P_1P_2} \\ K_{P_2P_1} & K_{P_2P_2} \end{pmatrix} \to \begin{pmatrix} K_{P_1P_1} + C\beta_1{}^2 & K_{P_1P_2} + C\beta_1\beta_2 \\ K_{P_2P_1} + C\beta_1\beta_2 & K_{P_2P_2} + C\beta_2{}^2 \end{pmatrix} \tag{4-22}$$

$$\begin{pmatrix} F_{P_1} \\ F_{P_2} \end{pmatrix} \to \begin{pmatrix} F_{P_1} + C\beta_0\beta_1 \\ F_{P_2} + C\beta_0\beta_2 \end{pmatrix} \tag{4-23}$$

如果考虑平衡方程组$\frac{\partial \Pi}{\partial q_{p_1}} = 0$ 和$\frac{\partial \Pi}{\partial q_{p_2}} = 0$，并重新整理成如下形式

$$\sum_j K_{p_1} q_j - F_{p_1} = F_{Rp_1} \text{和} \sum_j K_{p_2} q_j - F_{p_2} = F_{Rp_2}$$

可以求得支反力 F_{Rp_1} 和 F_{Rp_2}，它们分别是沿自由度 p_1 和 p_2 方向的支反力

$$F_{Rp_1} = -\frac{\partial}{\partial q_{p_1}}\left(\frac{1}{2}C\left(\beta_1 q_{p_1} + \beta_2 q_{p_2} - \beta_0\right)^2\right) \tag{4-24a}$$

$$F_{Rp_2} = -\frac{\partial}{\partial q_{p_2}}\left(\frac{1}{2}C\left(\beta_1 q_{p_1} + \beta_2 q_{p_2} - \beta_0\right)^2\right) \tag{4-24b}$$

化简上式，得

$$F_{Rp_1} = -C\beta_1\left(\beta_1 q_{p_1} + \beta_2 q_{p_2} - \beta_0\right) \tag{4-25a}$$

及

$$F_{Rp_2} = -C\beta_1\left(\beta_1 q_{p_1} + \beta_2 q_{p_2} - \beta_0\right) \tag{4-25b}$$

2. 三维问题的斜支撑——线约束

在三维桁架中可能出现该类问题，如图4-8所示，节点 j 在方向 $t = il + jm + kn$ 上受到约束，其中，l，m，n 为方向余弦。线约束的条件为 $q = \alpha t$，等价为

$$mq_1 = lq_2, nq_2 = mq_3, lq_3 = nq_1$$

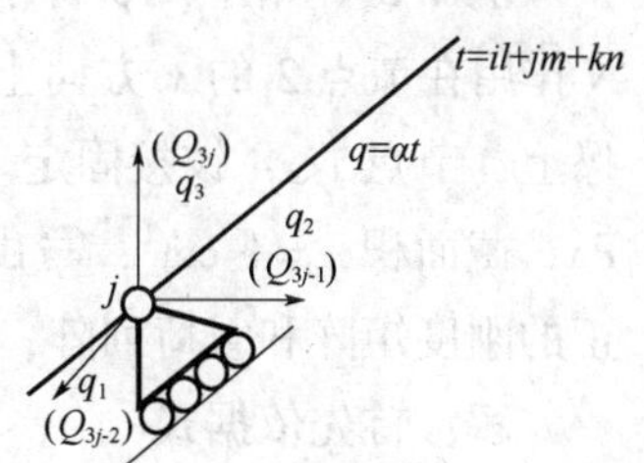

图4-8　三维线性约束

该问题可以采用罚函数法进行处理，即在整体刚度矩阵相

应位置上的元素中加上一个刚度项

	$3j-2$	$3j-1$	$3j$
$3j-2$	$C(1-l^2)$	$-Clm$	$-Cln$
$3j-1$	$-Clm$	$C(1-m^2)$	$-Cmn$
$3j$	$-Cln$	$-Cmn$	$C(1-n^2)$

其中 C 是罚函数值，如前所述，它远大于刚度矩阵中对角线上元素的最大值。

3. 三维问题的斜支撑——面约束

如图 4-9 所示，节点 j 被限制在一个法线方向为 $t = il + jm + kn$ 的面上进行移动，其中，l, m, n 为方向余弦。面约束的条件为

$$qt = lq_1 + mq_2 + nq_3 = 0$$

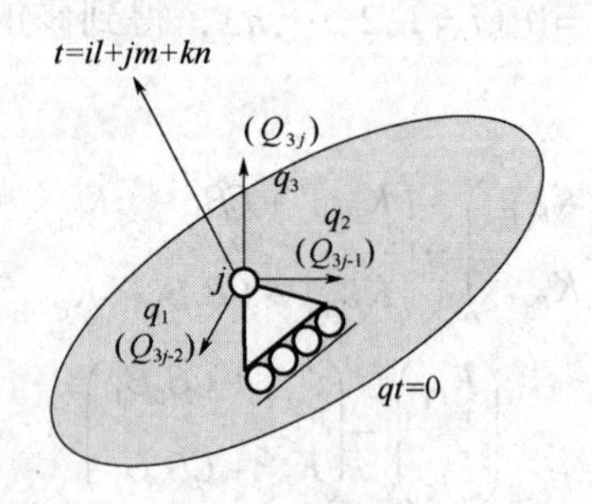

图 4-9 三维面约束

其处理方式是根据罚函数方法通过在整体刚度矩阵的适当位置上增加一下刚度项

	$3j-2$	$3j-1$	$3j$
$3j-2$	Cl^2	Clm	Cln
$3j-1$	Clm	Cm^2	Cmn
$3j$	Cln	Cmn	Cn^2

可以看到，罚函数法不但可以处理多点约束，还可以很容易地用计算机程序来实现，这是通过引入一个非物理参量来得到式（4-21）中的修正势能。多点约束是最普遍的边界条件，其他的约束形式都可以视为特例来处理。

例 4.3 如图 4-10 所示的桁架结构，一水平力 $F = 100$ N 作用在节点 2 的 x 方向上。节点 2 通过滚轮作用在斜支撑上，节点 1、4 铰接固定。所有杆的弹性模量 $E = 30 \times 10^6$ Pa，截面积 $A = 1\ \text{cm}^2$，写出桁架结构的边界条件，给出修正的刚度矩阵和载荷列阵，求解节点位移列阵 $\boldsymbol{q}^e$。

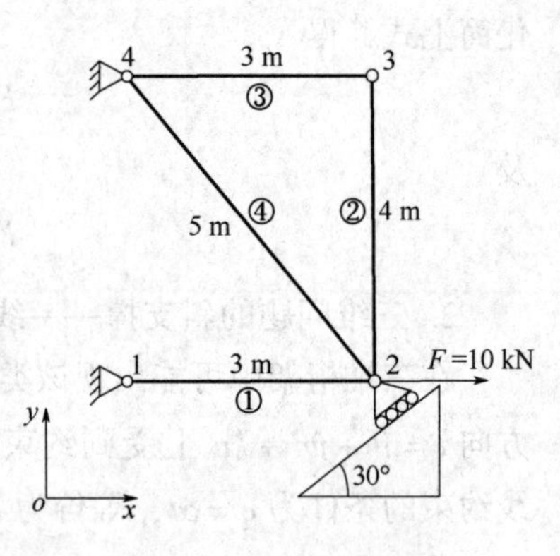

图 4-10 桁架结构图

解：首先依据式

$$K^{e}=\frac{E^{e}A^{e}}{L^{e}}\begin{pmatrix}\cos^2\alpha & \cos\alpha\sin\alpha & -\cos^2\alpha & -\cos\alpha\sin\alpha\\ \cos\alpha\sin\alpha & \sin^2\alpha & -\cos\alpha\sin\alpha & -\sin^2\alpha\\ -\cos^2\alpha & -\cos\alpha\sin\alpha & \cos^2\alpha & \cos\alpha\sin\alpha\\ -\cos\alpha\sin\alpha & -\sin^2\alpha & \cos\alpha\sin\alpha & \sin^2\alpha\end{pmatrix}$$

给出各个单元的刚度矩阵

$$K^{(1)}=\frac{E^{(1)}A^{(1)}}{L^{(1)}}\begin{pmatrix}1&0&-1&0\\0&0&0&0\\-1&0&1&0\\0&0&0&0\end{pmatrix};\ K^{(2)}=\frac{E^{(2)}A^{(2)}}{L^{(2)}}\begin{pmatrix}0&0&0&0\\0&1&0&-1\\0&0&0&0\\0&-1&0&1\end{pmatrix};$$

$$K^{(3)}=\frac{E^{(3)}A^{(3)}}{L^{(3)}}\begin{pmatrix}1&0&-1&0\\0&0&0&0\\-1&0&1&0\\0&0&0&0\end{pmatrix};\ K^{(4)}=\frac{E^{(4)}A^{(4)}}{L^{(4)}}\begin{pmatrix}\left(\frac{-3}{5}\right)^2 & \frac{-3}{5}\cdot\frac{4}{5} & -\left(\frac{-3}{5}\right)^2 & \frac{3}{5}\cdot\frac{4}{5}\\ -\frac{3}{5}\cdot\frac{4}{5} & \left(\frac{4}{5}\right)^2 & \frac{3}{5}\cdot\frac{4}{5} & -\left(\frac{4}{5}\right)^2\\ -\left(\frac{-3}{5}\right)^2 & \frac{3}{5}\cdot\frac{4}{5} & \left(\frac{-3}{5}\right)^2 & \frac{-3}{5}\cdot\frac{4}{5}\\ \frac{3}{5}\cdot\frac{4}{5} & -\left(\frac{4}{5}\right)^2 & \frac{-3}{5}\cdot\frac{4}{5} & \left(\frac{4}{5}\right)^2\end{pmatrix}。$$

扩充之后的各单元刚度矩阵为

$$K_{\text{ext}}^{(1)}=\frac{E^{(1)}A^{(1)}}{L^{(1)}}\begin{pmatrix}1&0&-1&0&0&0&0&0\\0&0&0&0&0&0&0&0\\-1&0&1&0&0&0&0&0\\0&0&0&0&0&0&0&0\\0&0&0&0&0&0&0&0\\0&0&0&0&0&0&0&0\\0&0&0&0&0&0&0&0\\0&0&0&0&0&0&0&0\end{pmatrix};\ K_{\text{ext}}^{(2)}=\frac{E^{(2)}A^{(2)}}{L^{(2)}}\begin{pmatrix}0&0&0&0&0&0&0&0\\0&0&0&0&0&0&0&0\\0&0&0&0&0&0&0&0\\0&0&0&1&0&-1&0&0\\0&0&0&0&0&0&0&0\\0&0&0&-1&0&1&0&0\\0&0&0&0&0&0&0&0\\0&0&0&0&0&0&0&0\end{pmatrix};$$

$$K_{\text{ext}}^{(3)}=\frac{E^{(3)}A^{(3)}}{L^{(3)}}\begin{pmatrix}0&0&0&0&0&0&0&0\\0&0&0&0&0&0&0&0\\0&0&0&0&0&0&0&0\\0&0&0&0&0&0&0&0\\0&0&0&0&1&0&-1&0\\0&0&0&0&0&0&0&0\\0&0&0&0&-1&0&1&0\\0&0&0&0&0&0&0&0\end{pmatrix};$$

$$
\boldsymbol{K}_{\text{ext}}^{(4)}=\frac{E^{(4)}A^{(4)}}{L^{(4)}}\begin{pmatrix}
0 & 0 & 0 & 0 & 0 & 0 & 0 & 0\\
0 & 0 & 0 & 0 & 0 & 0 & 0 & 0\\
0 & 0 & \left(\frac{-3}{5}\right)^2 & \frac{-3}{5}\cdot\frac{4}{5} & 0 & 0 & -\left(\frac{-3}{5}\right)^2 & \frac{3}{5}\cdot\frac{4}{5}\\
0 & 0 & -\frac{3}{5}\cdot\frac{4}{5} & \left(\frac{4}{5}\right)^2 & 0 & 0 & \frac{3}{5}\cdot\frac{4}{5} & -\left(\frac{4}{5}\right)^2\\
0 & 0 & 0 & 0 & 0 & 0 & 0 & 0\\
0 & 0 & 0 & 0 & 0 & 0 & 0 & 0\\
0 & 0 & -\left(\frac{-3}{5}\right)^2 & \frac{3}{5}\cdot\frac{4}{5} & 0 & 0 & \left(\frac{-3}{5}\right)^2 & \frac{-3}{5}\cdot\frac{4}{5}\\
0 & 0 & \frac{3}{5}\cdot\frac{4}{5} & -\left(\frac{4}{5}\right)^2 & 0 & 0 & \frac{-3}{5}\cdot\frac{4}{5} & \left(\frac{4}{5}\right)^2
\end{pmatrix}。
$$

则总体刚度矩阵 K 为

$$
\boldsymbol{K}=\boldsymbol{K}_{\text{ext}}^{(1)}+\boldsymbol{K}_{\text{ext}}^{(2)}+\boldsymbol{K}_{\text{ext}}^{(3)}+\boldsymbol{K}_{\text{ext}}^{(4)}
$$

$$
=\begin{pmatrix}
1 & 0 & -1 & 0 & 0 & 0 & 0 & 0\\
0 & 0 & 0 & 0 & 0 & 0 & 0 & 0\\
-1 & 0 & 1.216 & -0.288 & 0 & 0 & -0.216 & 0.288\\
0 & 0 & -0.288 & 1.134 & 0 & -0.75 & 0.288 & -0.384\\
0 & 0 & 0 & 0 & 1 & 0 & -1 & 0\\
0 & 0 & 0 & -0.75 & 0 & 0.75 & 0 & 0\\
0 & 0 & -0.216 & 0.288 & -1 & 0 & 1.216 & -0.288\\
0 & 0 & 0.288 & -0.384 & 0 & 0 & -0.288 & 0.384
\end{pmatrix}\times 10^3\ \text{N/m}
$$

桁架结构的边界条件为：节点 1、4 受固定约束，节点 2 受斜面支撑约束。故使用罚函数法对整体刚度矩阵 $\boldsymbol{K}$ 进行修正，选取一个远大于刚度系数的大数 $C=(1.216\times10^3)\times10^4$，将 C 加到 $\boldsymbol{K}$ 中（1,1），（2,2），（7,7）和（8,8）的位置上。对于节点 2 所受斜面支撑约束，依据式（4-20）可得 $-q_3\cdot\sin 30°+q_4\cdot\cos 30°=0$，其中 $\beta_1=-\sin 30°$，$\beta_2=\cos 30°$，$\beta_0=0$，进而由式（4-22）可知

$$
\begin{pmatrix} C\beta_1^2 & C\beta_1\beta_2\\ C\beta_1\beta_2 & C\beta_2^2 \end{pmatrix}=\begin{pmatrix} 0.3040 & -0.5265\\ -0.5265 & 0.9120 \end{pmatrix}\times 10^7\ \text{N/m}
$$

上式的第 1 行对应整体刚度矩阵的第 3 行，第 2 行对应整体刚度矩阵的第 4 行，第 1、2 列对应整体刚度矩阵的第 3、4 列，且因为 $\beta_0=0$，所以载荷附加项为零。由以上所有的附加项，得到最后的修正方程组为

$$10^3\times\begin{pmatrix}12161 & 0 & -1 & 0 & 0 & 0 & 0 & 0\\ 0 & 12160 & 0 & 0 & 0 & 0 & 0 & 0\\ -1 & 0 & 3041.216 & -5265.288 & 0 & 0 & -0.216 & 0.288\\ 0 & 0 & -5265.288 & 9121.134 & 0 & -0.75 & 0.288 & -0.384\\ 0 & 0 & 0 & 0 & 1 & 0 & -1 & 0\\ 0 & 0 & 0 & -0.75 & 0 & 0.75 & 0 & 0\\ 0 & 0 & -0.216 & 0.288 & -1 & 0 & 12161.216 & -0.288\\ 0 & 0 & 0.288 & -0.384 & 0 & 0 & -0.288 & 12160.384\end{pmatrix}\begin{pmatrix}\delta_1\\ \delta_2\\ \delta_3\\ \delta_4\\ \delta_5\\ \delta_6\\ \delta_7\\ \delta_8\end{pmatrix}=\begin{pmatrix}0\\ 0\\ 1\times10^4\\ 0\\ 0\\ 0\\ 0\\ 0\end{pmatrix}\text{N/m}$$

可求得位移列阵为 $\boldsymbol{q}^e=\begin{pmatrix}0.0005435\\ 0.0000000\\ 6.6093000\\ 3.8156000\\ 0.0000270\\ 3.8156000\\ 0.0000270\\ -0.000036\end{pmatrix}\times10^{-2}$ m。

小　　结

通过本部分内容的学习，读者应该能够：掌握平面杆单元与三维杆单元（空间桁架）刚度矩阵的推导、整体刚度矩阵的组集；同时掌握桁架结构刚度矩阵组装问题与边界条件问题的处理方法。在解决平面桁架与空间桁架问题时应充分地理解和应用这些概念和方法。

习　　题

4.1　根据平面杆单元原理，解释基本概念：单元刚度矩阵及其对称性和奇异性。

4.2　推导定向梁在 (x,y) 局部坐标系中的变换矩阵和相应的刚度矩阵，并将它们变换到 (X,Y) 整体坐标系之中。

4.3　如习题4.3图所示，平面桁架结构两侧固支，其所有杆件均由同一种材料构成，弹性模量 $E=200$ GPa，截面积均为 1 cm²，试求解 A 点处变形量。

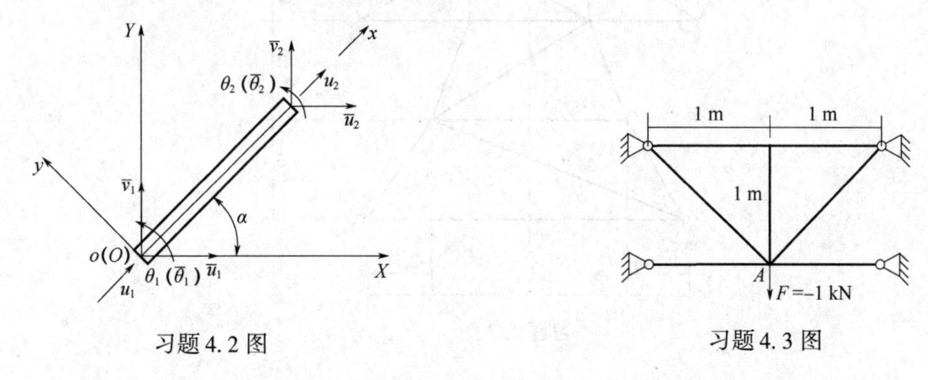

习题4.2图　　习题4.3图

4.4　一平面桁架如习题4.4图所示，桁架上 B 点与 D 点固支，A 点承受力 $F=800$ N，力的方向与杆 AB 的延长线方向一致，杆 AC、BC、CD 的长度为0.5 m，截面积均为0.16 cm^2，弹性模量 $E=200$ GPa，试求解桁架各点的节点位移。

4.5　如习题4.5图所示一空间桁架结构，在节点9处承受力 $F_x=500$ N，$F_y=-1$ kN，$F_z=-1500$ N 的作用，试求解各节点的位移。具体参数如下：

杆1-5、杆2-6、杆3-7、杆4-8：长度 $l_1=40$ cm，截面积 $A_1=20$ cm^2，弹性模量 $E_1=200$ GPa。

杆5-9、杆6-9、杆7-9、杆8-9：长度 $l_2=20$ cm，截面积 $A_2=17$ cm^2，弹性模量 $E_2=200$ GPa。

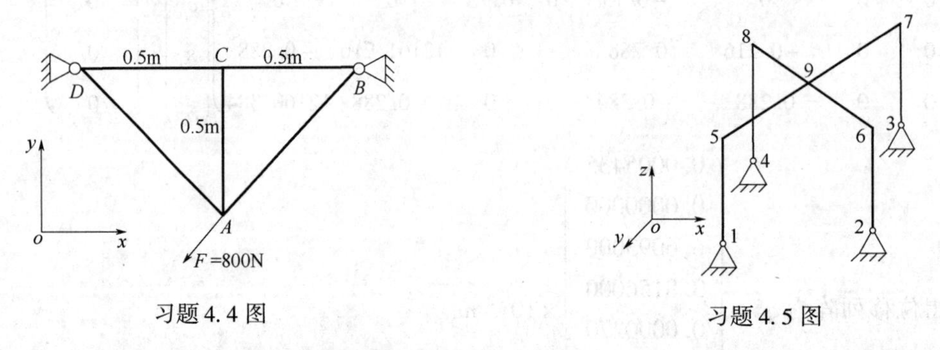

习题4.4图　　　　习题4.5图

4.6　确定如习题4.6图所示桁架在受有载荷890 kN作用下时的节点位移、杆件的应力和支座处的支反力。

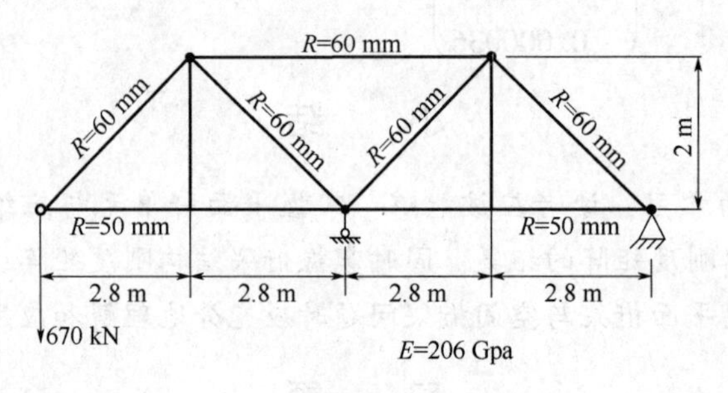

习题4.6图

4.7　确定如习题4.7图所示桁架结构各个节点处的位移量，每个杆件半径为 $R=40$ mm。

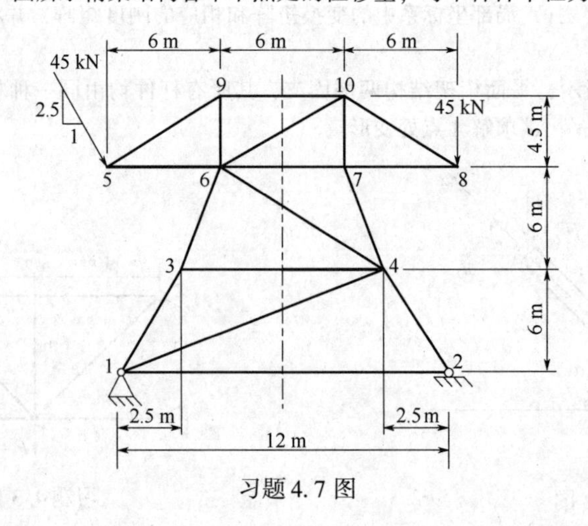

习题4.7图

第 5 章

二维问题的有限元法求解

在机械结构实际工程应用中，存在很多的平面问题可以用有限元的理论来方便地求解。如大多板类结构在仅受平面内载荷时可以看成平面应力问题，进而用平面单元来解决。另外对于较长的等截面结构，当在横截面方向的载荷均匀分布，且两端不受载荷时，可将其看作平面应变问题，进而用平面单元理论来解决。图 5-1 所示为某型圆锥破碎机的连接板，其受力均在其平面内，属于典型的平面应力问题。图 5-2 所示为小浪底水库大坝的现场情况，由于其长度较长而且截面形状一致，受载在长度方向基本均匀，因此在计算其受力问题时可将其看作平面应变问题来进行求解。

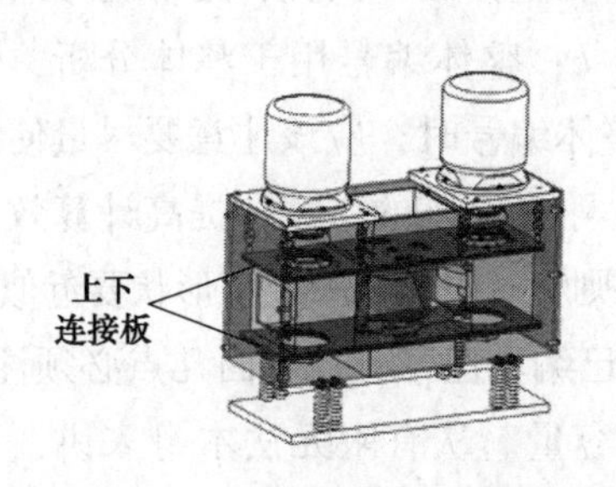

图 5-1　某型圆锥破碎机模型

图 5-2　小浪底水库大坝示意图

在本章，我们将首先给出平面三角形单元的有限元描述，介绍其单元刚度矩阵的推导过程，给出平面单元整体刚度矩阵和载荷列阵的组集方法，以及边界条件的施加过程。然后再将这一思路扩展为四边形单元，对其进行局部坐标系与整体坐标系之间转换，使之能够求解二维平面问题。

5.1　应用平面三角形单元求解

这里首先以等截面薄板为例进行平面三角形单元问题的描述与分析。图 5-3a 所示为一平面薄板，其受到垂直向下的重力作用，在左右两端分别受到垂直端面的均布拉力载荷 F_A，为了便于计算，利用结构与载荷的对称性，取结构的四分之一进行分析，将所取结构划分为①、②两个单元，1、2、3、4 共四个节点的有限元模型，每个单元有三个节点。图 5-3c 所示为单元①和单元②的自由度和受力情况，每个节点两个自由度，即 x 和 y 方向的平动，相应节点受到相应方向的载荷 F_x 和 F_y。图 5-3c 所示结构的位移载荷列阵可表示为 $\boldsymbol{q}=(x_1,y_1,x_2,y_2,x_3,y_3,x_4,y_4)^{\mathrm{T}}$；载荷列阵可表示为 $\boldsymbol{F}=(F_{x1},F_{y1},F_{x2},F_{y2},F_{x3},F_{y3},F_{x4},F_{y4})^{\mathrm{T}}$。表 5-1 列出了两个单元局部编号、整体编号及各节点对应坐标。

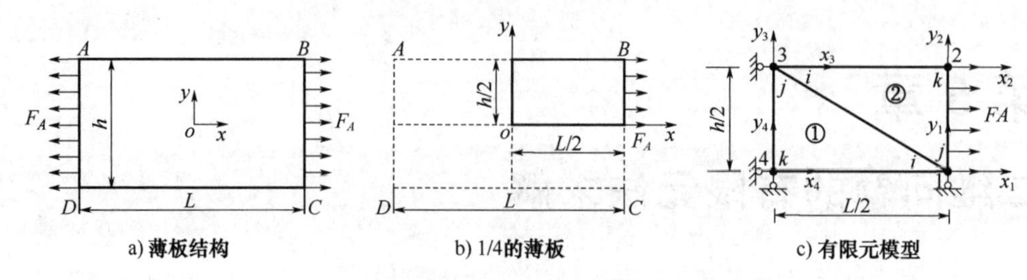

图 5-3　受均布载荷的自由薄板与有限元模型

表 5-1　各单元节点信息

单元号	①			②		
局部编号	i	j	k	i	j	k
整体编号	1	3	4	3	1	2
坐标	$(L/2,0)$	$(0, h/2)$	$(0,0)$	$(0,h/2)$	$(L/2,0)$	$(L/2,h/2)$

在平面单元的有限元分析过程中，同样存在局部编号和整体编号两类，局部编号用于单元分析，每个单元的三个节点按逆时针顺序依次为 i，j，k；整体编号用于整体分析，包括整体刚度矩阵的组集、整体载荷列阵及整体位移列阵。整体编号时，应该注意要尽量使同一单元相邻节点的号码差尽可能的小，以便最大限度地缩小刚度矩阵的带宽，提高计算效率。

另外，在平面单元有限元建模过程中应遵守两条基本原则：有限元模型几何形状要近似于真实结构；单元的特性满足局部区域的物理性质。初学者在自己编写程序时，下面几点必须注意：

1）单元数目的确定应兼顾精确度、经济性和计算机容量。从有限元法本身来讲，单元划分得越细，节点设置得越多，越接近真实求解区域，因而计算精度越高。但随之而来的是计算时间、计算费用和计算机内存的增加。计算机技术在发展，相应的要求解的问题也在变化，计算精度和计算机资源之间的矛盾总是存在，因此确定单元数目时要综合考虑各因素，其原则是：对于边界曲折处、应力变化大的区域应加密网格，集中载荷作用点、分布载荷突变点及约束支承位置均应布置节点，对于应力应变变化平缓区域不必细化网格，在满足工程精度要求的前提下，单元数目应划分得少一些。

2）在初步分析的基础上，再离散化。首先根据求解区域的形状、荷载分布情况和边界情况进行大致分析，再在此基础上进行单元划分。如利用结构的对称性，缩减计算区域，单轴对称取 1/2，两轴对称取 1/4（详细的对称性分析见 5.4 节）；应力变化急剧的区域单元应划分得小一些，反之则大一些；载荷突变处应设置节点等。

3）对于具有不同厚度或两种以上材料组成的求解区域，应将厚度不同或材料不同的区域划分不同的单元，不要让不同厚度或不同材料的区域出现在同一个单元中。

4）单元形态应尽可能接近相应的正多边形或正多面体，以便提高计算精度。如三角形单元的三边应尽量接近，不应出现过大的钝角或过小的锐角，如图5-4a 所示；矩形单元的长宽比不宜相差过大等，如图5-4b 所示。

5）任意一个单元的角点（顶点或节点）必须同时也是相邻单元的角点，而不能是相邻单元边上的内点，如图5-4c 所示。

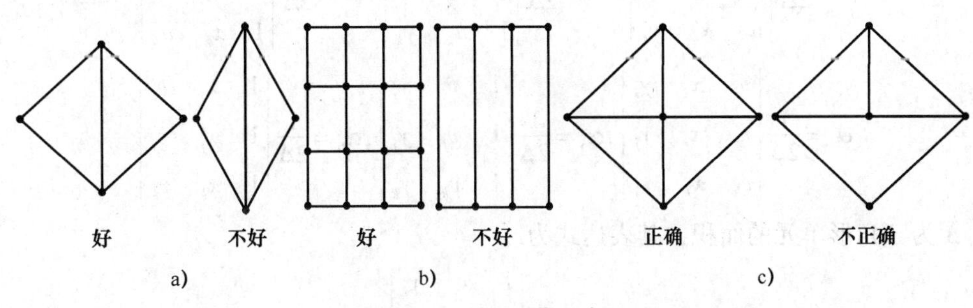

图5-4　单元划分示例

5.1.1　单元刚度矩阵的推导

下面针对平面三角形单元进行具体的单元刚度矩阵推导，主要包括以下几个步骤。

1）建立坐标系，进行单元离散。依据所建立的坐标系 oxy，确定结构的整体编号 (1,2,3,4) 和局部编号 (i,j,k)，对应各点坐标见表5-1。

2）建立平面三角形单元的位移模型。对于具有 3 个节点平面三角形单元，在局部坐标系内，每个节点有 2 个自由度，则一个单元共有 6 个节点位移，即 6 个节点自由度，其单元节点位移列阵可表示为

$$\boldsymbol{q}^{\mathrm{e}} = \begin{pmatrix} \boldsymbol{q}_i \\ \boldsymbol{q}_j \\ \boldsymbol{q}_k \end{pmatrix} = (u_i \quad v_i \quad u_j \quad v_j \quad u_k \quad v_k)^{\mathrm{T}} \tag{5-1}$$

平面三角形单元的位移函数就可取为坐标的线性函数，即

$$\begin{aligned} u(x,y) &= \alpha_1 + \alpha_2 x + \alpha_3 y \\ v(x,y) &= \alpha_4 + \alpha_5 x + \alpha_6 y \end{aligned} \tag{5-2}$$

式中，α_1，α_2，…，α_6为待定系数；u，v 为单元中任意一点在 x 和 y 方向的位移分量；$\boldsymbol{q}_i = (u_i \quad v_i)^{\mathrm{T}}$，$\boldsymbol{q}_j = (u_j \quad v_j)^{\mathrm{T}}$，$\boldsymbol{q}_k = (u_k \quad v_k)^{\mathrm{T}}$。

平面三角形单元的 i，j，k 三节点坐标分别为 (x_i,y_i)，(x_j,y_j)，(x_k,y_k)，因此将三节点坐标代入位移函数式（5-2）可得到

$$\begin{cases} u_i = \alpha_1 + \alpha_2 x_i + \alpha_3 y_i \\ u_j = \alpha_1 + \alpha_2 x_j + \alpha_3 y_j \\ u_k = \alpha_1 + \alpha_2 x_k + \alpha_3 y_k \end{cases} \begin{cases} v_i = \alpha_4 + \alpha_5 x_i + \alpha_6 y_i \\ v_j = \alpha_4 + \alpha_5 x_j + \alpha_6 y_j \\ v_k = \alpha_4 + \alpha_5 x_k + \alpha_6 y_k \end{cases} \tag{5-3}$$

式（5-3）写成矩阵形式为

$$\begin{pmatrix} u_i \\ u_j \\ u_k \end{pmatrix} = \begin{pmatrix} 1 & x_i & y_i \\ 1 & x_j & y_j \\ 1 & x_k & y_k \end{pmatrix} \begin{pmatrix} \alpha_1 \\ \alpha_2 \\ \alpha_3 \end{pmatrix} \begin{pmatrix} v_i \\ v_j \\ v_k \end{pmatrix} = \begin{pmatrix} 1 & x_i & y_i \\ 1 & x_j & y_j \\ 1 & x_k & y_k \end{pmatrix} \begin{pmatrix} \alpha_4 \\ \alpha_5 \\ \alpha_6 \end{pmatrix} \tag{5-4}$$

3）推导形函数矩阵。在式（5-4）中三个节点的位移和坐标均为已知量，运用克莱姆法则求解上述线性方程组，可求得

$$\alpha_1=\frac{1}{2\Delta}\begin{vmatrix}u_i & x_i & y_i\\ u_j & x_j & y_j\\ u_k & x_k & y_k\end{vmatrix},\alpha_2=\frac{1}{2\Delta}\begin{vmatrix}1 & u_i & y_i\\ 1 & u_j & y_j\\ 1 & u_k & y_k\end{vmatrix},\alpha_3=\frac{1}{2\Delta}\begin{vmatrix}1 & x_i & u_i\\ 1 & x_j & u_j\\ 1 & x_k & u_k\end{vmatrix},$$

$$\alpha_4=\frac{1}{2\Delta}\begin{vmatrix}v_i & x_i & y_i\\ v_j & x_j & y_j\\ v_k & x_k & y_k\end{vmatrix},\alpha_5=\frac{1}{2\Delta}\begin{vmatrix}1 & v_i & y_i\\ 1 & v_j & y_j\\ 1 & v_k & y_k\end{vmatrix},\alpha_6=\frac{1}{2\Delta}\begin{vmatrix}1 & x_i & v_i\\ 1 & x_j & v_j\\ 1 & x_k & v_k\end{vmatrix} \tag{5-5}$$

式中，Δ 为三角形单元的面积，其表达式为

$$\Delta=\frac{1}{2}\begin{vmatrix}1 & x_i & y_i\\ 1 & x_j & y_j\\ 1 & x_k & y_k\end{vmatrix}$$

将式（5-5）整理成代数表达形式如下

$$\alpha_1=\frac{a_iu_i+a_ju_j+a_ku_k}{2\Delta},\ \alpha_2=\frac{b_iu_i+b_ju_j+b_ku_k}{2\Delta},\ \alpha_3=\frac{c_iu_i+c_ju_j+c_ku_k}{2\Delta},$$

$$\alpha_4=\frac{a_iv_i+a_jv_j+a_kv_k}{2\Delta},\ \alpha_5=\frac{b_iv_i+b_jv_j+b_kv_k}{2\Delta},\ \alpha_6=\frac{c_iv_i+c_jv_j+c_kv_k}{2\Delta} \tag{5-6}$$

式（5-6）中各系数为

$$a_i=\begin{vmatrix}x_j & y_j\\ x_k & y_k\end{vmatrix}=x_jy_k-x_ky_j,\quad a_j=-\begin{vmatrix}x_i & y_i\\ x_k & y_k\end{vmatrix}=x_ky_i-x_iy_k,\quad a_k=\begin{vmatrix}x_i & y_i\\ x_j & y_j\end{vmatrix}=x_iy_j-x_jy_i,$$

$$b_i=-\begin{vmatrix}1 & y_j\\ 1 & y_k\end{vmatrix}=y_j-y_k,\quad b_j=\begin{vmatrix}1 & y_i\\ 1 & y_k\end{vmatrix}=y_k-y_i,\quad b_k=-\begin{vmatrix}1 & y_i\\ 1 & y_j\end{vmatrix}=y_i-y_j, \tag{5-7}$$

$$c_i=\begin{vmatrix}1 & x_j\\ 1 & x_k\end{vmatrix}=x_k-x_j,\quad c_j=-\begin{vmatrix}1 & x_i\\ 1 & x_k\end{vmatrix}=x_i-x_k,\quad c_k=\begin{vmatrix}1 & x_i\\ 1 & x_j\end{vmatrix}=x_j-x_i$$

亦即为对应元素的代数余子式。

将式（5-6）中的系数 $\alpha_1\sim\alpha_6$ 代入式（5-2）中整理得单元内任意一点的位移函数表达式为

$$u=\frac{1}{2\Delta}[(a_i+b_ix+c_iy)u_i+(a_j+b_jx+c_jy)u_j+(a_k+b_kx+c_ky)u_k]$$

$$v=\frac{1}{2\Delta}[(a_i+b_ix+c_iy)v_i+(a_j+b_jx+c_jy)v_j+(a_k+b_kx+c_ky)v_k] \tag{5-8}$$

令

$$N_i=\frac{1}{2\Delta}(a_i+b_ix+c_iy);N_j=\frac{1}{2\Delta}(a_j+b_jx+c_jy);N_k=\frac{1}{2\Delta}(a_k+b_kx+c_ky)$$

式中，N_i，N_j，N_k 为平面三角形单元的形函数。

那么平面三角形单元任意一点的位移函数可写为

$$\begin{cases} u = N_i u_i + N_j u_j + N_k u_k \\ v = N_i v_i + N_j v_j + N_k v_k \end{cases} \tag{5-9}$$

将上式写成矩阵形式，有

$$\begin{aligned} \boldsymbol{d} &= \begin{pmatrix} u \\ v \end{pmatrix} \\ &= \begin{pmatrix} N_i & 0 & N_j & 0 & N_k & 0 \\ 0 & N_i & 0 & N_j & 0 & N_k \end{pmatrix} (u_i \quad v_i \quad u_j \quad v_j \quad u_k \quad v_k)^{\mathrm{T}} \\ &= \boldsymbol{N}\,(\boldsymbol{q}_i \quad \boldsymbol{q}_j \quad \boldsymbol{q}_k)^{\mathrm{T}} = \boldsymbol{N}\,\boldsymbol{q}^{\mathrm{e}} \end{aligned} \tag{5-10}$$

式（5-10）表达了单元内任意一点的位移$\boldsymbol{d}$与节点位移$\boldsymbol{q}^{\mathrm{e}}$之间的关系，用形函数矩阵$\boldsymbol{N}$表示，其表达式为

$$\boldsymbol{N} = \begin{pmatrix} N_i & 0 & N_j & 0 & N_k & 0 \\ 0 & N_i & 0 & N_j & 0 & N_k \end{pmatrix} = (\boldsymbol{I}N_i \quad \boldsymbol{I}N_j \quad \boldsymbol{I}N_k) \tag{5-11}$$

式中，

$$\boldsymbol{N}_i = \begin{pmatrix} N_i & 0 \\ 0 & N_i \end{pmatrix},\ \boldsymbol{N}_j = \begin{pmatrix} N_j & 0 \\ 0 & N_j \end{pmatrix},\ \boldsymbol{N}_k = \begin{pmatrix} N_k & 0 \\ 0 & N_k \end{pmatrix},\ \boldsymbol{I} = \begin{pmatrix} 1 & 0 \\ 0 & 1 \end{pmatrix}$$

4）推导单元刚度矩阵。选择了合适的位移函数之后，就可以获得单元内任意一点的位移表示式，于是可通过几何方程获得单元内任意一点的应变，通过物理方程获得单元内任意一点的应力，最后利用最小势能原理获得单元刚度矩阵。

对于平面问题，由几何方程可计算出应变$\boldsymbol{\varepsilon}$，将任意一点位移（5-8）代入几何方程中可得

$$\boldsymbol{\varepsilon} = \begin{pmatrix} \dfrac{\partial u}{\partial x} \\ \dfrac{\partial v}{\partial y} \\ \dfrac{\partial u}{\partial y} + \dfrac{\partial v}{\partial x} \end{pmatrix} = \begin{pmatrix} \dfrac{1}{2\Delta}(b_i u_i + b_j u_j + b_k u_k) \\ \dfrac{1}{2\Delta}(c_i v_i + c_j v_j + c_k v_k) \\ \dfrac{1}{2\Delta}(c_i u_i + c_j u_j + c_k u_k) + \dfrac{1}{2\Delta}(b_i v_i + b_j v_j + b_k v_k) \end{pmatrix} \tag{5-12}$$

整理成矩阵形式可得

$$\boldsymbol{\varepsilon} = \frac{1}{2\Delta} \begin{pmatrix} b_i & 0 & b_j & 0 & b_k & 0 \\ 0 & c_i & 0 & c_j & 0 & c_k \\ c_i & b_i & c_j & b_j & c_k & b_k \end{pmatrix} \begin{pmatrix} u_i \\ v_i \\ u_j \\ v_j \\ u_k \\ v_k \end{pmatrix} = \boldsymbol{B}\,\boldsymbol{q}^{\mathrm{e}} \tag{5-13}$$

式中，$\boldsymbol{B}$为单元应变矩阵，其表达式为

$$\boldsymbol{B} = \frac{1}{2\Delta} \begin{pmatrix} b_i & 0 & b_j & 0 & b_k & 0 \\ 0 & c_i & 0 & c_j & 0 & c_k \\ c_i & b_i & c_j & b_j & c_k & b_k \end{pmatrix} \tag{5-14}$$

从式（5-14）中可以看出，平面三角形单元的应变矩阵 $\boldsymbol{B}$ 中各个元素 Δ、b_i，b_j，b_k，c_i，c_j，c_k均为常量，因而平面三角形单元的单元应变为常应变矩阵。

对于平面问题一点的应力状态 $\boldsymbol{\sigma}$ 可以用 σ_x，σ_y，τ_{xy} 这三个应力分量来表示，根据物理方程可得到单元的应力表达式为

$$\boldsymbol{\sigma} = \boldsymbol{D}\boldsymbol{\varepsilon} \tag{5-15}$$

式中，$\boldsymbol{D}$ 为平面应力状态下弹性矩阵，其表达式见式（5-16），其中 E 为弹性模量，ν 为泊松比。

$$\boldsymbol{D} = \frac{E}{1-\nu^2}\begin{pmatrix} 1 & \nu & 0 \\ \nu & 1 & 0 \\ 0 & 0 & (1-\nu)/2 \end{pmatrix} \tag{5-16}$$

将应变表达式（5-13）代入式（5-15）中，可以得到单元节点位移表示的单元内任意一点的应力为

$$\boldsymbol{\sigma} = \boldsymbol{D}\boldsymbol{B}\boldsymbol{q}^{\mathrm{e}} \tag{5-17}$$

令 $\boldsymbol{S}$ 为应力矩阵，其表达式为

$$\boldsymbol{S} = \boldsymbol{D}\boldsymbol{B} \tag{5-18}$$

假设在平面三角形单元中，三个节点 i，j，k 都发生了虚位移，相应的节点虚位移记为 $\delta\boldsymbol{q}^{\mathrm{e}}$，单元内的虚应变记为 $\delta\boldsymbol{\varepsilon}^{\mathrm{e}}$，在有限元中，每一个单元所受的荷载都需按等效静载的原则移置到相应的节点上，所以单元受的外力只有节点力，由虚功方程可写成

$$(\delta\boldsymbol{q}^{\mathrm{e}})^{\mathrm{T}}\boldsymbol{F}^{\mathrm{e}} = \iint (\delta\boldsymbol{\varepsilon}^{\mathrm{e}})^{\mathrm{T}}\boldsymbol{\sigma} t\,\mathrm{d}x\mathrm{d}y \tag{5-19}$$

式中，t 为物体的厚度，由于是平面问题，t 为常量。

将式（5-13）和式（5-17）代入式（5-19）中，并整理得

$$(\delta\boldsymbol{q}^{\mathrm{e}})^{\mathrm{T}}\boldsymbol{F}^{\mathrm{e}} = \iint (\boldsymbol{B}\delta\boldsymbol{q}^{\mathrm{e}})^{\mathrm{T}}\boldsymbol{D}\boldsymbol{B}\boldsymbol{q}^{\mathrm{e}} t\,\mathrm{d}x\mathrm{d}y = \iint (\delta\boldsymbol{q}^{\mathrm{e}})^{\mathrm{T}}\boldsymbol{B}^{\mathrm{T}}\boldsymbol{D}\boldsymbol{B}\boldsymbol{q}^{\mathrm{e}} t\,\mathrm{d}x\mathrm{d}y \tag{5-20}$$

考虑虚位移的任意性，可将等式两边左乘$((\delta\boldsymbol{q}^{\mathrm{e}})^{\mathrm{T}})^{-1}$，并把 $\boldsymbol{q}^{\mathrm{e}}$提到积分号外，得

$$\boldsymbol{F}^{\mathrm{e}} = \iint \boldsymbol{B}^{\mathrm{T}}\boldsymbol{D}\boldsymbol{B} t\,\mathrm{d}x\mathrm{d}y\boldsymbol{q}^{\mathrm{e}} \tag{5-21}$$

将式（5-21）写成单元刚度矩阵的表达形式，即

$$\boldsymbol{F}^{\mathrm{e}} = \boldsymbol{K}^{\mathrm{e}}\boldsymbol{q}^{\mathrm{e}} \tag{5-22}$$

式中，$\boldsymbol{K}^{\mathrm{e}}$ 为单元刚度矩阵，其表达式为

$$\boldsymbol{K}^{\mathrm{e}} = \iint \boldsymbol{B}^{\mathrm{T}}\boldsymbol{D}\boldsymbol{B} t\,\mathrm{d}x\mathrm{d}y \tag{5-23}$$

在平面三角形单元中，材料均质单元的弹性矩阵 $\boldsymbol{D}$ 为常量，应变矩阵 $\boldsymbol{B}$ 为常量，单元面积为 $\iint \mathrm{d}x\mathrm{d}y = \Delta$，因而式（5-23）所示的平面三角形单元的单元刚度矩阵可写为

$$\boldsymbol{K}^{\mathrm{e}} = \boldsymbol{B}^{\mathrm{T}}\boldsymbol{D}\boldsymbol{B}\, t\Delta \tag{5-24}$$

单元刚度矩阵的物理意义是，其任一列的元素分别等于该单元的某个节点沿坐标方向发生单位位移时，在各节点上所引起的节点力。单元的刚度取决于单元的大小、方向和弹性常

数，而与单元的位置无关，即不随单元或坐标轴的平行移动而改变。单元刚度矩阵一般具有如下三个特性：对称性、奇异性和具有分块形式。对于平面三角形单元，按照每个节点两个自由度的构成方式，可以将单元刚度矩阵列写成3×3个子块、每个子块为2×2阶的分块矩阵的形式，即

$$\boldsymbol{K}^{e}=\begin{pmatrix}\boldsymbol{K}_{11}^{e} & \boldsymbol{K}_{12}^{e} & \boldsymbol{K}_{13}^{e}\\ \boldsymbol{K}_{21}^{e} & \boldsymbol{K}_{22}^{e} & \boldsymbol{K}_{23}^{e}\\ \boldsymbol{K}_{31}^{e} & \boldsymbol{K}_{32}^{e} & \boldsymbol{K}_{33}^{e}\end{pmatrix} \tag{5-25}$$

5.1.2 整体刚度矩阵和载荷列阵的组集

1. 刚度矩阵的组集

设一个平面弹性结构划分为N个单元和n个节点，对每个单元按上述方法进行分析计算，可得到N个形如式（5-25）的单元刚度矩阵$\boldsymbol{K}_i^{e}$，$i=1,2,\cdots,N$。每个单元对应的力与变形之间的关系见式（5-22），为了将这些研究对象进行整体分析，就必须得到整体刚度矩阵，下面介绍两种整体刚度矩阵组集的方法。

（1）直接组集法。对于平面三角形问题，每个单元具有3个节点，且每个节点有x和y两个方向的自由度，故其单元刚度矩阵是一个6维矩阵。如果结构具有n个节点，离散后的整个系统具有$2n$个自由度，那么其组集后的整体刚度矩阵是一个$2n\times2n$维的矩阵。

在开始进行整体刚度矩阵的组集时，首先将每一个平面三角形单元的刚度矩阵进行扩充，使之成为一个$2n\times2n$阶的方阵$\boldsymbol{K}_{\text{ext}}^{e}$。假设平面三角形单元3个节点分别对应的整体编号$i$，$j$和$k$，即单元刚度矩阵$\boldsymbol{K}^{e}$中的2×2阶子矩阵$\boldsymbol{K}_{ij}$将处于扩展矩阵中的第$i$双行、第$j$双列中。单元刚度矩阵经过扩展后，除了对应的第$i$、第$j$、第$m$双行双列上的元素为被扩展单元矩阵的元素外，其余元素均为零。扩展后的单元刚度矩阵可以表示为

$$\boldsymbol{K}_{\text{ext}}^{e}=\begin{matrix} 1 & & i & & j & & k & & n & \\ \begin{pmatrix}\cdots & \cdots & \cdots & \cdots & \cdots & \cdots & \cdots & \cdots & \cdots\\ \vdots & & \vdots & & \vdots & & \vdots & & \vdots\\ \cdots & \cdots & \boldsymbol{K}_{ii} & \cdots & \boldsymbol{K}_{ij} & \cdots & \boldsymbol{K}_{ik} & \cdots & \cdots\\ \vdots & & \vdots & & \vdots & & \vdots & & \vdots\\ \cdots & & \boldsymbol{K}_{ji} & & \boldsymbol{K}_{jj} & \cdots & \boldsymbol{K}_{jk} & \cdots & \cdots\\ \vdots & & \vdots & & \vdots & & \vdots & & \vdots\\ \cdots & \cdots & \boldsymbol{K}_{ki} & \cdots & \boldsymbol{K}_{kj} & \cdots & \boldsymbol{K}_{kk} & \cdots & \cdots\\ \vdots & & \vdots & & \vdots & & \vdots & & \vdots\\ \cdots & \cdots & \cdots & \cdots & \cdots & \cdots & \cdots & \cdots & \cdots\end{pmatrix}\begin{matrix}1\\ \\ i\\ \\ j\\ \\ k\\ \\ n_{(2n\times2n)}\end{matrix}\end{matrix} \tag{5-26}$$

每个平面三角形单元刚度矩阵经过扩展后都会形成如式（5-26）的矩阵类型。只是每个平面三角形单元的三个节点在整体节点编号中i，j和k不同。将N个单元刚度矩阵进行扩展

后求和叠加，便得到结构的整体刚度矩阵 $\boldsymbol{K}$，记为

$$\boldsymbol{K} = \sum_{i=1}^{N} \boldsymbol{K}_{i,\text{ext}}^{\text{e}} \tag{5-27}$$

（2）转换矩阵法。采用转换矩阵法进行整体刚度矩阵组集的关键是获取每个单元的转换矩阵 $\boldsymbol{G}^{\text{e}}$。单元转换矩阵的行数为每个单元的自由度数，转换矩阵的列数为整体刚度矩阵的维数。这里对于上述的例子来说，每个平面三角形单元有 3 个节点，且每个节点有 2 个自由度，所以平面三角形单元的自由度为 6。而对于整个结构来说，具有 n 个节点，整体刚度矩阵是一个 $2n\times 2n$ 的方阵，所以转换矩阵的列数为 $2n$。所以，对于平面三角形单元来说，其单元的转换矩阵是一个 6 行 $2n$ 列的矩阵。

假设某一个平面三角形单元的三个节点在整体节点中的编号为 i，j 和 k。那么在转换矩阵中，单元的三个节点对应的整体编号位置上的双列所在的子块设为 2 阶单位矩阵，其他均为 0。对于平面三角形单元，转换矩阵 $\boldsymbol{G}^{\text{e}}$ 的具体形式为

$$\begin{matrix} 1,\ 2,\ \cdots,\ (2i-1),\ 2i,\ \cdots,\ (2i-1),\ 2j,\ \cdots,\ (2k-1),\ 2k,\cdots,\ (2n-1),\ 2n \end{matrix}$$

$$\boldsymbol{G}_{6\times 2n}^{\text{e}}=\left(\begin{array}{ccc|ccc|ccc|ccc|cc} 0 & 0 & \cdots & 1 & 0 & \cdots & 0 & 0 & \cdots & 0 & 0 & \cdots & 0 & 0 \\ 0 & 0 & \cdots & 0 & 1 & \cdots & 0 & 0 & \cdots & 0 & 0 & \cdots & 0 & 0 \\ 0 & 0 & \cdots & 0 & 0 & \cdots & 1 & 0 & \cdots & 0 & 0 & \cdots & 0 & 0 \\ 0 & 0 & \cdots & 0 & 0 & \cdots & 0 & 1 & \cdots & 0 & 0 & \cdots & 0 & 0 \\ 0 & 0 & \cdots & 0 & 0 & \cdots & 0 & 0 & \cdots & 1 & 0 & \cdots & 0 & 0 \\ 0 & 0 & \cdots & 0 & 0 & \cdots & 0 & 0 & \cdots & 0 & 1 & \cdots & 0 & 0 \end{array}\right) \tag{5-28}$$

利用转换矩阵 $\boldsymbol{G}^{\text{e}}$ 可以直接求和得到结构的整体刚度矩阵为

$$\boldsymbol{K} = \sum_{i=1}^{N} (\boldsymbol{G}_i^{\text{e}})^{\text{T}} \boldsymbol{K}_i^{\text{e}} \boldsymbol{G}_i^{\text{e}} \tag{5-29}$$

2. 整体载荷列阵的组集

在结构有限元整体分析时，结构的载荷列阵 $\boldsymbol{F}$ 是由结构的全部单元的等效节点力集合而成，而其中单元的等效节点力 $\boldsymbol{F}^{\text{e}}$ 则是由作用在单元上的集中力、表面力和体力分别移置到相应的节点上，再逐点相加合成求得。

（1）单元载荷移置　假设平面三角形单元上的集中力 $\boldsymbol{F}_C$，面力 $\boldsymbol{F}_A$，体积力 $\boldsymbol{F}_V$。根据虚位移原理，等效节点载荷所做的功与作用在单元上的集中力、表面力、体积力所做的功相等，由此可以确定等效节点载荷的大小表示为

$$(\delta \boldsymbol{q}^{\text{e}})^{\text{T}}\boldsymbol{F}^{\text{e}} = (\delta \boldsymbol{d})^{\text{T}} \boldsymbol{F}_C + \iint (\delta \boldsymbol{d})^{\text{T}} \boldsymbol{F}_A \text{d}A + \iiint (\delta \boldsymbol{d})^{\text{T}} \boldsymbol{F}_V \text{d}V \tag{5-30}$$

式中，$\delta \boldsymbol{q}^{\text{e}}$ 为单元节点虚位移列阵，$\delta \boldsymbol{d}$ 为单元内任意一点的虚位移列阵；等号左端表示等效节点力 $\boldsymbol{F}^{\text{e}}$ 所做的虚功；等号右边第一项为集中力 $\boldsymbol{F}_C$ 所做的虚功，第二项为面力 $\boldsymbol{F}_A$ 所做的虚功，第三项为体积力 $\boldsymbol{F}_V$ 所做的虚功。

单元内任意一点的虚位移可以用形函数与单元节点虚位移来表示，即

$$\delta \boldsymbol{d} = \boldsymbol{N}\delta \boldsymbol{q}^{\text{e}} \tag{5-31}$$

代入到式（5-30）中，于是有

$$(\delta \boldsymbol{q}^{e})^{T}\boldsymbol{F}^{e} = (\delta \boldsymbol{q}^{e})^{T}\left(\boldsymbol{N}_{C}^{T}\boldsymbol{F}_{C} + \iint \boldsymbol{N}^{T}\boldsymbol{F}_{A}\mathrm{d}A + \iiint \boldsymbol{N}^{T}\boldsymbol{F}_{V}\mathrm{d}V\right) \tag{5-32}$$

那么，单元内集中载荷的等效节点载荷计算公式为

$$\boldsymbol{F}_{C}^{e} = \boldsymbol{N}_{C}^{T}\boldsymbol{F}_{C} \tag{5-33}$$

式中，N_C为集中载荷在载荷作用点处的形函数矩阵。

单元表面力的等效节点载荷计算公式为

$$\boldsymbol{F}_{A}^{e} = \iint \boldsymbol{N}^{T}\boldsymbol{F}_{A}\mathrm{d}A \tag{5-34}$$

单元体积力的等效节点载荷计算公式为

$$\boldsymbol{F}_{V}^{e} = \iiint \boldsymbol{N}^{T}\boldsymbol{F}_{V}\mathrm{d}V \tag{5-35}$$

1）面力均布载荷。均布载荷作用在三角形单元上，如图5-5所示，其中P为均布载荷强度，并且以压为正。作用在单元边界上的单位面积力记为$\boldsymbol{F}_A$，令ij边长为L，与x轴的夹角为α，于是

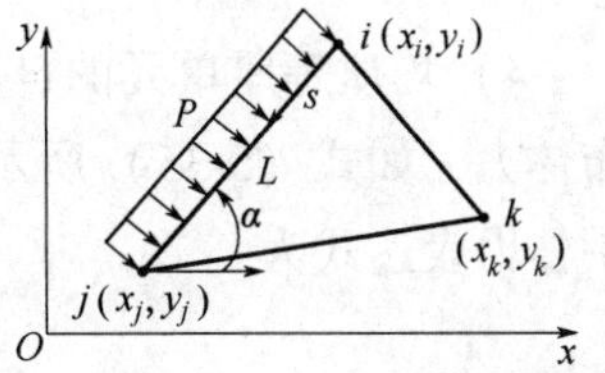

图5-5 三角形单元受面力均布载荷

$$\boldsymbol{F}_{A} = \begin{pmatrix} F_{Ax} \\ F_{Ay} \end{pmatrix} = \begin{pmatrix} P\sin\alpha \\ -P\cos\alpha \end{pmatrix} = \frac{P}{L}\begin{pmatrix} y_i - y_j \\ x_j - x_i \end{pmatrix} \tag{5-36}$$

沿ij边插值函数可写作

$$N_i = 1 - \frac{s}{L},\ N_j = \frac{s}{L},\ N_k = 0 \tag{5-37}$$

于是，计算三角形单元各个节点上的等效载荷

$$\begin{aligned} F_{A}^{e} &= \iint N^{T}F_{A}\mathrm{d}A \\ &= \int_{L}\frac{P}{L}\begin{pmatrix} N_i & 0 & N_j & 0 & N_k & 0 \\ 0 & N_i & 0 & N_j & 0 & N_k \end{pmatrix}^{T}\begin{pmatrix} y_i - y_j \\ x_j - x_i \end{pmatrix}t\mathrm{d}s \\ &= \frac{1}{2}Pt\,(y_i - y_j \quad x_j - x_i \quad y_i - y_j \quad x_j - x_i \quad 0 \quad 0)^{T} \end{aligned} \tag{5-38}$$

因此，三角形单元均布载荷等效节点力为

$$\boldsymbol{F}_{A}^{e} = \frac{1}{2}Pt\,(y_i - y_j \quad x_j - x_i \quad y_i - y_j \quad x_j - x_i \quad 0 \quad 0)^{T} \tag{5-39}$$

2）x方向面力均布载荷。三角形单元受x方向均布载荷如图5-6所示，作用在单元边界上的单位面积上的力为

$$\boldsymbol{F}_{A}^{e} = \begin{pmatrix} \boldsymbol{F}_{Ax} \\ \boldsymbol{F}_{Ay} \end{pmatrix} = \begin{pmatrix} P \\ 0 \end{pmatrix} \tag{5-40}$$

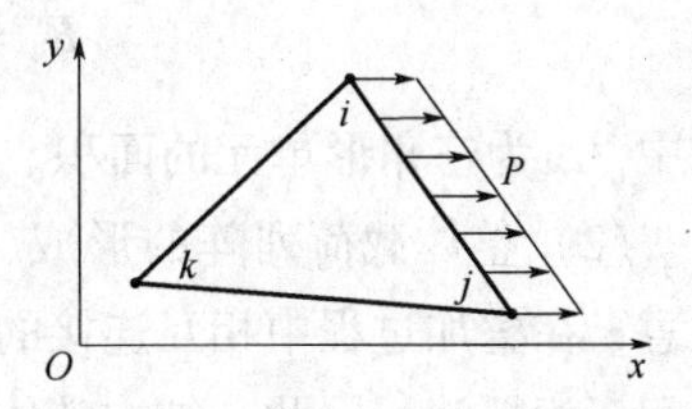

图5-6 三角形单元受x方向面力分布载荷

于是，x方向均布载荷在三角形单元的等效节点载荷为

$$\boldsymbol{F}_{A}^{e} = \frac{1}{2}PtL\,(1 \quad 0 \quad 1 \quad 0 \quad 0 \quad 0)^{T} \tag{5-41}$$

3）x 方向三角形分布面力载荷。三角形单元受 x 方向三角形分布载荷，如图 5-7 所示，单元边界上的单位面积力用局部坐标 s 表示为

$$\boldsymbol{F}_A^{\mathrm{e}} = \begin{pmatrix} \left(1 - \dfrac{s}{L}\right)P \\ 0 \end{pmatrix} \tag{5-42}$$

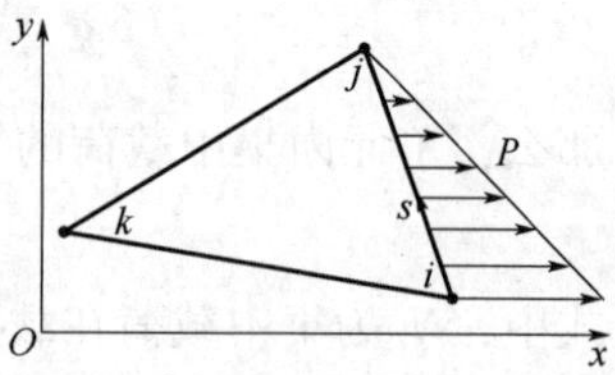

图 5-7　单元边界上作用 x 方向三角形分布载荷

于是，利用式（5-34）可得，x 方向三角形分布载荷在单元的等效节点载荷为

$$\boldsymbol{F}_A^{\mathrm{e}} = \frac{1}{2}PtL\begin{pmatrix} \dfrac{2}{3} & 0 & \dfrac{1}{3} & 0 & 0 & 0 \end{pmatrix}^{\mathrm{T}} \tag{5-43}$$

4）均质等厚单元的自重。图 5-8 所示为单元 ijk 上承受分布体力，如式（5-35）所示体积力的等效节点载荷计算，其中体力表达式为

$$\boldsymbol{F}_V^{\mathrm{e}} = \begin{pmatrix} 0 \\ -G \end{pmatrix} \tag{5-44}$$

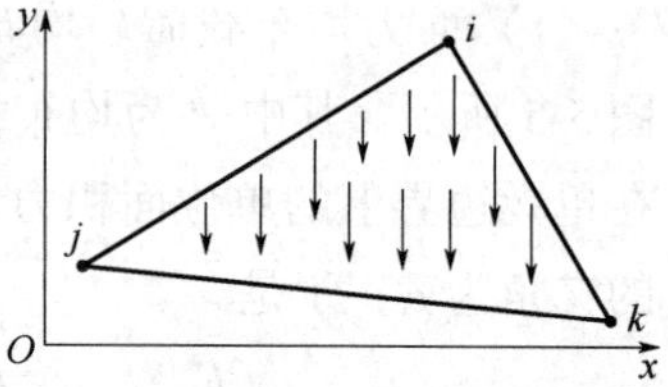

式中，单位体积的重力 $G=\rho g$，ρ 为密度，g 为重力加速度。

图 5-8　三角形单元作用体积力

三角形单元的形函数为

$$\boldsymbol{N} = \begin{pmatrix} N_i & 0 & N_j & 0 & N_k & 0 \\ 0 & N_i & 0 & N_j & 0 & N_k \end{pmatrix} \tag{5-45}$$

每个节点的等效节点载荷为

$$\begin{aligned} \boldsymbol{F}_V^{\mathrm{e}} &= \iiint \boldsymbol{N}^{\mathrm{T}} F_V \mathrm{d}V \\ &= \iint \begin{pmatrix} N_i & 0 & N_j & 0 & N_k & 0 \\ 0 & N_i & 0 & N_j & 0 & N_k \end{pmatrix}^{\mathrm{T}} \begin{pmatrix} 0 \\ -G \end{pmatrix} t\mathrm{d}x\mathrm{d}y \\ &= \left(0 \quad -\iint N_i G t \mathrm{d}x\mathrm{d}y \quad 0 \quad -\iint N_j G t \mathrm{d}x\mathrm{d}y \quad 0 \quad -\iint N_k G t \mathrm{d}x\mathrm{d}y\right)^{\mathrm{T}} \\ &= \frac{1}{3}Gt\Delta\,(0 \quad 1 \quad 0 \quad 1 \quad 0 \quad 1)^{\mathrm{T}} \end{aligned} \tag{5-46}$$

于是，均质等厚三角形单元的自重转化为等效节点载荷可以表达为

$$\boldsymbol{F}_V^{\mathrm{e}} = -\frac{1}{3}Gt\Delta\,(0 \quad 1 \quad 0 \quad 1 \quad 0 \quad 1)^{\mathrm{T}} \tag{5-47}$$

式中，Δ 为三角形单元的面积。

（2）整体载荷列阵的形成　结构载荷列阵由所有单元的等效节点载荷列阵叠加得到。注意，在叠加过程中相互连接的两个单元之间存在相互作用力，其大小相等方向相反，它们之间互相抵消。因此，结构整体载荷列阵中只有与外载荷有关的节点有值，其余为零。

任一单元的等效节点力载荷列阵 $\boldsymbol{F}^{\mathrm{e}}$ 等于该单元上的集中力等效载荷列阵、表面力等效载荷列阵和体积力等效载荷列阵的和，即

$$\boldsymbol{F}^{\mathrm{e}} = \boldsymbol{F}_C^{\mathrm{e}} + \boldsymbol{F}_A^{\mathrm{e}} + \boldsymbol{F}_V^{\mathrm{e}} \tag{5-48}$$

对于整体载荷列阵的组集，如整体刚度矩阵的组集采用直接组集法，同样首先将单元等效节点力载荷列阵进行扩展，使其成为一个 $2n$ 维的列阵，然后将扩展后的列阵进行叠加即可，这里不再赘述。

如果采用转换矩阵法，在整体载荷列阵组集时用到的转换矩阵与整体刚度矩阵组集时的转换矩阵相同，如式（5-28）所示。这样整体载荷列阵为

$$\boldsymbol{F} = \sum_{i=1}^{N} (\boldsymbol{G}_i^{\mathrm{e}})^{\mathrm{T}} \boldsymbol{F}_i^{\mathrm{e}} \tag{5-49}$$

综上所述，在求得整体刚度矩阵 $\boldsymbol{K}$ 和整体载荷列阵 $\boldsymbol{F}$ 后，用 $\boldsymbol{q}$ 表示整体节点位移列阵。那么整体刚度矩阵、整体位移列阵和整体载荷列阵表达的结构有限元方程为

$$\boldsymbol{Kq} = \boldsymbol{F} \tag{5-50}$$

5.1.3 边界条件的处理和求解

对于式（5-50）所描述的有限元方程来说，尚不能直接用于求解，这是由于整体刚度矩阵的性质决定的。为了求解，必须引入边界条件。只有在消除了整体刚度矩阵的奇异性之后，才能联立力平衡方程组并求解出节点位移。一般情况下，所要求解的问题，其边界往往具有一定的位移约束条件，本身已排除了刚体运动的可能性。下面来介绍边界条件的施加和求解过程。

1）基础支承结构。大多数结构支承在某些基础上，则在结构与基础相连的节点上，某一方向的自由度受到约束，故节点在该方向上的位移为零。如发动机支承在刚度很大的试验台上，约束了垂直于轴线方向的自由度，则相应节点在该方向的位移即为零。

2）具有对称性的结构。如果结构具有对称性，其约束条件应根据对称情况加以处理。

3）具有给定位移边界的结构。零位移约束是给定位移约束的特例，工程上零位移约束的情况较多。除了零位移约束之外，还存在给定位移的位移约束，比如地震。

上述三种约束条件均可限制结构刚体位移，在引入上述几何边界条件后，就可以求解结构的有限元方程，且其解是唯一的。

假设在某多自由系统的前 m 个自由度上施加固定边界约束条件，那么所得到的降维刚度矩阵 $\boldsymbol{K}'$ 为未施加边界约束条件时的刚度矩阵 $\boldsymbol{K}$ 消去前 m 行和前 m 列后所得到的矩阵；降维后的载荷列阵 $\boldsymbol{F}'$ 为未施加边界约束条件时的载荷列阵 $\boldsymbol{F}$ 消去前 m 行所得到的载荷列阵。

如图 5-3 所示的薄板结构，其根据结构与受力的正对称性所取 1/4 结构进行有限元分析，在与另外 3/4 结构连接部位存在约束。

由上一节内容可知，该有限元模型经过组集后形成的整体刚度矩阵 $\boldsymbol{K}$ 是一个 8×8 的方阵，载荷列阵 $\boldsymbol{F}$ 为一个 8 维的列向量，引入边界条件前的有限元方程可表示为

$$\begin{pmatrix} k_{1,1} & k_{1,2} & \cdots & k_{1,7} & k_{1,8} \\ k_{2,1} & k_{2,2} & \cdots & k_{2,7} & k_{2,8} \\ \vdots & \vdots & \cdots & \vdots & \vdots \\ k_{7,1} & k_{7,2} & \cdots & k_{7,7} & k_{7,8} \\ k_{8,1} & k_{8,2} & \cdots & k_{8,7} & k_{8,8} \end{pmatrix} \begin{pmatrix} x_1 \\ y_1 \\ \vdots \\ x_4 \\ y_4 \end{pmatrix} = \begin{pmatrix} F_{x1} \\ F_{y1} \\ \vdots \\ F_{x4} \\ F_{y4} \end{pmatrix} \tag{5-51}$$

对边界条件进行分析，节点 4 约束 x 和 y 方向的自由度，节点 1 约束 y 方向自由度约束，节点 3 约束 x 方向自由度。边界条件为 $x_4=y_4=0$，$y_1=0$，$x_3=0$。然后在整体刚度矩阵、整体位移列阵和整体载荷列阵中消去对应边界条件为 0 的行和列，最终得到的有限元方程为

$$\begin{pmatrix} k_{1,1} & k_{1,3} & k_{1,4} & k_{1,6} \\ k_{3,1} & k_{3,3} & k_{3,4} & k_{3,6} \\ k_{4,1} & k_{4,3} & k_{4,4} & k_{4,6} \\ k_{6,1} & k_{6,3} & k_{6,4} & k_{6,6} \end{pmatrix} \begin{pmatrix} x_1 \\ x_2 \\ y_2 \\ y_3 \end{pmatrix} = \begin{pmatrix} F_{x1} \\ F_{x2} \\ F_{y2} \\ F_{y3} \end{pmatrix} \tag{5-52}$$

引入边界条件后，得到消除了整体刚度矩阵奇异性的有限元方程组，根据方程组的具体特点选择恰当的计算方法来求得节点位移。

节点位移求出后，即可利用单元应力矩阵求出各单元应力。实际上，在整个有限元求解过程中，只有位移是求出量，应力和应变均为导出量。

求出位移后，其结果整理比较简单，可直接用节点位移分量画出物体的位移图线，也可以列出每个节点的位移。

而应力的结果整理则比较复杂，这里我们采用的是平面三角形单元，因此单元应力也是常量。为了较好地表示出结构中的应力分布，我们将一个平面应力状态下（$\sigma_x,\sigma_y,\tau_{xy}$）的结构被任意角度平面所截，如图 5-9 所示，该平面上的正应力与剪应力分别表示为 σ_α，τ_α，截面外法线 n 与 x 轴正向夹角为 α。图 5-9a 所示为任意截面在平面应力状态下的应力分布图，图 5-9b 所示为截面上的受力情况。根据力的平衡，我们在截面的外法向方向 n 向和截面平行方向的合力为 0，即 $\sum F_n=0$，$\sum F_t=0$。列出两个方向合力的具体表达形式为

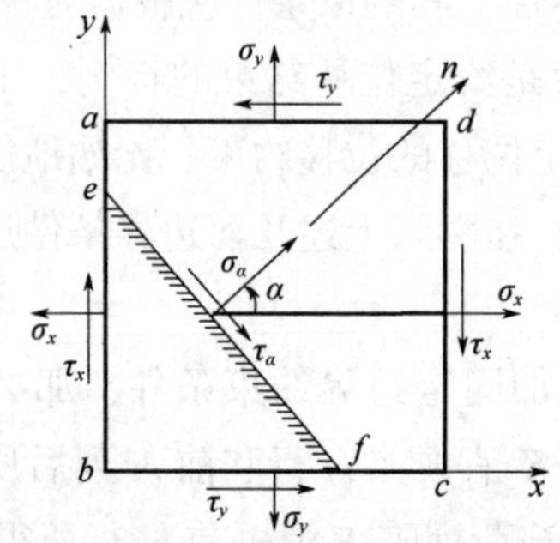

a）任意截面在平面应力状态下的应力分布

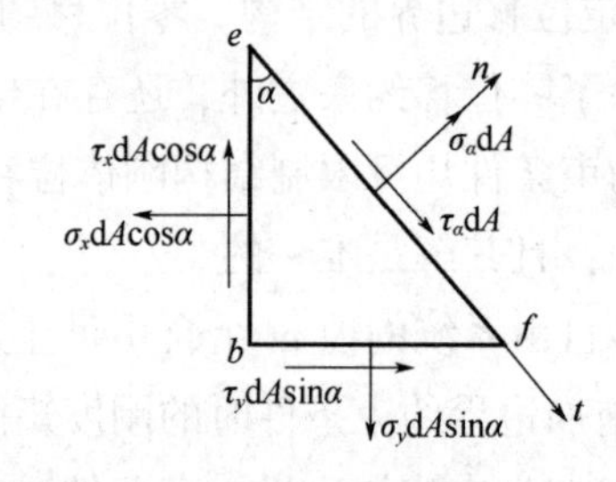

b）任意截面的受力

图 5-9　平面应力状态下的应力分布

$$\begin{aligned} &\sigma_\alpha \mathrm{d}A+(\tau_{xy}\mathrm{d}A\cos\alpha)\sin\alpha-(\sigma_x\mathrm{d}A\cos\alpha)\cos\alpha+ \\ &(\tau_{yx}\mathrm{d}A\sin\alpha)\cos\alpha-(\sigma_y\mathrm{d}A\sin\alpha)\sin\alpha=0 \\ &\tau_\alpha \mathrm{d}A-(\tau_{xy}\mathrm{d}A\cos\alpha)\cos\alpha-(\sigma_x\mathrm{d}A\cos\alpha)\sin\alpha+ \\ &(\tau_{yx}\mathrm{d}A\sin\alpha)\sin\alpha+(\sigma_y\mathrm{d}A\sin\alpha)\cos\alpha=0 \end{aligned} \tag{5-53}$$

根据切应力互等定理 $\tau_{xy}=\tau_{yx}$，整理后得

$$\begin{aligned} \sigma_\alpha &= \sigma_x\cos^2\alpha+\sigma_y\sin^2\alpha-\tau_{xy}\sin2\alpha \\ \tau_\alpha &= (\sigma_x-\sigma_y)\sin\alpha\cos\alpha+\tau_{xy}\cos2\alpha \end{aligned} \tag{5-54}$$

利用三角函数变换可得

$$
\begin{aligned}
\sigma_{\alpha} &= \frac{\sigma_x+\sigma_y}{2}+\frac{\sigma_x-\sigma_y}{2}\cos 2\alpha-\tau_{xy}\sin 2\alpha \\
\tau_{\alpha} &= \frac{\sigma_x-\sigma_y}{2}\sin 2\alpha+\tau_{xy}\cos 2\alpha
\end{aligned}
\tag{5-55}
$$

又由于在主平面上的切应力为0，即 $\tau_{\alpha 0}=0$，因此可得到截面的主应力方向角为

$$
\tan 2\alpha_0=-\frac{2\tau_{xy}}{\sigma_x-\sigma_y} \tag{5-56}
$$

求解得到的方向角分别为 α_0 与 $\alpha_0+90°$，说明在平面应力状态下的两个主平面相互垂直。求解得到两个主应力，即 $\sigma_{\max}$，$\sigma_{\min}$ 为单元最大和最小主应力，具体表达形式为

$$
\sigma_{\max,\min}=\frac{\sigma_x+\sigma_y}{2}\pm\sqrt{\left(\frac{\sigma_x-\sigma_y}{2}\right)^2+\tau_{xy}^2} \tag{5-57}
$$

需要指出的是，由平面三角形单元计算出来的单元常应力，并不是单元的平均应力，即使单元很小，它也常常会大于或者小于单元内所有各点的实际应力，只是单元应力收敛于实际应力。由于单元应力不是平均应力，所以常常采用各种平均的计算方法，使该结构内某一点的应力更加接近于实际应力。弹性体边界内的应力及边界上的应力，在结果整理的方法上略有不同，现介绍如下。

1. 边界内的应力

对于获得单元边界内任意一点的应力，最常采用的方法有绕节点平均法和二单元平均法。

所谓的绕节点平均法，就是将环绕某一节点的各单元常应力加以平均，用以表示该节点的应力。为了使求得的应力能较好地表示节点处的实际应力，环绕该节点的各个单元的面积不应相差太大。求出节点应力后，可计算节点主应力。

另一种推算节点应力值的方法是二单元平均法，即把两个相邻单元中的常应力加以平均，用来表示公共边界中点处的应力。在两个相邻单元的公共边界上，存在两个应力，它们来自两个单元，一般不会相等，因此要求两个相邻单元的公共边界上的应力，需采用二单元平均法。

在应力变化不剧烈的部位，用绕节点平均法和二单元平均法求出的结果精度不相上下。若是在应力变化比较剧烈的部位，特别是应力集中处，绕节点平均法的精度较差。但绕节点平均法也有优点，如果为了求某一截面上的应力曲线，只需在划分单元时，布置5个以上的节点在这一截面上即可，而采用二单元平均法则没有这样方便。图5-10所示为平面三角形单元划分的单元，对于内节点1~5分别计算与节点相关的各单元应力，然后求其平均值作为此点的应力，即

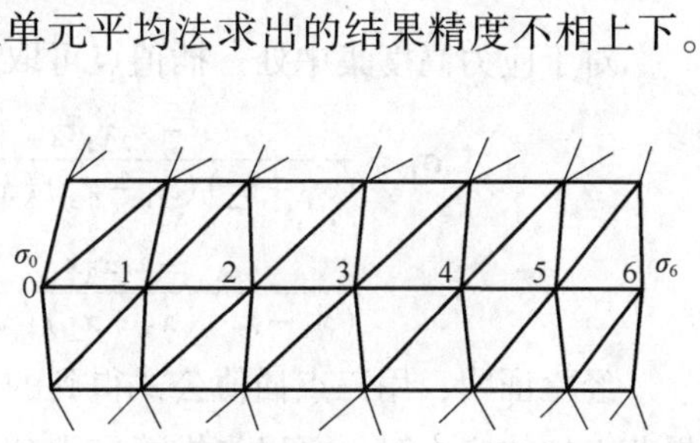

图5-10　单元平均法求解边界内应力

$$
\sigma_j=\frac{1}{6}\sum_{i=1}^{6}\sigma_i^j \quad (j=1,2,\cdots,5) \tag{5-58}
$$

应当指出，若相邻单元具有不同厚度或者不同弹性常数时，理论上单元之间应力会有突

变。因此，只有对厚度及弹性常数相同的单元进行平均计算，以免失去这种应当有的突变。

2. 边界上应力

用绕节点平均法计算出来的节点应力，在内节点处表达较好，但在边界节点处常常效果较差。用二单元平均法，不易求得边界上的应力。因此边界节点处及边界处的应力，不易直接由单元的应力平均求得，而要由内部节点处的应力推算得出。推算的方法是采用拉格朗日插值公式。

如图 5-11 所示，求图 5-10 中边界节点 0 处的应力，先将 0，1，2，3 等节点之间的距离表示在图 5-11b 的横坐标上，再以应力 σ 为纵坐标，分别求出节点 1，2，3 处的应力 σ_1，σ_2，σ_3，然后用曲线连接 σ_1，σ_2，σ_3 三点即可得到一条近似抛物线，此时，任一点的应力 $\sigma(x)$ 的函数值可由如下抛物线插值公式求得

$$\sigma(x)=\frac{(x-x_2)(x-x_3)}{(x_1-x_2)(x_1-x_3)}\sigma_1+\frac{(x-x_1)(x-x_3)}{(x_2-x_1)(x_2-x_3)}\sigma_2+\frac{(x-x_1)(x-x_2)}{(x_3-x_1)(x_3-x_2)}\sigma_3 \tag{5-59}$$

式中，$\sigma(x)$ 为抛物线插值函数。式（5-59）称为拉格朗日插值函数。

在 $x=0$ 处，插值函数 σ_0 可直接得出

$$\sigma_0=\frac{x_2x_3}{(x_1-x_2)(x_1-x_3)}\sigma_1+\frac{x_1x_3}{(x_2-x_1)(x_2-x_3)}\sigma_2+\frac{x_1x_2}{(x_3-x_1)(x_3-x_2)}\sigma_3 \tag{5-60}$$

利用这一公式可直接由 x_1，x_2，x_3 及 σ_1，σ_2，σ_3 求得边界应力 σ_0。

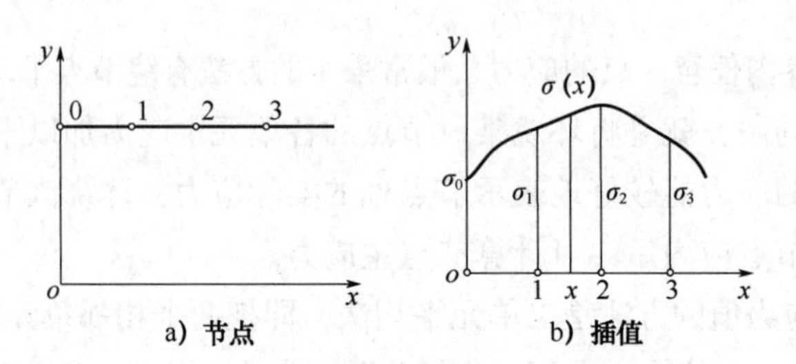

图 5-11　插值法求边界上的应力

对于应力高度集中处，插值点可取为 4 个，插值公式改为三次多项式

$$\begin{aligned}\sigma_0=&\frac{-x_2x_3x_4}{(x_1-x_2)(x_1-x_3)(x_1-x_4)}\sigma_1+\frac{-x_1x_3x_4}{(x_2-x_1)(x_2-x_3)(x_2-x_4)}\sigma_2+\\&\frac{-x_1x_2x_4}{(x_3-x_1)(x_3-x_2)(x_3-x_4)}\sigma_3+\frac{-x_1x_2x_3}{(x_4-x_1)(x_4-x_2)(x_4-x_3)}\sigma_4\end{aligned} \tag{5-61}$$

经验证明，用三点插值公式得到的应力结果在一般情况已足够精确。在推算边界点或边界节点处的应力时，可以先推算应力分量再求主应力，也可以先求各点主应力，再对边界点的主应力进行推算。一般情况下前者精度略高一些，但差异并不显著。

5.1.4　平面三角形单元举例

例 5.1　一长方形薄板，结构如图 5-12a 所示，在其左右两端施加均布载荷 $P=5$ MPa，薄板长度为 $L=12$ cm，宽度为 $h=4$ cm，厚度为 $t=1$ cm。材料参数：弹性模量 $E=200$ GPa，

泊松比 $\nu=0.3$。试分析薄板各节点的位移变化及各单元的应力应变情况。

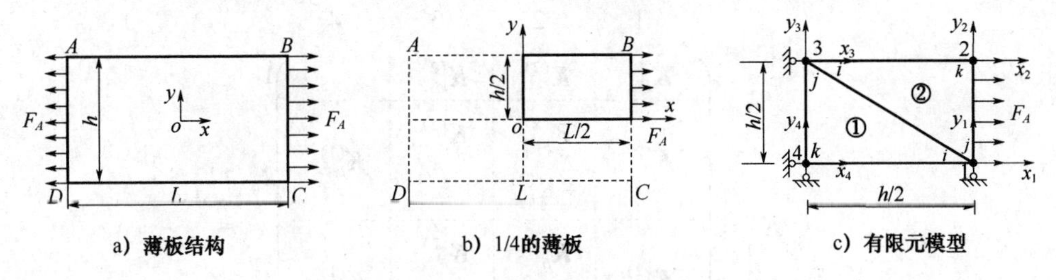

图 5-12　利用三角形单元分析薄板结构

根据图 5-12a 中所示薄板结构，取其 1/4 单元进行有限元分析如图 5-12b 所示，将其离散化，划分为了 2 个单元，如图 5-12c 所示。在对其进行静力学分析时，由于结构在端面受到均布载荷作用，单元②的均布载荷的等效节点力表达式为

$$F_A^e=\frac{1}{2}PtL\,(1\quad 0\quad 1\quad 0\quad 0\quad 0)^{\mathrm{T}}$$

式中，P 为均布载荷强度，$P=5$ MPa；t 为该结构厚度，$t=1$ cm；L 为该结构作用载荷长度，$L=2$ cm。进行载荷移置时可根据面力等效载荷移置法计算，结果为

$$F_A^e=(500\quad 0\quad 500\quad 0\quad 0\quad 0)^{\mathrm{T}}$$

完成载荷移置后组集各单元的等效载荷，形成载荷列阵进行求解。

解：将模型划分成 2 个平面三角形单元，求出每个单元的刚度矩阵，然后将单元组集成总体刚度矩阵，计算出整体载荷列阵后引入边界条件，再进行求解。

经计算，结构位移列阵为

$$\boldsymbol{q}=(u_1\quad v_1\quad u_2\quad v_2\quad u_3\quad v_3\quad u_4\quad v_4)^{\mathrm{T}}$$

结构的节点外载荷列阵

$$(500\quad 0\quad 500\quad 0\quad 0\quad 0\quad 0\quad 0)^{\mathrm{T}}$$

结构约束的支反力列阵

$$(0\quad F_{y1}\quad 0\quad 0\quad F_{x3}\quad 0\quad F_{x4}\quad F_{y4})^{\mathrm{T}}$$

整体载荷列阵

$$\boldsymbol{F}=(500\quad F_{y1}\quad 500\quad 0\quad F_{x3}\quad 0\quad F_{x4}\quad F_{y4})^{\mathrm{T}}$$

首先计算各单元的刚度矩阵，以国际标准单位，当 2 个单元取如图所示中的局部编码 (i,j,k) 时，其单元刚度矩阵完全相同，为

$$\boldsymbol{K}^{(1),(2)}=\begin{pmatrix}\boldsymbol{K}_{ii} & \boldsymbol{K}_{ij} & \boldsymbol{K}_{ik}\\ \boldsymbol{K}_{ji} & \boldsymbol{K}_{jj} & \boldsymbol{K}_{jk}\\ \boldsymbol{K}_{ki} & \boldsymbol{K}_{kj} & \boldsymbol{K}_{kk}\end{pmatrix}=10^9\left(\begin{array}{cc|cc|cc}0.366 & 0 & 0 & 0.33 & -0.366 & -0.33\\ 0 & 0.128 & 0.385 & 0 & -0.385 & -0.128\\ \hline 0 & 0.385 & 1.154 & 0 & -1.154 & -0.385\\ 0.33 & 0 & 0 & 3.3 & -0.33 & -3.3\\ \hline -0.366 & -0.385 & -1.154 & -0.33 & 1.52 & 0.714\\ -0.33 & -0.128 & -0.385 & -3.3 & 0.714 & 3.425\end{array}\right)$$

按相应位置进行组集，得到整体刚度矩阵，具体写出单元刚度矩阵的各个子块在总刚度

矩阵中的对应位置如下

$$
\underset{(8\times 8)}{\boldsymbol{K}}=
\begin{array}{c}
\begin{array}{cccc} \quad 1 & \quad 2 & \quad 3 & \quad 4 \end{array}\\
\left(\begin{array}{c:c:c:c}
\boldsymbol{K}_{kk}^{(2)} & \boldsymbol{K}_{kj}^{(2)} & \boldsymbol{K}_{ki}^{(2)} & \\
\hdashline
\boldsymbol{K}_{jk}^{(2)} & \boldsymbol{K}_{jj}^{(2)}+\boldsymbol{K}_{ii}^{(1)} & \boldsymbol{K}_{ji}^{(2)}+\boldsymbol{K}_{ij}^{(1)} & \boldsymbol{K}_{ik}^{(1)} \\
\hdashline
\boldsymbol{K}_{ik}^{(2)} & \boldsymbol{K}_{ij}^{(2)}+\boldsymbol{K}_{ji}^{(1)} & \boldsymbol{K}_{ii}^{(2)}+\boldsymbol{K}_{jj}^{(2)} & \boldsymbol{K}_{jk}^{(1)} \\
\hdashline
 & \boldsymbol{K}_{ki}^{(1)} & \boldsymbol{K}_{kj}^{(1)} & \boldsymbol{K}_{kk}^{(1)}
\end{array}\right)
\begin{array}{c} 1 \\ 2 \\ 3 \\ 4 \end{array}
\end{array}
$$

将所得到的整体刚度矩阵式、整体位移列阵式及整体载荷列阵式，代入整体刚度方程 $\boldsymbol{Kq}=\boldsymbol{F}$ 中，有

$$
10^{9}\left(\begin{array}{cc:cc:cc:cc}
1.52 & 0 & -1.154 & -0.385 & 0 & 0.714 & -0.366 & -0.33 \\
0 & 3.425 & -0.33 & -3.3 & 0.714 & 0 & -0.385 & -0.128 \\
\hdashline
-1.154 & -0.33 & 1.52 & 0.714 & -0.366 & -0.384 & 0 & 0 \\
-0.385 & -3.3 & 0.714 & 3.425 & -0.33 & -0.128 & 0 & 0 \\
\hdashline
0 & 0.714 & -0.366 & -0.33 & 1.52 & 0 & -1.154 & -0.385 \\
0.714 & 0 & -0.384 & -0.128 & 0 & 3.428 & -0.33 & -3.3 \\
\hdashline
-0.366 & -0.384 & 0 & 0 & -1.154 & -0.33 & 1.52 & 0.714 \\
-0.33 & -0.128 & 0 & 0 & -0.385 & -3.3 & 0.714 & 3.424
\end{array}\right)
\begin{pmatrix} u_1 \\ v_1 \\ u_2 \\ v_2 \\ u_3 \\ v_3 \\ u_4 \\ v_4 \end{pmatrix}
=\begin{pmatrix} 500 \\ F_{y1} \\ 500 \\ 0 \\ F_{x3} \\ 0 \\ F_{x4} \\ F_{y4} \end{pmatrix}.
$$

节点 2 约束 y 方向自由度、节点 3 约束 x 方向自由度和节点 4 约束两个方向的自由度，即 $v_2=0$，$u_3=0$，$u_4=0$，$v_4=0$，划去刚度矩阵中对应的行和列有

$$
10^{9}\begin{pmatrix}
1.52 & -1.154 & -0.385 & 0.714 \\
-1.154 & 1.52 & 0.714 & -0.384 \\
-0.385 & 0.714 & 3.425 & -0.128 \\
0.714 & -0.384 & -0.128 & 3.428
\end{pmatrix}
\begin{pmatrix} u_1 \\ u_1 \\ v_2 \\ v_3 \end{pmatrix}
=\begin{pmatrix} 500 \\ 500 \\ 0 \\ 0 \end{pmatrix}
$$

由位移可得到各单元的应力应变结果。

具体的计算过程可参见以下 MATLAB 程序。

```
clear
format long
NJ=4; Ne=2;                                        %节点数量;单元数量;
a=0.06; b=0.02;                                    %薄板尺寸
E=2.0e11; v=0.3; t=0.01;                           %弹性模量;泊松比;厚度
XY=[a 0;a b;0 b;0 0];                              %节点坐标
Code=[1 3 4;3 1 2];                                %单元编号
D=E/(1-v^2)*[1 v 0; v 1 0; 0 0 (1-v)/2];           %弹性矩阵
```

```
Kz = zeros(2 * NJ,2 * NJ);                              % 总刚度矩阵
for e = 1:Ne
    I = Code(e,1); J = Code(e,2); K = Code(e,3);        % 单元节点编号 1,2,3
    x1 = XY(I,1); y1 = XY(I,2);                         % 节点 1x,1y 坐标
    x2 = XY(J,1); y2 = XY(J,2);                         % 节点 2x,2y 坐标
    x3 = XY(K,1); y3 = XY(K,2);                         % 节点 3x,3y 坐标
A = [1 x1 y1;1 x2 y2;1 x3 y3];                          % 矩阵 A
    S = 0.5 * det(A);                                   % 面积
    Ax = inv(A) * det(A);                               % 矩阵 A 的伴随矩阵
    Ay = Ax';
    b1 = Ay(1,2); b2 = Ay(2,2); b3 = Ay(3,2);
    c1 = Ay(1,3); c2 = Ay(2,3); c3 = Ay(3,3);
    B = 1/det(A) * [b1 0 b2 0 b3 0;0 c1 0 c2 0 c3; c1 b1 c2 b2 c3 b3];
                                                        % 单元应变矩阵
Ke = B' * D * B * t * S;                                % 单元刚度矩阵
    G = zeros(6,2 * NJ);                                % 转换矩阵
    G(1,2 * I - 1) = 1; G(2,2 * I) = 1; G(3,2 * J - 1) = 1;G(4,2 * J) = 1;G(5,2 * K - 1) = 1; G
    (6,2 * K) = 1;
Kz = Kz + G' * Ke * G;
end
F = zeros(2 * NJ,1);                                    % 等效载荷
F(2 * 1 - 1,1) = 500;
F(2 * 2 - 1,1) = 500;
Kz1 = Kz;
Kz(2,:) = 0; Kz(:,2) = 0; Kz(2,2) = 1; Kz(5,:) = 0; Kz(:,5) = 0; Kz(5,5) = 1;
                                                        % 边界条件 x4 = y4 = y2 = x3 = 0;
Kz(7,:) = 0; Kz(:,7) = 0; Kz(7,7) = 1; Kz(8,:) = 0; Kz(:,8) = 0; Kz(8,8) = 1;
U = inv(Kz) * F;                                        % 位移
strain = [];                                            % 应变
stress = [];                                            % 应力
for e = 1:Ne
    I = Code(e,1); J = Code(e,2); K = Code(e,3);        % 单元节点编号 1,2,3
    x1 = XY(I,1); y1 = XY(I,2);                         % 节点 1x,1y 坐标
    x2 = XY(J,1); y2 = XY(J,2);                         % 节点 2x,2y 坐标
    x3 = XY(K,1); y3 = XY(K,2);                         % 节点 3x,3y 坐标
    A = [1 x1 y1;1 x2 y2;1 x3 y3];                      % 矩阵 A
    S = 0.5 * det(A);                                   % 面积
    Ax = inv(A) * det(A);                               % 矩阵 A 的伴随矩阵
    Ay = Ax';
    b1 = Ay(1,2); b2 = Ay(2,2); b3 = Ay(3,2);
```

```
    c1 = Ay(1,3); c2 = Ay(2,3); c3 = Ay(3,3);
    B = 1/det(A) * [b1 0 b2 0 b3 0;0 c1 0 c2 0 c3;c1 b1 c2 b2 c3 b3];
Jno = [U(2 * I - 1),U(2 * I),U(2 * J - 1),U(2 * J),U(2 * K - 1),U(2 * K)]';
strain_e = B * Jno;                                    %单元应变
stress_e = D * strain_e;                               %单元应力
    strain = [strain strain_e];
    stress = [stress stress_e];
end
Rf = Kz1 * U;                                          %支反力
```

利用该程序求得薄板各节点位移与各单元应力应变情况如表5-2 和5-3 所示。

表5-2　各节点位移变化情况（MATLAB）　　（单位：μm）

节点编号	1	2	3	4
u	1.5	1.50	0	0
v	0	0.15	0.15	0

表5-3　各单元应力与应变（MATLAB）

单元编号	σ_x/MPa	σ_y	τ_{xy}	$\varepsilon_x/10^4$	$\varepsilon_y/10^4$	γ_{xy}
①	5.0	0	0	0.25	-0.075	0
②	5.0	0	0	0.25	-0.075	0

作为对照，利用ANSYS 对该例题进行同样的分析计算。ANSYS 的命令流如下：

```
/PREP7
ET,1,PLANE42,,,3                    ! 选择单元类型
MP,EX,1,2.0E11                      ! 定义材料属性
MP,PRXY,1,0.3
TYPE,1
R,1,0.01,
N,1,0.06,0                          ! 建立节点位置
N,2,0.06,0.02
N,3,0,0.02
N,4,0,0
E,1,3,4                             ! 将节点连接成单元
E,3,1,2
D,4,ALL                             ! 约束条件
D,1,UY
D,3,UX
F,1,FX,500                          ! 载荷
F,2,FX,500
```

```
/SOLU                              ! 求解
SOLVE
/POST1
PRNSOL,DOF
PRESOL,S
PRESOL,EPEL
```

ANSYS 计算结果如下：

节点位移

```
    NODE       UX              UY
1  0.15000E-05         0.0000
2  0.15000E-05       -0.15000E-06
3  0.0000             -0.15000E-06
4  0.0000              0.0000
```

单元应变

```
ELEMENT =       1           PLANE42
    NODE     EPELX        EPELY         EPELXY
1  0.25000E-04   -0.75000E-05     0.0000
3  0.25000E-04   -0.75000E-05     0.0000
4  0.25000E-04   -0.75000E-05     0.0000
ELEMENT =       2           PLANE42
    NODE     EPELX        EPELY          EPELXY
3  0.25000E-04   -0.75000E-05    -0.66539E-20
1  0.25000E-04   -0.75000E-05    -0.66539E-20
2  0.25000E-04   -0.75000E-05    -0.66539E-20
```

单元应力

```
ELEMENT =       1           PLANE42
    NODE     SX           SY            SXY
1  0.50000E+07   -0.12402E-10     0.0000
3  0.50000E+07   -0.12402E-10     0.0000
4  0.50000E+07   -0.12402E-10     0.0000
ELEMENT =       2           PLANE42
    NODE     SX           SY            SXY
3  0.50000E+07   -0.24523E-09   -0.51184E-09
1  0.50000E+07   -0.24523E-09   -0.51184E-09
2  0.50000E+07   -0.24523E-09   -0.51184E-09
```

将 MATLAB 和 ANSYS 分析结果列于表 5-4 和表 5-5。从表中可以看出，两种分析工具的分析结果是基本一致的，说明利用平面三角形单元对二维问题进行有限元分析的方法和程序是准确的，在遇到复杂或者其他多变的情况下，可以采用这种分析思路进行有限元求解，具有较强的灵活性及可控性。

表 5-4　MATLAB 和 ANSYS 节点位移对比表　（单位：μm）

节点	1		2		3		4	
位移	u	v	u	v	u	v	u	v
MATLAB	1.50	0	1.50	0.15	0	0.15	0	0
ANSYS	1.50	0	1.50	0.15	0	0.15	0	0

表 5-5　MATLAB 和 ANSYS 单元应力与应变对比表

单元号	单元①			单元②		
应力/ Pa	σ_x	σ_y	τ_{xy}	σ_x	σ_y	τ_{xy}
MATLAB	5.00E+06	0	0	5.00E+06	0	0
ANSYS	0.50E+07	−0.12402E−10	0	0.50E+07	−0.24523E−09	−0.51184E−09
应变	ε_x	ε_y	γ_{xy}	ε_x	ε_y	γ_{xy}
MATLAB	0.25E−04	−0.07500E−04	0	0.25E−04	−0.07500E−04	0
ANSYS	0.25E−04	−0.75000E−05	0	0.25E−04	−0.75000E−05	−0.66539E−20

5.2　应用矩形单元求解

平面三角形单元的单元应力是常数，当采用它分析应力变化大的变形体时，必须加密划分网格，但是这样做将使节点数目增加，未知量增多，工作量增大，降低了计算效率，同时常应力单元精度有限，无法精确地表达单元内任意一点的应力，因此我们在分析平面问题时还可以采用矩形单元。矩形双线性单元的单元内应力是线性的，比常应变单元更接近于变形体的应力状态，可以用较少的单元得到较好的结果。

5.2.1　矩形单元刚度矩阵的推导

如图 5-13 所示平面 4 节点矩形单元，矩形长度 $2a$，宽度 $2b$，每个节点 2 个自由度，单元的节点位移共有 8 个自由度。节点编号为 1，2，3，4，节点坐标为(x_i, y_i)，$i=1$，2，3，4，节点位移为(u_i, v_i)，$i=1$，2，3，4。

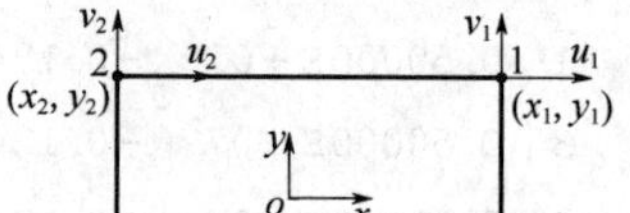

在矩形中心建立 $o\text{-}xy$ 坐标系，将所有节点上的位移组成一个列阵，记作 $\boldsymbol{q}^e$；将所有节点上的载荷也组成一个列阵，记作 $\boldsymbol{F}^e$，那么

图 5-13　平面 4 节点矩形单元

$$\boldsymbol{q}^e = (u_1, v_1, u_2, v_2, u_3, v_3, u_4, v_4)^{\mathrm{T}} \tag{5-62}$$

$$\boldsymbol{F}^e = (F_{x1}, F_{y1}, F_{x2}, F_{y2}, F_{x3}, F_{y3}, F_{x4}, F_{y4})^{\mathrm{T}} \tag{5-63}$$

若该单元承受分步外载，可以将其等效到节点上，也可以表示为如式（5-63）所示的节点力。利用函数插值、几何方程、物理方程及势能计算公式，可以将单元的所有力学参量用节点位移列阵 $\boldsymbol{q}^e$ 及相关的插值函数来表示。下面进行具体的推导。

从图 5-13 可以看出，节点位移共有 8 个，即 x 方向 4 个(u_1, u_2, u_3, u_4)，y 方向 4 个

(v_1,v_2,v_3,v_4)，与三角形单元相类似，选取多项式的位移模式，x 和 y 方向的位移场可以各有4个待定系数，因此，矩形单元位移模式为

$$\begin{cases} u(x,y)=a_0+a_1x+a_2y+a_3xy \\ v(x,y)=b_0+b_1x+b_2y+b_3xy \end{cases} \tag{5-64}$$

它们是具有完全一次项的双线性多项式，以上两式中右端的第4项是考虑到 x 方向和 y 方向的对称性而取的，除此之外，xy 项还有个重要特点，就是双线性，当 x 或 y 不变时，沿 y 或 x 方向位移函数呈线性变化，这与前面的线性项最为相容。而 x^2 或 y^2 项是二次曲线变化的，因此，未选 x^2 或 y^2 项。

由节点条件，在 $x=x_i$，$y=y_i$ 处，有

$$\begin{cases} u(x_i,y_i)=u_i \\ v(x_i,y_i)=v_i \end{cases} \quad i=1,2,3,4 \tag{5-65}$$

将式（5-65）代入式（5-64）中，可以求出待定系数 a_0，a_1，a_2，a_3 和 b_0，b_1，b_2，b_3，然后再代回式（5-64）中，经整理后有

$$\begin{cases} u(x,y)=N_1(x,y)u_1+N_2(x,y)u_2+N_3(x,y)u_3+N_4(x,y)u_4 \\ v(x,y)=N_1(x,y)v_1+N_2(x,y)v_2+N_3(x,y)v_3+N_4(x,y)v_4 \end{cases} \tag{5-66}$$

$$\begin{cases} N_1(x,y)=\dfrac{1}{4}\left(1+\dfrac{x}{a}\right)\left(1+\dfrac{y}{b}\right) \\ N_2(x,y)=\dfrac{1}{4}\left(1-\dfrac{x}{a}\right)\left(1+\dfrac{y}{b}\right) \\ N_3(x,y)=\dfrac{1}{4}\left(1-\dfrac{x}{a}\right)\left(1-\dfrac{y}{b}\right) \\ N_4(x,y)=\dfrac{1}{4}\left(1+\dfrac{x}{a}\right)\left(1-\dfrac{y}{b}\right) \end{cases}$$

将式（5-66）写成矩阵形式，可以得到用节点位移 $\boldsymbol{q}^{\mathrm{e}}$ 表示单元内任意一点的位移 $\boldsymbol{d}(x,y)$ 有

$$\boldsymbol{d}(x,y)=\begin{Bmatrix} u(x,y) \\ v(x,y) \end{Bmatrix}=\begin{pmatrix} N_1 & 0 & N_2 & 0 & N_3 & 0 & N_4 & 0 \\ 0 & N_1 & 0 & N_2 & 0 & N_3 & 0 & N_4 \end{pmatrix}\begin{pmatrix} u_1 \\ v_1 \\ u_2 \\ v_2 \\ u_3 \\ v_3 \\ u_4 \\ v_4 \end{pmatrix}=\boldsymbol{N}\boldsymbol{q}^{\mathrm{e}} \tag{5-67}$$

由弹性力学平面问题的几何方程得到用节点位移 $\boldsymbol{q}^{\mathrm{e}}$ 表示单元内任意一点的应变 $\boldsymbol{\varepsilon}(x,y)$ 为

$$\boldsymbol{\varepsilon}(x,y)=\begin{pmatrix}\varepsilon_{xx}\\ \varepsilon_{xx}\\ \gamma_{xx}\end{pmatrix}=\begin{pmatrix}\dfrac{\partial u}{\partial x}\\ \dfrac{\partial v}{\partial y}\\ \dfrac{\partial u}{\partial y}+\dfrac{\partial v}{\partial x}\end{pmatrix}=\partial\boldsymbol{N}\cdot\boldsymbol{q}^{\mathrm{e}}=\boldsymbol{B}\,\boldsymbol{q}^{\mathrm{e}} \tag{5-68}$$

式中，应变矩阵 $\boldsymbol{B}$ 为

$$\boldsymbol{B}(x,y)=\begin{pmatrix}\dfrac{\partial}{\partial x} & 0\\ 0 & \dfrac{\partial}{\partial y}\\ \dfrac{\partial}{\partial y} & \dfrac{\partial}{\partial x}\end{pmatrix}\begin{pmatrix}N_1 & 0 & N_2 & 0 & N_3 & 0 & N_4 & 0\\ 0 & N_1 & 0 & N_2 & 0 & N_3 & 0 & N_4\end{pmatrix}=(\boldsymbol{B}_1\quad\boldsymbol{B}_2\quad\boldsymbol{B}_3\quad\boldsymbol{B}_4)$$

子矩阵 $\boldsymbol{B}_i$ 可表示为

$$\boldsymbol{B}_i=\begin{pmatrix}\dfrac{\partial N_i}{\partial x} & 0\\ 0 & \dfrac{\partial N_i}{\partial y}\\ \dfrac{\partial N_i}{\partial y} & \dfrac{\partial N_i}{\partial x}\end{pmatrix}\quad i=1,2,3,4$$

由弹性力学中平面问题的物理方程，可得到用节点位移 $\boldsymbol{q}^{\mathrm{e}}$ 表示单元内任意一点的应力 $\boldsymbol{\sigma}(x,y)$ 为

$$\boldsymbol{\sigma}=\boldsymbol{D}\cdot\boldsymbol{\varepsilon}=\boldsymbol{D}\cdot\boldsymbol{B}\,\boldsymbol{q}^{\mathrm{e}}=\boldsymbol{S}\,\boldsymbol{q}^{\mathrm{e}} \tag{5-69}$$

式中，应力函数矩阵 $\boldsymbol{S}=\boldsymbol{D}\boldsymbol{B}$。

4 节点矩形单元的 3 大基本变量 $\boldsymbol{d}$，$\boldsymbol{\varepsilon}$，$\boldsymbol{\sigma}$ 用基于节点的位移列阵 $\boldsymbol{q}^{\mathrm{e}}$ 来进行表达，利用最小势能原理建立单元势能函数为

$$\Pi=U_e-(\boldsymbol{q}^{\mathrm{e}})^{\mathrm{T}}\boldsymbol{F}^{\mathrm{e}} \tag{5-70}$$

式中，U_e 为单元应变能，其表达式为

$$U_e=\frac{t}{2}\iint\boldsymbol{\varepsilon}^{\mathrm{T}}\boldsymbol{\sigma}\mathrm{d}x\mathrm{d}y=\frac{t}{2}\iint(\boldsymbol{q}^{\mathrm{e}})^{\mathrm{T}}\boldsymbol{B}^{\mathrm{T}}\boldsymbol{D}\boldsymbol{B}\boldsymbol{q}^{\mathrm{e}}\mathrm{d}x\mathrm{d}y=(\boldsymbol{q}^{\mathrm{e}})^{\mathrm{T}}\left[\frac{t}{2}\iint\boldsymbol{B}^{\mathrm{T}}\boldsymbol{D}\boldsymbol{B}\mathrm{d}x\mathrm{d}y\right]\boldsymbol{q}^{\mathrm{e}}$$

由最小势能原理 $\dfrac{\partial\Pi}{\partial\boldsymbol{q}^{\mathrm{e}}}=0$ 得

$$t\iint\boldsymbol{B}^{\mathrm{T}}\boldsymbol{D}\boldsymbol{B}\mathrm{d}x\mathrm{d}y\boldsymbol{\delta}^{\mathrm{e}}=\boldsymbol{F}^{\mathrm{e}} \tag{5-71}$$

对于单元有 $\boldsymbol{K}^{\mathrm{e}}\,\boldsymbol{q}^{\mathrm{e}}=F^{\mathrm{e}}$，于是，4 节点矩形单元的单元刚度矩阵为

$$\boldsymbol{K}^{\mathrm{e}}=t\iint\boldsymbol{B}^{\mathrm{T}}\boldsymbol{D}\boldsymbol{B}\mathrm{d}x\mathrm{d}y=\begin{pmatrix}\boldsymbol{K}_{11} & & & \mathrm{SYM}\\ \boldsymbol{K}_{21} & \boldsymbol{K}_{22} & & \\ \boldsymbol{K}_{31} & \boldsymbol{K}_{32} & \boldsymbol{K}_{33} & \\ \boldsymbol{K}_{41} & \boldsymbol{K}_{42} & \boldsymbol{K}_{43} & \boldsymbol{K}_{44}\end{pmatrix} \tag{5-72}$$

式中，t 为平面问题的厚度，式（5-72）中的每个子块均为一个 2×2 矩阵，具体形式为

$$\boldsymbol{K}_{ij} = t\int_{-b}^{b}\int_{-a}^{a}\boldsymbol{B}_i^{\mathrm{T}}\boldsymbol{D}\boldsymbol{B}_j\mathrm{d}x\mathrm{d}y \quad (i,j=1,2,3,4) \tag{5-73}$$

$\boldsymbol{K}_{ij}$的具体表达式参见本章附录。在获得了四边形单元的单元刚度矩阵之后，进行单元刚度矩阵的组集来获得结构的整体刚度矩阵，再引入边界条件去除整体刚度矩阵的奇异性，并利用载荷移置获得等效节点载荷，最后得到结构的平衡方程求解节点位移并进行后处理求解单元应力和应变。这些过程与平面三角形单元的求解过程一致，详细内容可以参看本章5.1节。

5.2.2　整体刚度矩阵和载荷列阵的组集

矩形单元在进行整体刚度矩阵和载荷列阵组集时，与平面三角形单元的整体刚度矩阵和载荷列阵的组集方法相同，都有直接组集法和转换矩阵组集法两种方法。由于直接组集法计算量大，且简单易学，这里不再赘述。本节主要介绍采用转换矩阵组集法进行矩形单元的整体刚度矩阵和载荷列阵的组集。

采用转换矩阵组集法进行矩形单元的整体刚度矩阵和载荷列阵的组集，关键步骤是求出对应单元的转换矩阵$\boldsymbol{G}^e$。其求法与平面三角形单元的转换矩阵求法类似。如前面所讲的，单元转换矩阵的行数为每个单元的自由度数，转换矩阵的列数为整体刚度矩阵的维数。对于矩形单元来说，每个单元有4个节点，每个节点有两个自由度，则每个矩形单元有8个自由度。假设将某一平面结构划分为N个单元n个节点，则其整体刚度矩阵是一个$2n\times2n$的矩阵，该结构的单元矩阵的转换矩阵$\boldsymbol{G}^e$就是一个$8\times2n$的矩阵。转换矩阵的求法见5.1.3节的内容，不再陈述。求得单元的转换矩阵后，利用式（5-28）就得到系统的整体刚度矩阵。这里，以本章开篇的例子，选择四边形单元，来详细介绍利用转换矩阵的方法完成整体刚度矩阵的组集。

1. 整体刚度矩阵组集

如图5-14所示的平面薄板结构图，根据结构及受力的对称性取1/4部分进行有限元分析，将选取对象划分为①号和②号两个单元，节点编号分别为1，2，3，4，5，6。节点6全约束，节点2，4约束y方向自由度，节点5约束x方向自由度，在②号单元的1－2边上分布有均匀载荷q。假设该结构的几何和材料参数都已知。

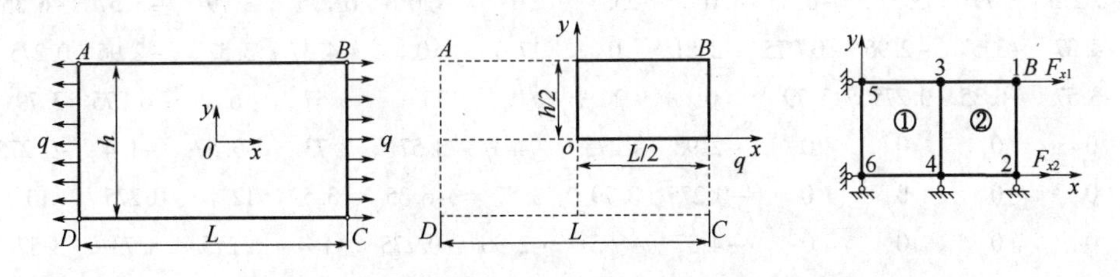

图5-14　平面薄板结构及四边形单元有限元模型

要实现整体刚度矩阵的组集，首先应求出各单元在整体坐标系下的单元刚度矩阵。由5.2.1小节介绍的内容，我们可以得到两个单元的单元刚度矩阵。对于①、②两个单元，其节点编号的顺序一致，则结构参数一样的两个单元的单元刚度矩阵也是一样的。所以该单元

的单元刚度矩阵为

$$
\boldsymbol{K}^{\mathrm{e}}=\begin{pmatrix}
8.73 & 3.57 & -1.4 & 0.275 & -4.36 & -3.57 & -2.96 & -0.275 \\
3.57 & 12.7 & -0.275 & -10.1 & -3.57 & -6.35 & 0.275 & 3.79 \\
-1.4 & -0.275 & 8.73 & -3.57 & -2.96 & 0.275 & -4.36 & 3.57 \\
0.275 & -10.1 & -3.57 & 12.7 & -0.275 & 3.79 & 3.57 & -6.35 \\
-4.36 & -3.57 & -2.96 & -0.275 & 8.73 & 3.57 & -1.4 & 0.275 \\
-3.57 & -6.35 & 0.275 & 3.79 & 3.57 & 12.7 & -0.275 & -10.1 \\
-2.96 & 0.275 & -4.36 & 3.57 & -1.4 & 0.275 & 8.73 & -3.57 \\
-0.275 & 3.78 & 3.57 & -6.35 & 0.275 & -10.1 & -3.57 & 12.7
\end{pmatrix}\times 10^{8}
$$

求得两个单元在的单元刚度矩阵后，接下来求每个单元对应的转换矩阵 $\boldsymbol{G}^{\mathrm{e}}$。已知每个单元有 8 个自由度，整体结构的自由度为 12（这里暂时不考虑边界条件），所以转换矩阵 $\boldsymbol{G}^{\mathrm{e}}$ 是一个 8×12 的矩阵。根据 5.1.3 小节所介绍的内容，求得两个单元的转换矩阵分别为

$$
\boldsymbol{G}^{(1)}=\begin{pmatrix}
1 & 0 & 0 & 0 & 0 & 0 & 0 & 0 & 0 & 0 & 0 & 0 \\
0 & 1 & 0 & 0 & 0 & 0 & 0 & 0 & 0 & 0 & 0 & 0 \\
0 & 0 & 1 & 0 & 0 & 0 & 0 & 0 & 0 & 0 & 0 & 0 \\
0 & 0 & 0 & 1 & 0 & 0 & 0 & 0 & 0 & 0 & 0 & 0 \\
0 & 0 & 0 & 0 & 0 & 0 & 1 & 0 & 0 & 0 & 0 & 0 \\
0 & 0 & 0 & 0 & 0 & 0 & 0 & 1 & 0 & 0 & 0 & 0 \\
0 & 0 & 0 & 0 & 1 & 0 & 0 & 0 & 0 & 0 & 0 & 0 \\
0 & 0 & 0 & 0 & 0 & 1 & 0 & 0 & 0 & 0 & 0 & 0
\end{pmatrix}
\quad
\boldsymbol{G}^{(2)}=\begin{pmatrix}
0 & 0 & 0 & 0 & 1 & 0 & 0 & 0 & 0 & 0 & 0 & 0 \\
0 & 0 & 0 & 0 & 0 & 1 & 0 & 0 & 0 & 0 & 0 & 0 \\
0 & 0 & 0 & 0 & 0 & 0 & 1 & 0 & 0 & 0 & 0 & 0 \\
0 & 0 & 0 & 0 & 0 & 0 & 0 & 1 & 0 & 0 & 0 & 0 \\
0 & 0 & 0 & 0 & 0 & 0 & 0 & 0 & 0 & 0 & 1 & 0 \\
0 & 0 & 0 & 0 & 0 & 0 & 0 & 0 & 0 & 0 & 0 & 1 \\
0 & 0 & 0 & 0 & 0 & 0 & 0 & 0 & 1 & 0 & 0 & 0 \\
0 & 0 & 0 & 0 & 0 & 0 & 0 & 0 & 0 & 1 & 0 & 0
\end{pmatrix}
$$

求得各单元对应的转换矩阵后，将 $\boldsymbol{G}^{(1)}$，$\boldsymbol{G}^{(2)}$，$\boldsymbol{K}^{(1)}$ 和 $\boldsymbol{K}^{(2)}$ 代入到式（5-29）中，得到该结构的整体刚度矩阵 $\boldsymbol{K}$ 为

$$
\boldsymbol{K}=\begin{pmatrix}
8.73 & 3.57 & -1.4 & 0.275 & -2.96 & -0.275 & -4.37 & -3.57 & 0 & 0 & 0 & 0 \\
3.57 & 12.7 & -0.275 & -10.1 & 0.275 & 3.79 & -3.57 & -6.35 & 0 & 0 & 0 & 0 \\
-1.4 & -0.275 & 8.73 & -3.57 & -4.37 & 3.57 & -2.96 & 0.275 & 0 & 0 & 0 & 0 \\
0.275 & -10.1 & -3.57 & 12.7 & 3.57 & -6.35 & -0.275 & 3.79 & 0 & 0 & 0 & 0 \\
-2.96 & 0.275 & -4.37 & 3.57 & 17.5 & 0 & -2.81 & 0 & -2.96 & -0.275 & -4.37 & -3.57 \\
-0.275 & 3.79 & 3.57 & -6.35 & 0 & 25.4 & 0 & -20.3 & 0.275 & 3.79 & -3.57 & -6.35 \\
-4.37 & -3.57 & -2.96 & -0.275 & -2.81 & 0 & 17.5 & 0 & -4.37 & 3.57 & -2.96 & 0.275 \\
-3.57 & -6.35 & 0.275 & 3.79 & 0 & -20.3 & 0 & 25.4 & 3.57 & -6.35 & -0.275 & 3.79 \\
0 & 0 & 0 & 0 & -2.96 & 0.275 & -4.37 & 3.57 & 8.73 & -3.57 & -1.4 & -0.275 \\
0 & 0 & 0 & 0 & -0.275 & 3.79 & 3.57 & -6.35 & -3.57 & 12.7 & 0.275 & -10.1 \\
0 & 0 & 0 & 0 & -4.37 & -3.57 & -2.96 & -0.275 & -1.4 & 0.275 & 8.73 & 3.57 \\
0 & 0 & 0 & 0 & -3.57 & -6.35 & 0.275 & 3.79 & -0.275 & -10.1 & 3.57 & 12.7
\end{pmatrix}\times 10^{8}
$$

2. 载荷列阵的组集

对平面矩形单元进行整体载荷列阵组集的方法与平面三角形单元载荷列阵组集相同。首先要对每个单元所承受的外力进行载荷移置或转换成等效节点载荷，然后利用转换矩阵进行整体载荷列阵的组集。

图5-14所示的薄板结构，在单元②上施加有均匀分布载荷 q，需将分布载荷 q 等效到两个节点上，同时连同结构的约束支反力列阵组成整体载荷列阵

$$\mathrm{F}=(500,0,500,F_{y2},0,0,0,F_{y4},F_{x5},0,F_{x6},F_{y6})^{\mathrm{T}}$$

在求得整体刚度矩阵和载荷列阵后，代入到有限元方程中得到

$$\boldsymbol{Kq}=\boldsymbol{F}$$

式中，$\boldsymbol{q}$ 为整体节点位移列阵

$$\boldsymbol{q}=(u_1,v_1,u_2,v_2,u_3,v_3,u_4,v_4,u_5,v_5,u_6,v_6)^{\mathrm{T}}$$

5.2.3 边界条件处理与求解

在经过对平面矩形单元进行整体刚度矩阵和载荷列阵组集后，我们得到整体有限元方程。但因为没有考虑到整体结构的平衡条件，所得到的整体刚度矩阵是一个奇异矩阵，尚不能对平衡方程直接进行求解。只有在引入边界约束条件，对所建立的平衡方程加以适当的修改后才能进行求解。具体引入边界条件的方法可参照5.1.4节内容。同时，在这里我们以图5-14所示的平面薄板结构为例，再来详细介绍边界条件的引入。

在5.2.2节中已经得到结构的整体刚度矩阵是一个12×12的矩阵。如图5-14所示，该薄板结构的节点6全约束，节点2和节点4约束了 y 方向自由度，节点5约束了 x 方向自由度，其他节点没有受任何约束，即 $v_2=v_4=u_5=u_6=v_6=0$，这样，在施加边界条件时，将整体刚度矩阵的第4，8，9，11，12行和第4，8，9，11，12列消去即可，整体载荷列阵同样消去第4，8，9，11，12行。引入边界条件后，所得到的平衡方程变为

$$10^8\times\begin{pmatrix}8.73&3.57&-1.4&-2.96&-0.275&-4.37&0\\3.57&12.7&-0.275&0.275&3.79&-3.57&0\\-1.4&-0.275&8.73&-4.37&3.57&-2.96&0\\-2.96&0.275&-4.37&17.5&0&-2.81&-0.275\\-0.275&3.79&3.57&0&25.4&0&3.79\\-4.37&-3.57&-2.96&-2.81&0&17.5&3.57\\0&0&0&-0.275&3.79&3.57&12.7\end{pmatrix}\begin{pmatrix}u_1\\v_1\\u_2\\u_3\\v_3\\u_4\\v_5\end{pmatrix}=\begin{pmatrix}500\\0\\500\\0\\0\\0\\0\end{pmatrix}$$

具体的计算过程可参见以下MATLAB程序。

```
clc;clear;
format short E
syms xx                                    % 定义变量
syms yy
ee=6;NJ=2;                                 %节点数量;单元数量;
E=2.0e11; v=0.3;                           %弹性模量;泊松比
a=0.06/4; b=0.02/2; t=0.01;                %薄板尺寸
Code=[1 2 4 3;3 4 6 5];                    %单元编号
Ke=[];
ke=zeros(2*4,2*4,NJ);                      %单元刚度矩阵
```

```
Kz = zeros(2 * ee,2 * ee);                        % 总刚度矩阵
kkesai = [1 1 -1 -1];
yyeta = [1 -1 -1 1];
DD = (E/(1 - v^2)) * [1 v 0;v 1 0; 0 0 (1 - v)/2];  % 弹性矩阵
for ii = 1:4
    N(ii) = (1 + kkesai(ii) * xx/a) * (1 + yyeta(ii) * yy/b)/4;
                                                  % 形函数
end
for jj = 1:NJ
for ii = 1:4
        B(:,ii * 2 -1:ii * 2,jj) = [diff(N(ii),xx)  0;
                                                  % 应变矩阵
                          0           diff(N(ii),yy);
                     diff(N(ii),yy)  diff(N(ii),xx)];
end
ke(:,:,jj) = vpa(int(int(B(:,:,jj)' * DD * B(:,:,jj),xx, - a,a),yy, - b,b),5) * t;
                                                  % 单元刚度矩阵
end
    G1 = zeros(8,2 * ee);                         % 定义单元 1 转换矩阵
    G1(1,2 * Code(1,1) -1) =1;     G1(2,2 * Code(1,1)) =1;
    G1(3,2 * Code(1,2) -1) =1;     G1(4,2 * Code(1,2)) =1;
    G1(5,2 * Code(1,3) -1) =1;     G1(6,2 * Code(1,3)) =1;
    G1(7,2 * Code(1,4) -1) =1;     G1(8,2 * Code(1,4)) =1;
    G2 = zeros(8,2 * ee);                         % 定义单元 2 转换矩阵
    G2(1,2 * Code(2,1) -1) =1;     G2(2,2 * Code(2,1)) =1;
    G2(3,2 * Code(2,2) -1) =1;     G2(4,2 * Code(2,2)) =1;
    G2(5,2 * Code(2,3) -1) =1;     G2(6,2 * Code(2,3)) =1;
    G2(7,2 * Code(2,4) -1) =1;     G2(8,2 * Code(2,4)) =1;
Kz = G1' * ke(:,:,1) * G1 + G2' * ke(:,:,2) * G2;  % 总刚矩阵
F = zeros(2 * ee,1);                              % 载荷向量
F(2 * 1 -1,1) =500;
F(2 * 2 -1,1) =500;
Kz1 = Kz;
Kz(4,:) =0; Kz(:,4) =0;Kz(4,4) =1;                % 约束条件 y2 =0
Kz(8,:) =0;Kz(:,8) =0;Kz(8,8) =1;                 % 约束条件 y4 =0;
Kz(9,:) =0;Kz(:,9) =0;Kz(9,9) =1;                 % 约束条件 x5 =0
Kz(11,:) =0;Kz(:,11) =0;Kz(11,11) =1;
Kz(12,:) =0;Kz(:,12) =0;Kz(12,12) =1;
U = inv(Kz) * F;                                  % 节点位移
U1 = double(U)
```

```
strain=[];                                    %应变
stress=[];                                    %应力
for e=1:NJ
    I=Code(e,1);
    J=Code(e,2);
    M=Code(e,3);
    N=Code(e,4);
Jno=[U(2*I-1),U(2*I),U(2*J-1),U(2*J),U(2*M-1),U(2*M),U(2*N-1),U(2*N)]';
                                              %提取相应位移
BB(:,:,e)=vpa(int(int(B(:,:,e),xx,-a,a),yy,-b,b),5)/(4*a*b);
strain_e=BB(:,:,e)*Jno;                       %单元应变
stress_e=DD*strain_e;                         %单元应力
    strain=[strain strain_e];
    stress=[stress stress_e];
end
strain1=vpa(strain,4)                         %保留4位有效数字
stress1=vpa(stress,4)
```

该程序求得薄板各节点位移和单元应力应变见表5-6和表5-7所示。

表5-6 各节点位移变化情况（MATLAB） （单位：μm）

节点编号	1	2	3	4	5	6
u	1.5	1.5	0.75	0.75	0	0
v	−0.15	0	−0.15	0	−0.15	0

表5-7 各单元应力和应变情况（MATLAB）

单元编号	σ_x/MPa	σ_y/Pa	τ_{xy}/Pa	ε_x	ε_y	γ_{xy}
①	5.0	$-2.497e^{-7}$	$-3.054e^{-10}$	$0.25e^{-4}$	$-0.75e^{-5}$	$-0.397e^{-20}$
②	5.0	$-2.777e^{-7}$	$-2.986e^{-9}$	$0.25e^{-4}$	$-0.75e^{-5}$	$-3.882e^{-20}$

作为对照，利用ANSYS对该例题进行同样的分析计算。ANSYS的命令流如下：

```
/PREP7
ET,1,PLANE42,,,3                 ! 选择单元类型
MP,EX,1,2.0E11                   ! 定义材料属性
MP,PRXY,1,0.3
TYPE,1
R,1,0.01,
N,1,0.06,0.02                    ! 建立节点位置
N,2,0.06,0
N,3,0.03,0.02
```

```
N,4,0.03,0
N,5,0,0.02
N,6,0,0
E,1,2,4,3                         ! 将节点连接成单元
E,3,4,6,5
D,6,ALL                           ! 约束条件
D,2,UY
D,4,UY
D,5,UX
F,1,FX,500                        ! 载荷
F,2,FX,500
/SOLU                             ! 求解
SOLVE
/POST1
PRNSOL,DOF
PRESOL,S
PRESOL,EPEL
```

ANSYS 计算结果如下：

节点位移

```
NODE      UX              UY
1   0.150 00E-05     -0.150 00E-06
2   0.150 00E-05      0.000 0
3   0.750 00E-06     -0.150 00E-06
4   0.750 00E-06      0.000 0
5   0.000 0          -0.150 00E-06
6   0.000 0           0.000 0
```

单元应变

```
ELEMENT =      1          PLANE42
    NODE    EPELX           EPELY            EPELXY
       1  0.250 00E-04     -0.750 00E-05      -0.774 03E-020
       2  0.250 00E-04     -0.750 00E-05      -0.650 57E-020
       4  0.250 00E-04     -0.750 00E-05       0.328 77E-021
       3  0.250 00E-04     -0.750 00E-05      -0.270 54E-021
ELEMENT =      2          PLANE42
    NODE    EPELX         EPELY            EPELXY
       3  0.250 00E-04     -0.750 00E-05      0.155 98E-020
       4  0.250 00E-04     -0.750 00E-05     -0.346 01E-021
       6  0.250 00E-04     -0.750 00E-05      0.119 30E-020
       5  0.250 00E-04     -0.750 00E-05     -0.712 78E-021
```

单元应力

```
ELEMENT =     1           PLANE42
    NODE     SX            SY                SXY
 1  0.500 00E+07  -0.177 96E-009   -0.595 41E-009
 2  0.500 00E+07  -0.630 27E-009   -0.500 44E-009
 4  0.500 00E+07  -0.630 27E-009    0.252 90E-010
 3  0.500 00E+07  -0.177 96E-009   -0.208 10E-010
ELEMENT =     2           PLANE42
    NODE     SX            SY                SXY
 3  0.500 00E+07    -0.941 92E-009    0.119 99E-009
 4  0.500 00E+07    -0.135 37E-009   -0.266 16E-010
 6  0.500 00E+07     0.107 45E-008    0.917 72E-010
 5  0.500 00E+07     0.267 90E-009   -0.548 30E-010
```

将 MATLAB 和 ANSYS 分析结果列于表 5-8 和表 5-9。四边形单元内应变分量不是常数，这是由于位移函数中增加了 xy 项，其精度要比平面三角形单元高。但是这种单元不能适应斜交边界情况，对于曲线边界也不如三角形单元拟合的好，为了解决这个问题，可将三角形单元和四边形单元混合使用，但这就增加了求解难度及程序的复杂性。

表 5-8 MATLAB 和 ANSYS 节点位移对比表 （单位：μm）

节点	1		2		3		4		5		6	
位移	u	v	u	v	u	v	u	v	u	v	u	v
MATLAB	1.50	-0.150	1.50	0	0.750	-0.150	0.750	0	0	-0.150	0	0
ANSYS	1.5	-0.15	1.5	0	0.75	-0.15	0.75	0	0	-0.15	0	0

表 5-9 MATLAB 和 ANSYS 单元应力与应变对比表

单元号	单元①			单元②		
应力/Pa	σ_x	σ_y	τ_{xy}	σ_x	σ_y	τ_{xy}
MATLAB	5.0E+06	-2.497E-07	-3.054E-10	5.0E+06	-2.777 00E-07	-2.986E-09
ANSYS	0.5E+07	-0.177 96E-09	-0.595 41E-09	0.5E+07	-0.941 92E-09	0.119 99E-09
应变	ε_x	ε_y	γ_{xy}	ε_x	ε_y	γ_{xy}
MATLAB	0.25E-04	-0.750 00E-05	-3.97E-21	0.25E-04	-0.075 00E-04	-3.882E-20
ANSYS	0.25E-04	-0.750 00E-05	-0.774 03E-20	0.25E-04	-0.750 00E-05	0.155 98E-20

5.3 平面应变状态下平面问题求解

5.3.1 平面应变状态下的单元刚度矩阵

本章 5.1 节和 5.2 节所介绍的平面三角形单元和矩形单元都是以平面应力状态为基础进行分析求解的，但如果系统处于平面应变状态，那么弹性矩阵 $\boldsymbol{D}$ 是发生变化的，与平面应力状态相比，平面应变状态的弹性矩阵 $\boldsymbol{D}$ 是将平面应力状态的弹性矩阵 $\boldsymbol{D}$ 中的 E 用 $E/(1-\nu^2)$ 代替，ν 用 $\nu/(1-\nu)$ 代替，如式（5-74）所示。

$$\boldsymbol{D}=\frac{E}{(1+\nu)(1-2\nu)}\begin{pmatrix}1-\nu & \nu & 0\\ \nu & 1-\nu & 0\\ 0 & 0 & 0.5-\nu\end{pmatrix} \tag{5-74}$$

平面应变状态下的单元刚度矩阵计算方法与平面应力状态下的单元刚度矩阵计算方法相同，应按 $\boldsymbol{K}^{\mathrm{e}}=t\iint\boldsymbol{B}^{\mathrm{T}}\boldsymbol{D}\boldsymbol{B}\mathrm{d}x\mathrm{d}y$ 计算，可得

$$\boldsymbol{K}^{\mathrm{e}}=\boldsymbol{B}^{\mathrm{T}}\boldsymbol{D}\boldsymbol{B}t\Delta \tag{5-75}$$

可以发现，表达式（5-75）和式（5-24）形式上完全一样。因此，无论是平面应变状态下的三角形单元还是矩形单元，它们的单元刚度矩阵与平面应力状态下的单元刚度矩阵差异就在于弹性矩阵 $\boldsymbol{D}$ 的不同。

5.3.2　平面应变状态举例

例 5.2　如图 5-15a 所示为水库大坝截面示意图，属于典型的平面应变问题，图 5-15b 为某截面有限元模型，单位厚度情况下水的压力为 $q=100y$ Pa，节点坐标如图所示。材料参数：弹性模量 $E=200$GPa，泊松比 $\nu=0.3$。试分析大坝各节点的位移变化情况。

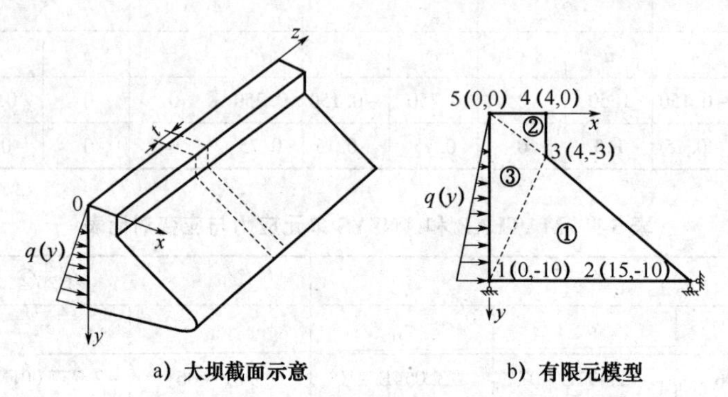

图 5-15　利用三角形单元分析薄板结构

根据图 5-15a 中所示大坝结构示意图，取厚度 t 单元进行有限元分析如图 5-15b 所示，将其离散化，划分为了 3 个三角形单元，每个单元的节点编号及坐标如表 5-10 所示。

表 5-10　各单元节点信息

单元号	①			②			③		
局部编号	i	j	k	i	j	k	i	j	k
整体编号	1	2	3	3	4	5	1	3	5
坐标	(0, -10)	(15, -10)	(4, -3)	(4, -3)	(4,0)	(0,0)	(0, -10)	(4, -3)	(0,0)

首先计算各单元的刚度矩阵，以国际单位制为标准，按照逆时针的编号原则，平面应变单元的各单元刚度矩阵为

$$K^{(1)}=10^{11}\begin{pmatrix}1.071 & 0.705 & -0.467 & -0.128 & -0.604 & -0.577\\0.705 & 1.731 & -0.321 & 0.385 & -0.385 & -2.115\\-0.467 & -0.321 & 0.687 & -0.256 & -0.220 & 0.577\\-0.128 & 0.385 & -0.256 & 0.385 & 0.385 & -0.770\\-0.604 & -0.385 & -0.220 & 0.385 & 0.824 & 0\\-0.577 & -2.115 & 0.577 & -0.770 & 0 & 2.885\end{pmatrix}$$

$$K^{(2)}=10^{11}\begin{pmatrix}0.513 & 0 & -0.513 & -0.385 & 0 & 0.385\\0 & 1.795 & -0.577 & -1.795 & 0.577 & 0\\-0.513 & -0.577 & 1.522 & 0.962 & -1.01 & -0.385\\-0.385 & -1.795 & 0.962 & 2.083 & -0.577 & -0.288\\0 & 0.577 & -1.01 & -0.577 & 1.01 & 0\\0.385 & 0 & -0.385 & -0.288 & 0 & 0.288\end{pmatrix}$$

$$K^{(3)}=10^{11}\begin{pmatrix}0.457 & 0.288 & -1.01 & -0.385 & 0.553 & 0.096\\0.288 & 0.625 & -0.577 & -0.288 & 0.288 & -0.337\\-1.01 & -0.577 & 3.365 & 0 & -2.356 & 0.577\\-0.385 & -0.288 & 0 & 0.962 & 0.385 & -0.673\\0.553 & 0.288 & -2.356 & 0.385 & 1.803 & -0.673\\0.096 & -0.337 & 0.577 & -0.673 & -0.673 & 1.01\end{pmatrix}$$

每个单元的转换矩阵都是一个 6×10 的矩阵，转换矩阵的行是单元刚度矩阵的维数，转换矩阵的列是整体刚矩阵的维数，节点编号对应位置为单位阵，其余位置均为0，因此各单元转换矩阵具体形式为

$$G^{(1)}=\begin{pmatrix}1&0&0&0&0&0&0&0&0&0\\0&1&0&0&0&0&0&0&0&0\\0&0&1&0&0&0&0&0&0&0\\0&0&0&1&0&0&0&0&0&0\\0&0&0&0&1&0&0&0&0&0\\0&0&0&0&0&1&0&0&0&0\end{pmatrix}\quad G^{(2)}=\begin{pmatrix}0&0&0&0&1&0&0&0&0&0\\0&0&0&0&0&1&0&0&0&0\\0&0&0&0&0&0&1&0&0&0\\0&0&0&0&0&0&0&1&0&0\\0&0&0&0&0&0&0&0&1&0\\0&0&0&0&0&0&0&0&0&1\end{pmatrix}$$

$$G^{(3)}=\begin{pmatrix}1&0&0&0&0&0&0&0&0&0\\0&1&0&0&0&0&0&0&0&0\\0&0&0&0&1&0&0&0&0&0\\0&0&0&0&0&1&0&0&0&0\\0&0&0&0&0&0&0&0&1&0\\0&0&0&0&0&0&0&0&0&1\end{pmatrix}$$

求得整个有限元模型的整体刚度矩阵 $\boldsymbol{K}$ 为

$$
\boldsymbol{K}=\begin{pmatrix}
15.28 & 9.936 & -4.67 & -1.282 & -16.14 & -9.615 & 0 & 0 & 5.529 & 0.9615 \\
9.936 & 23.56 & -3.205 & 3.846 & -9.615 & -24.04 & 0 & 0 & 2.885 & -3.365 \\
-4.67 & -3.205 & 6.868 & -2.564 & -2.198 & 5.769 & 0 & 0 & 0 & 0 \\
-1.282 & 3.846 & -2.564 & 3.846 & 3.846 & -7.692 & 0 & 0 & 0 & 0 \\
-16.14 & -9.615 & -2.198 & 3.846 & 47.02 & 0 & -5.128 & -3.846 & -23.56 & 9.615 \\
-9.615 & -24.04 & 5.769 & -7.692 & 0 & 56.41 & -5.769 & -17.95 & 9.615 & -6.731 \\
0 & 0 & 0 & 0 & -5.128 & -5.769 & 15.22 & 9.615 & -10.1 & -3.846 \\
0 & 0 & 0 & 0 & -3.846 & -17.95 & 9.615 & 20.83 & -5.769 & -2.885 \\
5.529 & 2.885 & 0 & 0 & -23.56 & 9.615 & -10.1 & -5.769 & 28.12 & -6.731 \\
0.9615 & -3.365 & 0 & 0 & 9.615 & -6.731 & -3.846 & -2.885 & -6.731 & 12.98
\end{pmatrix}\times 10^{10}
$$

在对其进行静力学分析时，由于结构在单元③端面受到线性载荷作用，因此节点 1 的 x 方向载荷为 $F_{x1}=q\times|y_1|\times 1=10^3$ N，于是，系统的整体载荷列阵表达式为

$$
\boldsymbol{F}=[10^3,F_{y1},F_{x2},F_{y2},0,0,0,0,0,0]^{\mathrm{T}}
$$

将所得到的整体刚度矩阵、整体位移列阵及整体载荷列阵代入整体刚度方程 $\boldsymbol{Kq}=\boldsymbol{F}$ 有

$$
10^{10}\begin{pmatrix}
15.28 & 9.936 & -4.67 & -1.282 & -16.14 & -9.615 & 0 & 0 & 5.529 & 0.9615 \\
9.936 & 23.56 & -3.205 & 3.846 & -9.615 & -24.04 & 0 & 0 & 2.885 & -3.365 \\
-4.67 & -3.205 & 6.868 & -2.564 & -2.198 & 5.769 & 0 & 0 & 0 & 0 \\
-1.282 & 3.846 & -2.564 & 3.846 & 3.846 & -7.692 & 0 & 0 & 0 & 0 \\
-16.14 & -9.615 & -2.198 & 3.846 & 47.02 & 0 & -5.128 & -3.846 & -23.56 & 9.615 \\
-9.615 & -24.04 & 5.769 & -7.692 & 0 & 56.41 & -5.769 & -17.95 & 9.615 & -6.731 \\
0 & 0 & 0 & 0 & -5.128 & -5.769 & 15.22 & 9.615 & -10.1 & -3.846 \\
0 & 0 & 0 & 0 & -3.846 & -17.95 & 9.615 & 20.83 & -5.769 & -2.885 \\
5.529 & 2.885 & 0 & 0 & -23.56 & 9.615 & -10.1 & -5.769 & 28.12 & -6.731 \\
0.9615 & -3.365 & 0 & 0 & 9.615 & -6.731 & -3.846 & -2.885 & -6.731 & 12.98
\end{pmatrix}\begin{pmatrix} u_1 \\ v_1 \\ u_2 \\ v_2 \\ u_3 \\ v_3 \\ u_4 \\ v_4 \\ u_5 \\ v_5 \end{pmatrix}=\begin{pmatrix} 10^3 \\ R_{y1} \\ R_{x2} \\ R_{y2} \\ 0 \\ 0 \\ 0 \\ 0 \\ 0 \\ 0 \end{pmatrix}
$$

节点 1 约束 y 方向自由度、节点 2 约束 x 方向和 y 方向自由度，即 $v_1=0$，$u_2=0$，$v_2=0$，划去刚度矩阵中对应的行和列，则引入边界条件后的方程整理为

$$
10^{10}\begin{pmatrix}
15.28 & -16.14 & -9.615 & 0 & 0 & 5.529 & 0.9615 \\
-16.14 & 47.02 & 0 & -5.128 & -3.846 & -23.56 & 9.615 \\
-9.615 & 0 & 56.41 & -5.769 & -17.95 & 9.615 & -6.731 \\
0 & -5.128 & -5.769 & 15.22 & 9.615 & -10.1 & -3.846 \\
0 & -3.846 & -17.95 & 9.615 & 20.83 & -5.769 & -2.885 \\
5.529 & -23.56 & 9.615 & -10.1 & -5.769 & 28.12 & -6.731 \\
0.9615 & 9.615 & -6.731 & -3.846 & -2.885 & -6.731 & 12.98
\end{pmatrix}\begin{pmatrix} u_1 \\ u_3 \\ v_3 \\ u_4 \\ v_4 \\ u_5 \\ v_5 \end{pmatrix}=\begin{pmatrix} 10^3 \\ 0 \\ 0 \\ 0 \\ 0 \\ 0 \\ 0 \end{pmatrix}
$$

求解方程组，可以获得节点位移。具体的计算过程可参见以下 MATLAB 程序。将各节点位移结果列于表 5-11，将各单元应力和单元应变列于表 5-12。

```
clear; format long
NJ=5; Ne=3;                                        %节点数量;单元数量;
E=2.0e11; v=0.3; t=1;                              %弹性模量;泊松比;厚度;
XY=[0  -10;15  -10;4  -3;4  0;0  0];
Code=[1 2 3;3 4 5;1 3 5];                          %单元编号
D=E/(1+v)/(1-2*v)*[1-v v 0; v 1-v 0; 0 0 (1-2*v)/2];
                                                   %平面应变状态下的弹性矩阵
Kz=zeros(2*NJ,2*NJ);                               %总刚矩阵维数
for e=1:Ne
    I=Code(e,1);J=Code(e,2);K=Code(e,3);           % IJK为单元编号
    x1=XY(I,1); y1=XY(I,2);                        %x1,y1为节点1坐标
    x2=XY(J,1); y2=XY(J,2);
    x3=XY(K,1); y3=XY(K,2);
    A=[1 x1 y1;1 x2 y2;1 x3 y3];
    S=0.5*det(A);                                  %三角形单元面积
    Ax=inv(A)*det(A);
    Ay=Ax';
    b1=Ay(1,2); b2=Ay(2,2); b3=Ay(3,2);
    c1=Ay(1,3); c2=Ay(2,3); c3=Ay(3,3);
    B=1/det(A)*[b1 0 b2 0 b3 0; 0 c1 0 c2 0 c3; c1 b1 c2 b2 c3 b3];
Ke=B'*D*B*t*S;                                     %单元刚度矩阵
    G=zeros(6,2*NJ);                               %转换矩阵维数
    G(1,2*I-1)=1; G(2,2*I)=1; G(3,2*J-1)=1;
    G(4,2*J)=1; G(5,2*K-1)=1; G(6,2*K)=1;
Kz=Kz+G'*Ke*G;
end
F=zeros(2*NJ,1);                                   %载荷
F(2*1-1,1)=1000;
Kz1=Kz;
Kz(2,:)=0;Kz(:,2)=0;Kz(2,2)=1;                     % 引入边界条件
Kz(3,:)=0;Kz(:,3)=0;Kz(3,3)=1;
Kz(4,:)=0;Kz(:,4)=0;Kz(4,4)=1;
U=inv(Kz)*F;                                       %节点位移
strain=[];                                         %应变
stress=[];                                         %应力
for e=1:Ne
    I=Code(e,1);J=Code(e,2);K=Code(e,3);
    x1=XY(I,1); y1=XY(I,2);x2=XY(J,1); y2=XY(J,2);x3=XY(K,1); y3=XY(K,2);
    A=[1 x1 y1;1 x2 y2;1 x3 y3];
    S=0.5*det(A);
```

```
Ax = inv(A) * det(A);
Ay = Ax';
    b1 = Ay(1,2); b2 = Ay(2,2); b3 = Ay(3,2);
    c1 = Ay(1,3); c2 = Ay(2,3); c3 = Ay(3,3);
    B = 1/det(A) * [b1 0 b2 0 b3 0;0 c1 0 c2 0 c3;c1 b1 c2 b2 c3 b3];
Jno = [U(2 * I - 1),U(2 * I),U(2 * J - 1),U(2 * J),U(2 * K - 1),U(2 * K)]';
                                                  %提取节点位移
strain_e = B * Jno;
stress_e = D * strain_e;
    strain = [strain strain_e];
    stress = [stress stress_e];
end
```

表 5-11　各节点位移变化情况（MATLAB）　　（单位：μm）

节点编号	1	2	3	4	5
u	0.0195	0	0.0140	0.01167	0.01170
v	0	0	0.0038	0.00377	0.00049

表 5-12　各单元应力与应变（MATLAB）

单元编号	$\sigma_x/10^2$Pa	$\sigma_y/10^2$Pa	$\tau_{xy}/10^2$Pa	$\varepsilon_x/10^{-8}$	$\varepsilon_y/10^{-8}$	$\gamma_{xy}/10^{-8}$
①	−2.870	−0.047	−0.0270	−0.13000	0.0540	−0.0035
②	−0.033	−0.018	0.0246	−0.00110	−0.0002	0.0032
③	0.050	0.129	0.0630	−0.00023	0.0049	0.0082

作为对照，利用 ANSYS 对该例题进行同样的分析计算。ANSYS 的命令流如下：

```
/PREP7
ET,1,PLANE182                    ! 选择单元类型,平面应变单元
KEYOPT,1,1,0
KEYOPT,1,3,2
KEYOPT,1,6,0
MP,EX,1,2.0E11                   ! 定义材料属性
MP,PRXY,1,0.3
TYPE,1
N,1,0,-10                        ! 建立节点位置
N,2,15,-10
N,3,4,-3
N,4,4,0
N,5,0,0
E,1,2,3                          ! 将节点连接成单元
```

```
E,3,4,5
E,1,3,5
D,1,UY                         ! 约束条件
D,2,UY
D,2,UX
F,1,FX,1000                    ! 载荷
/SOLU                          ! 求解
SOLVE
/POST1
PRNSOL,DOF
PRESOL,S
PRESOL,EPEL
```

ANSYS 计算结果如下：

节点位移

```
NODE       UX              UY
1  0.19467E-07        0.0000
      2   0.0000          0.0000
3  0.14032E-07        0.37712E-08
4  0.11670E-07        0.37653E-08
5  0.11715E-07        0.48882E-09
```

单元应变

```
ELEMENT =       1          PLANE182
    NODE    EPELX        EPELY          EPELXY
       1  -0.12978E-08  0.53875E-09      -0.34917E-10
       2  -0.12978E-08  0.53875E-09      -0.34917E-10
       3  -0.12978E-08  0.53875E-09      -0.34917E-10
       3  -0.12978E-08  0.53875E-09      -0.34917E-10
 ELEMENT =       2          PLANE182
    NODE    EPELX       EPELY       EPELXY
       3  -0.11313E-10   -0.19964E-11     0.31943E-10
       4  -0.11313E-10   -0.19964E-11     0.31943E-10
       5  -0.11313E-10   -0.19964E-11     0.31943E-10
       5  -0.11313E-10   -0.19964E-11     0.31943E-10
ELEMENT =       3          PLANE182
    NODE    EPELX        EPELY          EPELXY
       1  -0.23346E-11  0.48882E-10     0.82074E-10
       3  -0.23346E-11  0.48882E-10     0.82074E-10
       5  -0.23346E-11  0.48882E-10     0.82074E-10
       5  -0.23346E-11  0.48882E-10     0.82074E-10
```

单元应力

```
ELEMENT =      1        PLANE182
   NODE    SX           SY           SZ           SXY
     1   -287.25      -4.7003      -87.585      -2.6859
     2   -287.25      -4.7003      -87.585      -2.6859
     3   -287.25      -4.7003      -87.585      -2.6859
     3   -287.25      -4.7003      -87.585      -2.6859
 ELEMENT =      2        PLANE182
   NODE    SX           SY           SZ           SXY
     3   -3.2762      -1.8429      -1.5357       2.4572
     4   -3.2762      -1.8429      -1.5357       2.4572
     5   -3.2762      -1.8429      -1.5357       2.4572
     5   -3.2762      -1.8429      -1.5357       2.4572
 ELEMENT =      3        PLANE182
   NODE    SX           SY           SZ           SXY
     1    5.0117       12.891       5.3709       6.3134
     3    5.0117       12.891       5.3709       6.3134
     5    5.0117       12.891       5.3709       6.3134
     5    5.0117       12.891       5.3709       6.3134
```

将 MATLAB 和 ANSYS 分析结果列于表 5-13 和表 5-14。从表中可以看出，两种分析工具的分析结果是基本一致的，说明利用 Plane182 单元表达平面应变状态问题的 ANSYS 计算结果是准确的，对于平面应变问题的应力状态 σ_z 不为 0，同时也验证了平面应变问题的 MATLAB 求解程序的准确性，在遇到复杂或者其他多变的情况下，可以采用这种分析思路进行有限元求解，具有较强的灵活性及可控性。

表 5-13　MATLAB 和 ANSYS 节点位移对比表　　（单位：10^{-7} m）

节点	1		2		3		4		5	
位移	u	v	u	v	u	v	u	v	u	v
MATLAB	0.1950	0	0	0	0.1400	0.0380	0.1167	0.0377	0.1170	0.0049
ANSYS	0.1947	0	0	0	0.1403	0.0377	0.1167	0.0376	0.1176	0.0049

表 5-14　MATLAB 和 ANSYS 单元应力与应变对比表

单元号	单元①			单元②			单元③		
应力/10^2 Pa	σ_x	σ_y	τ_{xy}	σ_x	σ_y	τ_{xy}	σ_x	σ_y	τ_{xy}
MATLAB	-2.870	-0.047	-0.0270	-0.033	-0.0180	0.0246	0.0500	0.1290	0.0630
ANSYS	-2.873	-0.047	-0.0269	-0.033	-0.0184	0.0246	0.0501	0.1289	0.0631
应变/10^{-8}	ε_x	ε_y	γ_{xy}	ε_x	ε_y	γ_{xy}	ε_x	ε_y	γ_{xy}
MATLAB	-0.130	0.0540	-0.00350	-0.0011	-0.00020	0.00320	-0.000230	0.00490	0.00820
ANSYS	-0.130	0.0539	-0.00349	-0.0011	-0.00020	0.00319	-0.000233	0.00489	0.00820

5.4　利用对称性简化求解问题

当结构具有对称性时，可以利用这个特性来减少计算工作量。所谓对称结构性，是指结构的几何形状、支承条件和材料性质都对某轴对称，也就是说，当结构绕对称轴对折时，左右两部分完全重合，这种结构称为对称结构。结构的对称是对称性利用的前提。利用对称性时，有时还要用到载荷的正对称和反对称概念。正对称载荷指的是将结构绕对称轴对折后，左右两部分的载荷作用点相吻合，方向相同，载荷数值相等；反对称载荷指的是将结构绕对称轴对折后，左右两部分的载荷作用点完全重合，方向相反，载荷数值相等。为了利用结构的对称性，在单元的划分上也应是对称的，根据载荷情况的不同，可以分两种情况讨论。

1. 正对称性载荷的对称性利用

如图 5-16a 所示是一方形薄板，两端作用有集中力 P，结构和载荷对 x 轴和 y 轴都是对称的，具有两个对称轴。根据对称性，我们可以取结构的四分之一进行分析，网格划分如图 5-16b 所示。由于对称，结构的位移也是对称的，所以在 x 轴上的节点在 y 方向的位移为零。同样 y 轴上的节点在 x 轴方向上的位移也为零。因此在节点位移为零的方向上可设为支承，如图 5-16b 所示。利用上述对称性的简化，几乎可以节省 3/4 的工作量。

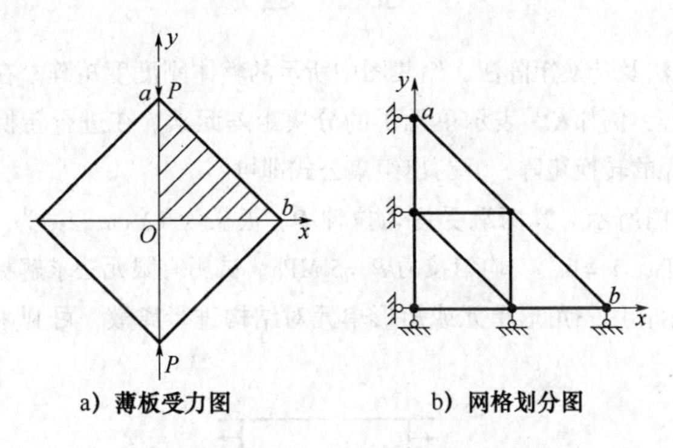

图 5-16 正对称性的利用

2. 反对称性载荷的对称性利用

图 5-17a 所示是一个对 y 轴对称的薄板结构，载荷 P 对 y 轴反对称。我们可取结构的一段进行计算，网格划分如图 5-17b 所示。由于载荷反对称，结构的位移也是反对称的。因此，对称轴上的节点将没有沿着该方向上的位移，即 y 轴上各节点在 y 方向上的位移为零。据此，在节点位移为零的方向上，可设为链杆支座，限制 y 方向上的位移，在原固定的地方，设固定铰支座，限制所有的位移。如图 5-17b 所示。经过这样的简化，可节省近一半的工作量。

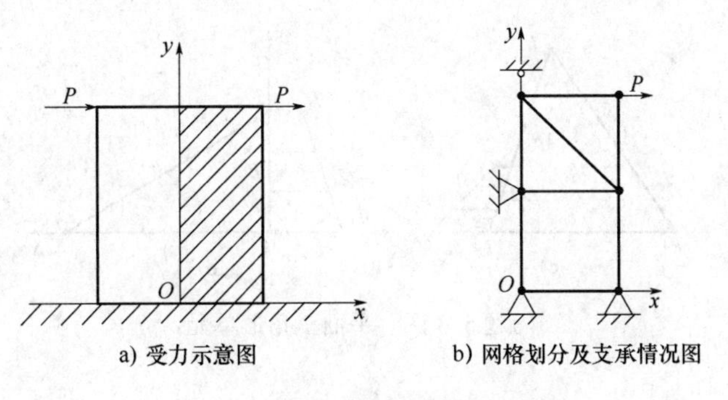

图 5-17 关于 y 轴反对称性的利用

对于对称结构，即使载荷是任意的，通常还是先把载荷分解成对称和反对称的两组，分别进行计算，然后将两组计算结果进行叠加，最终获得原载荷的结果。经验证明，尽管这样计算要分两次进行，会带来一些麻烦，但对单元划分的较多的结构仍有一定的优势，可节省不少计算时间。

小　结

通过本部分内容的学习，读者应该能够：掌握二维问题的有限元求解方法，掌握如何利用平面三角形单元、矩形单元对平面应力状态下的单元刚度矩阵的计算、整体刚度矩阵组集及转换、载荷列阵及边界条件引入、位移及应力应变求解；同时掌握平面应变状态下的有限元问题与平面应力状态下的区别与联系；通过实例详细阐述了二维平面问题的有限元求解流程及结果；掌握利用对称性简化求解的方法。

习　题

5.1　分别以直接组集法及转换矩阵法，组集图中所示的整体刚度度矩阵。在应用直接组集法时，用分块矩阵，例如$\boldsymbol{K}_{11}^{(1)}$表示单元①的分块矩阵元素。在进行转换矩阵法组集时，只需写出各单元的转换矩阵，并写出组集公式即可。

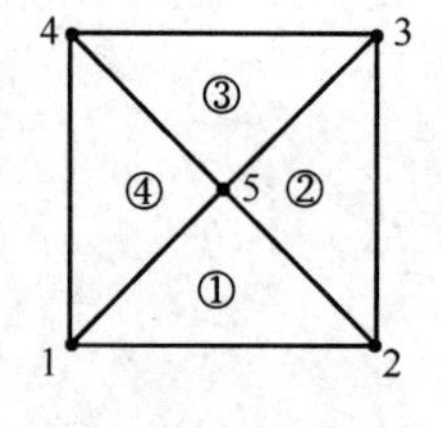

习题 5.1 图

5.2　一长方形薄板如图所示。其两端受均匀拉伸 P。板长为 12 cm，宽为 4 cm，厚为 1 cm。材料 $E=200$ GPa，$\nu=0.3$。均匀拉力 $P=5$ MPa。试用有限元法求解板内应力，并和精确解比较。提示：用三角形单元或矩形单元对结构进行离散，可利用结构的对称性。

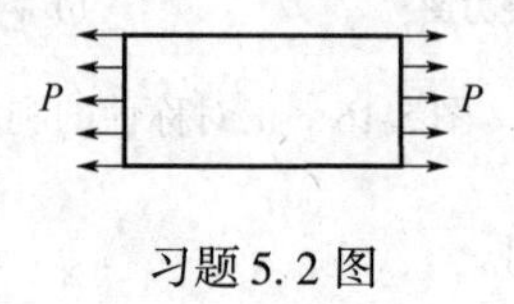

习题 5.2 图

5.3　列出下图中各平面三角形单元的等效节点载荷向量。

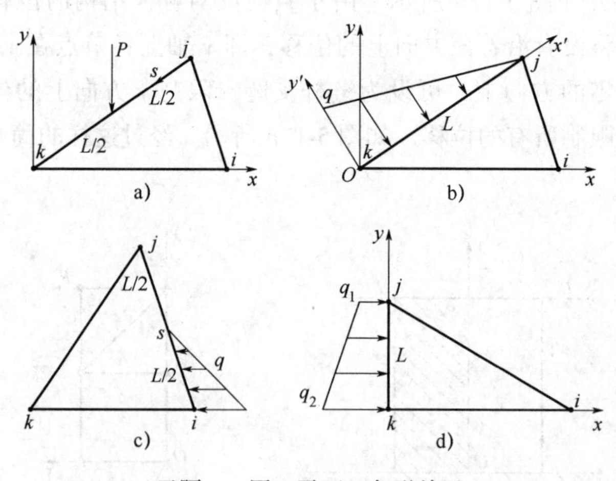

习题 5.3 图　平面三角形单元

本章附录

式5-73中，矩形单元的单元刚度矩阵子块展开后的具体表示为

$$\boldsymbol{K}_{11}=\frac{Et}{ab(1-\nu^2)}\begin{pmatrix}\frac{b^2}{3}+\frac{1-\nu}{6}a^2 & \frac{1+\nu}{8}ab\\ \frac{1+\nu}{8}ab & \frac{a^2}{3}+\frac{1-\nu}{6}b^2\end{pmatrix};\ \boldsymbol{K}_{12}=\frac{Et}{ab(1-\nu^2)}\begin{pmatrix}-\frac{b^2}{3}+\frac{1-\nu}{12}a^2 & \frac{3\nu-1}{8}ab\\ \frac{1-3\nu}{8}ab & \frac{a^2}{6}-\frac{1-\nu}{6}b^2\end{pmatrix}$$

$$\boldsymbol{K}_{13}=\frac{Et}{ab(1-\nu^2)}\begin{pmatrix}-\frac{b^2}{6}-\frac{1-\nu}{12}a^2 & -\frac{1+\nu}{8}ab\\ -\frac{1+\nu}{8}ab & -\frac{a^2}{6}-\frac{1-\nu}{12}b^2\end{pmatrix};\ \boldsymbol{K}_{14}=\frac{Et}{ab(1-\nu^2)}\begin{pmatrix}\frac{b^2}{6}-\frac{1-\nu}{6}a^2 & \frac{1-3\nu}{8}ab\\ \frac{3\nu-1}{8}ab & -\frac{a^2}{3}+\frac{1-\nu}{12}b^2\end{pmatrix}$$

$$\boldsymbol{K}_{22}=\frac{Et}{ab(1-\nu^2)}\begin{pmatrix}\frac{b^2}{3}+\frac{1-\nu}{6}a^2 & -\frac{1+\nu}{8}ab\\ -\frac{1+\nu}{8}ab & \frac{a^2}{3}+\frac{1-\nu}{6}b^2\end{pmatrix};\ \boldsymbol{K}_{23}=\frac{Et}{ab(1-\nu^2)}\begin{pmatrix}\frac{b^2}{6}-\frac{1-\nu}{6}a^2 & \frac{3\nu-1}{8}ab\\ \frac{1-3\nu}{8}ab & -\frac{a^2}{3}+\frac{1-\nu}{12}b^2\end{pmatrix}$$

$$\boldsymbol{K}_{24}=\frac{Et}{ab(1-\nu^2)}\begin{pmatrix}-\frac{b^2}{6}-\frac{1-\nu}{12}a^2 & \frac{1+\nu}{8}ab\\ \frac{1+\nu}{8}ab & -\frac{a^2}{6}-\frac{1-\nu}{12}b^2\end{pmatrix};\ \boldsymbol{K}_{33}=\frac{Et}{ab(1-\nu^2)}\begin{pmatrix}\frac{b^2}{3}+\frac{1-\nu}{6}a^2 & \frac{1+\nu}{8}ab\\ \frac{1+\nu}{8}ab & \frac{a^2}{3}+\frac{1-\nu}{6}b^2\end{pmatrix}$$

$$\boldsymbol{K}_{34}=\frac{Et}{ab(1-\nu^2)}\begin{pmatrix}-\frac{b^2}{3}+\frac{1-\nu}{12}a^2 & \frac{3\nu-1}{8}ab\\ \frac{1-3\nu}{8}ab & \frac{a^2}{6}-\frac{1-\nu}{6}b^2\end{pmatrix};\ \boldsymbol{K}_{44}=\frac{Et}{ab(1-\nu^2)}\begin{pmatrix}\frac{b^2}{3}+\frac{1-\nu}{6}a^2 & -\frac{1+\nu}{8}ab\\ -\frac{1+\nu}{8}ab & \frac{a^2}{3}+\frac{1-\nu}{6}b^2\end{pmatrix}$$

第6章 梁和框架结构问题的有限元法求解

一般来讲，对于承受外力以横向力为主，且以弯曲为主要变形特征的细长物体可以称之为梁结构，如在房屋及桥梁建筑中常使用的水平长构件、旋转机械中的转轴、细长叶片等我们都可以从梁的角度来分析它的受力响应行为。另外，在桥梁、高层建筑、汽车、飞机、海上钻井平台及传力设备中都能发现由梁构件组成的框架形状，我们称之为梁框架结构。如图6-1 所示为某框架结构楼房的方梁结构，图6-2 为某水上桥梁结构，这种受力形式的梁或框架结构都可以用梁理论进行静力学或动力学分析。

图6-1　某现代建筑中的房梁结构

图6-2　某水上桥梁结构

在这一章，我们将首先给出梁的有限元描述，介绍其单元刚度矩阵的推导过程及坐标转换方法，给出梁结构整体刚度矩阵和载荷列阵的组集方法，以及边界条件的施加过程。然后再将这一思路加以扩展，使之能够描述和解决平面框架问题，更进一步描述空间梁以及空间框架结构问题。

6.1　应用平面梁单元进行问题求解

6.1.1　建立有限元网格模型

这里首先以等截面悬臂梁为例进行平面梁单元问题的描述与分析，如图6-3 所示为一平面梁，左端固定约束，其受到垂直向下的重力作用，在最右端受到垂直向下的载荷 F。为了便于计算，这里将悬臂梁划分为六个单元七个节点的有限元模型，每个单元有两个节点。其中图6-3b 表示为任意单元的自由度和受力示意图，每个节点有两个自由度，即横向

位移 v 和转角位移 θ，每个自由度受到相应方向的载荷 F/M。该悬臂梁的有限元模型有 14 个自由度，整体位移列阵可表示为 $\boldsymbol{q}=[v_1,\theta_1,v_2,\theta_2,\cdots,v_7,\theta_7]^{\mathrm{T}}$；整体载荷列阵可表示为 $\boldsymbol{R}=[F_1,M_1,F_2,M_2,\cdots,F_7,M_7]^{\mathrm{T}}$。

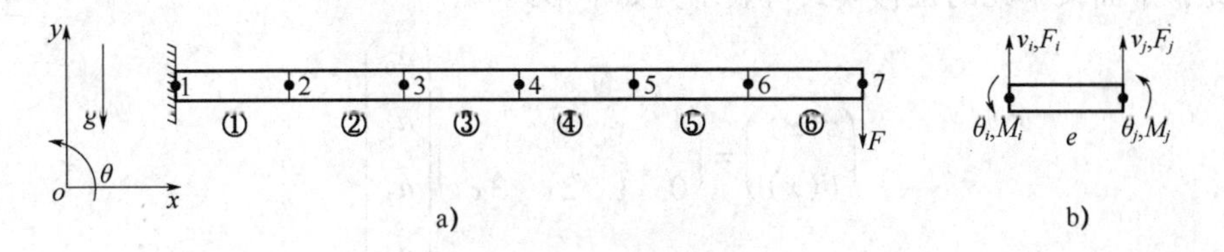

图 6-3　悬臂梁有限元模型及受力示意图

由于每个平面梁单元有两个节点，因此可以简单地对单元节点连接的信息进行表述。图 6-4 中表示出了在任意单元中局部节点编号和局部自由度，在图 6-4 的表中给出单元编号与局部节点编号和整体节点编号的关系。在这个例子中，局部节点编号 1 对应的整体节点编号和单元编号 e 相同，而局部节点编号 2 对应的整体节点编号为 $e+1$，所以各单元的节点信息很容易得到。另外在对节点进行编号时，应该注意要尽量使同一单元相邻节点的号码差尽可能的小，以便最大限度地缩小刚度矩阵的带宽，提高计算效率。

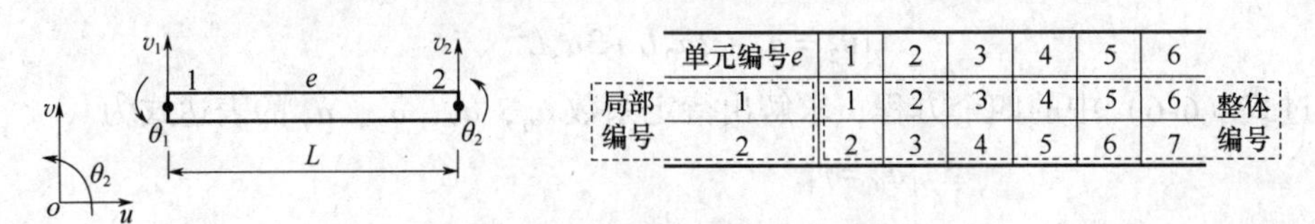

	单元编号e	1	2	3	4	5	6	
局部编号	1	1	2	3	4	5	6	整体编号
	2	2	3	4	5	6	7	

图 6-4　任意单元的局部节点与整体节点关系

6.1.2　单元刚度矩阵的推导

下面针对平面梁单元进行单元刚度矩阵的推导，主要包括以下四个步骤。

1. 建立坐标系，进行单元离散

这里整体坐标系和局部坐标系重合，即只考虑坐标系 $o-xyz$，z 垂直于纸面朝外。

2. 建立平面梁单元的位移模式

平面梁单元具有两个节点，如图 6-4 所示。在局部坐标系内，平面梁单元共有 6 个自由度，其节点的位移矢量可表示为

$$\boldsymbol{q}^{\mathrm{e}}=(v_1\quad u_1\quad \theta_1\quad v_2\quad u_2\quad \theta_2)^{\mathrm{T}} \tag{6-1}$$

忽略其杆单元属性轴向位移 u，平面梁单元具有如下 4 个自由度

$$\boldsymbol{q}^{\mathrm{e}}=(v_1\quad \theta_1\quad v_2\quad \theta_2)^{\mathrm{T}} \tag{6-2}$$

假设不考虑梁的剪切变形，那么可以采用 Euler-Bernoulli（欧拉-伯努利）梁假设：变形前垂直于梁中心线的截面在变形后仍垂直于梁的中心线，并且有转角 $\theta=\mathrm{d}v/\mathrm{d}x$。

平面梁单元的弯曲变形位移场 $v(x)$ 可以用如下位移插值函数来表示

$$v(x)=a_0+a_1x+a_2x^2+a_3x^3 \tag{6-3}$$

则转角可表示为

$$\theta(x)=\frac{\mathrm{d}v}{\mathrm{d}x}=a_1+2a_2x+3a_3x^2 \tag{6-4}$$

因此，平面梁单元的位移模式可表示为如下形式

$$\begin{pmatrix} v(x) \\ \theta(x) \end{pmatrix}=\begin{pmatrix} 1 & x & x^2 & x^3 \\ 0 & 1 & 2x & 3x^2 \end{pmatrix}\begin{pmatrix} a_0 \\ a_1 \\ a_2 \\ a_3 \end{pmatrix} \tag{6-5}$$

3. 推导形函数矩阵

将梁单元两个节点的位移和节点坐标（0,0）和（L,0）代入到式（6-5）中，有

$$v(0)=v_1,\ \theta(0)=\theta_1,\ v(L)=v_2,\ \theta(L)=\theta_2$$

式中，L 为梁单元的长度。得到

$$\begin{cases} v_1=a_0 \\ \theta_1=a_1 \\ v_2=a_0+a_1L+a_2L^2+a_3L^3 \\ \theta_2=a_1+2a_2L+3a_3L^2 \end{cases} \tag{6-6}$$

通过式（6-6）中的四个方程，求解出待定系数 a_0，a_1，a_2，a_3 的表达式为

$$\begin{cases} a_0=v_1 \\ a_1=\theta_1 \\ a_2=-\dfrac{3}{L^2}v_1-\dfrac{2}{L}\theta_1+\dfrac{3}{L^2}v_2-\dfrac{1}{L}\theta_2 \\ a_3=\dfrac{2}{L^3}v_1+\dfrac{1}{L^2}\theta_1-\dfrac{2}{L^3}v_2+\dfrac{1}{L^2}\theta_2 \end{cases} \tag{6-7}$$

上面的推导公式同时也可以写成如下的矩阵形式

$$\begin{pmatrix} v_1 \\ \theta_1 \\ v_2 \\ \theta_2 \end{pmatrix}=\begin{pmatrix} 1 & x_1 & x_1^2 & x_1^3 \\ 0 & 1 & 2x_1 & 3x_1^2 \\ 1 & x_2 & x_2^2 & x_2^3 \\ 0 & 1 & 2x_2 & 3x_2^2 \end{pmatrix}\begin{pmatrix} a_0 \\ a_1 \\ a_2 \\ a_3 \end{pmatrix}=\begin{pmatrix} 1 & 0 & 0 & 0 \\ 0 & 1 & 0 & 0 \\ 1 & L & L^2 & L^3 \\ 0 & 1 & 2L & 3L^2 \end{pmatrix}\begin{pmatrix} a_0 \\ a_1 \\ a_2 \\ a_3 \end{pmatrix} \tag{6-8}$$

式中，x_1 和 x_2 分别表示两个节点的横坐标的值 $x_1=0$，$x_2=L$，求得

$$\begin{pmatrix} a_0 \\ a_1 \\ a_2 \\ a_3 \end{pmatrix}=\begin{pmatrix} 1 & 0 & 0 & 0 \\ 0 & 1 & 0 & 0 \\ 1 & L & L^2 & L^3 \\ 0 & 1 & 2L & 3L^2 \end{pmatrix}^{-1}\begin{pmatrix} v_1 \\ \theta_1 \\ v_2 \\ \theta_2 \end{pmatrix}=\begin{pmatrix} v_1 \\ \theta_1 \\ -\dfrac{3}{L^2}v_1-\dfrac{2}{L}\theta_1+\dfrac{3}{L^2}v_2-\dfrac{1}{L}\theta_2 \\ \dfrac{2}{L^3}v_1+\dfrac{1}{L^2}\theta_1-\dfrac{2}{L^3}v_2+\dfrac{1}{L^2}\theta_2 \end{pmatrix} \tag{6-9}$$

将式（6-9）代入到式（6-5）中，得到单元内任一点位移场的表达式为

$$v(x)=\left[1-3\left(\frac{x}{L}\right)^2+2\left(\frac{x}{L}\right)^3\right]v_1+\left[x-2\frac{x^2}{L}+\frac{x^3}{L^2}\right]\theta_2+\left[3\left(\frac{x}{L}\right)^2-2\left(\frac{x}{L}\right)^3\right]v_2+\left[-\frac{x^2}{L}+\frac{x^3}{L^2}\right]\theta_2 \tag{6-10}$$

将式（6-10）用矩阵形式表示为

$$v(x)=(N_1\quad N_2\quad N_3\quad N_4)\begin{Bmatrix}v_1\\ \theta_1\\ v_2\\ \theta_2\end{Bmatrix}=\boldsymbol{N}(x)\boldsymbol{q}^{\mathrm{e}} \tag{6-11}$$

式中，$\boldsymbol{N}(x)$为平面梁单元的形函数；$\boldsymbol{q}^{\mathrm{e}}$ 为单元节点位移矢量。其中

$$\begin{cases}N_1=1-3\left(\dfrac{x}{L}\right)^2+2\left(\dfrac{x}{L}\right)^3\\ N_2=x-2\dfrac{x^2}{L}+\dfrac{x^3}{L^2}\\ N_3=3\left(\dfrac{x}{L}\right)^2-2\left(\dfrac{x}{L}\right)^3\\ N_4=-\dfrac{x^2}{L}+\dfrac{x^3}{L^2}\end{cases} \tag{6-12}$$

4. 推导应变能，并根据最小势能原理导出单元刚度矩阵

最小势能原理可描述为：在给定的外力作用下，在满足位移边界条件的所有可能的位移中，能满足平衡条件的位移应使总势能成为极小值，即：

$$\Pi=W-U=0 \tag{6-13}$$

式中，W 为外力对梁所做的功；U 为梁的应变能。

直接采用瑞利-里茨法，并根据材料力学知识，导出平面梁单元的弯曲应变能为：

$$U=W=\frac{1}{2}\int_L M\mathrm{d}\theta=\frac{1}{2}\int_L\frac{M^2}{EI}\mathrm{d}x=\frac{1}{2}\int_L EI\left(\frac{\mathrm{d}^2v}{\mathrm{d}x^2}\right)^2\mathrm{d}x \tag{6-14}$$

式中，E 为弹性模量；I 为惯性矩；$\mathrm{d}\theta=\dfrac{M}{EI}\left[1+\left(\dfrac{\mathrm{d}v}{\mathrm{d}x}\right)\right]^2\approx\dfrac{M}{EI}\mathrm{d}x$，$\dfrac{\mathrm{d}v}{\mathrm{d}x}$值一般很小，这里忽略不计。

在式（6-11）中已经给出了用形函数表示位移的表达式，那么上式关于位移的二次导数可表示为

$$\frac{\mathrm{d}^2v}{\mathrm{d}x^2}=\left(\frac{\mathrm{d}^2N_1}{\mathrm{d}x^2}\quad\frac{\mathrm{d}^2N_2}{\mathrm{d}x^2}\quad\frac{\mathrm{d}^2N_3}{\mathrm{d}x^2}\quad\frac{\mathrm{d}^2N_4}{\mathrm{d}x^2}\right)\begin{pmatrix}v_1\\ \theta_1\\ v_2\\ \theta_2\end{pmatrix}=(B_1\quad B_2\quad B_3\quad B_4)\begin{pmatrix}v_1\\ \theta_1\\ v_2\\ \theta_2\end{pmatrix}=\boldsymbol{B}\boldsymbol{q}^{\mathrm{e}} \tag{6-15}$$

其中，$\boldsymbol{B}$ 为应变矩阵，$\boldsymbol{B}=(B_1\quad B_2\quad B_3\quad B_4)$。

$$B_1=-\frac{6}{L^2}+12\frac{x}{L^3};\ B_2=-\frac{4}{L}+6\frac{x}{L^2};\ B_3=\frac{6}{L^2}-12\frac{x}{L^3};\ B_4=-\frac{2}{L}+6\frac{x}{L^2} \tag{6-16}$$

将式（6-15）代入梁单元的应变能公式，得到单元应变能

$$U = \frac{1}{2}EI\int_L (\boldsymbol{q}^e)^T \boldsymbol{B}^T\boldsymbol{B}\boldsymbol{q}^e dx = \frac{1}{2}(\boldsymbol{q}^e)^T\left(EI\int_L \boldsymbol{B}^T\boldsymbol{B}dx\right)\boldsymbol{q}^e \tag{6-17}$$

考虑到单元应变能的一般形式可以表达成

$$U = \frac{1}{2}(\boldsymbol{q}^e)^T\boldsymbol{K}^e\boldsymbol{q}^e \tag{6-18}$$

这样，式中的 $\boldsymbol{K}^e$ 即为平面梁单元的单元刚度矩阵，其表达式为

$$\boldsymbol{K}^e = EI\int_L \boldsymbol{B}^T\boldsymbol{B}dx \tag{6-19}$$

应变矩阵 $\boldsymbol{B}$ 是关于 x 的函数，对上式进行积分后，便得到局部坐标系下平面梁单元的单元刚度矩阵的具体表达式为

$$\boldsymbol{K}^e = \frac{EI}{L^3}\begin{pmatrix} 12 & 6L & -12 & 6L \\ 6L & 4L^2 & -6L & 2L^2 \\ -12 & -6L & 12 & -6L \\ 6L & 2L^2 & -6L & 4L^2 \end{pmatrix} \tag{6-20}$$

可以看出，$\boldsymbol{K}^e$ 是一个 4×4 阶的对称矩阵，与之对应的平面梁单元节点位移矢量是

$$\boldsymbol{q}^e = (v_1 \quad \theta_1 \quad v_2 \quad \theta_2)^T。$$

6.1.3 整体刚度矩阵和载荷列阵的组集

上一小节推导出的平面梁单元刚度矩阵是局部坐标系下的表达式，其坐标方向是由单元方向确定的。在局部坐标系下，各个不同方向的梁单元都具有统一形式的单元刚度矩阵。但在组集整体刚度矩阵时，需要在整体坐标系下进行，因此不能把局部坐标系下的单元刚度矩阵进行简单的直接叠加。正确的做法是依据整体坐标系，将所有单元上的节点力、节点位移和单元刚度矩阵都进行坐标转换，变成在整体坐标系下的表达式之后，再进行叠加转换成整体刚度矩阵和整体载荷列阵。

1. 整体刚度矩阵的组集

（1）局部坐标系转换成整体坐标系　前面推导出的 $\boldsymbol{K}^e$ 表示为在局部坐标系 $o\text{-}xy$ 下的单元刚度矩阵。假设 $\overline{\boldsymbol{K}}^e$ 为整体坐标系 $O\text{-}XY$ 下的单元刚度矩阵，$\boldsymbol{T}^e$ 是这两种坐标系之间的转换矩阵。两种坐标系下的单元刚度矩阵具有如下的变换关系

$$\overline{\boldsymbol{K}}^e = (\boldsymbol{T}^e)^{-1}\boldsymbol{K}^e\boldsymbol{T}^e \tag{6-21}$$

其中变换矩阵 $\boldsymbol{T}^e$ 的具体表达式为

$$\boldsymbol{T}^e = \begin{pmatrix} \cos\theta & \sin\theta & 0 & 0 \\ -\sin\theta & \cos\theta & 0 & 0 \\ 0 & 0 & \cos\theta & \sin\theta \\ 0 & 0 & -\sin\theta & \cos\theta \end{pmatrix} \tag{6-22}$$

其中，θ 为局部坐标系下的 x 轴相对于整体坐标系下的 X 轴的夹角。可以证明，转换矩阵 $\boldsymbol{T}^e$ 的逆矩阵等于它的转置矩阵，因此在整体坐标系下的单元刚度矩阵可以表示为

$$\overline{\boldsymbol{K}}^{e}=(\boldsymbol{T}^{e})^{T}\boldsymbol{K}^{e}\boldsymbol{T}^{e} \tag{6-23}$$

（2）刚度矩阵的组集　将所要分析的结构划分为 N 个单元和 n 个节点后，运用上述的方法可获得 N 个形如公式（6-20）的单元刚度矩阵。为了对研究对象进行整体分析，就必须得到整体刚度矩阵，下面介绍两种整体刚度矩阵组集的方法。

1）直接组集法。对于平面梁单元问题，每个单元具有两个节点，且每个节点都有横向挠度 v 和转角 θ 两个自由度，故其单元刚度矩阵是一个四维矩阵。假设现将所要分析的结构划分为 n 个节点后，离散后的整个系统具有 $2n$ 个自由度，那么其组集后的整体刚度矩阵是一个 $2n\times2n$ 维的矩阵。

在开始进行整体刚度矩阵的组集时，首先将每一个平面梁单元的刚度矩阵进行扩展，使之成为一个 $2n\times2n$ 的方阵 $\overline{\boldsymbol{K}}_{ext}^{e}$。假设平面梁单元的两个节点分别对应的整体节点编号为 i 和 j，即单元刚度矩阵 $\overline{\boldsymbol{K}}^{e}$ 中的 2×2 阶子矩阵 $\boldsymbol{K}_{ij}$ 处于扩展矩阵的第 i 双行和第 j 双列的位置上。单元刚度矩阵经过扩展后，在扩展矩阵中，除了对应的第 i 和 j 双行双列上的元素为被扩展单元矩阵的元素外，其余元素均为零。扩展后的单元刚度矩阵可以表示为

$$\overline{\boldsymbol{K}}_{ext}^{e}=\begin{array}{c} \begin{matrix} 1 & \cdots & i & \cdots & j & \cdots & n \end{matrix} \\ \begin{pmatrix} \cdots & \cdots & \cdots & \cdots & \cdots & \cdots & \cdots \\ \vdots & & \vdots & & \vdots & & \vdots \\ \cdots & \cdots & \boldsymbol{K}_{ii} & \cdots & \boldsymbol{K}_{ij} & \cdots & \cdots \\ \vdots & & \vdots & & \vdots & & \vdots \\ \cdots & \cdots & \boldsymbol{K}_{ji} & \cdots & \boldsymbol{K}_{jj} & \cdots & \cdots \\ \vdots & & \vdots & & \vdots & & \vdots \\ \cdots & \cdots & \cdots & \cdots & \cdots & \cdots & \cdots \end{pmatrix} \end{array} \begin{matrix} 1 \\ \vdots \\ i \\ \vdots \\ j \\ \vdots \\ n \end{matrix} \tag{6-24}$$

由式（6-24）可知，每个平面梁单元刚度矩阵经过扩展后都会形成如式（6-24）所示的矩阵类型。只是每个平面梁单元的两个节点在整体节点编号中 i 和 j 不同。N 个单元刚度矩阵进行扩展后进行求和叠加，便得到结构的整体刚度矩阵 $\boldsymbol{K}$，记为

$$\boldsymbol{K}=\sum_{i=1}^{N}\overline{\boldsymbol{K}}_{i,ext}^{e} \tag{6-25}$$

2）转换矩阵法。采用转换矩阵法进行整体刚度矩阵组集的关键是获取每个单元的转换矩阵$\boldsymbol{G}^{e}$。单元转换矩阵的行数为每个单元的自由度数，转换矩阵的列数为整体刚度矩阵的维数。对于上述的例子来说，每个平面梁单元有两个节点，且每个节点有两个自由度，所以平面梁单元的自由度为4。而对于整个结构来说，其有 n 个节点，整体刚度矩阵是一个 $2n\times2n$ 的方阵，所以转换矩阵的列数为 $2n$。所以，对于平面梁单元来说，其单元的转换矩阵是一个 $4\times2n$ 的矩阵。

同样，假设某一单元的两个节点在整体节点中的编号为 i 和 j。那么在转换矩阵中，单元的两个节点对应的整体编号位置上的双列所在的子块设为2阶单位矩阵，而其他元素均为零。对于这里的平面梁单元，转换矩阵$\boldsymbol{G}^{e}$ 的具体形式为

$$
\begin{array}{c}
\begin{array}{cccccccccccc} 1 & 2 & \cdots & 2i-1 & 2i & \cdots & 2j-1 & 2j & \cdots & 2n-1 & 2n \end{array} \\
\boldsymbol{G}_{4\times 2n}^{\mathrm{e}} = \left(\begin{array}{ccc|cc|c|cc|ccc}
0 & 0 & \cdots & 1 & 0 & \cdots & 0 & 0 & \cdots & 0 & 0 \\
0 & 0 & \cdots & 0 & 1 & \cdots & 0 & 0 & \cdots & 0 & 0 \\
0 & 0 & \cdots & 0 & 0 & \cdots & 1 & 0 & \cdots & 0 & 0 \\
0 & 0 & \cdots & 0 & 0 & \cdots & 0 & 1 & \cdots & 0 & 0
\end{array}\right)
\end{array} \tag{6-26}
$$

利用转换矩阵$\boldsymbol{G}^{\mathrm{e}}$可以直接求和得到结构的整体刚度矩阵为

$$
\boldsymbol{K} = \sum_{n=1}^{N} (\boldsymbol{G}_n^{\mathrm{e}})^{\mathrm{T}} \boldsymbol{K}_n^{\mathrm{e}} \boldsymbol{G}_n^{\mathrm{e}} \tag{6-27}
$$

2. 整体载荷列阵的组集

在对结构进行有限元整体分析时，结构的载荷列阵 $\boldsymbol{F}$ 是由结构的全部单元的等效节点力集合而成，而其中单元的等效节点力 $\boldsymbol{F}^{\mathrm{e}}$ 则是由作用在单元上的集中力、表面力和体积力分别移置到相应的节点上，再逐点相加合成求得。

（1）单元载荷的移置　假设平面梁单元上的集中力为 $\boldsymbol{F}_C$，面力为 $\boldsymbol{F}_A$，体积力为 $\boldsymbol{F}_V$。根据虚位移原理，等效节点力所做的功与作用在单元上的集中力、表面力、体积力所做的功相等，由此可确定等效节点力的大小。有

$$
(\delta \boldsymbol{q}^{\mathrm{e}})^{\mathrm{T}} \boldsymbol{F}^{\mathrm{e}} = \delta \boldsymbol{d}^{\mathrm{T}} \boldsymbol{F}_C + \iint_A \delta \boldsymbol{d}^{\mathrm{T}} \boldsymbol{F}_A \mathrm{d}A + \iiint_V \delta \boldsymbol{d}^{\mathrm{T}} \boldsymbol{F}_V \mathrm{d}V \tag{6-28}
$$

式中，$\delta \boldsymbol{q}^{\mathrm{e}}$ 为单元节点虚位移列阵，$\delta \boldsymbol{d}$ 为单元内任意一点的虚位移列阵；等号左端表示等效节点力 $\boldsymbol{F}^{\mathrm{e}}$ 所做的虚功；等号右边第一项为集中力 $\boldsymbol{F}_C$ 所做的虚功，第二项为表面力 $\boldsymbol{F}_A$ 所做的虚功，第三项为体积力 $\boldsymbol{F}_V$ 所做的虚功。

单元内任意一点的虚位移可以用形函数与单元节点虚位移来表示，即

$$
\delta \boldsymbol{d} = \boldsymbol{N} \delta \boldsymbol{q}^{\mathrm{e}} \tag{6-29}
$$

代入到式（6-28）中，于是有

$$
(\delta \boldsymbol{q}^{\mathrm{e}})^{\mathrm{T}} \boldsymbol{F}^{\mathrm{e}} = (\delta \boldsymbol{q}^{\mathrm{e}})^{\mathrm{T}} \left(\boldsymbol{N}_C^{\mathrm{T}} \boldsymbol{F}_C + \iint_A \boldsymbol{N}^{\mathrm{T}} \boldsymbol{F}_A \mathrm{d}A + \iiint_V \boldsymbol{N}^{\mathrm{T}} \boldsymbol{F}_V \mathrm{d}V + \boldsymbol{N}^{\mathrm{T}} \boldsymbol{M}_C \right) \tag{6-30}
$$

式中，右端括号内的第一项与节点虚位移列阵的乘积等于集中力所做的功，它就是单元上的集中力移置到节点上所得到的等效节点力，记为 $\boldsymbol{F}_C^{\mathrm{e}}$。同理，第二项为表面力移置到节点上的等效节点力，记为 $\boldsymbol{F}_A^{\mathrm{e}}$。第三项为体积力移置到节点上的等效节点力，记为 $\boldsymbol{F}_V^{\mathrm{e}}$。则

$$
\boldsymbol{F}_C^{\mathrm{e}} = \boldsymbol{N}_C^{\mathrm{T}} \boldsymbol{F}_C \tag{6-31}
$$

$$
\boldsymbol{F}_A^{\mathrm{e}} = \iint_A \boldsymbol{N}^{\mathrm{T}} \boldsymbol{F}_A \mathrm{d}A \tag{6-32}
$$

$$
\boldsymbol{F}_V^{\mathrm{e}} = \iint_V \boldsymbol{N}^{\mathrm{T}} \boldsymbol{F}_V \mathrm{d}V \tag{6-33}
$$

式（6-30）与式（6-31）中，$\boldsymbol{N}_C$ 表示集中载荷在载荷作用点处的形函数矩阵。

（2）整体载荷列阵的形成　结构载荷列阵由所有单元的等效节点载荷列阵叠加得到。注意到在叠加过程中相互连接的两个单元之间存在相互作用力，其大小相等方向相反，互相抵消。因此，结构整体载荷列阵中只有与外载荷有关的节点有值，其余为零。

由式（6-30）可知，任一单元的等效节点力载荷列阵 $\boldsymbol{F}^{\mathrm{e}}$ 等于该单元上的集中力等效载

荷列阵、表面力等效载荷列阵、体积力等效载荷列阵、弯矩等效载荷列阵之和，即

$$\boldsymbol{F}^{e}=\boldsymbol{F}_{C}^{e}+\boldsymbol{F}_{A}^{e}+\boldsymbol{F}_{V}^{e} \tag{6-34}$$

在求出任一单元的等效节点后，同样也需要进行坐标转换，将局部坐标系下的等效节点力转换到整体坐标系下，然后再进行组集。坐标转换矩阵与单元刚度矩阵进行坐标转换时的坐标转换矩阵 $\boldsymbol{T}^{e}$ 相同，所以整体坐标系下的单元节点等效载荷列阵为

$$\overline{\boldsymbol{F}}^{e}=(\boldsymbol{T}^{e})^{\mathrm{T}}\boldsymbol{F}^{e} \tag{6-35}$$

同整体刚度矩阵的组集方法一样，整体载荷列阵的组集也有直接组集法和转换矩阵组集法两种。采用直接组集法时，同样首先将单元等效节点力载荷列阵进行扩展，使其成为一个 $2n$ 维的列阵，然后将扩展后的列阵进行叠加即可，这里不再赘述。

相对于直接组集法，采用转换矩阵组集则计算更加方便。在整体载荷列阵组集时用到的转换矩阵与整体刚度矩阵组集时的转换矩阵相同，如式（6-26）所示。这样整体载荷列阵为

$$\boldsymbol{F}=\sum_{i=1}^{N}(\boldsymbol{G}_{i}^{e})^{\mathrm{T}}\overline{\boldsymbol{F}}_{i}^{e} \tag{6-36}$$

综上所述，在求得整体刚度矩阵 $\boldsymbol{K}$ 和整体载荷列阵 $\boldsymbol{F}$ 后，用 $\boldsymbol{q}$ 表示整体节点位移列阵。那么用整体刚度矩阵、节点位移列阵和节点载荷列阵表达的结构有限元方程为

$$\boldsymbol{K}\boldsymbol{q}=\boldsymbol{F} \tag{6-37}$$

6.1.4　边界条件的处理和求解

对于式（6-37）所描述的有限元方程来说，尚不能直接用于求解，这是由整体刚度矩阵的性质决定的，为了求解，则必须引入边界条件。只有在消除了整体刚度矩阵的奇异性之后，才能联立力平衡方程组并求解出节点位移。一般情况下，所要求解的问题，其边界往往具有一定的位移约束条件，以保证分析对象本身已排除了刚体运动。本小节分别以简支和弹性支撑有限元梁模型为例，介绍边界条件的施加和求解过程。

1. 简支梁有限元模型

在简支梁有限元模型中，其边界条件只是约束了相应节点横向位移的自由度，而不提供转角自由度的约束，且在此模型中忽略梁的轴向位移。因此，在这里也将简支约束归属于固定边界约束的一种。固定边界约束模型不仅使得边界约束条件的处理变得简单，更为重要的是，施加固定边界约束条件，本质是减少系统的自由度，使特征矩阵降阶，提高计算效率。

假设在某多自由度系统的前 m 个自由度上施加固定边界约束条件，那么所得到的降阶刚度矩阵 $\boldsymbol{K}'$ 为未施加边界约束条件时的刚度矩阵 $\boldsymbol{K}$ 消去前 m 行和前 m 列后所得到的矩阵；降阶后的载荷列阵 $\boldsymbol{F}'$ 为未施加边界约束条件时的载荷列阵 $\boldsymbol{F}$ 消去前 m 行所得到的载荷列阵。

如图 6-5 所示的简支梁有限元模型，为了便于说明，将其划分为 4 个平面梁单元 5 节点的离散模型，在节点 1 和节点 5 的位置有简支约束。

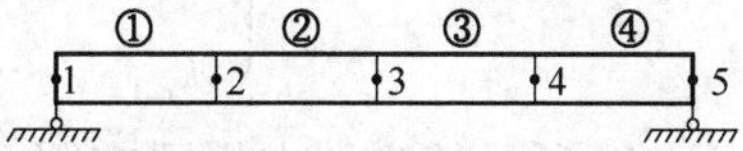

图 6-5　简支梁有限元模型

由上一节内容可知，该有限元模型经过组集后形成的整体刚度矩阵 $\boldsymbol{K}$ 是一个 10×10 的方阵，载荷列阵 $\boldsymbol{F}$ 为一个 10 维的列向量，引入边界条件前有限元方程可表示为

$$\begin{pmatrix} k_{1,1} & k_{1,2} & \cdots & k_{1,9} & k_{1,10} \\ k_{2,1} & k_{2,2} & \cdots & k_{2,9} & k_{2,10} \\ \vdots & \vdots & \cdots & \vdots & \vdots \\ k_{9,1} & k_{9,2} & \cdots & k_{9,9} & k_{9,10} \\ k_{10,1} & k_{10,2} & \cdots & k_{10,9} & k_{10,10} \end{pmatrix} \begin{pmatrix} v_1 \\ \theta_1 \\ \vdots \\ v_5 \\ \theta_5 \end{pmatrix} = \begin{pmatrix} R_{1y} \\ R_{1\theta} \\ \vdots \\ R_{5y} \\ R_{5\theta} \end{pmatrix} \tag{6-38}$$

对边界条件进行分析，由于第 1 和第 5 节点为简支约束，其竖直方向位移自由度被约束。边界条件为 $v_1=0$，$v_5=0$。然后在整体刚度矩阵、整体位移列阵和整体载荷列阵中消去对应边界条件为 0 的行和列，最终得到的有限元方程为

$$\begin{pmatrix} k_{2,2} & k_{2,3} & \cdots & k_{2,8} & k_{2,10} \\ k_{3,2} & k_{3,3} & \cdots & k_{3,8} & k_{3,10} \\ \vdots & \vdots & \cdots & \vdots & \vdots \\ k_{8,2} & k_{8,3} & \cdots & k_{8,8} & k_{8,10} \\ k_{10,2} & k_{10,3} & \cdots & k_{10,8} & k_{10,10} \end{pmatrix} \begin{pmatrix} \theta_1 \\ v_2 \\ \vdots \\ \theta_4 \\ \theta_5 \end{pmatrix} = \begin{pmatrix} R_{1\theta} \\ R_{2y} \\ \vdots \\ R_{4\theta} \\ R_{5\theta} \end{pmatrix} \tag{6-39}$$

该方程已消除整体刚度矩阵的奇异性，可直接用来求解。

2. 弹性支撑梁有限元模型

施加弹性支撑边界约束条件时，本质上是改变相关自由度上的刚度，从而改变整个系统的刚度矩阵，使原来的半正定刚度矩阵正定化。假如在某一多自由度系统的第 m 个自由度上施加弹性支撑边界约束条件。那么在对应节点上施加的弹性支撑的刚度矩阵 $\boldsymbol{K}''$和施加边界条件后整个系统的刚度矩阵 $\boldsymbol{K}''+\boldsymbol{K}$ 形式如下

$$\boldsymbol{K}'' = \begin{pmatrix} k_1 & & & & & 0 \\ & \ddots & & & & \\ & & k_m & & & \\ & & & 0 & & \\ & & & & \ddots & \\ 0 & & & & & 0 \end{pmatrix} \tag{6-40}$$

$$\boldsymbol{K}''+\boldsymbol{K} = \begin{pmatrix} k_{1,1} & \cdots & k_{1,m} & k_{1,m+1} & \cdots & k_{1,n} \\ \vdots & \ddots & \vdots & \vdots & \ddots & \vdots \\ k_{m,1} & \cdots & k_{m,m}+k_m & k_{m,m+1} & \cdots & k_{m,n} \\ k_{m+1,1} & \cdots & k_{m+1,m} & k_{m+1,m+1} & \cdots & k_{m+1,n} \\ \vdots & \ddots & \vdots & \vdots & \ddots & \vdots \\ k_{n,1} & \cdots & k_{n,m} & k_{n,m+1} & \cdots & k_{n,n} \end{pmatrix} \tag{6-41}$$

如图 6-6 所示的弹性支撑梁有限元模型，为了便于说明，同简支梁模型一样，将其划分为 4 个单元。

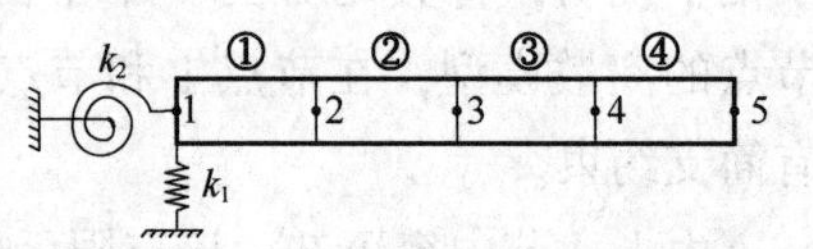

图 6-6　弹性支撑梁有限元模型

由图 6-6 知，该模型在节点 1 处施加了支撑弹簧 k_1 和扭簧 k_2。该模型引入边界条件前的有限元方程与

式（6-38）相同。由式（6-40）和（6-41）可知，该模型在节点1附加的刚度矩阵$\boldsymbol{K}''$和施加边界条件后系统的刚度矩阵$\boldsymbol{K}''+\boldsymbol{K}$为

$$\boldsymbol{K}''=\begin{pmatrix} k_1 & & & 0 \\ & k_2 & & \\ & & 0 & \\ & & & \ddots \\ 0 & & & 0 \end{pmatrix} \tag{6-42}$$

$$\boldsymbol{K}''+\boldsymbol{K}=\begin{pmatrix} k_{1,1}+k_1 & k_{1,2} & \cdots & k_{1,9} & k_{1,10} \\ k_{2,1} & k_{2,2}+k_2 & \cdots & k_{2,9} & k_{2,10} \\ \vdots & \vdots & \cdots & \vdots & \vdots \\ k_{9,1} & k_{9,2} & \cdots & k_{9,9} & k_{9,10} \\ k_{10,1} & k_{10,2} & \cdots & k_{10,9} & k_{10,10} \end{pmatrix} \tag{6-43}$$

该模型中，施加边界条件时，其整体位移列阵和载荷列阵保持不变。将式（6-43）得到的刚度矩阵，代入到有限元方程中，可直接进行求解。

6.1.5　平面梁单元举例

例6.1　一悬臂梁模型，结构如图6-3所示，在其右端施加一个集中力载荷F，大小为500 N。将其划分为图6-3所示的有限元模型，并考虑其自身重力的影响，试分析各节点的位移变化情况。其长度为0.15 m，截面边长分别为0.06 m和0.007 m。材料参数：弹性模量$E=200$ GPa，密度$\rho=7850\ \mathrm{kg/m^3}$，泊松比$\nu=0.3$。

要对悬臂梁各节点的位移变化情况进行分析，必须要求出整体载荷列阵。在图6-3中，该悬臂梁被划分为6个单元，根据题意，每个单元均受到自身重力的作用，单元自身的重力可看作是作用在单元上的体积力，进行载荷移置时可根据体积力等效载荷移置法进行计算。对于任一单元，由重力引起的等效载荷可依据形函数表示的等效载荷列阵表示为

$$\boldsymbol{F}_V^{\mathrm{e}}=\int_0^L \boldsymbol{N}^{\mathrm{T}}(x)\rho A g\mathrm{d}x \tag{6-44}$$

式中，$\boldsymbol{N}(x)$为单元形函数；ρ为材料密度；A为该单元的横截面积；g为重力加速度；L为单元长度。

完成各单元的重力载荷移置后，组集各单元的重力等效载荷列阵。由集中力F引起的载荷列阵比较简单，可直接写出，然后两种载荷叠加形成整体载荷列阵。

对于该问题的编程求解如下所示：

解：将模型划分成6个平面梁单元，求出每个单元的刚度矩阵，然后将单元组集成总体刚度矩阵，计算出整体载荷列阵并引入边界条件后，再进行求解。具体的计算过程可参见以下MATLAB程序。

```
clear
E=2e11; L=0.15; n=6; l=L/n; rho=7850;   %l为单元长度,L为梁总长
miu=0.3; b=0.06; h=0.007; g=9.8;
```

```
A=b*h; I=b*h*h*h/12; sdof=2*(n+1); %参数赋值
 k=[12,6*l,-12,6*l;
   6*l,4*l*l,-6*l,2*l*l;
   -12,-6*l,12,-6*l;
   6*l,2*l*l,-6*l,4*l*l];
 k0=E*I*k/(l*l*l);                              %单元刚度矩阵
 K_e=zeros(sdof,sdof);
 fori=1:n
    T=eye(4,4);  Ke=T*k0*T';                    %坐标转换矩阵
    G=zeros(4,sdof);  G(1:4,2*i-1:2*i+2)=eye(4,4);
                                                %转换矩阵
 K1=G'*Ke*G;  K_e=K_e+K1;
 end
 K=K_e;                                         %总刚矩阵
 F=zeros(sdof,1); G_s=zeros(sdof,1);            %外力载荷列阵;重力载荷列阵;
 F(sdof-1)=500;                                 %外力
 symsx;
 N1=1-3*(x/l)^2+2*(x/l)^3; N2=x-2*x^2/l+x^3/(l^2);
 N3=3*(x/l)^2-2*(x/l)^3; N4=-x^2/l+x^3/(l^2);
 N=[N1,N2,N3,N4];                               %形函数
 G_e=rho*A*g;                                   %重力被积分项
 fori=1:n
 DG_e=int(N'*G_e,x,0,l);                        %等效节点载荷
    G=zeros(4,sdof);  G(1:4,2*i-1:2*i+2)=eye(4,4);
                                                %转换矩阵
    G1=G'*DG_e;  G_s=G_s+G1;
 end
 K=K(3:end,3:end);     F=F(3:end,1);
 G_s=G_s(3:end,1);
 R=F+G_s;
 format long
 X=double(K\(-R));                              %各节点位移
```

利用该程序求得悬臂梁的各节点位移见表6-1。

表6-1　各节点位移变化情况（MATLAB）

节点编号	1	2	3	4	5	6	7
v/mm	0	-0.0648	-0.2440	-0.5146	-0.8537	-1.2384	-1.6460
θ/rad	0	-0.0050	-0.0091	-0.0123	-0.0146	-0.0160	-0.0165

作为对照，利用 ANSYS 对该例题进行同样的分析计算。ANSYS 的命令流如下：

```
FINISH
/CLEAR
L=0.15 $ B=0.06 $ H=0.007 $ AREA=B* H
IZZ=B* H* H/12
IYY=H* B* B* B/12
IXX=IZZ+IYY
/PREP7
K,1,0,0,0                                   ! 创建关键点 1
K,2,L,0,0                                   ! 创建关键点 2
LSTR,1,2                                    ! 创建直线
ET,1,BEAM4                                  ! 定义单元类型
R,1,AREA,IZZ,IYY,,,,,IXX,,,,                ! 定义实常数
MP,EX,1,2E11                                ! 定义弹性模量
MP,PRXY,1,0.3                               ! 定义泊松比
MP,DENS,1,7850                              ! 定义密度
ESIZE,0,6                                   ! 定义单元个数
LMESH,1                                     ! 划分单元
/ESHAPE,1                                   ! 显示单元
/SOL                                        ! 进入求解器
ANTYPE,0                                    ! 定义分析类型,静态分析
ACEL,0,-9.8,0,                              ! 定义重力加速度
F,2,FY,-500                                 ! 施加外载荷 F
D,1,ALL! 节点 1 全约束,悬臂梁
SOLVE                                       ! 求解
FINISH
ALLS
/POST1                                      ! 进入后处理
PRNSOL,U,Y                                  ! 显示节点位移
PRNSOL,ROT,Z                                ! 显示节点旋转角度
```

经 ANSYS 计算所得到该悬臂梁模型各节点位移见表 6-2。

表 6-2　各节点位移变化情况（ANSYS）

节点编号	1	2	3	4	5	6	7
v/mm	0	-0.0642	-0.2419	-0.5104	-0.8470	-1.2291	-1.6340
θ/rad	0	-0.0050	-0.0091	-0.0123	-0.0145	-0.0159	-0.0163

6.2　平面框架结构受力问题

框架结构系统是由多个梁构件刚性连接的结构系统，如果组成框架结构的梁构件在几何

上处于同一平面，并且结构所承受的载荷也在该平面内，则称为平面框架结构。

6.2.1　局部坐标系下平面单元矩阵

一般来说，框架结构可以用杆和梁单元结合来进行离散。这时，单元不再是单独的承受拉压、或扭转、或弯曲载荷，而是承受这几种载荷的共同作用，而单元特性矩阵也变成是这几种单元特性矩阵的组合。对于平面框架，单元通常承受轴向拉压和横向弯曲载荷。

平面框架单元为二维单元，一般承受轴向力和弯矩的作用，单元的刚度矩阵一般是只承受轴向力的杆单元的刚度矩阵和只承受弯矩的平面梁单元的刚度矩阵的组合。并且在小变形的情况下，这两种变形间的耦合可以忽略。

图 6-7 给出的是一个典型的平面框架单元，其中 O-XY 为整体坐标系，o-xy 为局部坐标系。平面框架单元是一个典型的两节点单元，在局部坐标系下，每个节点上都具有两个位移和一个转角，单元节点的位移列阵可表示为

$$\boldsymbol{q}^{e} = (u_1 \quad v_1 \quad \theta_1 \quad u_2 \quad v_2 \quad \theta_2)^{T} \tag{6-45}$$

式中，u_i、v_i 为节点 i 沿局部坐标方向的位移；θ_i 为节点 i 处截面的转角。

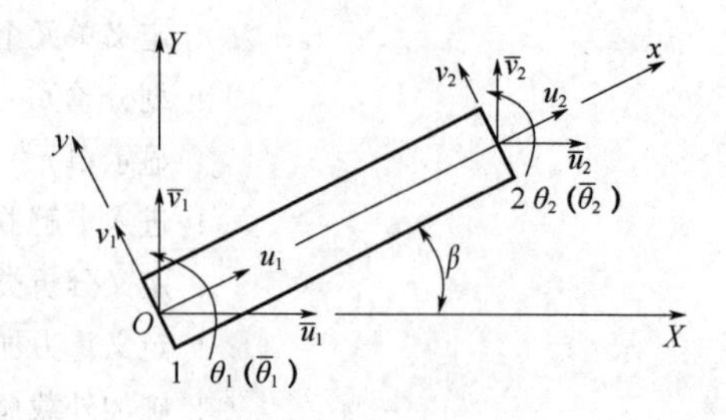

图 6-7　平面框架单元

相应地，在整体坐标系下，单元节点的位移列阵可表示为

$$\overline{\boldsymbol{q}}^{e} = (\overline{u}_1 \quad \overline{v}_1 \quad \overline{\theta}_1 \quad \overline{u}_2 \quad \overline{v}_2 \quad \overline{\theta}_2)^{T} \tag{6-46}$$

平面框架单元的刚度矩阵我们可以看成是由杆单元和平面梁单元的刚度矩阵经过扩展相互叠加得到的。为得到平面框架单元的刚度矩阵，这里首先计算杆单元的刚度矩阵。

杆单元的刚度矩阵计算过程在第 3 章中已有详细介绍，这里不再赘述。已知杆单元的刚度矩阵为

$$\boldsymbol{K}^{e}_{杆} = \begin{pmatrix} \dfrac{EA}{L} & -\dfrac{EA}{L} \\ -\dfrac{EA}{L} & \dfrac{EA}{L} \end{pmatrix} \tag{6-47}$$

式中，E 为弹性模量；A 为横截面积。

计算出平面框架单元轴向位移所对应的刚度矩阵后，接下来计算平面框架承受弯矩部分所对应的刚度矩阵，即平面梁单元的刚度矩阵。在上一节内容中，已经详细介绍了平面梁单元刚度矩阵的推导过程，这里不再赘述，我们使用式（6-20）所表示的平面梁单元刚度矩阵。

已知杆单元和平面梁单元的刚度矩阵后，分别对其进行扩展，扩展成为6×6阶的矩阵。再将扩展后的两矩阵进行叠加，便得到平面框架单元的刚度矩阵，表达式为

$$
\boldsymbol{K}^{\mathrm{e}}=\begin{pmatrix}
\frac{EA}{L} & 0 & 0 & -\frac{EA}{L} & 0 & 0\\
0 & \frac{12EI}{L^3} & \frac{6EI}{L^2} & 0 & -\frac{12EI}{L^3} & \frac{6EI}{L^2}\\
0 & \frac{6EI}{L^2} & \frac{4EI}{L} & 0 & -\frac{6EI}{L^2} & \frac{2EI}{L}\\
-\frac{EA}{L} & 0 & 0 & \frac{EA}{L} & 0 & 0\\
0 & -\frac{12EI}{L^3} & \frac{6EI}{L^2} & 0 & \frac{12EI}{L^3} & -\frac{6EI}{L^2}\\
0 & \frac{6EI}{L^2} & \frac{2EI}{L} & 0 & -\frac{6EI}{L^2} & \frac{4EI}{L}
\end{pmatrix} \tag{6-48}
$$

6.2.2　局部坐标系到整体坐标系的转换

由于框架系统中各个单元的局部坐标方向各不相同，因此，单元的特性矩阵需要通过平面坐标变换转换到整体坐标系上。如图6-7所示的平面框架单元，$O\text{-}XY$表示整体坐标系，$o\text{-}xy$表示该单元的局部坐标系。其中$\bar{u}_1$，$\bar{v}_1$，$\bar{\theta}_1$，$\bar{u}_2$，$\bar{v}_2$，$\bar{\theta}_2$为整体坐标系下单元节点的位移，而u_1，v_1，θ_1，u_2，v_2，θ_2为局部坐标系下单元节点的位移。β为局部坐标系x轴与整体坐标系X轴之间的夹角。

由图6-7可见，局部坐标系与整体坐标系存在的关系为

$$
\begin{pmatrix} x\\ y\\ \theta \end{pmatrix}=\begin{pmatrix} \cos\beta & \sin\beta & 0\\ -\sin\beta & \cos\beta & 0\\ 0 & 0 & 1 \end{pmatrix}\begin{pmatrix} X\\ Y\\ \theta \end{pmatrix} \tag{6-49}
$$

这样，可得到局部坐标系下单元节点位移与整体坐标系下单元节点位移的关系为

$$
\boldsymbol{q}^{\mathrm{e}}=\begin{pmatrix} u_1\\ v_1\\ \theta_1\\ u_2\\ v_2\\ \theta_2 \end{pmatrix}=\begin{pmatrix}
\cos\beta & \sin\beta & 0 & 0 & 0 & 0\\
-\sin\beta & \cos\beta & 0 & 0 & 0 & 0\\
0 & 0 & 1 & 0 & 0 & 0\\
0 & 0 & 0 & \cos\beta & \sin\beta & 0\\
0 & 0 & 0 & -\sin\beta & \cos\beta & 0\\
0 & 0 & 0 & 0 & 0 & 1
\end{pmatrix}\begin{pmatrix} \bar{u}_1\\ \bar{v}_1\\ \bar{\theta}_1\\ \bar{u}_2\\ \bar{v}_2\\ \bar{\theta}_2 \end{pmatrix}=\boldsymbol{T}^{\mathrm{e}}\bar{\boldsymbol{q}}^{\mathrm{e}} \tag{6-50}
$$

其中$\boldsymbol{T}^{\mathrm{e}}$为坐标转换矩阵。计算出坐标转换矩阵后，整体坐标系下的单元刚度矩阵也就相应得到

$$
\bar{\boldsymbol{K}}^{\mathrm{e}}=(\boldsymbol{T}^{\mathrm{e}})^{\mathrm{T}}\boldsymbol{K}^{\mathrm{e}}\boldsymbol{T}^{\mathrm{e}} \tag{6-51}
$$

6.2.3　刚度矩阵和载荷列阵的组集

平面框架结构在对整体刚度矩阵和载荷列阵进行组集时，同平面梁单元的整体刚度矩阵和载荷列阵的组集方法相同，都具有直接组集法和转换矩阵组集法两种方法。直接组集法计

算量大，且简单易用，这里不再赘述。本节主要应用转换矩阵组集法进行平面框架结构的整体刚度矩阵和载荷列阵的组集。

采用转换矩阵组集法进行平面框架结构的整体刚度矩阵和载荷列阵的组集，关键步骤是求出平面框架单元的转换矩阵$\boldsymbol{G}^e$。其求法与平面梁单元转换矩阵的求法类似。如前文所述，单元转换矩阵的行数为每个单元的自由度数，转换矩阵的列数为整体刚度矩阵的维数。对于平面框架单元来说，每个单元有两个节点，每个节点有三个自由度，则每个平面框架单元有六个自由度，假设将某一框架结构划分为N个单元n个节点，则其整体刚度矩阵是一个$3n\times 3n$的矩阵，该结构的单元矩阵的转换矩阵$\boldsymbol{G}^e$就是一个$6\times 3n$的矩阵。转换矩阵的求法见6.1.3节的内容，不再陈述。求得单元的转换矩阵后，利用式（6-27）就得到系统的整体刚度矩阵。这里，以一简单框架结构为例，来详细介绍利用转换矩阵的方法完成整体刚度矩阵的组集。

1. 整体刚度矩阵组集

如图6-8a所示的吊架装置结构图，这里为了便于计算将其划分为①号和②号两个单元，1，2，3为其三个节点。节点1固定在地面上，在节点2处受到水平向右的恒力F，在②号单元上分布有均匀载荷F_q。假设该结构的几何和材料参数都已知。

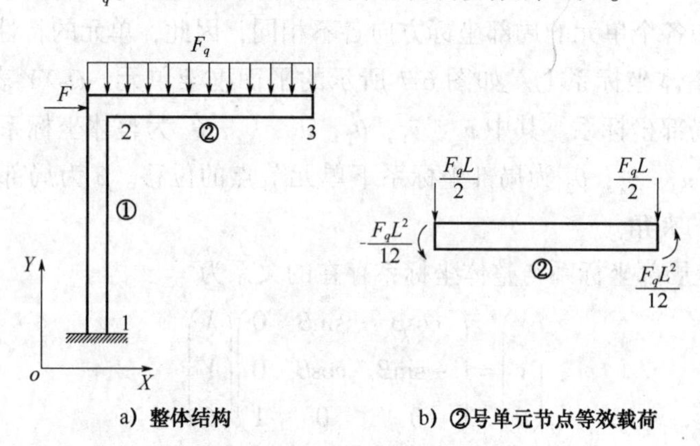

图6-8　吊架装置结构图

要实现整体刚度矩阵的组集，首先应求出各单元在整体坐标系下的单元刚度矩阵。由6.2.1小节介绍的内容，我们可以得到两个单元在其局部坐标系下的单元刚度矩阵。对于①号单元，其局部坐标系的x轴与整体坐标系X轴的夹角为90°，由式（6-50）可得该单元的坐标转换矩阵$T^{(1)}$为

$$\boldsymbol{T}^{(1)}=\begin{pmatrix}0&1&0&0&0&0\\-1&0&0&0&0&0\\0&0&1&0&0&0\\0&0&0&0&1&0\\0&0&0&-1&0&0\\0&0&0&0&0&1\end{pmatrix}\tag{6-52}$$

进而可以得到整体坐标系下①号单元的刚度矩阵

$$\overline{\boldsymbol{K}}^{(1)}=(\boldsymbol{T}^{(1)})^{\mathrm{T}}\boldsymbol{K}^{(1)}\boldsymbol{T}^{(1)}=\begin{pmatrix}\frac{12EI}{L^3} & 0 & -\frac{6EI}{L^2} & -\frac{12EI}{L^3} & 0 & -\frac{6EI}{L^2}\\ 0 & \frac{EA}{L} & 0 & 0 & -\frac{EA}{L} & 0\\ -\frac{6EI}{L^2} & 0 & \frac{4EI}{L} & \frac{6EI}{L^2} & 0 & \frac{2EI}{L}\\ -\frac{12EI}{L^3} & 0 & \frac{6EI}{L^2} & \frac{12EI}{L^3} & 0 & \frac{6EI}{L^2}\\ 0 & -\frac{EA}{L} & 0 & 0 & \frac{EA}{L} & 0\\ -\frac{6EI}{L^2} & 0 & \frac{2EI}{L} & \frac{6EI}{L^2} & 0 & \frac{4EI}{L}\end{pmatrix} \tag{6-53}$$

对于②号单元，其局部坐标系的 x 轴与整体坐标系的 X 轴夹角为 0，所以其在整体坐标系下的单元刚度矩阵与在局部坐标系下的单元刚度矩阵形同，即 $\overline{\boldsymbol{K}}^{(2)}=\boldsymbol{K}^{(2)}$，如式（6-48）所示。求得两个单元在整体坐标系下的单元刚度矩阵后，接下来求每个单元对应的转换矩阵 $\boldsymbol{G}^{e}$。已知每个单元有 6 个自由度，整体结构的自由度为 9（这里暂时不考虑边界条件），所以转换矩阵 $\boldsymbol{G}^{e}$ 是一个 6×9 的矩阵。根据 6.1.3 小节所介绍的内容，求得两个单元的转换矩阵分别为

$$\boldsymbol{G}^{(1)}=\begin{pmatrix}1&0&0&0&0&0&0&0&0\\0&1&0&0&0&0&0&0&0\\0&0&1&0&0&0&0&0&0\\0&0&0&1&0&0&0&0&0\\0&0&0&0&1&0&0&0&0\\0&0&0&0&0&1&0&0&0\end{pmatrix};\ \boldsymbol{G}^{(2)}=\begin{pmatrix}0&0&0&1&0&0&0&0&0\\0&0&0&0&1&0&0&0&0\\0&0&0&0&0&1&0&0&0\\0&0&0&0&0&0&1&0&0\\0&0&0&0&0&0&0&1&0\\0&0&0&0&0&0&0&0&1\end{pmatrix} \tag{6-54}$$

求得各单元的转换矩阵后，将 $\boldsymbol{G}^{(1)}$，$\boldsymbol{G}^{(2)}$，$\overline{\boldsymbol{K}}^{(1)}$ 和 $\overline{\boldsymbol{K}}^{(2)}$ 代入到式（6-27）中，得到整体刚度矩阵 $\boldsymbol{K}$

$$\boldsymbol{K}=\begin{pmatrix}\frac{12EI}{L^3} & 0 & -\frac{6EI}{L^2} & -\frac{12EI}{L^3} & 0 & -\frac{6EI}{L^2} & 0 & 0 & 0\\ 0 & \frac{EA}{L} & 0 & 0 & -\frac{EA}{L} & 0 & 0 & 0 & 0\\ -\frac{6EI}{L^2} & 0 & \frac{4EI}{L} & \frac{6EI}{L^2} & 0 & \frac{2EI}{L} & 0 & 0 & 0\\ -\frac{12EI}{L^3} & 0 & \frac{6EI}{L^2} & \frac{EA}{L}+\frac{12EI}{L^3} & 0 & \frac{6EI}{L^2} & -\frac{EA}{L} & 0 & 0\\ 0 & -\frac{EA}{L} & 0 & 0 & \frac{EA}{L}+\frac{12EI}{L^3} & \frac{6EI}{L^2} & 0 & -\frac{12EI}{L^3} & \frac{6EI}{L^2}\\ -\frac{6EI}{L^2} & 0 & \frac{2EI}{L} & \frac{6EI}{L^2} & \frac{6EI}{L^2} & \frac{8EI}{L} & 0 & -\frac{6EI}{L^2} & \frac{2EI}{L}\\ 0 & 0 & 0 & -\frac{EA}{L} & 0 & 0 & \frac{EA}{L} & 0 & 0\\ 0 & 0 & 0 & 0 & -\frac{12EI}{L^3} & -\frac{6EI}{L^2} & 0 & \frac{12EI}{L^3} & -\frac{6EI}{L^2}\\ 0 & 0 & 0 & 0 & \frac{6EI}{L^2} & \frac{2EI}{L} & 0 & -\frac{6EI}{L^2} & \frac{4EA}{L}\end{pmatrix} \tag{6-55}$$

2. 载荷列阵的组集

对平面框架结构进行整体载荷列阵组集的方法与平面梁单元载荷列阵组集相同。首先要对每个单元所承受的外力进行载荷移置或转换成等效节点载荷，再将在局部坐标系下的等效节点载荷变换到整体坐标系下，最后可利用转换矩阵进行整体载荷列阵的组集。

如图 6-8a 所示的吊架结构，在①号单元上，节点 2 处受到向右的常力 F。那么很容易得到单元①在局部坐标系下的等效节点载荷列阵为

$$\boldsymbol{F}^{(1)}=(0\quad 0\quad 0\quad 0\quad -F\quad 0)^{\mathrm{T}} \tag{6-56}$$

前面已得到单元①的坐标转换矩阵 $\boldsymbol{T}^{\mathrm{e}}$，在整体坐标系下，单元①的等效节点载荷列阵为

$$\overline{\boldsymbol{F}}^{(1)}=(\boldsymbol{T}^{(1)})^{\mathrm{T}}\boldsymbol{F}^{(1)}=(0\quad 0\quad 0\quad 0\quad F\quad 0)^{\mathrm{T}} \tag{6-57}$$

单元②上施加有均匀分布载荷 F_q，在其局部坐标 v 方向，将分布载荷 F_q 移置到两个节点上，移置后的等效节点力载荷列阵为

$$\boldsymbol{F}^{(2)}=-\int_0^L \boldsymbol{N}^{\mathrm{T}}F_q\mathrm{d}x=-F_q\begin{pmatrix}\int_0^L N_1\mathrm{d}x\\ \int_0^L N_2\mathrm{d}x\\ \int_0^L N_3\mathrm{d}x\\ \int_0^L N_4\mathrm{d}x\end{pmatrix}=\begin{pmatrix}-\dfrac{F_qL}{2}\\ -\dfrac{F_qL^2}{12}\\ -\dfrac{F_qL}{2}\\ \dfrac{F_qL^2}{12}\end{pmatrix} \tag{6-58}$$

式中，$\boldsymbol{N}$ 为梁单元的形函数矩阵，单元②的等效节点载荷如图 6-8b 所示。

由于单元②所在的局部坐标系和结构的整体坐标系方向相同，且 u 方向的载荷为 0，因此单元②在整体坐标系下的等效节点载荷列阵为

$$\overline{F}^{(2)}=F^{(2)}=\begin{pmatrix}0 & -\dfrac{F_qL}{2} & -\dfrac{F_qL^2}{12} & 0 & -\dfrac{F_qL}{2} & \dfrac{F_qL^2}{12}\end{pmatrix}^{\mathrm{T}} \tag{6-59}$$

这样，在求得两单元各自在整体坐标系下的等效节点载荷后，采用转换矩阵组集的方法组集整体载荷列阵，上一部分已经求得转换矩阵$\boldsymbol{G}^{(1)}$和$\boldsymbol{G}^{(2)}$，利用公式（6-36）可得到整体载荷列阵 $\boldsymbol{F}$ 为

$$\boldsymbol{F}=\begin{pmatrix}0 & 0 & 0 & 0 & F-\dfrac{F_qL}{2} & -\dfrac{F_qL^2}{2} & 0 & -\dfrac{F_qL}{2} & \dfrac{F_qL^2}{12}\end{pmatrix}^{\mathrm{T}} \tag{6-60}$$

在求得整个结构的刚度矩阵和载荷列阵后，代入到有限元方程中得到

$$\boldsymbol{Kq}=\boldsymbol{F} \tag{6-61}$$

其中，$\boldsymbol{q}$ 为整体结构的节点位移列阵

$$\boldsymbol{q}=(u_1\quad v_1\quad \theta_1\quad u_2\quad v_2\quad \theta_2\quad u_3\quad v_3\quad \theta_3)^{\mathrm{T}}$$

6.2.4　边界条件处理与求解

在经过对平面框架单元进行整体刚度矩阵和载荷列阵组集后，我们得到如式（6-61）

所示的有限元方程。但因为没有考虑到整体结构的平衡条件，所得到的整体刚度矩阵是一个奇异矩阵，尚不能对平衡方程直接进行求解。只有在引入边界约束条件、对所建立的平衡方程适当的加以修改后才能进行求解。具体引入边界条件的方法可参照 6.1.4 节内容。同时，在这里我们仍以图 6-8 所示的吊架结构为例，来详细介绍边界条件的引入。

在 6.2.3 节中已经得到结构的整体刚度矩阵是一个 9×9 的矩阵。如图 6-8a 所示，该框架结构的节点 1 固定在地面上，也就是节点 1 的两个移动自由度和转动自由度被约束了，其他节点没有受任何约束。这样，在施加边界条件时，将整体刚度矩阵的前 3 行和 3 列消去即可，整体载荷列阵同样消去前 3 行。引入边界条件后，所得到的平衡方程变为

$$\begin{pmatrix} \frac{EA}{L}+\frac{12EI}{L^3} & 0 & \frac{6EI}{L^2} & -\frac{EA}{L} & 0 & 0 \\ 0 & \frac{EA}{L}+\frac{12EI}{L^3} & \frac{6EI}{L^2} & 0 & -\frac{12EI}{L^3} & \frac{6EI}{L^2} \\ \frac{6EI}{L^2} & \frac{6EI}{L^2} & \frac{8EI}{L} & 0 & -\frac{6EI}{L^2} & \frac{2EI}{L} \\ -\frac{EA}{L} & 0 & 0 & \frac{EA}{L} & 0 & 0 \\ 0 & -\frac{12EI}{L^3} & -\frac{6EI}{L^2} & 0 & \frac{12EI}{L^3} & -\frac{6EI}{L^2} \\ 0 & \frac{6EI}{L^2} & \frac{2EI}{L} & 0 & -\frac{6EI}{L^2} & \frac{4EA}{L} \end{pmatrix} \begin{pmatrix} u_2 \\ v_2 \\ \theta_2 \\ u_3 \\ v_3 \\ \theta_3 \end{pmatrix} = \begin{pmatrix} 0 \\ F-\frac{F_qL}{2} \\ -\frac{F_qL^2}{12} \\ 0 \\ -\frac{F_qL}{2} \\ \frac{F_qL^2}{12} \end{pmatrix} \tag{6-62}$$

得到如式（6-62）所示的公式，代入具体的数值即可求解得到每个节点的位移值。

6.3　三维梁单元及三维框架问题

6.3.1　三维梁单元刚度矩阵

三维梁单元除承受轴力和弯矩外，还可能承受扭矩的作用，而且弯矩可能同时在两个做功表面内存在。图 6-9 所示为一局部坐标系下的空间梁单元，假设其长度为 L，材料的弹性模量为 E，剪切模量为 G，横截面的惯性矩为 I_z（绕平行于 z 轴的中性轴）和 I_y（绕平行于

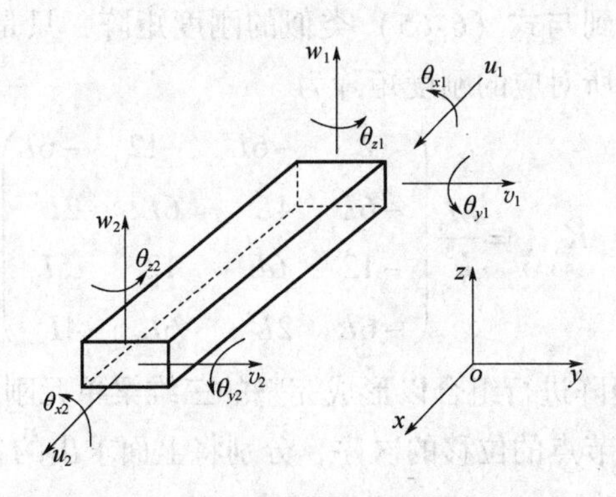

图 6-9　局部坐标系下的空间梁单元

y 轴的中性轴)，横截面的扭转惯性矩为 J。

对于图 6-9 中简化后的空间梁单元，有 2 个端节点。对于空间梁单元，每个节点有 6 个自由度，单元共有 12 个自由度。即 $\boldsymbol{q}^{\mathrm{e}}=(q_1^{\mathrm{T}} \quad q_2^{\mathrm{T}})^{\mathrm{T}}$，其中，$\boldsymbol{q}_i=(u_i \quad v_i \quad w_i \quad \theta_{xi} \quad \theta_{yi} \quad \theta_{zi})^{\mathrm{T}}$ $(i=1,2)$。式中，u_i,v_i,w_i 为节点 i 在局部坐标系中 3 个方向的线位移；θ_{xi}代表截面的扭转，θ_{yi}、θ_{zi}分别代表截面在 xz 和 xy 坐标平面内的转角。三个线位移分别对应节点 i 的轴向力，xy 和 xz 面内的剪力，三个转角对应节点 i 的扭转、xz 和 xy 面内的扭转。

下面，分别基于前面杆单元和平面梁单元的刚度矩阵，并利用材料力学中的扭转理论写出对应于图 6-9 中对应节点位移的刚度矩阵，然后进行组合以形成完整的刚度矩阵。

1. 对应于图 6-9 中的节点位移(u_1,u_2)

这是轴向位移，该位移形式与一维轴力杆单元一致，如（3-11）式，即单元刚度矩阵为

$$\underset{(2\times2)}{\boldsymbol{K}^{\mathrm{e}}_{u_1u_2}}=\frac{EA}{L}\begin{pmatrix}1 & -1\\ -1 & 1\end{pmatrix} \tag{6-63}$$

2. 对应于图 6-9 中的节点位移$(\theta_{x1},\theta_{x2})$

这是杆单元的纯扭转形式，如果将扭转角位移类似于拉伸杆的轴向位移，则它的分析结果与拉伸杆类似（见材料力学的扭转问题），所以推导出的刚度矩阵与式（3-46）一致，即

$$\underset{(2\times2)}{\boldsymbol{K}^{\mathrm{e}}_{\theta_{x1}\theta_{x2}}}=\frac{GJ}{L}\begin{pmatrix}1 & -1\\ -1 & 1\end{pmatrix} \tag{6-64}$$

3. 对应于图 6-9 中 o-xy 平面内的节点位移$(v_1,\theta_{z1},v_2,\theta_{z2})$

在该平面内，各节点的位移情况与平面梁单元在该平面内的纯弯曲情况相同。那么根据 6.1.2 节内容可知，由式（6-20）得到 o-xy 平面内对应的刚度矩阵为

$$\underset{(4\times4)}{\boldsymbol{K}^{\mathrm{e}}_{o-xy}}=\frac{EI_z}{L^3}\begin{pmatrix}12 & 6L & -12 & 6L\\ 6L & 4L^2 & -6L & 2L^2\\ -12 & -6L & 12 & -6L\\ 6L & 2L^2 & -6L & 4L^2\end{pmatrix} \tag{6-65}$$

4. 对应于图 6-9 中 o-xz 平面内的节点位移$(w_1,\theta_{y1},w_2,\theta_{y2})$

在该平面内各节点的位移情况与在平面 o-xy 内的相同，也是平面梁单元在该平面内的纯弯曲情况，所以可以得到与式（6-65）类似的刚度矩阵，只是所对应的节点的位移是不同的。因此，在该平面内所对应的刚度矩阵为

$$\underset{(4\times4)}{\boldsymbol{K}^{\mathrm{e}}_{o-xz}}=\frac{EI_y}{L^3}\begin{pmatrix}12 & -6L & -12 & -6L\\ -6L & 4L^2 & 6L & 2L^2\\ -12 & 6L & 12 & 6L\\ -6L & 2L^2 & 6L & 4L^2\end{pmatrix} \tag{6-66}$$

5. 将各部分的刚度矩阵进行组合以形成完整的三维梁单元刚度矩阵

按照三维梁单元中各节点的位移的次序，分别将上面求出的各部分的刚度矩阵的元素进行组合，便可形成局部坐标系下三维梁单元的完整刚度矩阵 $\boldsymbol{K}^{\mathrm{e}}$。

$$
\underset{(12\times 12)}{\boldsymbol{K}^{\mathrm{e}}}=\begin{pmatrix}
\frac{EA}{L} & 0 & 0 & 0 & 0 & 0 & -\frac{EA}{L} & 0 & 0 & 0 & 0 & 0\\
0 & \frac{12EI_z}{L^3} & 0 & 0 & 0 & \frac{6EI_z}{L^2} & 0 & -\frac{12EI_z}{L^3} & 0 & 0 & 0 & \frac{6EI_z}{L^2}\\
0 & 0 & \frac{12EI_y}{L^3} & 0 & -\frac{6EI_y}{L^2} & 0 & 0 & 0 & -\frac{12EI_y}{L^3} & 0 & -\frac{6EI_y}{L^2} & 0\\
0 & 0 & 0 & \frac{GJ}{L} & 0 & 0 & 0 & 0 & 0 & -\frac{GJ}{L} & 0 & 0\\
0 & 0 & -\frac{6EI_y}{L^2} & 0 & \frac{4EI_y}{L} & 0 & 0 & 0 & \frac{6EI_y}{L^2} & 0 & \frac{2EI_y}{L} & 0\\
0 & \frac{6EI_z}{L^2} & 0 & 0 & 0 & \frac{4EI_z}{L} & 0 & -\frac{6EI_z}{L^2} & 0 & 0 & 0 & \frac{2EI_z}{L}\\
-\frac{EA}{L} & 0 & 0 & 0 & 0 & 0 & \frac{EA}{L} & 0 & 0 & 0 & 0 & 0\\
0 & -\frac{12EI_z}{L^3} & 0 & 0 & 0 & -\frac{6EI_z}{L^2} & 0 & \frac{12EI_z}{L^3} & 0 & 0 & 0 & -\frac{6EI_z}{L^2}\\
0 & 0 & -\frac{12EI_y}{L^3} & 0 & \frac{6EI_y}{L^2} & 0 & 0 & 0 & \frac{12EI_y}{L^3} & 0 & \frac{6EI_y}{L^2} & 0\\
0 & 0 & 0 & -\frac{GJ}{L} & 0 & 0 & 0 & 0 & 0 & \frac{GJ}{L} & 0 & 0\\
0 & 0 & -\frac{6EI_y}{L^2} & 0 & \frac{2EI_y}{L} & 0 & 0 & 0 & \frac{6EI_y}{L^2} & 0 & \frac{4EI_y}{L} & 0\\
0 & \frac{6EI_z}{L^2} & 0 & 0 & 0 & \frac{2EI_z}{L} & 0 & -\frac{6EI_z}{L^2} & 0 & 0 & 0 & \frac{4EI_z}{L}
\end{pmatrix}
\tag{6-67}
$$

6.3.2 空间坐标系转换

空间梁单元坐标转换的原理与平面梁单元的坐标转换相同，只要分别写出局部坐标系和整体坐标系中位移矢量的等效关系则可得到坐标转换矩阵，进而实现坐标转换。

假设局部坐标系下空间梁单元的节点位移列阵为

$$
\boldsymbol{q}^{\mathrm{e}}=(u_1\quad v_1\quad w_1\quad \theta_{x1}\quad \theta_{y1}\quad \theta_{z1}\quad u_2\quad v_2\quad w_2\quad \theta_{x2}\quad \theta_{y2}\quad \theta_{z2})^{\mathrm{T}} \tag{6-68}
$$

整体坐标系下的节点位移列阵为

$$
\overline{\boldsymbol{q}}^{\mathrm{e}}=(\overline{u}_1\quad \overline{v}_1\quad \overline{w}_1\quad \overline{\theta}_{x1}\quad \overline{\theta}_{y1}\quad \overline{\theta}_{z1}\quad \overline{u}_2\quad \overline{v}_2\quad \overline{w}_2\quad \overline{\theta}_{x2}\quad \overline{\theta}_{y2}\quad \overline{\theta}_{z2})^{\mathrm{T}} \tag{6-69}
$$

假设局部坐标系下的 x 轴与整体坐标系下的 X、Y、Z 轴的夹角为 α_1，α_2，α_3；局部坐标系下的 y 轴与整体坐标系下的 X、Y、Z 轴的夹角为 β_1，β_2，β_3；局部坐标系下的 z 轴与整体坐标系下的 X、Y、Z 轴的夹角为 γ_1，γ_2，γ_3。对应于公式（6-68）和（6-69）中的各节点位移，可推导出两者之间相应的转换关系。对于节点1来说，有如下转换关系

$$
\begin{pmatrix} u_1\\ v_1\\ w_1 \end{pmatrix}=\begin{pmatrix} \overline{u}_1\cos\alpha_1+\overline{v}_1\cos\alpha_2+\overline{w}_1\cos\alpha_3\\ \overline{u}_1\cos\beta_1+\overline{v}_1\cos\beta_2+\overline{w}_1\cos\beta_3\\ \overline{u}_1\cos\gamma_1+\overline{v}_1\cos\gamma_2+\overline{w}_1\cos\gamma_3 \end{pmatrix}=\boldsymbol{\lambda}\begin{pmatrix} \overline{u}_1\\ \overline{v}_1\\ \overline{w}_1 \end{pmatrix} \tag{6-70}
$$

$$
\begin{pmatrix} \theta_{x1}\\ \theta_{y1}\\ \theta_{z1} \end{pmatrix}=\begin{pmatrix} \overline{\theta}_{x1}\cos\alpha_1+\overline{\theta}_{y1}\cos\alpha_2+\overline{\theta}_{z1}\cos\alpha_3\\ \overline{\theta}_{x1}\cos\beta_1+\overline{\theta}_{y1}\cos\beta_2+\overline{\theta}_{z1}\cos\beta_3\\ \overline{\theta}_{x1}\cos\gamma_1+\overline{\theta}_{y1}\cos\gamma_2+\overline{\theta}_{z1}\cos\gamma_3 \end{pmatrix}=\boldsymbol{\lambda}\begin{pmatrix} \overline{\theta}_{x1}\\ \overline{\theta}_{y1}\\ \overline{\theta}_{z1} \end{pmatrix} \tag{6-71}
$$

对于节点 2 同样也有上述的转换关系

$$\begin{pmatrix} u_2 \\ v_2 \\ w_2 \end{pmatrix} = \boldsymbol{\lambda} \begin{pmatrix} \bar{u}_2 \\ \bar{v}_2 \\ \bar{w}_2 \end{pmatrix} \begin{pmatrix} \theta_{x2} \\ \theta_{y2} \\ \theta_{z2} \end{pmatrix} = \boldsymbol{\lambda} \begin{pmatrix} \bar{\theta}_{x2} \\ \bar{\theta}_{y2} \\ \bar{\theta}_{z2} \end{pmatrix} \tag{6-72}$$

以上的 $\boldsymbol{\lambda}$ 为节点坐标变换矩阵

$$\underset{(3\times3)}{\boldsymbol{\lambda}} = \begin{pmatrix} \cos\alpha_1 & \cos\alpha_2 & \cos\alpha_3 \\ \cos\beta_1 & \cos\beta_2 & \cos\beta_3 \\ \cos\gamma_1 & \cos\gamma_2 & \cos\gamma_3 \end{pmatrix} \tag{6-73}$$

由以上的推导，将式（6-70）、（6-71）和（6-72）写到一起，便得到整个单元节点的坐标转换矩阵$\boldsymbol{T}^{e}$，有

$$\boldsymbol{T}^{e} = \begin{pmatrix} \underset{(3\times3)}{\boldsymbol{\lambda}} & \underset{(3\times3)}{\mathbf{0}} & \underset{(3\times3)}{\mathbf{0}} & \underset{(3\times3)}{\mathbf{0}} \\ \underset{(3\times3)}{\mathbf{0}} & \underset{(3\times3)}{\boldsymbol{\lambda}} & \underset{(3\times3)}{\mathbf{0}} & \underset{(3\times3)}{\mathbf{0}} \\ \underset{(3\times3)}{\mathbf{0}} & \underset{(3\times3)}{\mathbf{0}} & \underset{(3\times3)}{\boldsymbol{\lambda}} & \underset{(3\times3)}{\mathbf{0}} \\ \underset{(3\times3)}{\mathbf{0}} & \underset{(3\times3)}{\mathbf{0}} & \underset{(3\times3)}{\mathbf{0}} & \underset{(3\times3)}{\boldsymbol{\lambda}} \end{pmatrix} \tag{6-74}$$

6.3.3 空间框架结构问题举例

组成框架结构的梁构件在几何上不处于同一平面，或结构所受的载荷不在结构的平面内，则称为空间框架系统。空间框架的单元为三维单元，一般承受轴向力、弯矩和扭矩的作用，单元的特性矩阵是轴力、弯曲和扭转单元特性的组合。在小变形的情况下，空间框架单元的特性矩阵可以由轴力单元、弯曲单元和扭转单元的特性矩阵叠加来构成。

如图 6-10 所示的三维框架结构系统，其中 $o\text{-}xyz$ 为空间框架单元①的局部坐标系，$O\text{-}XYZ$为三维框架结构的整体坐标系。空间框架单元为两节点单元，每个节点有 6 个自由度。图中给出了各个节点的编号，对于节点 1 来说，u_1，v_1，w_1 分别代表 x、y 和 z 方向的平移自由度，而 θ_{x1}、θ_{y1} 和 θ_{z1} 分别代表绕 x、y 和 z 轴的转动自由度。

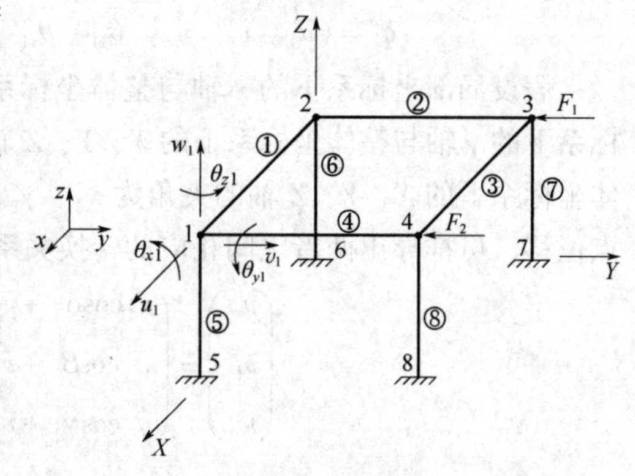

图 6-10　三维框架结构

三维框架单元刚度矩阵的求解方法与三维梁单元的求解方法相同，均是将单元分为四部分来求刚度矩阵，最后再组合成单元刚度矩阵。以图 6-10 中的单元①为例，并参考空间梁单元的方法，在局部坐标系中将其分为：

沿 x 轴的轴向位移部分(u_1, u_2)；

绕 x 轴的扭转位移部分(θ_{x1}, θ_{x2})；

在 $o\text{-}xy$ 平面内的弯曲变形部分($v_1, \theta_{z1}, v_2, \theta_{z2}$)；

在 $o\text{-}xz$ 平面内的弯曲变形部分($w_1, \theta_{y1}, v_2, \theta_{y2}$)。

分别求出以上各部分的刚度矩阵，再进行组合便得到三维框架单元的刚度矩阵。其具体表达式与三维梁单元的刚度矩阵相同，如式（6-67）所示。

对于空间框架单元，局部坐标系与整体坐标系转换矩阵的求解方法同样与空间梁单元的坐标转换矩阵的求解方法相同，这里不再赘述，详见 6.3.2 节内容。得到的坐标转换矩阵 $\boldsymbol{T}^e$ 如式（6-74）所示。进行坐标转换后，组集形成系统总刚度矩阵便可进行求解。

例 6.2　如图 6-10 所示的框架结构，将其简单划分为 8 个单元，且在节点 3 和节点 4 处作用沿 Y 轴方向的集中力载荷，大小为1000 N。假设框架每段长度均为 50 mm，横截面为边长为 5 mm 的正方形，弹性模量为200 GPa，密度为7850 kg/m^3，泊松比为0.3。试算该框架各角点在各个方向的位移和转角，并确定最大变形位移。

如图 6-10 所示，将该框架结构分为 8 个单元，各单元编号如图所示，另外在进行节点编号时，根据节点编号原则，要尽量使同一单元相邻节点的号码差尽可能的小，以便最大限度地缩小刚度矩阵的带宽，提高计算效率。各单元的节点编号见表 6-3。

表 6-3　单元编号和节点编号

单元编号	①	②	③	④	⑤	⑥	⑦	⑧
节点编号	1, 2	2, 3	3, 4	4, 1	1, 5	2, 6	3, 7	4, 8

解：这里分别采用 MATLAB 和 ANSYS 来进行求解，过程如下：

MATLAB 程序：

```
clear
L=0.05; b=0.005; h=0.005; E=2e11; miu=0.3; rho=7850;
A=b*h; I_z=b*h^3/12; I_y=h*b^3/12; G=E/(2*(1+miu));
J=I_z+I_y; n=8; sdof=6*n;                    %参数赋值
k=[E*A/L 0 0 0 0 0 -E*A/L 0 0 0 0 0;
  0 12*E*I_z/(L^3) 0 0 0 6*E*I_z/(L^2) 0 -12*E*I_z/(L^3) 0 0 0 6*E*I_z/(L^2);
  0 0 12*E*I_y/(L^3) 0 -6*E*I_y/(L^2) 0 0 0 -12*E*I_y/(L^3) 0 -6*E*I_y/(L^2) 0;
  0 0 0 G*J/L 0 0 0 0 0 -G*J/L 0 0;
  0 0 -6*E*I_y/(L^2) 0 4*E*I_y/L 0 0 0 6*E*I_y/(L^2) 0 2*E*I_y/L 0;
  0 6*E*I_z/(L^2) 0 0 0 4*E*I_z/L 0 -6*E*I_z/(L^2) 0 0 0 2*E*I_z/L;
  -E*A/L 0 0 0 0 0 E*A/L 0 0 0 0 0;
  0 -12*E*I_z/(L^3) 0 0 0 -6*E*I_z/(L^2) 0 12*E*I_z/(L^3) 0 0 0 -6*E*I_z/(L^2);
  0 0 -12*E*I_y/(L^3) 0 6*E*I_y/(L^2) 0 0 0 12*E*I_y/(L^3) 0 6*E*I_y/(L^2) 0;
  0 0 0 -G*J/L 0 0 0 0 0 G*J/L 0 0;
  0 0 -6*E*I_y/(L^2) 0 2*E*I_y/L 0 0 0 6*E*I_y/(L^2) 0 4*E*I_y/L 0;
  0 6*E*I_z/(L^2) 0 0 0 2*E*I_z/L 0 -6*E*I_z/(L^2) 0 0 0 4*E*I_z/L];
```

```
                                            %局部坐标系下单元刚度矩阵
lambda1 = [0 1 0; -1 0 0;0 0 1];  lambda2 = [0 0 -1;0 1 0;1 0 0];
                                            %坐标变换矩阵见式(6-73)
T1 = zeros(12,12); T2 = zeros(12,12);       %坐标转换矩阵
T1(1:3,1:3) = lambda1;T1(4:6,4:6) = lambda1;
T1(7:9,7:9) = lambda1;T1(10:12,10:12) = lambda1;
T2(1:3,1:3) = lambda2;T2(4:6,4:6) = lambda2;
T2(7:9,7:9) = lambda2;T2(10:12,10:12) = lambda2;
k1 = k; k2 = T1' * k * T1; k3 = k; k4 = k2;
k5 = T2' * k * T2; k6 = k5; k7 = k5; k8 = k5; %8 个单元的单元刚度矩阵
                                            %将 8 个单元矩阵进行扩展,再叠加形成总刚矩阵
G = zeros(12,sdof);                         %组集时的转换矩阵
G1 = G;  G1(:,1:12) = eye(12,12);              K1 = G1' * k1 * G1;
G2 = G;  G2(:,7:18) = eye(12,12);              K2 = G2' * k2 * G2;
G3 = G;  G3(:,13:24) = eye(12,12);             K3 = G3' * k3 * G3;
G4 = G;  G4(:,[1:6 19:24]) = eye(12,12);       K4 = G4' * k4 * G4;
G5 = G;  G5(:,[1:6 25:30]) = eye(12,12);       K5 = G5' * k5 * G5;
G6 = G;  G6(:,[7:12 31:36]) = eye(12,12);      K6 = G6' * k6 * G6;
G7 = G;  G7(:,[13:18 37:42]) = eye(12,12);     K7 = G7' * k7 * G7;
G8 = G;  G8(:,[19:24 43:48]) = eye(12,12);     K8 = G8' * k8 * G8;
K = K1 + K2 + K3 + K4 + K5 + K6 + K7 + K8;    %总刚矩阵
F = zeros(sdof,1);                          %载荷列阵
F(14) = -1000;  F(20) = -1000;              %施加边界条件
K = K(1:24,1:24);  F = F(1:24,1);
X = K\F;                                    %求解
```

ANSYS 程序:

```
L = 0.05   $  W = 1000                                 ! 框架长度与外载荷
/PREP7
ET,1,BEAM188                                           ! 定义单元类型
MP,EX,1,2E11                                           ! 定义材料属性
MP,PRXY,1,0.3
MP,DENS,1,7850
SECTYPE,1,BEAM,R ECT,,0                                ! 定义截面类型
SECOFFSET,CENT
SECDATA,0.005,0.005,0,0,0,0,0,0,0,0,0,0                ! 定义截面尺寸
K,1,0,0,0 $ K,2,L,0,0 $ K,3,L,L,0 $ K,4,0,L,0          ! 创建关键点
K,5,0,0,L $ K,6,L,0,L $ K,7,L,L,L $ K,8,0,L,L
L,1,5 $ L,2,6 $ L,3,7 $ L,4,8                          ! 创建直线
L,5,6 $ L,6,7 $ L,7,8 $ L,8,5
```

```
ESIZE,L/10                                         ! 划分网格
LMESH,ALL
A0 = NODE(L,L,L)   $   A1 = NODE(0,L,L)            ! 施加载荷
F,A0,FY, - W       $   F,A1,FY, - W
/ESHAPE,1                                          ! 显示单元
/REPLOT
NSEL,S,LOC,Z,0                                     ! 施加边界条件
CM,CR1,NODE
D,CR1,ALL
ALLS
/SOL                                               ! 进入求解器
ANTYPE,0                                           ! 定义分析类型,静态分析
SOLVE                                              ! 求解
FINISH
/POST1                                             ! 进入后处理
PRNSOL,U,X   $ PRNSOL,U,Y   $ PRNSOL,U,Z           ! 显示节点位移
PRNSOL,ROT,X $ PRNSOL,ROT,Y $ PRNSOL,ROT,Z         ! 显示节点旋转角度
```

采用 MATLAB 和 ANSYS 求解的结果见表 6-4。

表 6-4　计算结果

变　形		节点1		节点2		节点3		节点4	
		MAT	ANS	MAT	ANS	MAT	ANS	MAT	ANS
位移/mm	沿 *X* 轴	0	0	0	0	0	0	0	0
	沿 *Y* 轴	-0.715 5	-0.731 0	-0.715 5	-0.731 0	-0.720 4	-0.736 0	-0.720 4	-0.736 0
	沿 *Z* 轴	-0.004 3	-0.004 3	-0.004 3	-0.004 3	0.004 3	0.004 3	0.004 3	0.004 3
转角/rad	绕 *X* 轴	0.008 7	0.008 8	0.008 7	0.008 8	0.008 8	0.008 9	0.008 8	0.008 9
	绕 *Y* 轴	0	0	0	0	0	0	0	0
	绕 *Z* 轴	0	0	0	0	0	0	0	0

小　结

通过本部分内容的学习，读者应该能够：对平面梁和三维梁的概念有一个明确的概念认识；了解平面问题向空间问题的坐标转换方法；应用平面梁单元处理简单的平面梁受力变形问题；理解平面和三维框架结构的受力变形问题的处理思路；基本具备复杂三维框架问题的编程求解能力。

习　题

6.1　如何通过最小势能原理建立平面梁单元的有限元求解方程？有限元分析的基本步骤是什么？

6.2　如图所示的平面梁结构，推导其在 (x,y) 局部坐标系中的单元刚度矩阵以及坐标变换矩阵 $\boldsymbol{T}^e$ 和

转换矩阵$\boldsymbol{G}^e$，并分别利用直接组集法和转换矩阵组集法求出该结构的整体刚度矩阵。其中弹性模量为E，梁的横截面积为A，惯性矩为I，梁单元的长度为l，$O\text{-}XY(X,Y)$为整体坐标系。

6.3　对于图所示的简支梁，梁的长度为3 m，横截面面积为$0.3\times0.4\ \text{m}^2$，梁的弹性模量$E=210$ GPa，$\nu=$泊松比0.3，密度$\rho=7\ 850\ \text{kg/m}^3$。采用有限单元法来对该简支梁进行分析，将其均匀离散为3个梁单元，并且在单元②上作用有均匀分布载荷$q(x)=1$ kN/m，试计算各节点的变形。

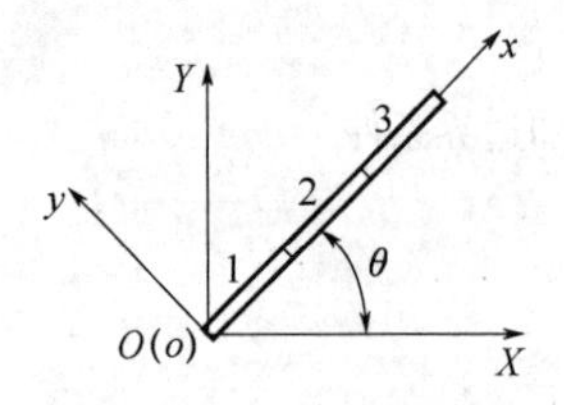

习题6.2图　平面梁结构

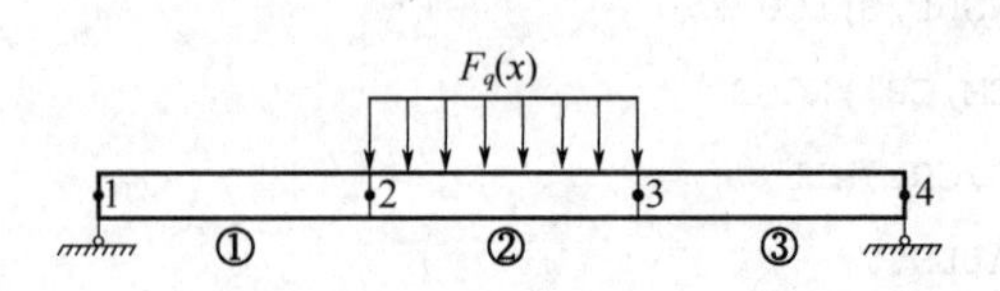

习题6.3图　简支梁模型

6.4　如图所示为一平面框架结构。梁的截面面积为$0.1\times0.1\text{m}^2$，梁的弹性模量$E=210$ GPa，泊松比$\nu=0.3$，密度$\rho=7\ 850\ \text{kg/m}^3$。在框架结构的节点4处作用有$F_1=1$ kN的水平载荷，在节点6处作用有$F_2=800$ N的垂向载荷和逆时针方向的$M=400$ Nm的力矩，试分析该框架的变形。

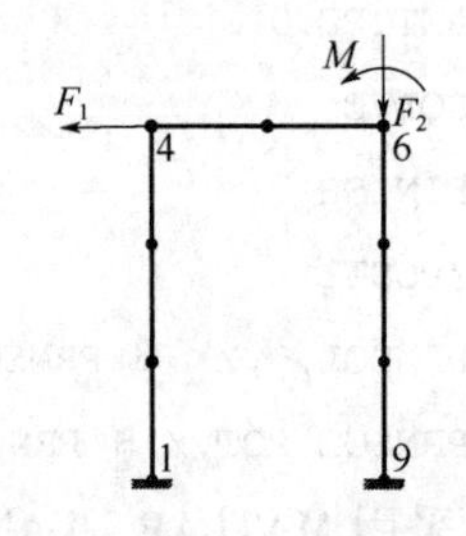

习题6.4图　平面框架模型

6.5　如图所示的框架楼板结构，各横梁和立柱的截面尺寸见图中所示，已知楼板的厚度为10 cm，钢筋混凝土的弹性模量$E=207$ GPa，泊松比$\nu=0.3$，密度$\rho=2\ 320\ \text{kg/m}^3$；除了楼板的自身重量，在楼板正中心处受到一物体重力载荷，其质量为$m=1\ 000$ kg，假设重力加速度为$10\ \text{m/s}^2$，试求框架的最大变形和最大应力。

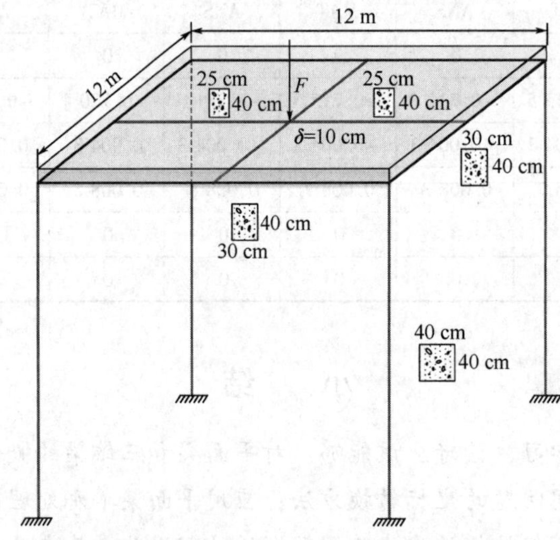

习题6.5图　框架楼板几何结构示意图

6.6　如图6-13所示为一车床主轴的简化结构图。轴承1处的径向刚度为6×10^7 N/m，扭转刚度为8×10^5 Nm/rad；轴承2处的径向刚度为2×10^7 N/m，其转动方向刚度可忽略。几何尺寸如图所示，在A点受到$F=1$ kN的力，试求A点位移和转角，并给出主轴中心线的变形曲线。（假设其弹性模量$E=206$ GPa，泊松比$\nu=0.3$）

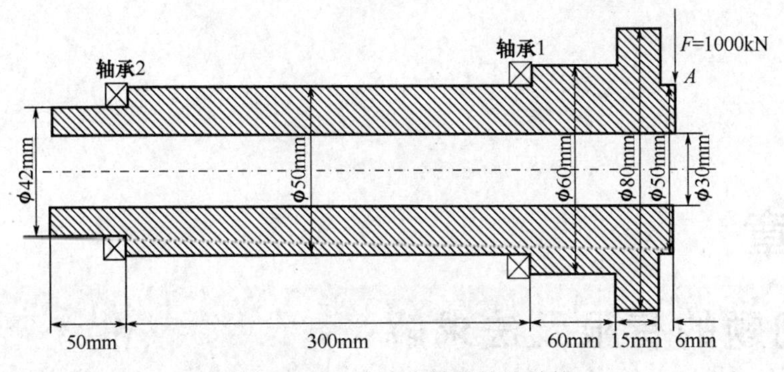

习题6.6图　车床主轴的简化结构

6.7　如图所示为一滑轮绳索升降机结构示意图，结构参数如图中所示。已知其弹性模量 $E=210$ GPa，泊松比 $\nu=0.3$，图中重物质量 $m=2\ 000$ kg；假设重力加速度为 10 m/s²，升降机主体材料许用应力 $[\sigma]=150$ MPa，且绳索强度足够；试校核该升降机是否会应力失效。

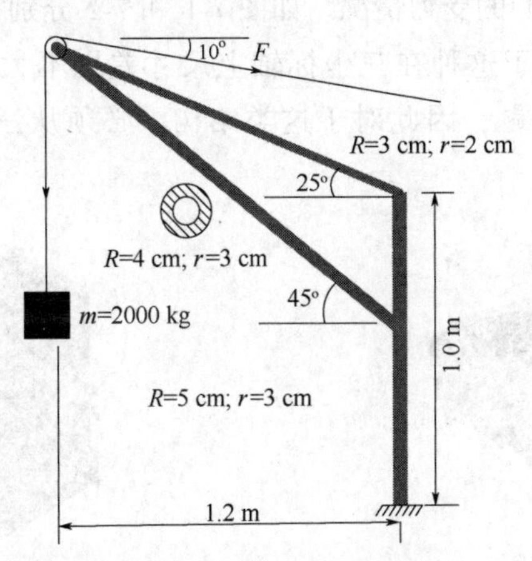

习题6.7图　滑轮绳索升降机结构

6.8　思考题：在工程领域的实际问题一般要比我们所学的理想结构复杂得多，如具有铰接结构的框架和机构、横截面不对称的梁等，请考虑该类问题的解决思路和办法。

6.9　思考题：在工程中经常遇到的问题除了小变形问题外，还有轴向载荷引起的屈曲问题、大变形问题、剪切效应问题，请查阅相关力学书籍思考是否能用有限元的方法来解决这些问题。

第7章

三维问题的有限元法求解

在工程实际应用中，大多数结构不能简单将其视为杆、梁、板等简单结构，必须将其视为三维应力问题。如机床床身、轴承座、机械结构底座等，在各方向尺寸差别不大，我们必须从三维问题角度来分析它们的受力情况。如图 7-1 和 7-2 分别为某机床床身结构和某实验台轴承座结构，可以发现对于这种在三坐标轴上尺寸差别不大的结构，我们无法使用杆、梁、板等简单单元来解决问题，因此对于这类结构，必须从三维应力的角度来对其进行建模。

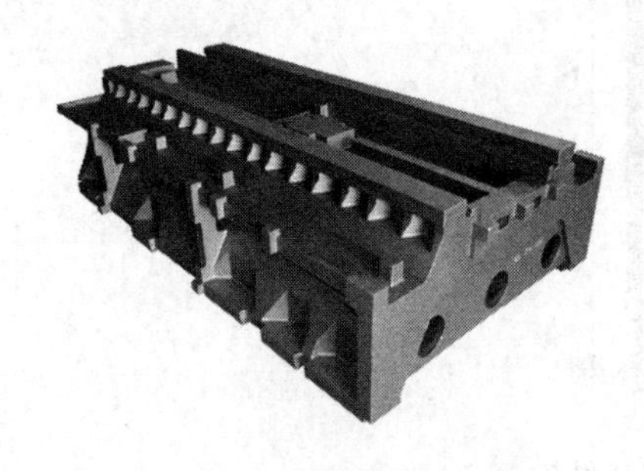

图 7-1　某机床床身结构图

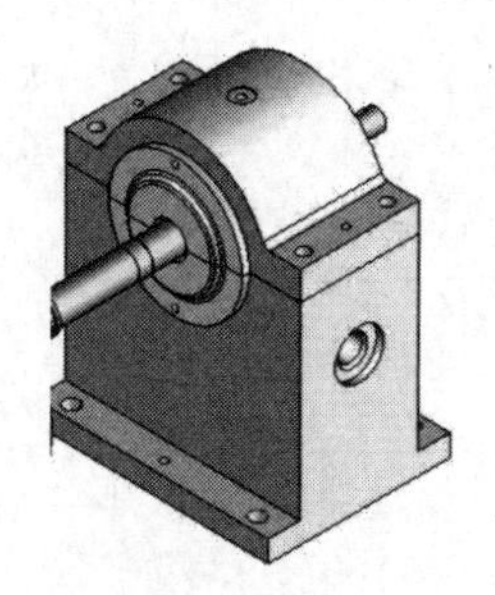

图 7-2　某实验台轴承座结构图

这一章我们分别以四节点四面体单元和八节点六面体单元为例，给出三维问题的有限元描述，介绍其单元刚度矩阵的推导过程，结构整体刚度矩阵和载荷列阵的组集方法，以及边界条件的施加过程。然后介绍了 ANSYS 有限元工程分析软件单元库中的三维单元，并举例对某结构进行三维问题的有限元分析。

7.1　应用四节点四面体单元求解

7.1.1　建立有限元网格模型

这里首先以机械底座为例进行三维问题的描述与分析，如图 7-3a 所示为某机械结构底座，底部固定在地面上，结构材料密度为 ρ，其受到垂直向下的重力 p 作用，在顶端受到沿 x 轴方向水平向右集中载荷 F 作用。

为了便于计算，这里将底座的有限元模型划分为 5 个四面体单元，每个单元有 4 个节点，整体节点编号为1,2,…,8。其中图7-3b表示为任意单元的自由度和受力示意图，每个节点有3个自由度，即三个方向位移 u，v 和 w，各个节点都受到重力等效载荷作用，且节点7受 x 向集中载荷。该三维模型共有24个自由度，整体位移列阵可表示为$\boldsymbol{q}_{1\times24}=(u_1,v_1,w_1,\cdots,u_8,v_8,w_8)^{\mathrm{T}}$；整体载荷列阵可表示为$\boldsymbol{F}_{1\times24}=(F_{x1},F_{y1},F_{z1}\cdots F_{x8},F_{y8},F_{z8})^{\mathrm{T}}$。

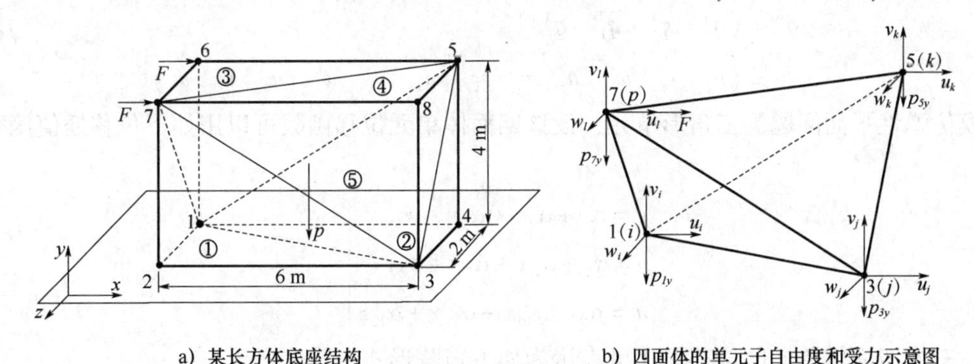

a）某长方体底座结构　　b）四面体的单元子自由度和受力示意图

图7-3　实体单元有限元模型及受力示意图

由于每个四面体实体单元有四个节点，图7-3中表示出了在任意单元中整体节点编号、局部节点编号、节点自由度和等效节点载荷，在表7-1中给出单元编号与局部节点编号和整体节点编号的关系。在进行节点编号时，应该注意要尽量使同一单元相邻节点的号码差尽可能的小，以便最大限度地缩小刚度矩阵的带宽，提高计算效率。

表7-1　各四面体单元节点信息

单元号	整体编号	局部编号	坐标	单元号	整体编号	局部编号	坐标
①	1	i	(0,0,0)	②	3	i	(6,0,2)
	2	j	(0,0,2)		4	j	(6,0,0)
	3	k	(6,0,2)		1	k	(0,0,0)
	7	l	(0,4,2)		5	l	(6,4,0)
③	7	i	(0,4,2)	④	5	i	(6,4,0)
	6	j	(0,4,0)		8	j	(6,4,2)
	5	k	(6,4,0)		7	k	(0,4,2)
	1	l	(0,0,0)		3	l	(6,0,2)
⑤	1	i	(0,0,0)				
	5	j	(6,4,0)				
	7	k	(0,4,2)				
	3	l	(6,0,2)				

7.1.2　任意刚度矩阵的推导

下面针对三维四节点四面体单元进行单元刚度矩阵的推导，主要包括以下几个步骤。

1. 建立坐标系，进行单元离散

所建立的坐标系为 o-xyz 坐标系，整体编号为1，2，…，n，每个实体单元的局部编号

为 i，j，k，l。

2. 建立三维四节点四面体单元的位移模式

如图 7-3 所示为在 $o\text{-}xyz$ 坐标系下的三维四节点四面体单元，以 4 个角点 i、j、k、l 为节点，每个节点有 3 个自由度，该四面体单元共有 12 个自由度，其节点位移矢量可表示为

$$\begin{aligned}\boldsymbol{q}^{e} &= (\boldsymbol{q}_i^{T} \quad \boldsymbol{q}_j^{T} \quad \boldsymbol{q}_k^{T} \quad \boldsymbol{q}_l^{T})^{T} \\ &= (u_i \quad v_i \quad w_i \quad u_j \quad v_j \quad w_j \quad u_k \quad v_k \quad w_k \quad u_l \quad v_l \quad w_l)^{T}\end{aligned} \tag{7-1}$$

模仿弹性平面问题的三角形单元，设该四面体单元位移函数可以用如下位移插值函数来表示

$$\left.\begin{aligned}u &= \alpha_1 + \alpha_2 x + \alpha_3 y + \alpha_4 z \\ v &= \alpha_5 + \alpha_6 x + \alpha_7 y + \alpha_8 z \\ w &= \alpha_9 + \alpha_{10} x + \alpha_{11} y + \alpha_{12} z\end{aligned}\right\} \tag{7-2}$$

因此，三维四面体单元的位移模式可表示为如下矩阵形式

$$u = (1 \quad x \quad y \quad z)\begin{pmatrix}\alpha_1 \\ \alpha_2 \\ \alpha_3 \\ \alpha_4\end{pmatrix}; v = (1 \quad x \quad y \quad z)\begin{pmatrix}\alpha_5 \\ \alpha_6 \\ \alpha_7 \\ \alpha_8\end{pmatrix}; w = (1 \quad x \quad y \quad z)\begin{pmatrix}\alpha_9 \\ \alpha_{10} \\ \alpha_{11} \\ \alpha_{12}\end{pmatrix} \tag{7-3}$$

3. 推导形函数矩阵

如果利用节点 i、j、k、l 的位移分量 (u_i, v_i, w_i)、(u_j, v_j, w_j)、(u_k, v_k, w_k) 和 (u_l, v_l, w_l) 进行函数插值，则单元位移函数可以表示为

$$\begin{aligned}u &= N_i(x,y,z)u_i + N_j(x,y,z)u_j + N_k(x,y,z)u_k + N_l(x,y,z)u_l \\ v &= N_i(x,y,z)v_i + N_j(x,y,z)v_j + N_k(x,y,z)v_k + N_l(x,y,z)v_l \\ w &= N_i(x,y,z)w_i + N_j(x,y,z)w_j + N_k(x,y,z)w_k + N_l(x,y,z)w_l\end{aligned} \tag{7-4}$$

式中，N_i、N_j、N_k、N_l 为四节点四面体单元形函数，具体表达式为

$$\begin{aligned}N_i &= \frac{1}{6V}(a_i + b_i x + c_i y + d_i z) \\ N_j &= -\frac{1}{6V}(a_j + b_j x + c_j y + d_j z) \\ N_k &= \frac{1}{6V}(a_k + b_k x + c_k y + d_k z) \\ N_l &= -\frac{1}{6V}(a_l + b_l x + c_l y + d_l z)\end{aligned} \tag{7-5}$$

式中，

$$a_i = \begin{vmatrix}x_j & y_j & z_j \\ x_k & y_k & z_k \\ x_l & y_l & z_l\end{vmatrix}; b_i = -\begin{vmatrix}1 & y_j & z_j \\ 1 & y_k & z_k \\ 1 & y_l & z_l\end{vmatrix}; c_i = \begin{vmatrix}1 & x_j & z_j \\ 1 & x_k & z_k \\ 1 & x_l & z_l\end{vmatrix}; d_i = -\begin{vmatrix}1 & x_j & y_j \\ 1 & x_k & y_k \\ 1 & x_l & y_l\end{vmatrix}; V = \frac{1}{6}\begin{vmatrix}1 & x_i & y_i & z_i \\ 1 & x_j & y_j & z_j \\ 1 & x_k & y_k & z_k \\ 1 & x_l & y_l & z_l\end{vmatrix}。$$

式中，V是四面体 $ijkl$ 的体积。为了使四面体的体积不为负值，单元节点编号 i、j、k、l 必须依照一定的顺序。在右手坐标系中，当按照 $i \to j \to k \to l$ 的方向转动时，右手螺旋应向 l 的方向前进。

那么四节点四面体单元任意一点的位移函数表达式（7-4）可用矩阵表示

$$\boldsymbol{q}=\begin{pmatrix}u\\v\\w\end{pmatrix}=\begin{pmatrix}N_iu_i+N_ju_j+N_ku_k+N_lu_l\\N_iv_i+N_jv_j+N_kv_k+N_lv_l\\N_iw_i+N_jw_j+N_kw_k+N_lw_l\end{pmatrix} \tag{7-6}$$

$$=\begin{pmatrix}N_i&0&0&N_j&0&0&N_k&0&0&N_l&0&0\\0&N_i&0&0&N_j&0&0&N_k&0&0&N_l&0\\0&0&N_i&0&0&N_j&0&0&N_k&0&0&N_l\end{pmatrix}\boldsymbol{q}^{\mathrm{e}}$$

式中，

$$\boldsymbol{N}=\begin{pmatrix}N_i&0&0&N_j&0&0&N_k&0&0&N_l&0&0\\0&N_i&0&0&N_j&0&0&N_k&0&0&N_l&0\\0&0&N_i&0&0&N_j&0&0&N_k&0&0&N_l\end{pmatrix}$$称为四节点四面体单元的形函数矩阵。

由弹性力学可知，式（7-2）中的 α_1、α_5、α_9代表刚体移动项 u_0、v_0、w_0；α_2、α_7、α_{12}代表常量正应变 ε_x、ε_y、ε_z，其余6个 α 反映了刚体转动 ω_x、ω_y、ω_z和常量切应变 γ_{xy}、γ_{yz}、γ_{zx}。因此单元位移函数中包含了刚体移动和转动项，又包含了常量应变项。由于式（7-5）是坐标 x、y、z 的线性函数，故在两个相邻单元的共同边界平面上的变形是连续的。因此式（7-6）的单元位移函数保证了有限元法解收敛于精确解。

4. 推导单元刚度矩阵

利用几何方程，得出用节点位移表示单元形变的表达式

$$\varepsilon=\boldsymbol{B}\boldsymbol{q}^{\mathrm{e}} \tag{7-7}$$

式中，$\boldsymbol{B}$ 为应变矩阵，它可写成分块形式

$$\boldsymbol{B}=(\boldsymbol{B}_i\quad -\boldsymbol{B}_j\quad \boldsymbol{B}_k\quad -\boldsymbol{B}_l) \tag{7-8}$$

而子矩阵为

$$\boldsymbol{B}_i=\frac{1}{6V}\begin{pmatrix}b_i&0&0\\0&c_i&0\\0&0&d_i\\c_i&b_i&0\\0&d_i&c_i\\d_i&0&b_i\end{pmatrix}\quad (i,j,k,l) \tag{7-9}$$

由于矩阵 $\boldsymbol{B}$ 的元素都是常量，可见 ε 在单元内是常量。因此四节点四面体单元也称为空间问题的常应变单元。

利用物理方程，得到用节点位移表示的单元应力表达式

$$\boldsymbol{\sigma} = \boldsymbol{D\varepsilon} = \boldsymbol{DB}\boldsymbol{q}^{\mathrm{e}} \tag{7-10}$$

可见，在每一个四面体单元中，应力分量也是常量。当然，相邻单元一般具有不同的应力，因而在它们的公共边界上，应力并不连续。将式（7-10）简写为

$$\boldsymbol{\sigma} = \boldsymbol{S}\boldsymbol{q}^{\mathrm{e}} \tag{7-11}$$

式中，$\boldsymbol{S}$ 为应力矩阵，$\boldsymbol{S}=\boldsymbol{DB}$。将弹性矩阵表达式及式（7-9）代入上式，即得四面体单元的应力矩阵，写成分块形式为

$$\boldsymbol{S} = (\boldsymbol{S}_i \quad -\boldsymbol{S}_j \quad \boldsymbol{S}_k \quad -\boldsymbol{S}_l) \tag{7-12}$$

式中，子矩阵为

$$\boldsymbol{S}_i = \frac{E}{6(1+\nu)(1-2\nu)V}\begin{pmatrix} (1-\nu)b_i & \nu c_i & \nu d_i \\ \nu b_i & (1-\nu)c_i & \nu d_i \\ \nu b_i & \nu c_i & (1-\nu)d_i \\ \frac{1-2\nu}{2}c_i & \frac{1-2\nu}{2}b_i & 0 \\ 0 & \frac{1-2\nu}{2}d_i & \frac{1-2\nu}{2}c_i \\ \frac{1-2\nu}{2}d_i & 0 & \frac{1-2\nu}{2}b_i \end{pmatrix} \quad (i,j,k,l) \tag{7-13}$$

应用虚功方程，按照平面问题的类似推导，可得到空间问题的单元刚度矩阵为

$$\boldsymbol{K}^{\mathrm{e}} = \int_V \boldsymbol{B}^{\mathrm{T}}\boldsymbol{DB}\mathrm{d}V \tag{7-14}$$

式中，$\boldsymbol{B}$ 及 $\boldsymbol{D}$ 中的元素都是常量，于是，式（7-14）简写为

$$\boldsymbol{K}^{\mathrm{e}} = \boldsymbol{B}^{\mathrm{T}}\boldsymbol{DB}V \tag{7-15}$$

式中，V 为四面体单元的体积，$V=\iiint_V \mathrm{d}x\mathrm{d}y\mathrm{d}z$。

把单元刚度矩阵表示成按节点分块的形式

$$\boldsymbol{K}^{\mathrm{e}} = \begin{pmatrix} \boldsymbol{K}_{ii} & -\boldsymbol{K}_{ij} & \boldsymbol{K}_{ik} & -\boldsymbol{K}_{il} \\ -\boldsymbol{K}_{ji} & \boldsymbol{K}_{jj} & -\boldsymbol{K}_{jk} & \boldsymbol{K}_{jl} \\ \boldsymbol{K}_{ki} & -\boldsymbol{K}_{kj} & \boldsymbol{K}_{kk} & -\boldsymbol{K}_{kl} \\ -\boldsymbol{K}_{li} & \boldsymbol{K}_{lj} & -\boldsymbol{K}_{lk} & \boldsymbol{K}_{ll} \end{pmatrix} \tag{7-16}$$

式中，任一子块 $\boldsymbol{K}_{rs}$ 由下式计算

$$\boldsymbol{K}_{rs} = \boldsymbol{B}_r^{\mathrm{T}}\boldsymbol{DB}_s V = \frac{E(1-\nu)}{36V(1+\nu)(1-2\nu)}\begin{pmatrix} k_1 & k_4 & k_7 \\ k_2 & k_5 & k_8 \\ k_3 & k_6 & k_9 \end{pmatrix} \quad (r,s=i,j,k,l) \tag{7-17}$$

式中，

$k_1 = b_r b_s + A_2(c_r c_s + d_r d_s)$；$k_2 = A_1 c_r b_s + A_2 b_r c_s$；$k_3 = A_1 d_r b_s + A_2 b_r d_s$；$k_4 = A_1 b_r c_s + A_2 c_r b_s$；

$k_5 = c_r c_s + A_2(b_r b_s + d_r d_s)$；$k_6 = A_1 d_r c_s + A_2 c_r d_s$；$k_7 = A_1 b_r d_s + A_2 d_r b_s$；$k_8 = A_1 c_r d_s + A_2 d_r c_s$；

$k_9 = d_r d_s + A_2(b_r b_s + c_r c_s)$；$A_1 = \dfrac{\nu}{1-\nu}$；$A_2 = \dfrac{1-2\nu}{2(1-\nu)}$。

7.1.3　整体刚度矩阵和载荷列阵的组集

三维四节点四面体单元在进行整体刚度矩阵和载荷列阵组集时，同平面三角形单元的整体刚度矩阵和载荷列阵的组集方法相同，具有直接组集法和转换矩阵法两种方法。

1. 刚度矩阵的组集

设一个实体结构划分为 N 个单元和 n 个节点，对每个单元按上述方法进行分析计算，可得到 N 个形如式（7-16）的单元刚度矩阵 $\boldsymbol{K}_a^e$，$e=1,2,\cdots,N$。为了将研究对象进行整体分析，就必须得到整体刚度矩阵，下面介绍两种整体刚度矩阵组集的方法。

（1）直接组集法

对于某一个四面体单元，每个单元具有四个节点，且每个节点有 x、y 和 z 三个方向自由度，故其单元刚度矩阵是一个 12×12 方阵。如果将结构划分为 N 个单元，具有 n 个节点，离散后的整个系统具有 $3n$ 个自由度，那么其组集后的整体刚度矩阵就是一个 $3n\times3n$ 的方阵。

在开始进行整体刚度矩阵的组集时，首先将每一个四面体单元的刚度矩阵进行扩充，使之成为一个 $3n\times3n$ 阶的方阵 $\boldsymbol{K}_{\text{ext}}^e$。假设四面体单元四个节点分别对应的整体编号 i、j、k 和 l，即单元刚度矩阵 $\boldsymbol{K}^e$ 中的 3×3 阶子矩阵 $\boldsymbol{K}_{rs}$ 将处于扩展矩阵中的第 r 三行、第 s 三列中。单元刚度矩阵经过扩展后，除了对应的第 i、第 j、第 k、第 l 三行三列上的元素为被扩展单元矩阵的元素外，其余元素均为零。扩展后的单元刚度矩阵可以表示为

$$
\boldsymbol{K}_{\text{ext}}^e =
\begin{array}{c}
\begin{matrix} 1 & & i & & j & & k & & l & & n \end{matrix} \\
\begin{pmatrix}
\cdots & \cdots & \cdots & \cdots & \cdots & \cdots & \cdots & \cdots & \cdots & \cdots & \cdots \\
\vdots & & \vdots & & \vdots & & \vdots & & \vdots & & \vdots \\
\cdots & \cdots & \boldsymbol{K}_{ii} & \cdots & \boldsymbol{K}_{ij} & \cdots & \boldsymbol{K}_{ik} & \cdots & \boldsymbol{K}_{il} & \cdots & \cdots \\
\vdots & & \vdots & & \vdots & & \vdots & & \vdots & & \vdots \\
\cdots & \cdots & \boldsymbol{K}_{ji} & \cdots & \boldsymbol{K}_{jj} & \cdots & \boldsymbol{K}_{jk} & \cdots & \boldsymbol{K}_{jl} & \cdots & \cdots \\
\vdots & & \vdots & & \vdots & & \vdots & & \vdots & & \vdots \\
\cdots & \cdots & \boldsymbol{K}_{ki} & \cdots & \boldsymbol{K}_{kj} & \cdots & \boldsymbol{K}_{kk} & \cdots & \boldsymbol{K}_{kl} & \cdots & \cdots \\
\vdots & & \vdots & & \vdots & & \vdots & & \vdots & & \vdots \\
\cdots & \cdots & \boldsymbol{K}_{li} & \cdots & \boldsymbol{K}_{lj} & \cdots & \boldsymbol{K}_{lk} & \cdots & \boldsymbol{K}_{ll} & \cdots & \cdots \\
\vdots & & \vdots & & \vdots & & \vdots & & \vdots & & \vdots \\
\cdots & \cdots & \cdots & \cdots & \cdots & \cdots & \cdots & \cdots & \cdots & \cdots & \cdots
\end{pmatrix}
\end{array}
\begin{matrix} 1 \\ \\ i \\ \\ j \\ \\ k \\ \\ l \\ \\ n_{(3n\times3n)} \end{matrix}
\tag{7-18}
$$

每个四面体单元刚度矩阵经过扩展后都会形成如式（7-18）所示的矩阵类型。只是每个四面体单元的四个节点在整体节点编号中 i、j、k 和 l 不同。将 N 个单元刚度矩阵进行扩展

后求和叠加，便得到结构的整体刚度矩阵 $\boldsymbol{K}$，记为

$$\boldsymbol{K} = \sum_{a=1}^{N} \boldsymbol{K}_{a,\mathrm{ext}}^{\mathrm{e}} \tag{7-19}$$

（2）转换矩阵法

采用转换矩阵法进行整体刚度矩阵组集的关键是获得每个单元的转换矩阵$\boldsymbol{G}^{\mathrm{e}}$。单元转换矩阵的行数为每个单元的自由度数，转换矩阵的列数为整体刚度矩阵的维数。对于四节点四面体单元来说，每个单元有 4 个节点，每个节点有 3 个自由度，所以每个三维四节点四面体单元的自由度是 12，而对于整体结构来说，具有 n 个节点，整体刚度矩阵是一个 $3n \times 3n$ 的方阵，该结构的每个单元的转换矩阵$\boldsymbol{G}^{\mathrm{e}}$ 是一个 $12 \times 3n$ 的矩阵。

假设某一个四面体单元的四个节点在整体节点中的编号为 i，j、k 和 l。那么在转换矩阵中，单元的四个节点对应的整体编号位置上的三列所在的子块设为 3 阶单位矩阵，其他均为 0。对于四面体单元，转换矩阵$\boldsymbol{G}^{\mathrm{e}}$ 的具体形式为

$$1 \ \cdots \ 3 \ \cdots (3i-2) \ 3i \cdots (3j-2) \, 3j \cdots (3k-2) \, 3k \cdots (3l-2) \, 3l \cdots (3n-2) \, 3n$$

$$\boldsymbol{G}_{12\times 3n}^{\mathrm{e}} = \left(\begin{array}{cccc|cccc|cccc|cccc|cccc|ccc}
0 & 0 & 0 & \cdots & 1 & 0 & 0 & \cdots & 0 & 0 & 0 & \cdots & 0 & 0 & 0 & \cdots & 0 & 0 & 0 & \cdots & 0 & 0 & 0 \\
0 & 0 & 0 & \cdots & 0 & 1 & 0 & \cdots & 0 & 0 & 0 & \cdots & 0 & 0 & 0 & \cdots & 0 & 0 & 0 & \cdots & 0 & 0 & 0 \\
0 & 0 & 0 & \cdots & 0 & 0 & 1 & \cdots & 0 & 0 & 0 & \cdots & 0 & 0 & 0 & \cdots & 0 & 0 & 0 & \cdots & 0 & 0 & 0 \\
0 & 0 & 0 & \cdots & 0 & 0 & 0 & \cdots & 1 & 0 & 0 & \cdots & 0 & 0 & 0 & \cdots & 0 & 0 & 0 & \cdots & 0 & 0 & 0 \\
0 & 0 & 0 & \cdots & 0 & 0 & 0 & \cdots & 0 & 1 & 0 & \cdots & 0 & 0 & 0 & \cdots & 0 & 0 & 0 & \cdots & 0 & 0 & 0 \\
0 & 0 & 0 & \cdots & 0 & 0 & 0 & \cdots & 0 & 0 & 1 & \cdots & 0 & 0 & 0 & \cdots & 0 & 0 & 0 & \cdots & 0 & 0 & 0 \\
0 & 0 & 0 & \cdots & 0 & 0 & 0 & \cdots & 0 & 0 & 0 & \cdots & 1 & 0 & 0 & \cdots & 0 & 0 & 0 & \cdots & 0 & 0 & 0 \\
0 & 0 & 0 & \cdots & 0 & 0 & 0 & \cdots & 0 & 0 & 0 & \cdots & 0 & 1 & 0 & \cdots & 0 & 0 & 0 & \cdots & 0 & 0 & 0 \\
0 & 0 & 0 & \cdots & 0 & 0 & 0 & \cdots & 0 & 0 & 0 & \cdots & 0 & 0 & 1 & \cdots & 0 & 0 & 0 & \cdots & 0 & 0 & 0 \\
0 & 0 & 0 & \cdots & 0 & 0 & 0 & \cdots & 0 & 0 & 0 & \cdots & 0 & 0 & 0 & \cdots & 1 & 0 & 0 & \cdots & 0 & 0 & 0 \\
0 & 0 & 0 & \cdots & 0 & 0 & 0 & \cdots & 0 & 0 & 0 & \cdots & 0 & 0 & 0 & \cdots & 0 & 1 & 0 & \cdots & 0 & 0 & 0 \\
0 & 0 & 0 & \cdots & 0 & 0 & 0 & \cdots & 0 & 0 & 0 & \cdots & 0 & 0 & 0 & \cdots & 0 & 0 & 1 & \cdots & 0 & 0 & 0
\end{array}\right) \tag{7-20}$$

利用转换矩阵$\boldsymbol{G}^{\mathrm{e}}$ 可以直接求和得到结构的整体刚度矩阵为

$$\boldsymbol{K} = \sum_{a=1}^{N} (\boldsymbol{G}_a^{\mathrm{e}})^{\mathrm{T}} \boldsymbol{K}_a^{\mathrm{e}} \boldsymbol{G}_a^{\mathrm{e}} \tag{7-21}$$

2. 载荷列阵的组集

对实体单元进行整体载荷列阵组集的方法与平面单元载荷列阵组集相同。首先要对每个单元所承受的外力进行载荷移置或转换成等效节点载荷，然后利用转换矩阵进行整体载荷列阵的组集。任一单元的等效节点力载荷列阵 $\boldsymbol{F}^{\mathrm{e}}$ 等于该单元上的集中力等效载荷列阵、表面力等效载荷列阵和体积力等效载荷列阵的和，即

$$\boldsymbol{F}^{\mathrm{e}} = \boldsymbol{F}_C^{\mathrm{e}} + \boldsymbol{F}_A^{\mathrm{e}} + \boldsymbol{F}_V^{\mathrm{e}} \tag{7-22}$$

对于集中载荷

$$\boldsymbol{F}_C^e = (\boldsymbol{F}_{Cx} \quad \boldsymbol{F}_{Cy} \quad \boldsymbol{F}_{Cz})^T \tag{7-23}$$

仍然将得到通用公式

$$\boldsymbol{F}_C^e = \boldsymbol{N}_C^T \boldsymbol{F}_C \tag{7-24}$$

式中，$\boldsymbol{N}_C$为集中载荷在载荷作用点处的形函数矩阵。

对于单元的某一边界面上的分布面力

$$\boldsymbol{F}_A^e = (\boldsymbol{F}_{Ax} \quad \boldsymbol{F}_{Ay} \quad \boldsymbol{F}_{Az})^T \tag{7-25}$$

将得到

$$\boldsymbol{F}_A^e = \iint \boldsymbol{N}^T \boldsymbol{F}_A \mathrm{d}A \tag{7-26}$$

式中，dA为该边界面上的微分面积。如果节点i、j、k所决定的三角形表面上作用有面力，呈线性分布，且在各节点处的强度设为

$$\boldsymbol{q}_i = (q_{xi} \quad q_{yi} \quad q_{zi})^T \quad (i,j,k) \tag{7-27}$$

应用式（7-27）可得其等效节点载荷为

$$\boldsymbol{F}_A^e = \frac{1}{6} A_{ijk} \left(\boldsymbol{q}_i + \frac{1}{2}\boldsymbol{q}_j + \frac{1}{2}\boldsymbol{q}_k \right) \tag{7-28}$$

式中，A_{ijk}为三角形ijk的面积。

对于分布体力

$$\boldsymbol{F}_V^e = (F_{Vx} \quad F_{Vy} \quad F_{Vz})^T \tag{7-29}$$

将得到

$$\boldsymbol{F}_V^e = \iiint_V \boldsymbol{N}^T \boldsymbol{F}_V \mathrm{d}x\mathrm{d}y\mathrm{d}z \tag{7-30}$$

例如，四面体单元$ijkl$的密度为ρ，因为$F_{lx} = F_{ly} = 0$、$F_{lz} = -\rho Vg$，故针对四节点四面体单元可得$F_{lxi} = F_{lxj} = F_{lxk} = F_{lxl} = F_{lyi} = F_{lyj} = F_{lyk} = F_{lyl} = 0$及$F_{lzi} = F_{lzj} = F_{lzk} = F_{lzl} = -W/4$。注意单元的自重为$W = -\rho gV$，可见移置到每个节点的荷载均为1/4自重。

对于整体载荷列阵的组集，如整体刚度矩阵的组集一样，有直接组集法和转换矩阵组集法。采用直接组集法时，同样首先将单元等效节点力载荷列阵进行扩展，使其成为一个$3n$维的列阵，然后将扩展后的列阵进行叠加即可，这里不再赘述。相对于直接组集法，采用转换矩阵组集则计算更加方便。在整体载荷列阵组集时用到的转换矩阵与整体刚度矩阵组集时的转换矩阵相同。这样整体载荷列阵为

$$\boldsymbol{F} = \sum_{i=1}^{N} (\boldsymbol{G}_i^e)^T \boldsymbol{F}_i^e \tag{7-31}$$

综上所述，在求得整体刚度矩阵$\boldsymbol{K}$和整体载荷列阵$\boldsymbol{F}$后，用$\boldsymbol{q}$表示整体节点位移列阵。那么用整体刚度矩阵、整体位移列阵和整体载荷列阵表达的结构有限元方程为

$$\boldsymbol{Kq} = \boldsymbol{F} \tag{7-32}$$

7.1.4 边界条件的处理和求解（简支边界和弹性边界）

对于式（7-32）所描述的有限元方程来说，尚不能直接用于求解，这是由整体刚度矩阵

的性质决定的，为了求解，则必须引入边界条件。只有在消除了整体刚度矩阵的奇异性之后，才能联立平衡方程组并求解出节点位移。一般情况下，所要求解的问题，其边界往往具有一定的位移约束条件，本身已排除了刚体运动的可能性。本小节分别以固定支撑和弹性支撑有限元实体模型为例，来介绍边界条件的施加和求解过程。

1. 固定支撑有限元模型

实体有限元模型只有 x，y，z 方向的位移自由度，没有转角，因此固定端支撑是指实体有限元模型限制了全部方向的位移约束。如果是实体模型的简支约束，那么限制的则是具体某个方向的位移约束。假设在某多自由度系统的前 m 个自由度上施加固定边界约束条件，那么所得到的降阶刚度矩阵 $\boldsymbol{K}'$ 为未施加边界约束条件时的刚度矩阵 $\boldsymbol{K}$ 消去前 m 行和前 m 列后所得到的矩阵；降阶后的载荷列阵 $\boldsymbol{R}'$ 为未施加边界约束条件时的载荷列阵 $\boldsymbol{R}$ 消去前 m 行所得到的载荷列阵。总的来说，施加固定端约束条件，本质是减少系统的自由度，使特征矩阵降阶，提高计算效率。

图 7-3 所示的实体有限元模型。在节点 1、节点 2、节点 3 和节点 4 的位置有固定端约束。由上一节内容可知，该有限元模型经过组集后形成的整体刚度矩阵 $\boldsymbol{K}$ 是一个 24×24 的方阵，载荷列阵 F 为一个 24 维的列向量，引入边界条件前有限元方程可表示为

$$\begin{pmatrix} k_{1,1} & k_{1,2} & k_{1,3} & \cdots & k_{1,22} & k_{1,23} & k_{1,24} \\ k_{2,1} & k_{2,2} & k_{2,3} & \cdots & k_{2,22} & k_{2,23} & k_{2,24} \\ k_{3,1} & k_{3,2} & k_{3,3} & \cdots & k_{3,22} & k_{3,23} & k_{3,24} \\ \vdots & \vdots & \vdots & & \vdots & \vdots & \vdots \\ k_{22,1} & k_{22,2} & k_{22,3} & \cdots & k_{22,22} & k_{22,23} & k_{22,24} \\ k_{23,1} & k_{23,2} & k_{23,3} & \cdots & k_{23,22} & k_{23,23} & k_{23,24} \\ k_{24,1} & k_{24,2} & k_{24,3} & \cdots & k_{24,22} & k_{24,23} & k_{24,24} \end{pmatrix} \begin{pmatrix} u_1 \\ v_1 \\ w_1 \\ \vdots \\ u_8 \\ v_8 \\ w_8 \end{pmatrix} = \begin{pmatrix} F_{x1} \\ F_{y1} \\ F_{z1} \\ \vdots \\ F_{x8} \\ F_{y8} \\ F_{z8} \end{pmatrix} \tag{7-33}$$

对边界条件进行分析，由于第 1、2、3 和第 4 节点为固定端约束，其 x、y、z 方向的位移自由度被约束，边界条件为 $u_1=v_1=w_1=0$，$u_2=v_2=w_2=0$，$u_3=v_3=w_3=0$，$u_4=v_4=w_4=0$。然后在整体刚度矩阵、整体位移列阵和整体载荷列阵中消去对应边界条件为 0 的行和列，最终得到的有限元方程为

$$\begin{pmatrix} k_{13,13} & k_{13,14} & k_{13,15} & \cdots & k_{13,22} & k_{13,23} & k_{13,24} \\ k_{14,13} & k_{14,14} & k_{14,15} & \cdots & k_{14,22} & k_{14,23} & k_{14,24} \\ k_{15,13} & k_{15,14} & k_{15,15} & \cdots & k_{15,22} & k_{15,23} & k_{15,24} \\ \vdots & \vdots & \vdots & \cdots & \vdots & \vdots & \vdots \\ k_{22,13} & k_{22,14} & k_{22,15} & \cdots & k_{22,22} & k_{22,23} & k_{22,24} \\ k_{23,13} & k_{23,14} & k_{23,15} & \cdots & k_{23,22} & k_{23,23} & k_{23,24} \\ k_{24,13} & k_{24,14} & k_{24,15} & \cdots & k_{24,22} & k_{24,23} & k_{24,24} \end{pmatrix} \begin{pmatrix} u_5 \\ v_5 \\ w_5 \\ \vdots \\ u_8 \\ v_8 \\ w_8 \end{pmatrix} = \begin{pmatrix} F_{x5} \\ F_{y5} \\ F_{z5} \\ \vdots \\ F_{x8} \\ F_{y8} \\ F_{z8} \end{pmatrix} \tag{7-34}$$

该方程已消除整体刚度矩阵的奇异性，可直接用来求解。

2. 弹性支撑有限元模型

施加弹性支撑边界约束条件时，本质上是改变相关自由度上的刚度，从而改变整个系统

的刚度矩阵，使原来的半正定刚度矩阵正定化。假如在某一多自由度系统的前 m 个自由度上施加弹性支撑边界约束条件。那么在对应节点上施加的弹性支撑的刚度矩阵 $\boldsymbol{K}''$ 形式如式(7-35)，施加边界条件后整个系统的刚度矩阵 $\boldsymbol{K}''+\boldsymbol{K}$ 形式如式（7-36）所示。

$$\boldsymbol{K}''=\begin{pmatrix} k_1 & & & & & 0 \\ & \ddots & & & & \\ & & k_m & & & \\ & & & 0 & & \\ & & & & \ddots & \\ 0 & & & & & 0 \end{pmatrix} \tag{7-35}$$

$$\boldsymbol{K}''+\boldsymbol{K}=\begin{pmatrix} k_{1,1}+k_1 & \cdots & k_{1,m} & k_{1,m+1} & \cdots & k_{1,n} \\ \vdots & \ddots & \vdots & \vdots & & \vdots \\ k_{m,1} & & k_{m,m}+k_m & k_{m,m+1} & & k_{m,n} \\ k_{m+1,1} & \cdots & k_{m+1,m} & k_{m+1,m+1} & \cdots & k_{m+1,n} \\ \vdots & \ddots & \vdots & \vdots & \ddots & \vdots \\ k_{n,1} & \cdots & k_{n,m} & k_{n,m+1} & \cdots & k_{n,n} \end{pmatrix} \tag{7-36}$$

施加边界条件时，其整体位移列阵和载荷列阵保持不变。将式（7-35）得到的刚度矩阵，代入有限元方程中，可直接进行求解。

7.1.5　四面体单元举例

例 7.1　如图 7-3a 所示的立方体实体结构，其长宽高分别为 $a=6$ m、$b=2$ m 和 $h=4$ m，实体结构的密度 $\rho=7\ 850\ \mathrm{kg/m^3}$，弹性模量 $E=200$ GPa，泊松比 $\nu=0.25$，重力加速度 $g=10\ \mathrm{m/s^2}$，在节点 6 和节点 7 受到如图所示的集中载荷 500 kN。试求各节点的位移。

解：利用四节点四面体单元将结构划分成 5 个单元进行有限元分析，如图 7-3b 所示，单元编号分别为①、②、③、④、⑤，节点编号为 1，2，…，8。每个单元的体积及重力载荷移置之后各节点受力情况如表 7-2 所示。其中节点 1、2、3、4 固定在地面上，受到全约束，在节点 6 和节点 7 边上分别受到 x 方向集中载荷 F。

表 7-2　有限元模型各单元体积及载荷等效情况

单　元	编　号	体积/m³	重力/kN	重力等效载荷/kN
①	1 2 3 7	8	628	$p_{y1}=p_{y2}=p_{y3}=p_{y7}=-157$
②	3 4 1 5	8	628	$p_{y3}=p_{y4}=p_{y1}=p_{y5}=-157$
③	7 6 5 1	8	628	$p_{y7}=p_{y6}=p_{y5}=p_{y1}=-157$
④	5 8 7 3	8	628	$p_{y5}=p_{y8}=p_{y7}=p_{y3}=-157$
⑤	1 5 7 3	16	1256	$p_{y1}=p_{y5}=p_{y7}=p_{y3}=-314$

结构的整体位移列阵

$$\boldsymbol{q}_{1\times 24}=(u_1\quad v_1\quad w_1\quad \cdots\quad u_8\quad v_8\quad w_8)^{\mathrm{T}}$$

结构整体载荷列阵

$$\boldsymbol{F}_{1\times 24}=(0\quad -785\quad 0\quad 0\quad -157\quad 0\quad 0\quad -785\quad 0\quad 0\quad -157\quad 0\quad 0\quad -785\quad 0\quad 500\quad -157\quad 0\quad 500\quad -785\quad 0\quad 0\quad -157\quad 0)^{\mathrm{T}}$$

利用公式（7-16）和公式（7-17）即可计算出单元的刚度矩阵 $\boldsymbol{K}^e$，采用转换矩阵法进行整体刚度矩阵组集，每个单元有 12 个自由度，整体结构的自由度为 24（这里暂时不考虑边界条件），所以转换矩阵 $\boldsymbol{G}$ 是一个 12×24 的矩阵，求得两个单元的转换矩阵分别为

$$\boldsymbol{G}^{(1)}=\begin{pmatrix}\boldsymbol{I}&\boldsymbol{0}&\boldsymbol{0}&\boldsymbol{0}&\boldsymbol{0}&\boldsymbol{0}&\boldsymbol{0}&\boldsymbol{0}\\\boldsymbol{0}&\boldsymbol{I}&\boldsymbol{0}&\boldsymbol{0}&\boldsymbol{0}&\boldsymbol{0}&\boldsymbol{0}&\boldsymbol{0}\\\boldsymbol{0}&\boldsymbol{0}&\boldsymbol{I}&\boldsymbol{0}&\boldsymbol{0}&\boldsymbol{0}&\boldsymbol{0}&\boldsymbol{0}\\\boldsymbol{0}&\boldsymbol{0}&\boldsymbol{0}&\boldsymbol{0}&\boldsymbol{0}&\boldsymbol{0}&\boldsymbol{I}&\boldsymbol{0}\end{pmatrix};\ \boldsymbol{G}^{(2)}=\begin{pmatrix}\boldsymbol{0}&\boldsymbol{0}&\boldsymbol{I}&\boldsymbol{0}&\boldsymbol{0}&\boldsymbol{0}&\boldsymbol{0}&\boldsymbol{0}\\\boldsymbol{0}&\boldsymbol{0}&\boldsymbol{0}&\boldsymbol{I}&\boldsymbol{0}&\boldsymbol{0}&\boldsymbol{0}&\boldsymbol{0}\\\boldsymbol{I}&\boldsymbol{0}&\boldsymbol{0}&\boldsymbol{0}&\boldsymbol{0}&\boldsymbol{0}&\boldsymbol{0}&\boldsymbol{0}\\\boldsymbol{0}&\boldsymbol{0}&\boldsymbol{0}&\boldsymbol{0}&\boldsymbol{I}&\boldsymbol{0}&\boldsymbol{0}&\boldsymbol{0}\end{pmatrix}$$

$$\boldsymbol{G}^{(3)}=\begin{pmatrix}\boldsymbol{0}&\boldsymbol{0}&\boldsymbol{0}&\boldsymbol{0}&\boldsymbol{0}&\boldsymbol{0}&\boldsymbol{I}&\boldsymbol{0}\\\boldsymbol{0}&\boldsymbol{0}&\boldsymbol{0}&\boldsymbol{0}&\boldsymbol{0}&\boldsymbol{I}&\boldsymbol{0}&\boldsymbol{0}\\\boldsymbol{0}&\boldsymbol{0}&\boldsymbol{0}&\boldsymbol{0}&\boldsymbol{I}&\boldsymbol{0}&\boldsymbol{0}&\boldsymbol{0}\\\boldsymbol{I}&\boldsymbol{0}&\boldsymbol{0}&\boldsymbol{0}&\boldsymbol{0}&\boldsymbol{0}&\boldsymbol{0}&\boldsymbol{0}\end{pmatrix};\ \boldsymbol{G}^{(4)}=\begin{pmatrix}\boldsymbol{0}&\boldsymbol{0}&\boldsymbol{0}&\boldsymbol{0}&\boldsymbol{I}&\boldsymbol{0}&\boldsymbol{0}&\boldsymbol{0}\\\boldsymbol{0}&\boldsymbol{0}&\boldsymbol{0}&\boldsymbol{0}&\boldsymbol{0}&\boldsymbol{0}&\boldsymbol{0}&\boldsymbol{I}\\\boldsymbol{0}&\boldsymbol{0}&\boldsymbol{0}&\boldsymbol{0}&\boldsymbol{0}&\boldsymbol{0}&\boldsymbol{I}&\boldsymbol{0}\\\boldsymbol{0}&\boldsymbol{0}&\boldsymbol{I}&\boldsymbol{0}&\boldsymbol{0}&\boldsymbol{0}&\boldsymbol{0}&\boldsymbol{0}\end{pmatrix}$$

$$\boldsymbol{G}^{(5)}=\begin{pmatrix}\mathrm{I}&\boldsymbol{0}&\boldsymbol{0}&\boldsymbol{0}&\boldsymbol{0}&\boldsymbol{0}&\boldsymbol{0}&\boldsymbol{0}\\\boldsymbol{0}&\boldsymbol{0}&\boldsymbol{0}&\boldsymbol{0}&\boldsymbol{I}&\boldsymbol{0}&\boldsymbol{0}&\boldsymbol{0}\\\boldsymbol{0}&\boldsymbol{0}&\boldsymbol{0}&\boldsymbol{0}&\boldsymbol{0}&\boldsymbol{0}&\boldsymbol{I}&\boldsymbol{0}\\\boldsymbol{0}&\boldsymbol{0}&\boldsymbol{I}&\boldsymbol{0}&\boldsymbol{0}&\boldsymbol{0}&\boldsymbol{0}&\boldsymbol{0}\end{pmatrix};\text{（其中，}\boldsymbol{I}=\begin{pmatrix}1&0&0\\0&1&0\\0&0&1\end{pmatrix},\ \boldsymbol{0}=\begin{pmatrix}0&0&0\\0&0&0\\0&0&0\end{pmatrix}\text{）}$$

利用公式（7-21）即可求解结构的总体刚度矩阵 $\boldsymbol{K}$。

根据结构的约束情况可知，节点 1、2、3、4 受到全约束，限制 x、y、z 三个方向自由度，于是有 $u_1=v_1=w_1=u_2=v_2=w_2=u_3=v_3=w_3=u_4=v_4=w_4=0$，对应在整体刚度矩阵中去掉前 12 行和前 12 列，载荷列阵也去掉相应的前 12 行。引入边界条件后的有限元方程即可进行求解。

具体的计算过程可参见以下 MATLAB 程序。

```
clear;clc
format short
E=2e11;Nu=0.25;a=6;b=2;h=4;                                   %材料参数及尺寸参数
V=[a*b/2*h/3,a*b*h/6,a*b*h/6,a*b*h/6,a*b*h-4*a*b*h/6];
                                                               %单元体积
x=sym('x');y=sym('y');z=sym('z');K=zeros(12,12,5);G=zeros(12,24,5);KK=zeros
(24,24);                                                       %定义相关变量
XY=[0 0 0;0 0 b; a 0 b; a 0 0; a h 0; 0 h 0; 0 h b; a h b];
                                                               %各节点位置坐标
Code=[1 2 3 7; 3 4 1 5; 7 6 5 1; 5 8 7 3; 1 5 7 3];           %单元节点编号
```

```
v=[1 x y z];
D=...                                                    %弹性矩阵
    E*[1-Nu Nu Nu 0 0 0;
    Nu 1-Nu Nu 0 0 0;
    Nu Nu 1-Nu 0 0 0;
    0 0 0 (0.5-Nu) 0 0;
    0 0 0 0 (0.5-Nu) 0;
    0 0 0 0 0 (0.5-Nu)]/(1+Nu)/(1-2*Nu);
for ii=1:5
    number=Code(ii,:);
    x1=XY(number(1),1);y1=XY(number(1),2);z1=XY(number(1),3);
                                                         %各节点坐标
    x2=XY(number(2),1);y2=XY(number(2),2);z2=XY(number(2),3);
    x3=XY(number(3),1);y3=XY(number(3),2);z3=XY(number(3),3);
    x4=XY(number(4),1);y4=XY(number(4),2);z4=XY(number(4),3);

    m=...
        [1 x1 y1 z1
        1 x2 y2 z2
        1 x3 y3 z3
        1 x4 y4 z4];
    mm=inv(m);
    N=v*mm;                                              %形函数
    B=[diff(N(1),x),0,0,diff(N(2),x),0,0,diff(N(3),x),0,0,diff(N(4),x),0,0;
                                                         %应变矩阵
        0,diff(N(1),y),0,0,diff(N(2),y),0,0,diff(N(3),y),0,0,diff(N(4),y),0;
        0,0,diff(N(1),z),0,0,diff(N(2),z),0,0,diff(N(3),z),0,0,diff(N(4),z);
diff(N(1),y),diff(N(1),x),0,diff(N(2),y),diff(N(2),x),0,diff(N(3),y),diff(N(3),
x),0,diff(N(4),y),diff(N(4),x),0;
0,diff(N(1),z),diff(N(1),y),0,diff(N(2),z),diff(N(2),y),0,diff(N(3),z),diff(N
(3),y),0,diff(N(4),z),diff(N(4),y);
diff(N(1),z),0,diff(N(1),x),diff(N(2),z),0,diff(N(2),x),diff(N(3),z),0,diff(N
(3),x),diff(N(4),z),0,diff(N(4),x)];
    K(:,:,ii)=B'*D*B*V(ii);                              %单元刚度矩阵
    G(1:3,(number(1)-1)*3+1:(number(1)-1)*3+3,ii)=eye(3);        %转换矩阵
    G(4:6,(number(2)-1)*3+1:(number(2)-1)*3+3,ii)=eye(3);
    G(7:9,(number(3)-1)*3+1:(number(3)-1)*3+3,ii)=eye(3);
    G(10:12,(number(4)-1)*3+1:(number(4)-1)*3+3,ii)=eye(3);
    KK=KK+G(:,:,ii)'*K(:,:,ii)*G(:,:,ii);                %总刚度矩阵
end
```

```
kk=KK(13:24,13:24);                           %引入约束条件
p=1000*[0,-785,0,500,-157,0,500,-785,0,0,-157,0]';
                                              %载荷
u=kk\p;                                       %位移
u=double(u)
```

将计算所得节点位移列于表7-3。

表7-3　MATLAB计算各节点位移　　（单位：10^{-5} m）

节点	5	6	7	8
x方向	0.388 8	0.632 4	0.544 2	0.404 2
y方向	−0.403 8	−0.130 9	−0.182 5	−0.292 2
z方向	−0.154 0	−0.082 2	−0.036 4	−0.099 5

作为对照，利用ANSYS对该例题进行同样的分析计算。ANSYS的命令流如下：

```
/PREP7                                   ! 进入前处理
! ----设置单元和材料----
ET,1,SOLID45                             ! 定义单元类型(SOLID45)
MP,EX,1,2.0E11                           ! 定义材料的弹性模量
MP,PRXY,1,0.25                           ! 定义材料的泊松比
! ----定义8个节点----
N,1,0,0,0 $ N,2,0,0,2 $ N,3,6,0,2 $ N,4,6,0,0
N,5,6,4,0 $ N,6,0,4,0 $ N,7,0,4,2 $ N,8,6,4,2
! ----设置划分网格的单元和材料类型----
TYPE,1                                   ! 设置单元类型1
MAT,1                                    ! 设置材料类型1
E,1,2,3,7                                ! 基于4个节点生成单元
E,3,4,1,5
E,7,6,5,1
E,5,8,7,3
E,1,5,7,3
! ----施加约束位移----
D,1,ALL                                  ! 对节点1施加固定位移约束,以下类似
D,2,ALL
D,3,ALL
D,4,ALL
! ----施加载荷----
F,5,FY,-785000
F,6,FX,500000
F,6,FY,-157000
F,7,FX,500000
```

```
F,7,FY,-785000
F,8,FY,-157000
!----进入求解模块----
/SOLU                                   !求解模块
SOLVE                                   !求解
FINISH                                  !退出所在模块
!----进入一般的后处理模块----
/POST1                                  !进入后处理
NSEL,S,NODE,,
PRNSOL,DOF
```

提取 ANSYS 分析结果如下：

```
NODE      UX          UY          UZ
     1  0.000 0     0.000 0     0.000 0
     2  0.000 0     0.000 0     0.000 0
     3  0.000 0     0.000 0     0.000 0
     4  0.000 0     0.000 0     0.000 0
5  0.388 77E-05 -0.403 79E-05 -0.154 05E-05
6  0.632 42E-05 -0.130 86E-05 -0.822 37E-06
7  0.544 21E-05 -0.182 50E-05 -0.363 54E-06
8  0.40422E-05 -0.292 18E-05 -0.994 88E-06
```

将 MATLAB 和 ANSYS 分析结果列于表 7-4。从结果对比可以看出，两种分析工具分析结果是一致的，说明利用四节点四面体单元对三维问题进行有限元分析的分析方法和程序是准确的。对于其他三维问题、复杂结构或者不同工况，可以利用这种分析方法进行分析求解。

表 7-4　MATLAB 和 ANSYS 节点位移对比表　　（单位：10^{-5} m）

分析方式		MATLAB			ANSYS		
位移		u	v	w	v	u	w
节点编号	5	0.388 8	−0.403 8	−0.154 0	0.388 77	−0.403 79	−0.154 050
	6	0.632 4	−0.130 9	−0.082 2	0.632 42	−0.130 86	−0.082 237
	7	0.544 2	−0.182 5	−0.036 4	0.544 21	−0.182 50	−0.036 354
	8	0.404 2	−0.292 2	−0.099 5	0.404 22	−0.292 18	−0.099 488

7.2　八节点六面体单元

7.2.1　建立有限元网格模型

对于实体结构的有限元单元描述，除了上一节选用的四边形四面体单元，还有本节将介绍的八节点六面体单元，针对图 7-3 所示机械底座三维问题的描述与分析，直接将待分析底座结构划分为两个六面体单元，为单元①和单元②，节点编号为1，2，…，12，如图7-4所示。结构底部固定在地面上。这里图中所示结构的自由度和受力示意图，忽略底座自身重力，每个节点有三个自由度，即三个方向位移 u，v 和 w，节点3和节点4受 x 方向集中载荷 F。该三维模型有24个自由度，整体位移列阵可表示为 $\boldsymbol{q}_{1\times 36}=(u_1,v_1,w_1,\cdots,u_{12},v_{12},w_{12})^{\mathrm{T}}$；整体载荷列阵可表示为 $\boldsymbol{F}_{1\times 36}=(F_{x1},F_{y1},F_{z1},\cdots,F_{x12},F_{y12},F_{z12})^{\mathrm{T}}$。

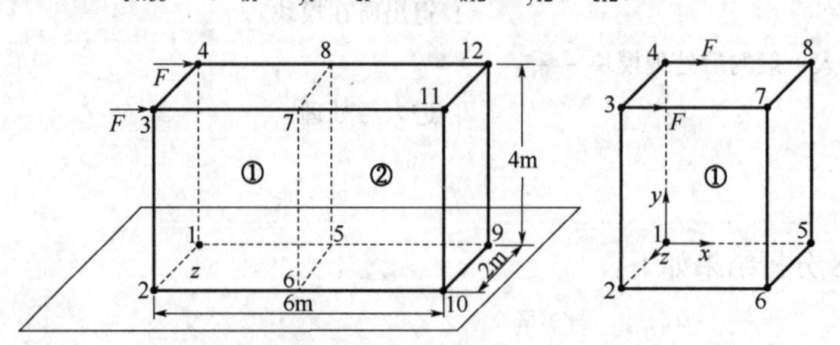

图7-4　八节点六面体单元

7.2.2　任意刚度矩阵的推导

下面针对三维八节点六面体单元进行具体的单元刚度矩阵的推导，主要包括以下几个步骤。

1. 建立坐标系，进行单元离散

所建立的坐标系为 o-xyz 坐标系，整体编号为1，2，…，n，每个实体单元的局部编号为1，2，3，4，5，6，7，8。

2. 建立三维八节点六面体单元的位移模式

如图7-4所示为在 o-xyz 坐标系下的八节点六面体单元，共有8个节点，编号从1至8，每个节点有3个自由度，该六面体单元共有24个自由度，其节点位移矢量可表示为

$$
\begin{aligned}
\boldsymbol{q}^{\mathrm{e}} &= (\boldsymbol{q}_1^{\mathrm{T}}\quad \boldsymbol{q}_2^{\mathrm{T}}\quad \boldsymbol{q}_3^{\mathrm{T}}\quad \boldsymbol{q}_4^{\mathrm{T}}\quad \boldsymbol{q}_5^{\mathrm{T}}\quad \boldsymbol{q}_6^{\mathrm{T}}\quad \boldsymbol{q}_7^{\mathrm{T}}\quad \boldsymbol{q}_8^{\mathrm{T}})^{\mathrm{T}} \\
&= (u_1\quad v_1\quad w_1\quad u_2\quad v_2\quad w_2\quad \cdots\quad u_7\quad v_7\quad w_7\quad u_8 v_8\quad w_8)^{\mathrm{T}}
\end{aligned} \tag{7-37}
$$

参考四节点四面体单元，设该六面体单元位移函数可以用如下位移插值函数来表示

$$
\begin{aligned}
u &= a_0+a_1x+a_2y+a_3z+a_4xy+a_5xz+a_6yz+a_7xyz \\
v &= b_0+b_1x+b_2y+b_3z+b_4xy+b_5xz+b_6yz+b_7xyz \\
w &= c_0+c_1x+c_2y+c_3z+c_4xy+c_5xz+c_6yz+c_7xyz
\end{aligned} \tag{7-38}
$$

因此，将六面体单元的位移模式可表示为如下矩阵形式

$$
\begin{pmatrix} u \\ v \\ w \end{pmatrix} = \begin{pmatrix} a_0 & a_1 & a_2 & a_3 & a_4 & a_5 & a_6 & a_7 \\ b_0 & b_1 & b_2 & b_3 & b_4 & b_5 & b_6 & b_7 \\ c_0 & c_1 & c_2 & c_3 & c_4 & c_5 & c_6 & c_7 \end{pmatrix} \begin{pmatrix} 1 \\ x \\ y \\ z \\ xy \\ xz \\ yz \\ xyz \end{pmatrix} \tag{7-39}
$$

3. 推导形函数矩阵

如果利用节点1，2，…，8的位移分量(u_1,v_1,w_1)，(u_2,v_2,w_2)，…，(u_8,v_8,w_8)进行函数插值，将各节点的位移分量分别整理，推导出位移模式中各系数的具体表达式可以表示为

$$\begin{pmatrix} u_1 \\ u_2 \\ u_3 \\ u_4 \\ u_5 \\ u_6 \\ u_7 \\ u_8 \end{pmatrix} = \begin{pmatrix} 1 & x_1 & y_1 & z_1 & x_1y_1 & x_1z_1 & y_1z_1 & x_1y_1z_1 \\ 1 & x_2 & y_2 & z_2 & x_2y_2 & x_2z_2 & y_2z_2 & x_2y_2z_2 \\ 1 & x_3 & y_3 & z_3 & x_3y_3 & x_3z_3 & y_3z_3 & x_3y_3z_3 \\ 1 & x_4 & y_4 & z_4 & x_4y_4 & x_4z_4 & y_4z_4 & x_4y_4z_4 \\ 1 & x_5 & y_5 & z_5 & x_5y_5 & x_5z_5 & y_5z_5 & x_5y_5z_5 \\ 1 & x_6 & y_6 & z_6 & x_6y_6 & x_6z_6 & y_6z_6 & x_6y_6z_6 \\ 1 & x_7 & y_7 & z_7 & x_7y_7 & x_7z_7 & y_7z_7 & x_7y_7z_7 \\ 1 & x_8 & y_8 & z_8 & x_8y_8 & x_8z_8 & y_8z_8 & x_8y_8z_8 \end{pmatrix} \begin{pmatrix} a_0 \\ a_1 \\ a_2 \\ a_3 \\ a_4 \\ a_5 \\ a_6 \\ a_7 \end{pmatrix} \tag{7-40a}$$

$$\begin{pmatrix} v_1 \\ v_2 \\ v_3 \\ v_4 \\ v_5 \\ v_6 \\ v_7 \\ v_8 \end{pmatrix} = \begin{pmatrix} 1 & x_1 & y_1 & z_1 & x_1y_1 & x_1z_1 & y_1z_1 & x_1y_1z_1 \\ 1 & x_2 & y_2 & z_2 & x_2y_2 & x_2z_2 & y_2z_2 & x_2y_2z_2 \\ 1 & x_3 & y_3 & z_3 & x_3y_3 & x_3z_3 & y_3z_3 & x_3y_3z_3 \\ 1 & x_4 & y_4 & z_4 & x_4y_4 & x_4z_4 & y_4z_4 & x_4y_4z_4 \\ 1 & x_5 & y_5 & z_5 & x_5y_5 & x_5z_5 & y_5z_5 & x_5y_5z_5 \\ 1 & x_6 & y_6 & z_6 & x_6y_6 & x_6z_6 & y_6z_6 & x_6y_6z_6 \\ 1 & x_7 & y_7 & z_7 & x_7y_7 & x_7z_7 & y_7z_7 & x_7y_7z_7 \\ 1 & x_8 & y_8 & z_8 & x_8y_8 & x_8z_8 & y_8z_8 & x_8y_8z_8 \end{pmatrix} \begin{pmatrix} b_0 \\ b_1 \\ b_2 \\ b_3 \\ b_4 \\ b_5 \\ b_6 \\ b_7 \end{pmatrix} \tag{7-40b}$$

$$\begin{pmatrix} w_1 \\ w_2 \\ w_3 \\ w_4 \\ w_5 \\ w_6 \\ w_7 \\ w_8 \end{pmatrix} = \begin{pmatrix} 1 & x_1 & y_1 & z_1 & x_1y_1 & x_1z_1 & y_1z_1 & x_1y_1z_1 \\ 1 & x_2 & y_2 & z_2 & x_2y_2 & x_2z_2 & y_2z_2 & x_2y_2z_2 \\ 1 & x_3 & y_3 & z_3 & x_3y_3 & x_3z_3 & y_3z_3 & x_3y_3z_3 \\ 1 & x_4 & y_4 & z_4 & x_4y_4 & x_4z_4 & y_4z_4 & x_4y_4z_4 \\ 1 & x_5 & y_5 & z_5 & x_5y_5 & x_5z_5 & y_5z_5 & x_5y_5z_5 \\ 1 & x_6 & y_6 & z_6 & x_6y_6 & x_6z_6 & y_6z_6 & x_6y_6z_6 \\ 1 & x_7 & y_7 & z_7 & x_7y_7 & x_7z_7 & y_7z_7 & x_7y_7z_7 \\ 1 & x_8 & y_8 & z_8 & x_8y_8 & x_8z_8 & y_8z_8 & x_8y_8z_8 \end{pmatrix} \begin{pmatrix} c_0 \\ c_1 \\ c_2 \\ c_3 \\ c_4 \\ c_5 \\ c_6 \\ c_7 \end{pmatrix} \tag{7-40c}$$

则单元位移插值函数可以表示为

$$\begin{aligned} u &= \sum_{i=1}^{8} N_i(x,y,z)u_i \\ v &= \sum_{i=1}^{8} N_i(x,y,z)v_i \\ \omega &= \sum_{i=1}^{8} N_i(x,y,z)\omega_i \end{aligned} \tag{7-41}$$

式中，$N_i(i=1,2,\cdots,8)$为六面体单元形函数，具体表示形式如下所示

$$N_1 = 1 - 100x - 100y - 25z + 10^4xy + 2500yz + 2500xz - 25000xyz$$

$$N_2 = 25z - 2500yz - 2500xz + 25000xyz$$

$$N_3 = 2500xz - 25000xyz$$

$$N_4 = 100x - 10^4xy - 2500xz + 25000xyz$$

$$
\begin{aligned}
N_5 &= 100y - 10^4xy - 2500yz + 25000xyz \\
N_6 &= 2500yz - 25000xyz \\
N_7 &= 25000xyz \\
N_8 &= 10^4xy - 25000xyz
\end{aligned} \tag{7-42}
$$

形函数矩阵可以表示为

$$
\boldsymbol{N} = \begin{pmatrix} N_1 & 0 & 0 & N_2 & 0 & 0 & \cdots & N_8 & 0 & 0 \\ 0 & N_1 & 0 & 0 & N_2 & 0 & \cdots & 0 & N_8 & 0 \\ 0 & 0 & N_1 & 0 & 0 & N_2 & \cdots & 0 & 0 & N_8 \end{pmatrix} \tag{7-43}
$$

4. 推导单元刚度矩阵

利用几何方程得出节点位移表示单元应变表达式为

$$
\boldsymbol{\varepsilon}(x,y,z) = \begin{pmatrix} \varepsilon_x \\ \varepsilon_y \\ \varepsilon_z \\ \gamma_{xy} \\ \gamma_{yz} \\ \gamma_{zx} \end{pmatrix} = \begin{pmatrix} \frac{\partial}{\partial x} & 0 & 0 \\ 0 & \frac{\partial}{\partial y} & 0 \\ 0 & 0 & \frac{\partial}{\partial z} \\ \frac{\partial}{\partial y} & \frac{\partial}{\partial x} & 0 \\ 0 & \frac{\partial}{\partial z} & \frac{\partial}{\partial y} \\ \frac{\partial}{\partial z} & 0 & \frac{\partial}{\partial x} \end{pmatrix} \begin{pmatrix} N_1 & 0 & 0 & \cdots & N_8 & 0 & 0 \\ 0 & N_1 & 0 & \cdots & 0 & N_8 & 0 \\ 0 & 0 & N_1 & \cdots & 0 & 0 & N_8 \end{pmatrix} \begin{pmatrix} u_1 \\ v_1 \\ w_1 \\ \vdots \\ u_8 \\ v_8 \\ w_8 \end{pmatrix} = \partial \boldsymbol{N} \boldsymbol{q}^{\mathrm{e}} \tag{7-44}
$$

应变矩阵 $\boldsymbol{B}$ 的分块表达形式为

$$
\boldsymbol{B} = \partial \boldsymbol{N} = (\boldsymbol{B}_1 \quad \boldsymbol{B}_2 \quad \boldsymbol{B}_3 \quad \cdots \quad \boldsymbol{B}_8) \tag{7-45}
$$

$$
\boldsymbol{B}_i = \begin{pmatrix} \frac{\partial N_i}{\partial x} & 0 & 0 \\ 0 & \frac{\partial N_i}{\partial y} & 0 \\ 0 & 0 & \frac{\partial N_i}{\partial z} \\ \frac{\partial N_i}{\partial y} & \frac{\partial N_i}{\partial x} & 0 \\ 0 & \frac{\partial N_i}{\partial z} & \frac{\partial N_i}{\partial y} \\ \frac{\partial N_i}{\partial z} & 0 & \frac{\partial N_i}{\partial x} \end{pmatrix} \quad (i = 1, 2, \cdots, 8) \tag{7-46}
$$

利用物理方程可以得到节点位移表示的单元应力表达式

$$\boldsymbol{\sigma} = \boldsymbol{D\varepsilon} = \boldsymbol{DBq}^{e} \tag{7-47}$$

应用虚功方程，可以得出六面体单元刚度矩阵的计算公式为

$$\boldsymbol{K}^{e} = \iiint_{V} \boldsymbol{B}^{T}\boldsymbol{DB}\mathrm{d}x\mathrm{d}y\mathrm{d}z = \boldsymbol{B}^{T}\boldsymbol{DB}V \tag{7-48}$$

式中，V 为六面体单元的体积。

把六面体单元刚度矩阵按照节点编号表示成分块形式为

$$\boldsymbol{K}^{e} = \begin{pmatrix} \boldsymbol{K}_{11} & \boldsymbol{K}_{12} & \boldsymbol{K}_{13} & \cdots & \boldsymbol{K}_{18} \\ \boldsymbol{K}_{21} & \boldsymbol{K}_{22} & \boldsymbol{K}_{23} & \cdots & \boldsymbol{K}_{28} \\ \cdots & \cdots & \cdots & & \cdots \\ \boldsymbol{K}_{81} & \boldsymbol{K}_{82} & \boldsymbol{K}_{83} & \cdots & \boldsymbol{K}_{88} \end{pmatrix} \tag{7-49}$$

其中，任一子块 $\boldsymbol{K}_{ij}$ 由下公式计算

$$\boldsymbol{K}_{ij} = \frac{E\nu}{16(1+\nu)(1+2\nu)} \begin{pmatrix} k_1 & k_4 & k_7 \\ k_2 & k_5 & k_8 \\ k_3 & k_6 & k_9 \end{pmatrix} \quad (i,j=1,2,\cdots,8) \tag{7-50}$$

$\boldsymbol{K}_{ij}$ 具体的表达式参见本章附录。

$$k_1 = (1-\nu)\frac{\xi_i\xi_j}{4a^2}\left(1+\frac{\eta_i\eta_j}{3}\right)\left(1+\frac{\zeta_i\zeta_j}{3}\right) + \frac{1-2\nu}{2}\left[\frac{\eta_i\eta_j}{4b^2}\left(1+\frac{\xi_i\xi_j}{3}\right)\left(1+\frac{\zeta_i\zeta_j}{3}\right) + \frac{\zeta_i\zeta_j}{4c^2}\left(1+\frac{\xi_i\xi_j}{3}\right)\left(1+\frac{\eta_i\eta_j}{3}\right)\right]$$

$$k_2 = \frac{1}{4ab}\left(1+\frac{\zeta_i\zeta_j}{3}\right)\left(\nu\eta_i\xi_j + \frac{1-2\nu}{2}\xi_i\eta_j\right)$$

$$k_3 = \frac{1}{4ac}\left(1+\frac{\eta_i\eta_j}{3}\right)\left(\nu\zeta_i\xi_j + \frac{1-2\nu}{2}\xi_i\zeta_j\right)$$

$$k_4 = \frac{1}{4ab}\left(1+\frac{\zeta_i\zeta_j}{3}\right)\left(\nu\xi_i\eta_j + \frac{1-2\nu}{2}\eta_i\xi_j\right)$$

$$k_5 = (1-\nu)\frac{\eta_i\eta_j}{4b^2}\left(1+\frac{\xi_i\xi_j}{3}\right)\left(1+\frac{\zeta_i\zeta_j}{3}\right) + \frac{1-2\nu}{2}\left[\frac{\xi_i\xi_j}{4a^2}\left(1+\frac{\eta_i\eta_j}{3}\right)\left(1+\frac{\zeta_i\zeta_j}{3}\right) + \frac{\zeta_i\zeta_j}{4c^2}\left(1+\frac{\xi_i\xi_j}{3}\right)\left(1+\frac{\eta_i\eta_j}{3}\right)\right]$$

$$k_6 = \frac{1}{4bc}\left(1+\frac{\xi_i\xi_j}{3}\right)\left(\nu\zeta_i\eta_j + \frac{1-2\nu}{2}\eta_i\zeta_j\right)$$

$$k_7 = \frac{1}{4ac}\left(1+\frac{\eta_i\eta_j}{3}\right)\left(\nu\xi_i\zeta_j + \frac{1-2\nu}{2}\zeta_i\xi_j\right)$$

$$k_8 = \frac{1}{4bc}\left(1+\frac{\xi_i\xi_j}{3}\right)\left(\nu\eta_i\zeta_j + \frac{1-2\nu}{2}\zeta_i\eta_j\right)$$

$$k_9 = (1-\nu)\frac{\zeta_i\zeta_j}{4c^2}\left(1+\frac{\xi_i\xi_j}{3}\right)\left(1+\frac{\eta_i\eta_j}{3}\right) + \frac{1-2\nu}{2}\left[\frac{\xi_i\xi_j}{4a^2}\left(1+\frac{\eta_i\eta_j}{3}\right)\left(1+\frac{\zeta_i\zeta_j}{3}\right) + \frac{\eta_i\eta_j}{4b^2}\left(1+\frac{\xi_i\xi_j}{3}\right)\left(1+\frac{\zeta_i\zeta_j}{3}\right)\right]$$

式中，$\xi = \frac{2}{|x_5-x_1|}\left(x-\frac{x_5+x_1}{2}\right)$；$\eta = \frac{2}{|y_4-y_1|}\left(y-\frac{y_4+y_1}{2}\right)$；$\zeta = \frac{2}{|z_2-z_1|}\left(z-\frac{z_2+z_1}{2}\right)$。

7.2.3 整体刚度矩阵和载荷列阵的组集

八节点六面体单元进行整体刚度矩阵和载荷列阵组集时，同四节点四面体单元的整体刚

度矩阵和载荷列阵的组集方法相同，都具有直接组集法和转换矩阵组集法两种方法。由于六面体单元刚度矩阵维数较多，直接组集法计算量大，这里不再赘述。本节主要介绍采用转换矩阵组集法进行六面体单元的整体刚度矩阵和载荷列阵的组集。

采用转换矩阵组集法进行六面体单元的整体刚度矩阵和载荷列阵的组集，关键步骤是求出六面体单元的转换矩阵 $\boldsymbol{G}^{e}$，其求法与四面体单元的转换矩阵的求法类似。如前面所讲的，单元转换矩阵的行数为每个单元的自由度数，转换矩阵的列数为整体刚度矩阵的维数。对于六面体单元来说，每个单元有 8 个节点，每个节点有 3 个自由度，则每个六面体单元有 24 个自由度，假设将某一实体结构划分为 N 个单元 n 个节点，则其整体刚度矩阵是一个 $3n\times3n$ 的矩阵，该六面体单元的转换矩阵 $\boldsymbol{G}^{e}$ 就是一个 $24\times3n$ 的矩阵。以图 7-2 所示结构为例，来详细介绍利用转换矩阵的方法完成整体刚度矩阵的组集。

$$\boldsymbol{G}^{(1)}=\begin{pmatrix}\boldsymbol{I}&\boldsymbol{0}&\boldsymbol{0}&\boldsymbol{0}&\boldsymbol{0}&\boldsymbol{0}&\boldsymbol{0}&\boldsymbol{0}&\boldsymbol{0}&\boldsymbol{0}&\boldsymbol{0}&\boldsymbol{0}\\ \boldsymbol{0}&\boldsymbol{I}&\boldsymbol{0}&\boldsymbol{0}&\boldsymbol{0}&\boldsymbol{0}&\boldsymbol{0}&\boldsymbol{0}&\boldsymbol{0}&\boldsymbol{0}&\boldsymbol{0}&\boldsymbol{0}\\ \boldsymbol{0}&\boldsymbol{0}&\boldsymbol{I}&\boldsymbol{0}&\boldsymbol{0}&\boldsymbol{0}&\boldsymbol{0}&\boldsymbol{0}&\boldsymbol{0}&\boldsymbol{0}&\boldsymbol{0}&\boldsymbol{0}\\ \boldsymbol{0}&\boldsymbol{0}&\boldsymbol{0}&\boldsymbol{I}&\boldsymbol{0}&\boldsymbol{0}&\boldsymbol{0}&\boldsymbol{0}&\boldsymbol{0}&\boldsymbol{0}&\boldsymbol{0}&\boldsymbol{0}\\ \boldsymbol{0}&\boldsymbol{0}&\boldsymbol{0}&\boldsymbol{0}&\boldsymbol{0}&\boldsymbol{0}&\boldsymbol{I}&\boldsymbol{0}&\boldsymbol{0}&\boldsymbol{0}&\boldsymbol{0}&\boldsymbol{0}\\ \boldsymbol{0}&\boldsymbol{0}&\boldsymbol{0}&\boldsymbol{0}&\boldsymbol{0}&\boldsymbol{0}&\boldsymbol{0}&\boldsymbol{I}&\boldsymbol{0}&\boldsymbol{0}&\boldsymbol{0}&\boldsymbol{0}\\ \boldsymbol{0}&\boldsymbol{0}&\boldsymbol{0}&\boldsymbol{0}&\boldsymbol{0}&\boldsymbol{0}&\boldsymbol{0}&\boldsymbol{0}&\boldsymbol{I}&\boldsymbol{0}&\boldsymbol{0}&\boldsymbol{0}\\ \boldsymbol{0}&\boldsymbol{0}&\boldsymbol{0}&\boldsymbol{0}&\boldsymbol{0}&\boldsymbol{0}&\boldsymbol{0}&\boldsymbol{0}&\boldsymbol{0}&\boldsymbol{I}&\boldsymbol{0}&\boldsymbol{0}\end{pmatrix}\quad \boldsymbol{G}^{(2)}=\begin{pmatrix}\boldsymbol{0}&\boldsymbol{0}&\boldsymbol{I}&\boldsymbol{0}&\boldsymbol{0}&\boldsymbol{0}&\boldsymbol{0}&\boldsymbol{0}&\boldsymbol{0}&\boldsymbol{0}&\boldsymbol{0}&\boldsymbol{0}\\ \boldsymbol{0}&\boldsymbol{0}&\boldsymbol{0}&\boldsymbol{I}&\boldsymbol{0}&\boldsymbol{0}&\boldsymbol{0}&\boldsymbol{0}&\boldsymbol{0}&\boldsymbol{0}&\boldsymbol{0}&\boldsymbol{0}\\ \boldsymbol{0}&\boldsymbol{0}&\boldsymbol{0}&\boldsymbol{0}&\boldsymbol{I}&\boldsymbol{0}&\boldsymbol{0}&\boldsymbol{0}&\boldsymbol{0}&\boldsymbol{0}&\boldsymbol{0}&\boldsymbol{0}\\ \boldsymbol{0}&\boldsymbol{0}&\boldsymbol{0}&\boldsymbol{0}&\boldsymbol{0}&\boldsymbol{I}&\boldsymbol{0}&\boldsymbol{0}&\boldsymbol{0}&\boldsymbol{0}&\boldsymbol{0}&\boldsymbol{0}\\ \boldsymbol{0}&\boldsymbol{0}&\boldsymbol{0}&\boldsymbol{0}&\boldsymbol{0}&\boldsymbol{0}&\boldsymbol{0}&\boldsymbol{0}&\boldsymbol{I}&\boldsymbol{0}&\boldsymbol{0}&\boldsymbol{0}\\ \boldsymbol{0}&\boldsymbol{0}&\boldsymbol{0}&\boldsymbol{0}&\boldsymbol{0}&\boldsymbol{0}&\boldsymbol{0}&\boldsymbol{0}&\boldsymbol{0}&\boldsymbol{I}&\boldsymbol{0}&\boldsymbol{0}\\ \boldsymbol{0}&\boldsymbol{0}&\boldsymbol{0}&\boldsymbol{0}&\boldsymbol{0}&\boldsymbol{0}&\boldsymbol{0}&\boldsymbol{0}&\boldsymbol{0}&\boldsymbol{0}&\boldsymbol{I}&\boldsymbol{0}\\ \boldsymbol{0}&\boldsymbol{0}&\boldsymbol{0}&\boldsymbol{0}&\boldsymbol{0}&\boldsymbol{0}&\boldsymbol{0}&\boldsymbol{0}&\boldsymbol{0}&\boldsymbol{0}&\boldsymbol{0}&\boldsymbol{I}\end{pmatrix}$$

$$\boldsymbol{I}=\begin{pmatrix}1&0&0\\0&1&0\\0&0&1\end{pmatrix}\qquad \boldsymbol{0}=\begin{pmatrix}0&0&0\\0&0&0\\0&0&0\end{pmatrix}$$

根据获得八节点六面体单元的单元刚度矩阵与每个单元的转换矩阵，可以获得结构的整体刚度矩阵

$$\boldsymbol{K}=(\boldsymbol{G}^{(1)})^{\mathrm{T}}\boldsymbol{K}^{(1)}\boldsymbol{G}^{(1)}+(\boldsymbol{G}^{(2)})^{\mathrm{T}}\boldsymbol{K}^{(2)}\boldsymbol{G}^{(2)}$$

针对该六面体结构进行等效节点载荷，由于忽略结构本身重力，因此该结构只在节点 3 和节点 4 受到 x 方向集中载荷 F，列出整体结构的载荷列阵为

$$\boldsymbol{F}_{1\times36}=[F_{x1},F_{y1},F_{z1},F_{x2},F_{y2},F_{z2},F,0,0,F,0,0,F_{x5},F_{y5},F_{z5},F_{x6},F_{y6},F_{z6},\\ 0,0,0,0,0,0,F_{x9},F_{y9},F_{z9},F_{x10},F_{y10},F_{z10},0,0,0,0,0,0]^{\mathrm{T}}$$

7.2.4　边界条件的处理和求解

六面体单元的边界同样包括固定边界和弹性边界两大类，边界条件的处理方式与四面体单元边界条件处理方式相同，这里针对图 7-2 所示实例的六面体单元，其边界条件为节点 1、2、5、6、9、10 的固定边界，因此这 6 个节点的自由度被全约束，$u_1=v_1=w_1=0$，$u_2=v_2=w_2=0$，$u_5=v_5=w_5=0$，$u_6=v_6=w_6=0$，$u_9=v_9=w_9=0$，$u_{10}=v_{10}=w_{10}=0$。然后在整体刚度矩阵和整体载荷列阵中消去对应边界条件为 0 的行和列，最终得到的有限元方程为

$$\begin{pmatrix} k_{7,7} & k_{7,8} & k_{7,9} & \cdots & k_{7,34} & k_{7,35} & k_{7,36} \\ k_{8,7} & k_{8,8} & k_{8,9} & \cdots & k_{8,34} & k_{8,35} & k_{8,36} \\ k_{9,7} & k_{9,8} & k_{9,9} & \cdots & k_{9,34} & k_{9,35} & k_{9,36} \\ \vdots & \vdots & \vdots & \cdots & \vdots & \vdots & \vdots \\ k_{34,7} & k_{34,8} & k_{34,9} & \cdots & k_{34,34} & k_{34,35} & k_{34,36} \\ k_{35,7} & k_{35,8} & k_{35,9} & \cdots & k_{35,34} & k_{35,35} & k_{35,36} \\ k_{36,7} & k_{36,8} & k_{36,9} & \cdots & k_{36,34} & k_{36,35} & k_{36,36} \end{pmatrix} \begin{pmatrix} u_3 \\ v_3 \\ w_3 \\ \vdots \\ u_{12} \\ v_{12} \\ w_{12} \end{pmatrix} = \begin{pmatrix} F \\ 0 \\ 0 \\ \vdots \\ 0 \\ 0 \\ 0 \end{pmatrix}$$

具体的计算过程可参见以下 MATLAB 程序。

```
clear;clc;format long
E=2e11;Nu=0.25;                                        %材料参数及尺寸参数
%(1)求形函数矩阵
x1=0;y1=0;z1=0;x2=0;y2=0;z2=2;
x3=0;y3=4;z3=2;x4=0;y4=4;z4=0;
x5=3;y5=0;z5=0;x6=3;y6=0;z6=2;
x7=3;y7=4;z7=2;x8=3;y8=4;z8=0;
x=sym('x');y=sym('y');z=sym('z');
v=[1 x y z x*y y*z z*x x*y*z];
m=...
    [1 x1 y1 z1 x1*y1 y1*z1 z1*x1 x1*y1*z1
    1 x2 y2 z2 x2*y2 y2*z2 z2*x2 x2*y2*z2
    1 x3 y3 z3 x3*y3 y3*z3 z3*x3 x3*y3*z3
    1 x4 y4 z4 x4*y4 y4*z4 z4*x4 x4*y4*z4
    1 x5 y5 z5 x5*y5 y5*z5 z5*x5 x5*y5*z5
    1 x6 y6 z6 x6*y6 y6*z6 z6*x6 x6*y6*z6
    1 x7 y7 z7 x7*y7 y7*z7 z7*x7 x7*y7*z7
    1 x8 y8 z8 x8*y8 y8*z8 z8*x8 x8*y8*z8];
mm=inv(m);
N=v*mm;                                                %形函数
uN=[N(1) 0 0 N(2) 0 0 N(3) 0 0 N(4) 0 0 N(5) 0 0 N(6) 0 0 N(7) 0 0 N(8) 0 0];
vN=[0 N(1) 0 0 N(2) 0 0 N(3) 0 0 N(4) 0 0 N(5) 0 0 N(6) 0 0 N(7) 0 0 N(8) 0];
wN=[0 0 N(1) 0 0 N(2) 0 0 N(3) 0 0 N(4) 0 0 N(5) 0 0 N(6) 0 0 N(7) 0 0 N(8)];
%(2)求单元刚度矩阵
B1=diff(uN,x);B2=diff(vN,y);B3=diff(wN,z);
B4=diff(uN,y)+diff(vN,x);B5=diff(vN,z)+diff(wN,y);B6=diff(wN,x)+diff(uN,z);
B=[B1;B2;B3;B4;B5;B6];                                 %应变矩阵
BT=transpose(B);
D=...                                                  %弹性矩阵
    E/(1+Nu)/(1-2*Nu)*[1-Nu Nu Nu 0 0 0;
    Nu 1-Nu Nu 0 0 0;
```

```
    Nu Nu 1 - Nu 0 0 0;
    0 0 0 (0.5 - Nu) 0 0;
    0 0 0 0 (0.5 - Nu) 0;
    0 0 0 0 0 (0.5 - Nu)];
KK = BT * D * B;
KI = int(KK,x,x1,x7);
KI = int(KI,y,y1,y7);
KI = int(KI,z,z1,z7);
KI = vpa(KI);
Ke1 = KI;Ke2 = KI;
% (3)转换矩阵法获得总刚矩阵
Ndof = 3 * 4 * 3;
G1 = zeros(24,Ndof);G1(:,1:24) = eye(24,24);
G2 = zeros(24,Ndof);G2(:,12 +1:12 +24) = eye(24,24);
K1 = G1' * Ke1 * G1;K2 = G2' * Ke2 * G2;
K = K1 + K2;                                          % 总刚度矩阵
% (4)引入约束条件
F = zeros(Ndof,1);
F(3 * 2 +1) = 5e6;
F(3 * 3 +1) = 5e6;
K(1,:) = 0; K(:,1) = 0;K(1,1) = 1;K(2,:) = 0; K(:,2) = 0;K(2,2) = 1;K(3,:) = 0; K(:,3) = 0;
K(3,3) = 1;
K(4,:) = 0; K(:,4) = 0;K(4,4) = 1;K(5,:) = 0; K(:,5) = 0;K(5,5) = 1;K(6,:) = 0; K(:,6) = 0;
K(6,6) = 1;
K(25,:) = 0; K(:,25) = 0;K(25,25) = 1;K(26,:) = 0; K(:,26) = 0;K(26,26) = 1;K(27,:) = 0; K
(:,27) = 0;K(27,27) = 1;
K(28,:) = 0; K(:,28) = 0;K(28,28) = 1;K(29,:) = 0; K(:,29) = 0;K(29,29) = 1;K(30,:) = 0; K
(:,30) = 0;K(30,30) = 1;
K(13,:) = 0; K(:,13) = 0;K(13,13) = 1;K(14,:) = 0; K(:,14) = 0;K(14,14) = 1;K(15,:) = 0; K
(:,15) = 0;K(15,15) = 1;
K(16,:) = 0; K(:,16) = 0;K(16,16) = 1;K(17,:) = 0; K(:,17) = 0;K(17,17) = 1;K(18,:) = 0; K
(:,18) = 0;K(18,18) = 1;
% (5)进行求解
u = inv(K) * F;
```

将计算所得节点位移列于表 7-5。

表 7-5 MATLAB 计算各节点位移 (单位：10^{-5} m)

节　点	3	4	7	8	11	12
x 方向	9.363 0	9.363 0	5.326 00	5.326 00	4.489 0	4.489 0
y 方向	3.829 0	3.829 0	-0.095 32	-0.095 32	-2.050 0	-2.050 0
z 方向	0.068 8	-0.068 8	0.269 30	-0.269 30	0.259 1	-0.259 1

作为对照，利用 ANSYS 对该例题进行同样的分析计算。ANSYS 的命令流如下：

```
/PREP7                              ! 进入前处理
! ----设置单元和材料----
ET,1,SOLID95                        ! 定义单元类型(SOLID95)
MP,EX,1,2.0E11                      ! 定义材料的弹性模量
MP,PRXY,1,0.25                      ! 定义材料的泊松比
! ----定义 12 个节点----
N,1,0,0,0                           ! 节点 1,坐标(1x,0,0),以下类似
N,2,0,0,2  $  N,3,0,4,2  $  N,4,0,4,0
N,5,3,0,0  $  N,6,3,0,2  $  N,7,3,4,2
N,8,3,4,0  $  N,9,6,0,0  $  N,10,6,0,2
N,11,6,4,2  $  N,12,6,4,0
! ----设置划分网格的单元和材料类型----
TYPE,1                              ! 设置单元类型 1
MAT,1                               ! 设置材料类型 1
TSHAP,QUA8                          ! 设置 8 节点 3D 单元(由四边形的面组成)
E,1,2,3,4,5,6,7,8
E,5,6,7,8,9,10,11,12
! ----施加约束位移----
D,1,ALL                             ! 对节点 1,施加固定位移约束,以下类似
D,2,ALL  $  D,9,ALL
D,10,ALL  $  D,5,ALL
D,6,ALL                             ! --------施加载荷
F,3,FX,5e6
F,4,FX,5e6
! ----进入求解模块----
/SOLU                               ! 求解模块
SOLVE                               ! 求解
FINISH                              ! 退出所在模块
! ----进入一般的后处理模块----
/POST1                              ! 进入后处理
NSEL,S,NODE,,
PRNSOL,DOF
```

计算结果如下：

```
NODE        UX              UY              UZ
  1       0.000 0         0.000 0         0.000 0
  2       0.000 0         0.000 0         0.000 0
  3     0.936 34E-04    0.382 89E-04    0.687 98E-06
  4     0.936 34E-04    0.382 89E-04   -0.687 98E-06
```

```
5      0.000 0       0.000 0       0.000 0
6      0.000 0       0.000 0       0.000 0
7   0.532 60E-04  -0.953 21E-06  0.269 29E-05
8   0.532 60E-04  -0.953 21E-06 -0.269 29E-05
9      0.000 0       0.000 0       0.000 0
10     0.000 0       0.000 0       0.000 0
11  0.448 93E-04  -0.204 96E-04  0.259 13E-05
12  0.448 93E-04  -0.204 96E-04 -0.259 13E-05
```

将MATLAB和ANSYS分析结果列于表7-6。从结果对比可以看出，利用SOLID95单元的ANSYS分析结果和MATLAB分析结果是一致的，对SOLID95单元有了深入了解，利用八节点六面体单元对三维问题进行有限元分析的分析方法和程序是准确的。对于其他三维问题、复杂结构或者不同工况，可以利用这种分析方法进行分析求解。

表7-6　MATLAB和ANSYS节点位移对比表　　（单位：10^{-5} m）

分析方式		MATLAB			ANSYS（SOLID95）		
位移		*u*	*v*	*w*	*v*	*u*	*w*
节点编号	3	9.363	3.829 00	0.068 8	9.363 4	3.828 900	0.068 798
	4	9.363	3.829 00	0.068 8	9.363 4	3.828 900	−0.068 798
	7	5.326	−0.095 32	0.269 3	5.326 0	−0.095 321	0.269 290
	8	5.326	−0.095 32	0.269 3	5.326 0	−0.095 321	−0.269 290
	11	4.489	−2.050 00	0.259 1	4.489 3	−2.049 600	0.259 130
	12	4.489	−2.050 00	0.259 1	4.489 3	−2.049 600	−0.259 130

7.3　ANSYS软件单元库中的三维单元和应用举例

7.3.1　单元介绍

ANSYS用于三维结构分析3D实体单元有SOLID45、SOLID46、SOLID64、SOLID65、SOLID92、SOLID95、SOLID147、SOLID148、SOLID185、SOLID186、SOLID190、SOLID191、显式动力单元SOLID164、SOLID168等。这里仅对其中部分单元进行简单介绍，详细材料请查阅相关书籍。

SOLID45单元称为3D8节点结构实体单元，用于模拟3D实体结构。该单元定义有8个节点、每个节点有3个自由度，即沿节点坐标系x、y和z方向的平动位移，单元模型如图7-5所示，可退化为五面体棱柱体单元或者四面体单元。在SOLID45的基础上，SOLID46为分层单元，SOLID64为各向异性单元，SOLID65为钢筋混凝土单元。

SOLID95称为3D20节点结构实体单元，是SOLID45的高阶单元，对不规则形状具有较

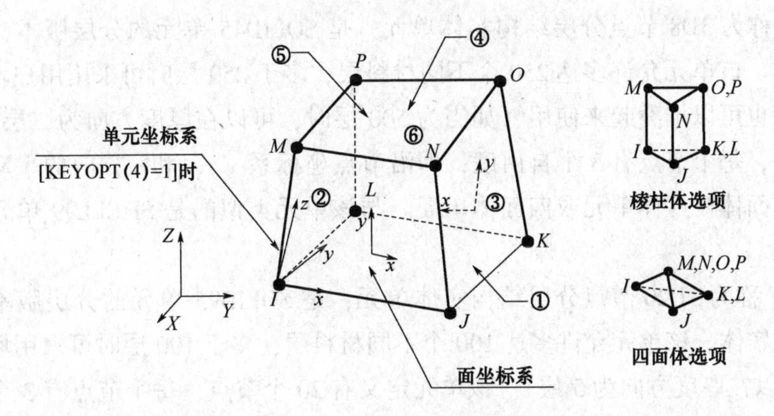

图 7-5　SOLID45 单元几何模型

好的精度，由于采用协调位移插值函数，可很好地适应曲线边界。该单元定义 20 个节点，每个节点有 3 个自由度，即沿节点坐标系 x、y 和 z 方向的平动位移，单元模拟如图 7-6 所示，可退化为四面体单元、五面体的金字塔单元或宝塔单元、五面体棱柱体单元。

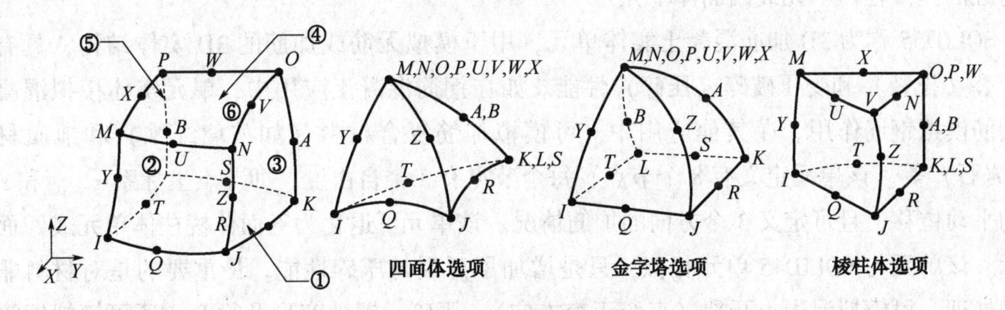

图 7-6　SOLID95 单元几何模型

SOLID92 称为 3D10 节点四面体结构实体单元，具有二次插值函数，适用于不规则形状的网格划分，如从其他 CAD、CAM 导入模型。该单元定义 10 个节点，每个节点有 3 个自由度，即沿节点坐标系 x、y 和 z 方向的平动位移，单元模型如图 7-7 所示。20 个节点 SOLID95 单元的退化形式四面体单元与该 SOLID92 单元一致，当 SOLID95 退化为四面体时可采用命令 TCHG 转化为 SOLID92 单元，以减少单元自由度。

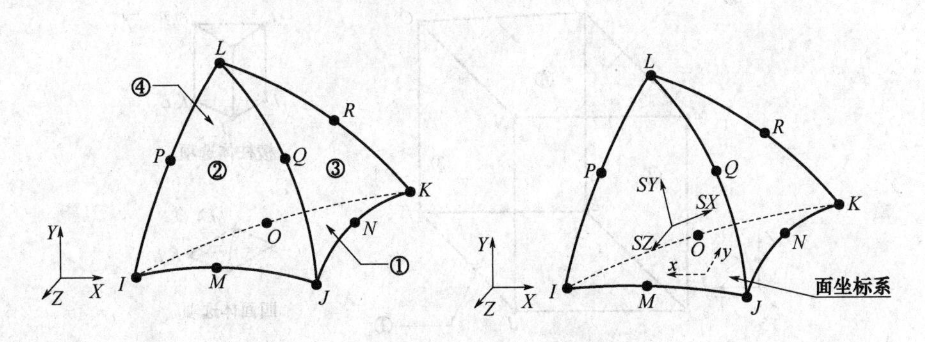

图 7-7　SOLID92 单元几何模型

SOLID46 称为 3D8 节点分层结构实体单元，是 SOLID45 单元的分层版本，可模拟分层的厚壳或实体。该单元允许多达 250 个不同材料层，多于 250 层时可采用用户输入定制矩阵选项，该单元也可以堆叠起来使用（如当为 500 层时，可以在厚度方向为 2 层）。该单元定义有 8 个节点，每个节点有 3 个自由度，即沿节点坐标系 x、y 和 z 方向的平动位移。该单元可退化为五面体棱柱体单元或四面体单元。与该单元类似的是 SHELL99 单元，SOLID191 是其高阶单元。

SOLID191 称为 3D20 节点分层结构实体单元，是 SOLID95 单元的分层版本，可以模拟分层的厚壳或实体。该单元允许多达 100 个不同材料层，多于 100 层时可采用堆叠（如当为 500 层时，可以在厚度方向为 5 层）。该单元定义有 20 个节点，每个节点有 3 个自由度，即沿节点坐标系 x、y 和 z 方向的平动位移。该单元可退化为五面体棱柱体单元或四面体单元。与该单元类似的是 SHELL99 单元，SOLID46 是其低阶单元。

SOLID64 称为 3D 各向异性结构实体单元，可模拟晶体和复合材料等。该单元定义有 8 个节点，每个节点有 3 个自由度，即沿节点坐标系 x、y 和 z 方向的平动位移。该单元可退化为五面体棱柱体单元或四面体单元。

SOLID65 称为 3D 加筋混凝土实体单元，用于模拟无筋或加筋的 3D 实体结构，具有受拉开裂（拉裂）和受压破碎（压碎）性能。如在钢筋混凝土应用中，单元实体模拟混凝土而加筋模拟钢筋作用。在其他应用中，可模拟加筋复合材料（如玻璃纤维）和地质材料（如岩石）等。该单元定义有 8 个节点，每个节点有 3 个自由度，即节点坐标系 x、y 和 z 方向的平动位移，且可定义 3 个方向的加筋情况。该单元可退化为五面体棱柱体单元或四面体单元。该单元与 SOLID45 单元相似，只是增加了开裂与压碎性能。最重要的是对材料非线性的处理，可模拟混凝土开裂（三个正交方向）、压碎、塑性变形及徐变，还可模拟钢筋的拉伸、压缩、塑性变形及蠕变，但不能模拟钢筋的剪切。

SOLID185 称为 3D8 节点结构实体单元，用于模拟 3D 实体结构。该单元定义有 8 个节点，每个节点有 3 个自由度，即沿节点坐标系 x、y 和 z 方向的平动位移，单元模型如图 7-8 所示。该单元可退化为五面体棱柱体单元或四面体单元。该单元除具有单元 SOLID45 的塑性、蠕变、应力刚化、大变形、大应变、初应力输入等特性外，还具有超弹、黏弹、黏塑和

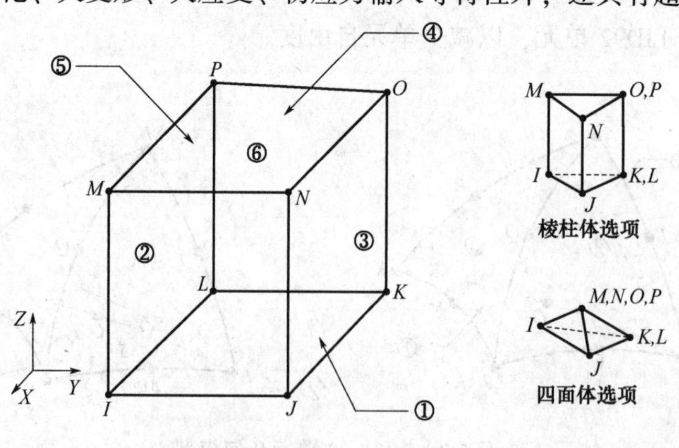

图 7-8　SOLID185 单元几何模型

单元参数自动选择等特性，且可利用混合公式模拟几何不可压缩材料的弹塑性行为和完全不可压缩材料的超弹行为。该单元的高阶单元为SOLID186。

SOLID186称为高阶3D20节点实体单元，因其采用二次位移插值函数对不规则形状具有较好的精度，可很好地适应曲线边界。该单元定义有20个节点，每个节点有3个自由度，即沿节点坐标系x、y和z方向的平动位移。该单元可退化为四面体单元、五面体金字塔或宝塔单元、五面体棱柱体单元。单元特性与SOLID185相似。该单元具有两种形式：结构实体和分层实体。

7.3.2　应用举例

例7.2　如图7-9所示的立方体实体结构，其长宽高分别为$a=6$ m、$b=2$ m和$h=4$ m，实体结构的密度$\rho=7\ 850\ \text{kg/m}^3$，弹性模量$E=200$ GPa，泊松比$\nu=0.25$，在如图7-9所示位置受到集中载荷5 000 kN的作用，忽略重力的影响。试利用不同实体单元求各节点的位移。

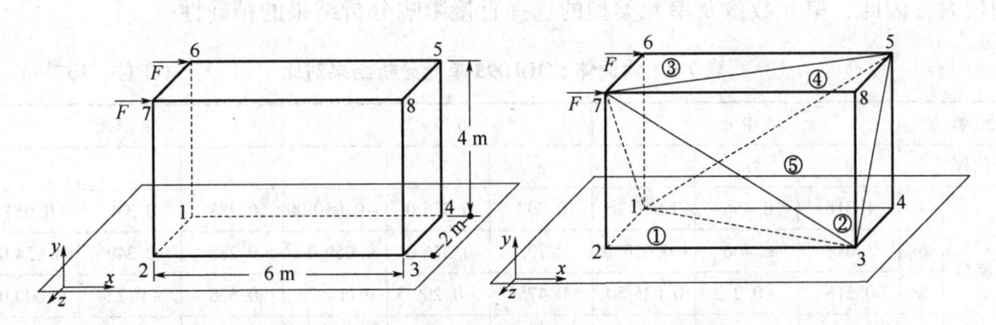

图7-9　立方体实体结构与四面体有限元模型

分别采用4节点四面体单元SOLID45单元及10节点四面体单元SOLID92单元对该模型进行静力学分析，其中SOLID92单元为带有中节点的四面体单元，将实体结构划分为5个单元，分别将分析结果列于表7-7。

表7-7　4节点四面体单元与10节点四面体单元结果对比　(单位：10^{-4} m)

单元类型		SOLID45			SOLID92		
位移		u	v	w	u	v	w
节点编号	5	0.371 39	−0.100 19	−0.105 94	0.371 39	−0.100 19	−0.105 94
	6	0.667 93	0.112 62	−0.103 35	0.667 93	0.112 62	−0.103 35
	7	0.561 59	0.121 10	−0.084 46	0.561 59	0.121 10	−0.084 46
	8	0.368 70	−0.048 70	−0.078 37	0.368 70	−0.048 70	−0.078 37

从结果可以看出，选用SOLID45和SOLID92进行四面体单元模拟的结果是一致的。在规则简单结构的线性分析过程中，带有中间节点单元的优势体现不明显，如果分析对象结构复杂具有不规则性，则SOLID92单元的优势较为突出。

下面选用8节点六面体单元SOLID45单元、20节点六面体单元SOLID95单元、8节点六面体高阶单元SOLID185单元对该模型进行静力学分析，其中SOLID95单元为带有中节点的六面体单元，将实体结构划分为2个单元，分别将分析结果列于表7-8。

表7-8　六面体单元分析结果对比　（单位：10^{-4} m）

单元类型		SOLID45			SOLID95			SOLID185		
位移		*u*	*v*	*w*	*u*	*v*	*w*	*u*	*v*	*w*
节点编号	7	1.012 8	0.468 9	0.003 2	0.936	0.382 89	0.006 88	1.012 8	0.468 9	0.003 17
	6	1.012 8	0.468 9	-0.003 2	0.936	0.382 89	-0.006 88	1.012 8	0.468 9	-0.003 17
	8	0.479	-0.244 8	0.029 7	0.449	-0.205 00	0.025 90	0.479 0	-0.244 8	0.029 70
	5	0.479	-0.244 8	-0.029 7	0.449	-0.205 00	-0.025 90	0.479 0	-0.244 8	-0.029 70

改变单元个数，分析不同单元数量对分析结果的影响，将结果列于表7-9、7-10。从表中可以看出，在单元数量较少时，单元个数直接影响分析精度，带有中节点的SOLID95单元与没有中节点的SOLID185单元分析结果存在差异，说明中节点对六面体单元的分析精度影响较大，因此，单元数量及单元类型的选择直接影响分析结果的精确性。

表7-9　六面体SOLID95单元分析结果对比　（单位：10^{-4} m）

单元数量		4单元			6单元			8单元		
位移		*u*	*v*	*w*	*u*	*v*	*w*	*u*	*v*	*w*
节点编号	7	1.018	0.466	0.010 26	0.293	0.326 0	-0.050 00	0.288	0.349	-0.054 000
	6	1.018	0.466	-0.010 26	0.293	0.326 0	0.050 00	0.288	0.349	0.054 000
	8	0.516	-0.252	0.025 50	0.475	-0.209 5	0.001 23	0.506	-0.224	0.000 063
	5	0.516	-0.252	-0.025 50	0.475	-0.209 5	-0.001 23	0.506	-0.224	-0.000 063

表7-10　六面体SOLID185单元分析结果对比　（单位：10^{-4} m）

单元数量		4单元			6单元			8单元		
位移		*u*	*v*	*w*	*u*	*v*	*w*	*u*	*v*	*w*
节点编号	7	1.118	0.596	-0.001 84	0.262	0.354 3	-0.063 3	0.265	0.375	-0.070 0
	6	1.118	0.596	0.001 84	0.262	0.354 3	0.063 3	0.265	0.375	0.070 0
	8	0.586	-0.332	0.032 70	0.478	-0.209	-0.004 3	0.518	-0.229	-0.005 5
	5	0.586	-0.332	-0.032 70	0.478	-0.209	0.004 3	0.518	-0.229	0.005 5

小　结

通过对本部分内容的学习，读者应该能够：掌握三维问题的有限元解法；掌握如何利用四节点的四面体单元、八节点的六面体单元对仅承受各方向上的力载荷，产生相应方向上的平动位移的三维实体结构进行分析，包括整体刚度的组集及转换、载荷列阵及边界条件的引入、位移及应力应变求解；同时，还应该了解ANSYS软件单元库中的不同种类的三维单元，以便在以后的有限元分析工作中选择合适的单元进行分析计算。

习 题

7.1 采用不同的三维实体单元求解如图所示的梁结构的节点变形和单元应力。结构的弹性模量为 $E=70$ GPa，泊松比为 $\nu=0.25$。

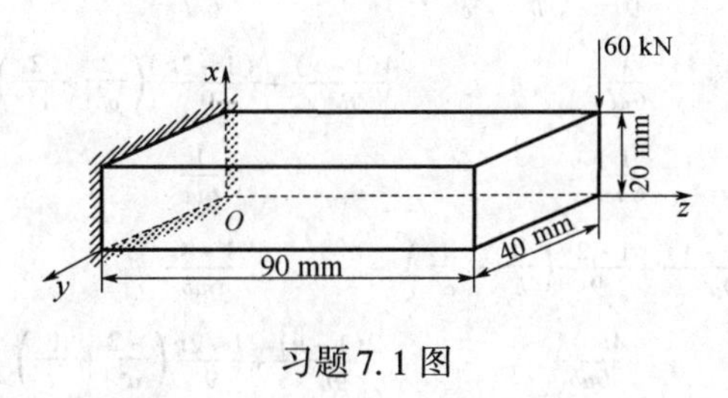

习题 7.1 图

7.2 如图所示变截面梁结构，在端部受均布载荷，材料弹性模量 $E=70$ GPa，$\nu=0.25$，利用不同三维单元分析端面变形及应力情况。尝试用梁单元方法求解，并将得到的变形与三维单元得到的变形进行对比。

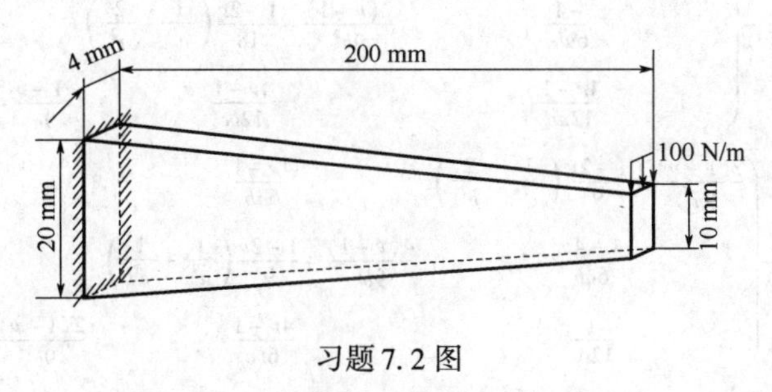

习题 7.2 图

7.3 如图所示立柱结构，在顶部受均布载荷，材料弹性模量 $E=200$ GPa，$\nu=0.3$，利用不同三维单元分析结构顶部端面的位移变形与应力，并与梁单元分析结果进行对比。

7.4 如图所示 L 型结构，材料弹性模量 $E=200$ GPa，泊松比 $\nu=0.3$，在端部悬挂重物 $G=90$ kN，利用不同三维单元分析结构各节点变形与应力情况。尝试用梁单元方法求解，将三维单元和梁单元得到的结果进行对比。

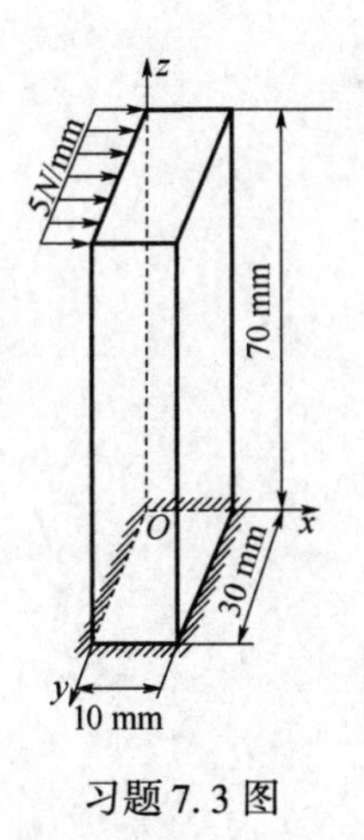

习题 7.3 图

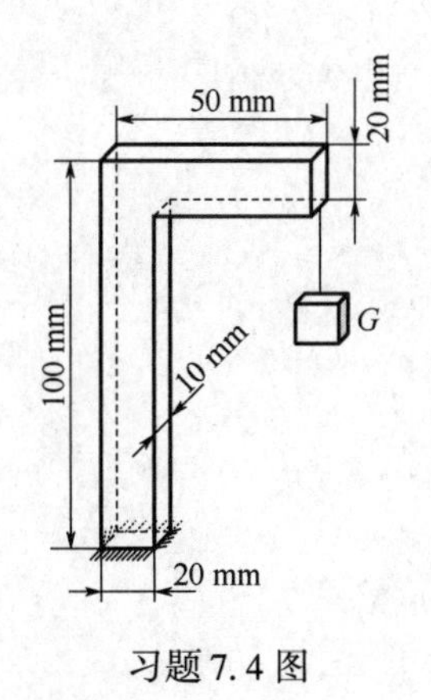

习题 7.4 图

本章附录

式 7-50 具体的表达式

$$\boldsymbol{K}_{11}=\frac{E\nu}{16(1+\nu)(1+2\nu)}\begin{pmatrix}\frac{4(1-\nu)}{9a^2}+\frac{(1-2\nu)}{9}\left(\frac{2}{b^2}+\frac{2}{c^2}\right) & \frac{1}{6ab} & \frac{1}{6ac}\\ \frac{1}{6ab} & \frac{4(1-\nu)}{9b^2}+\frac{(1-2\nu)}{9}\left(\frac{2}{a^2}+\frac{2}{c^2}\right) & \frac{1}{6bc}\\ \frac{1}{6ac} & \frac{1}{6bc} & \frac{4(1-\nu)}{9c^2}+\frac{(1-2\nu)}{9}\left(\frac{2}{a^2}+\frac{2}{b^2}\right)\end{pmatrix}$$

$$\boldsymbol{K}_{12}=\frac{E\nu}{16(1+\nu)(1+2\nu)}\begin{pmatrix}\frac{4(\nu-1)}{9a^2}+\frac{1-2\nu}{9}\left(\frac{1}{b^2}+\frac{1}{c^2}\right) & \frac{1-4\nu}{6ab} & \frac{1-4\nu}{6ac}\\ \frac{4\nu-1}{6ab} & \frac{2(1-\nu)}{9b^2}+\frac{1-2\nu}{9}\left(\frac{-2}{a^2}+\frac{1}{c^2}\right) & \frac{1}{12bc}\\ \frac{4\nu-1}{6ac} & \frac{1}{12bc} & \frac{2(1-\nu)}{9c^2}+\frac{1-2\nu}{9}\left(\frac{-2}{a^2}+\frac{1}{b^2}\right)\end{pmatrix}$$

$$\boldsymbol{K}_{13}=\frac{E\nu}{16(1+\nu)(1+2\nu)}\begin{pmatrix}\frac{2(\nu-1)}{9a^2}+\frac{1-2\nu}{18}\left(\frac{1}{c^2}-\frac{2}{b^2}\right) & \frac{-1}{6ab} & \frac{-1}{12ac}\\ \frac{-1}{6ab} & \frac{2(\nu-1)}{9b^2}+\frac{1-2\nu}{18}\left(\frac{1}{c^2}-\frac{2}{a^2}\right) & \frac{1-4\nu}{12bc}\\ \frac{4\nu-1}{12ac} & \frac{4\nu-1}{12bc} & \frac{1-\nu}{9c^2}-\frac{1-2\nu}{9}\left(\frac{1}{a^2}+\frac{1}{b^2}\right)\end{pmatrix}$$

$$\boldsymbol{K}_{14}=\frac{E\nu}{16(1+\nu)(1+2\nu)}\begin{pmatrix}\frac{2(1-\nu)}{9a^2}+\frac{1-2\nu}{9}\left(\frac{1}{c^2}-\frac{2}{b^2}\right) & \frac{4\nu-1}{6ab} & \frac{1}{12ac}\\ \frac{1-4\nu}{6ab} & \frac{4(\nu-1)}{9b^2}+\frac{1-2\nu}{9}\left(\frac{1}{a^2}+\frac{1}{c^2}\right) & \frac{1-4\nu}{6bc}\\ \frac{1}{12ac} & \frac{4\nu-1}{6bc} & \frac{2(1-\nu)}{9c^2}+\frac{1-2\nu}{9}\left(\frac{1}{a^2}-\frac{2}{b^2}\right)\end{pmatrix}$$

第 8 章

形函数与等参元

在实际工程当中，对于一些几何形状比较复杂的连续体，很难用有限元中常用的一些形状规则的单元，像三角形、矩形、六面体单元等进行网格划分。为了能在同等精度下，用较少的单元去求解实际结构，可以通过形函数建立坐标变换关系，把局部坐标系下形状规则的单元转变成整体坐标系下形状不规则的单元；进而能够很好地适应曲线边界和曲面边界，准确地模拟结构形状，较好地反映结构的复杂应力分布情况。

在前面的章节中我们已经介绍了单元形函数的推导过程，定义了形函数后可以据此推导其单元刚度矩阵和载荷列阵等，进而通过单元的组集得到整体系统的线性方程组，求得节点位移。不言而喻，形函数的作用非常明显，它不仅可以用作单元内的位移插值函数，把单元内任一点的位移用节点位移表示，还可作为加权余量法中的加权函数，可以处理外载荷，将分布力等效为节点上的集中力和力矩，此外，本章中引入等参元的思想是为了克服线性位移模式求解精度不高这一缺点，而形函数正是等参元理论的核心基础。

8.1 形函数

形函数的核心思想是将单元的位移场函数表示为多项式的形式，然后利用节点条件将多项式中的待定参数表示成位移场函数的节点值和单元几何参数的函数，从而将场函数表示成节点值插值形式的表达式。

形函数主要取决于单元的形状、节点类型和单元的节点数目。单元的类型和形状决定于结构总体求解域的几何特点及待求解问题的类型和求解精度。根据实际问题的需要，可分成一维单元、二维单元和三维单元。单元节点的类型可以只包含场函数的节点值，也可能还包含场函数导数的节点值。是否需要场函数导数的节点值作为节点变量一般取决于单元边界上的连续性要求，如果边界上只要求函数值保持连续，称为 C_0 型单元；若要求函数值及其一阶导数值都保持连续，则是 C_1 型单元。与此相对应，形函数可分为 Lagrange 型（不需要函数在节点上的斜率或曲率）和 Hermite 型（需要形函数在节点上的斜率或曲率）两大类。

在有限单元法中，单元插值函数均采用不同阶次的幂函数多项式形式，而形函数的幂次则是指所采用的多项式的幂次，可能具有一次、二次、三次或更高次等。对于 C_0 型单元，单元内的未知场函数的线性变化仅用角（端）节点的参数来表示。节点参数只包含场函数的节点值。而对于 C_1 型单元，节点参数中包含场函数及其一阶导数的节点值。

8.1.1　形函数的构造原理

1. 构造方法

在单元形函数的推导过程中，位移模式的确定是先决条件，单元中的位移模式一般采用设有待定系数的多项式作为近似函数。利用帕斯卡三角形可以对不同类型的单元位移模式加以确定，这样确定的位移模式，能够满足有限元的收敛性要求。相应地可以得到单元的形函数矩阵。以下是几种典型的位移插值多项式的构造方法。

1）一维两节点单元的情况，如图 8-1 所示。

2）一维三节点单元的情况，如图 8-2 所示。

图 8-1　一维两节点单元　　图 8-2　一维三节点单元

3）二维高阶单元的情况，如图 8-3 ~ 图 8-6 所示。

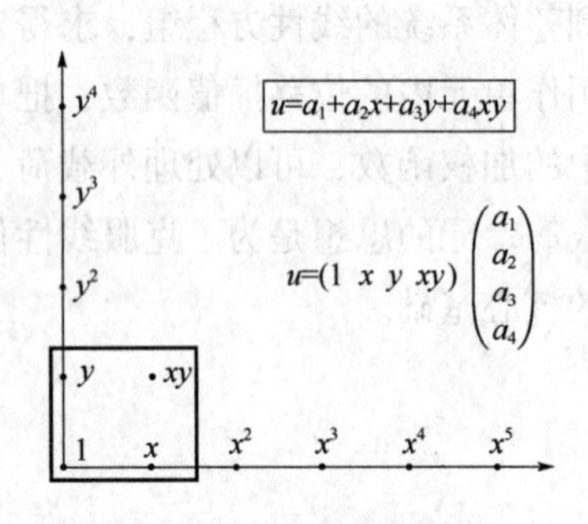

图 8-3　二维四节点单元

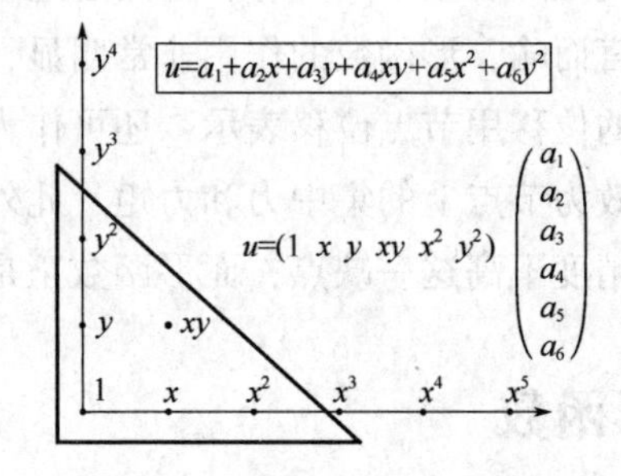

图 8-4　二维六节点单元

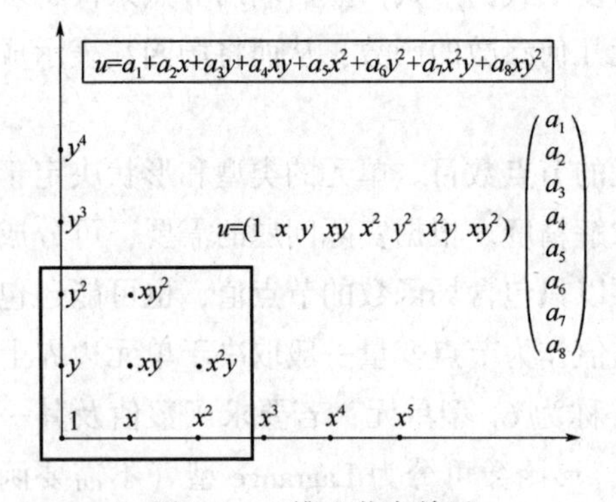

图 8-5　二维八节点单元

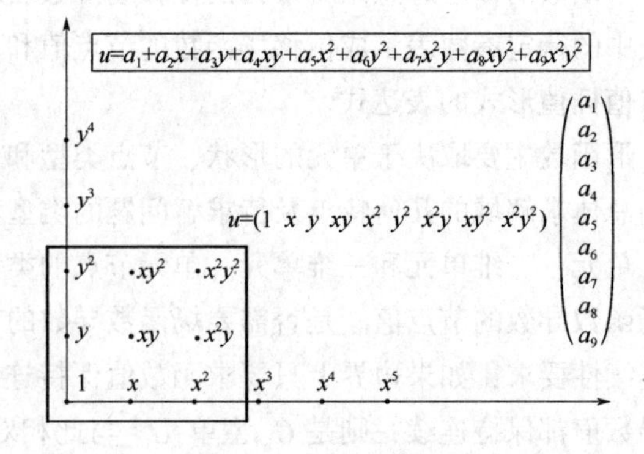

图 8-6　二维九节点单元

4）三维单元的情况如图 8-7 所示。

2. 具体步骤

可以看出，位移插值函数可以按照帕斯卡三角形构造，具体步骤如下：

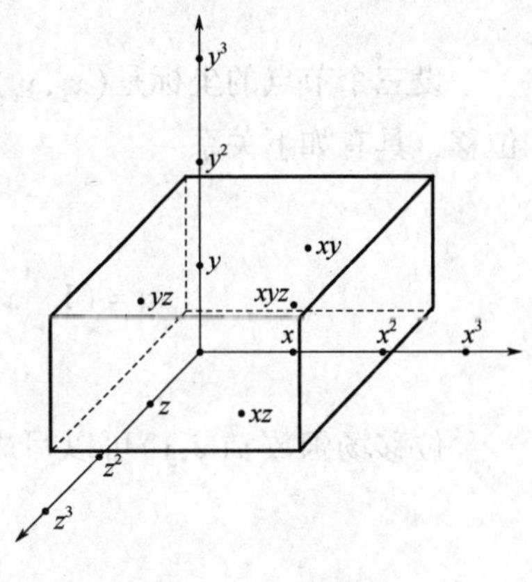

图 8-7　三维单元

1）按照所研究问题的维数绘制坐标轴，一维对应一个坐标轴，二维对应两个坐标轴，三维对应三个坐标轴。

2）按照所选单元的节点数，用三角形、矩形或长方体在帕斯卡三角形上圈定相应区域。

3）对应写出位移函数的插值公式。

3. 注意事项

选取位移模式多项式时应考虑以下几点：

1）待定系数是由节点位移条件确定的，其数量应与节点位移自由度数相等。

2）选取的多项式必须具备常数项和完备的一次项。

3）尽量选取完全多项式以提高单元的精度，且选择多项式应由低阶到高阶。

4. 典型单元

下面我们来看几个典型单元形函数的推导过程。

（1）一维一次两节点单元（杆单元）　如图 8-8 所示，设单元内的一维位移场函数$u(x)$沿着 x 轴呈线性变化，即

$$u(x)=\alpha_1+\alpha_2 x \tag{8-1}$$

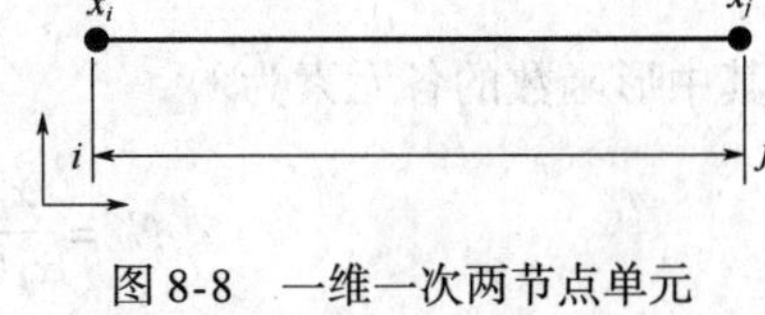

图 8-8　一维一次两节点单元

转换成矢量形式为

$$u(x)=(1\quad x)\begin{pmatrix}\alpha_1\\ \alpha_2\end{pmatrix} \tag{8-2}$$

设两个节点的坐标为 x_i，x_j，两节点的位移分别为 u_i，u_j。代入式（8-2）可以解出 α_i，α_j，即

$$\begin{pmatrix}\alpha_1\\ \alpha_2\end{pmatrix}=\begin{pmatrix}1 & x_i\\ 1 & x_j\end{pmatrix}^{-1}\begin{pmatrix}u_i\\ u_j\end{pmatrix} \tag{8-3}$$

这样，位移场函数 $u(x)$可以写成形函数与节点参数乘积的形式

$$u(x)=(1\quad x)\begin{pmatrix}1 & x_i\\ 1 & x_j\end{pmatrix}^{-1}\begin{pmatrix}u_i\\ u_j\end{pmatrix} \tag{8-4}$$

得到形函数矩阵为

$$\boldsymbol{N}=(1\quad x)\begin{pmatrix}1 & x_i\\ 1 & x_j\end{pmatrix}^{-1}=(N_iN_j) \tag{8-5}$$

其中形函数的各元素为

$$N_i=\frac{x_j-x}{x_j-x_i}\quad N_j=\frac{x-x_i}{x_j-x_i} \tag{8-6}$$

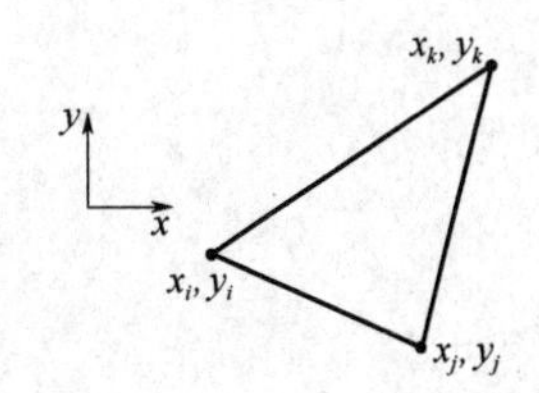

图 8-9　二维一次三节点单元

（2）二维一次三节点单元（平面三角形单元）　如图 8-9 所示的二维一次三节点单元，在整体坐标系下，单元内任一点的 x 方向的位移为

$$u(x,y)=\alpha_1+\alpha_2 x+\alpha_3 y \tag{8-7}$$

设三个节点的坐标是(x_i,y_i)，(x_j,y_j)，(x_k,y_k)，u_i，u_j，u_k 为三个节点在某方向上的位移，具有如下关系

$$u=\begin{pmatrix}1 & x & y\end{pmatrix}\begin{pmatrix}\alpha_1\\ \alpha_2\\ \alpha_3\end{pmatrix}\Rightarrow\begin{pmatrix}\alpha_1\\ \alpha_2\\ \alpha_3\end{pmatrix}=\begin{pmatrix}1 & x_i & y_i\\ 1 & x_j & y_j\\ 1 & x_k & y_k\end{pmatrix}^{-1}\begin{pmatrix}u_i\\ u_j\\ u_k\end{pmatrix} \tag{8-8}$$

位移场函数 $u(x,y)$ 可以写成形函数与节点参数乘积的形式

$$u(x,y)=\begin{pmatrix}1 & x & y\end{pmatrix}\begin{pmatrix}1 & x_i & y_i\\ 1 & x_j & y_j\\ 1 & x_k & y_k\end{pmatrix}^{-1}\begin{pmatrix}u_i\\ u_j\\ u_k\end{pmatrix}$$

得到形函数矩阵为

$$\boldsymbol{N}=\begin{pmatrix}1 & x & y\end{pmatrix}\begin{pmatrix}1 & x_i & y_i\\ 1 & x_j & y_j\\ 1 & x_k & y_k\end{pmatrix}^{-1}=\begin{pmatrix}N_i & N_j & N_k\end{pmatrix} \tag{8-9}$$

其中形函数的各元素为

$$\begin{aligned}
N_i&=\frac{x_k(y-y_j)+x(y_j-y_k)+x_j(y_k-y)}{x_k(y_i-y_j)+x_i(y_j-y_k)+x_j(y_k-y_i)}\\
N_j&=\frac{x_k(y_i-y)+x_i(y-y_k)+x(y_k-y_i)}{x_k(y_i-y_j)+x_i(y_j-y_k)+x_j(y_k-y_i)}\\
N_k&=\frac{x_j(y-y_i)+x(y_i-y_j)+x_i(y_j-y)}{x_k(y_i-y_j)+x_i(y_j-y_k)+x_j(y_k-y_i)}
\end{aligned} \tag{8-10}$$

（3）三维一次四节点单元（三维四面体单元）　如图 8-10 所示的三位一次四节点单元，在整体坐标系下，任一点的 x 方向的位移为

$$u(x)=\alpha_1+\alpha_2 x+\alpha_3 y+\alpha_4 z \tag{8-11}$$

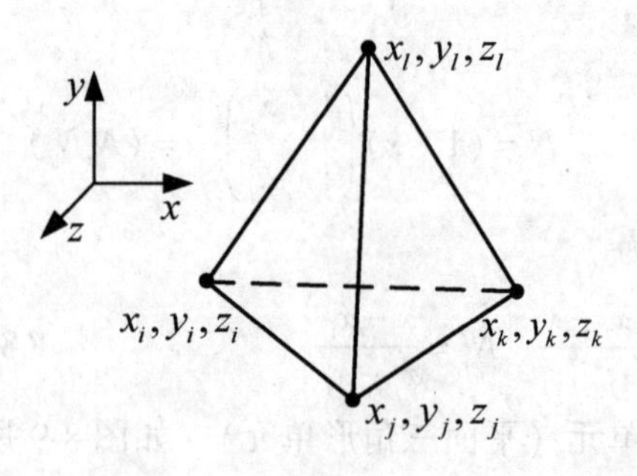

图 8-10　三维一次四节点单元

同理，可以得到

$$u=(1\quad x\quad y\quad z)\begin{pmatrix}\alpha_1\\ \alpha_2\\ \alpha_3\\ \alpha_4\end{pmatrix}=(1\quad x\quad y\quad z)\begin{pmatrix}1 & x_i & y_i & z_i\\ 1 & x_j & y_j & z_j\\ 1 & x_k & y_k & z_k\\ 1 & x_l & y_l & z_l\end{pmatrix}^{-1}\begin{pmatrix}u_i\\ u_j\\ u_k\\ u_l\end{pmatrix} \tag{8-12}$$

形函数矩阵如下式

$$\boldsymbol{N}=(1\quad x\quad y\quad z)\begin{pmatrix}1 & x_i & y_i & z_i\\ 1 & x_j & y_j & z_j\\ 1 & x_k & y_k & z_k\\ 1 & x_l & y_l & z_l\end{pmatrix}^{-1}=(N_i\quad N_j\quad N_k\quad N_l) \tag{8-13}$$

其中形函数的各元素为

$$N_i=\frac{(x_k-x_l)(zy_j-yz_j)+(x_l-x_j)(zy_k-yz_k)+(x_j-x_k)(zy_l-yz_l)+(x-x_l)(y_kz_j-y_jz_k)+(x_k-x)(y_lz_j-y_jz_l)+(x-x_j)(y_lz_k-y_kz_l)}{(x_k-x_l)(y_jz_i-y_iz_j)+(x_j-x_k)(y_lz_i-y_iz_l)+(x_l-x_j)(y_kz_i-y_iz_k)+(x_i-x_l)(y_kz_j-y_jz_k)+(x_i-x_k)(y_jz_l-y_lz_j)+(x_i-x_j)(y_lz_k-y_kz_l)}$$

$$N_j=-\frac{(x_k-x_l)(zy_i-yz_i)+(x_l-x_i)(zy_k-yz_k)+(x_i-x_k)(zy_l-yz_l)+(x-x_l)(y_kz_i-y_iz_k)+(x-x_k)(y_iz_l-y_lz_i)+(x-x_i)(y_lz_k-y_kz_l)}{(x_k-x_l)(y_jz_i-y_iz_j)+(x_j-x_k)(y_lz_i-y_iz_l)+(x_l-x_j)(y_kz_i-y_iz_k)+(x_i-x_l)(y_kz_j-y_jz_k)+(x_i-x_k)(y_jz_l-y_lz_j)+(x_i-x_j)(y_lz_k-y_kz_l)}$$

$$N_k=\frac{(x_j-x_l)(y_iz-yz_i)+(x_l-x_i)(y_jz-yz_j)+(x_i-x_j)(y_lz-yz_l)+(x-x_l)(y_jz_i-y_iz_j)+(x-x_j)(y_iz_l-y_lz_i)+(x-x_i)(y_lz_j-y_jz_l)}{(x_k-x_l)(y_jz_i-y_iz_j)+(x_j-x_k)(y_lz_i-y_iz_l)+(x_l-x_j)(y_kz_i-y_iz_k)+(x_i-x_l)(y_kz_j-y_jz_k)+(x_i-x_k)(y_jz_l-y_lz_j)+(x_i-x_j)(y_lz_k-y_kz_l)}$$

$$N_l=-\frac{(x_j-x_k)(zy_i-yz_i)+(x_i-x_k)(yz_j-zy_j)+(x_i-x_j)(zy_k-yz_k)+(x-x_i)(y_kz_j-y_jz_k)+(x-x_j)(y_iz_k-y_kz_i)+(x-x_k)(y_jz_i-y_iz_j)}{(x_k-x_l)(y_jz_i-y_iz_j)+(x_j-x_k)(y_lz_i-y_iz_l)+(x_l-x_j)(y_kz_i-y_iz_k)+(x_i-x_l)(y_kz_j-y_jz_k)+(x_i-x_k)(y_jz_l-y_lz_j)+(x_i-x_j)(y_lz_k-y_kz_l)}$$

（4）一维二次三节点单元（高次单元）　如图 8-11 所示的一维高次单元，设位移函数为

$$u(x)=\alpha_1+\alpha_2x+\alpha_3x^2=(1\quad x\quad x^2)\begin{pmatrix}\alpha_1\\ \alpha_2\\ \alpha_3\end{pmatrix} \tag{8-14}$$

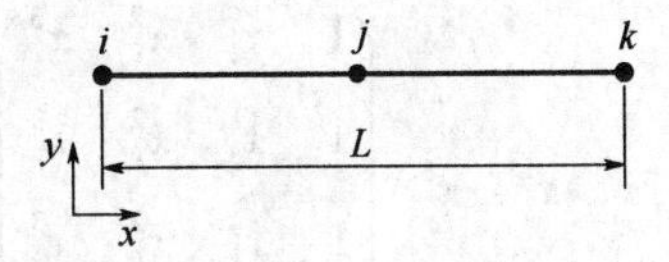

图 8-11　一维二次三节点单元

用节点位移 u_i，u_j，u_k 代入并求解$(a_1\quad a_2\quad a_3)^{\mathrm{T}}$，即

$$\begin{pmatrix}u_i\\ u_j\\ u_k\end{pmatrix}=\begin{pmatrix}1 & x_i & x_i^2\\ 1 & x_j & x_j^2\\ 1 & x_k & x_k^2\end{pmatrix}\begin{pmatrix}\alpha_1\\ \alpha_2\\ \alpha_3\end{pmatrix} \tag{8-15}$$

代回到位移函数中可得

$$u=(1\quad x\quad x^2)\begin{pmatrix}1 & x_i & x_i^2\\1 & x_j & x_j^2\\1 & x_k & x_k^2\end{pmatrix}^{-1}\begin{pmatrix}u_i\\u_j\\u_k\end{pmatrix}\tag{8-16}$$

形函数矩阵为

$$\boldsymbol{N}=(1\quad x\quad x^2)\begin{pmatrix}1 & x_i & x_i^2\\1 & x_j & x_j^2\\1 & x_k & x_k^2\end{pmatrix}^{-1}=(N_i\quad N_j\quad N_k)\tag{8-17}$$

形函数各元素为

$$N_i=\frac{(x-x_j)(x-x_k)}{(x_i-x_j)(x_i-x_k)}\quad N_j=\frac{(x-x_i)(x-x_k)}{(x_j-x_i)(x_j-x_k)}\quad N_k=\frac{(x-x_i)(x-x_j)}{(x_k-x_i)(x_k-x_j)}\tag{8-18}$$

（5）一维三次四节点单元（Lagrange 型） 如图 8-12 所示的一维三次四节点单元，设位移函数为一个三次方程，即

$$u=(1\quad x\quad x^2\quad x^3)\begin{pmatrix}\alpha_1\\\alpha_2\\\alpha_3\\\alpha_4\end{pmatrix}\tag{8-19}$$

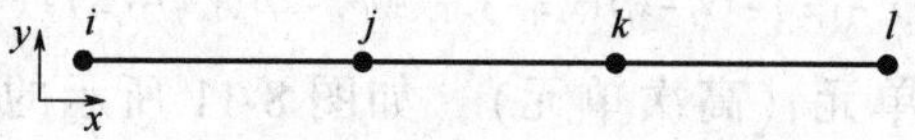

图 8-12 一维三次四节点单元

需要四个节点参数才能唯一地确定其中的常系数。这四个节点分别取两个端点和两个三分点。用这四个节点的坐标和相应的位移值代入并求解，可以得到如下用形函数矩阵表示的位移函数

$$u=(1\quad x\quad x^2\quad x^3)\begin{pmatrix}1 & x_i & x_i^2 & x_i^3\\1 & x_j & x_j^2 & x_j^3\\1 & x_k & x_k^2 & x_k^3\\1 & x_l & x_l^2 & x_l^3\end{pmatrix}^{-1}\begin{pmatrix}u_i\\u_j\\u_k\\u_l\end{pmatrix}\tag{8-20}$$

形函数矩阵为

$$\boldsymbol{N}=(1\quad x\quad x^2\quad x^3)\begin{pmatrix}1 & x_i & x_i^2 & x_i^3\\1 & x_j & x_j^2 & x_j^3\\1 & x_k & x_k^2 & x_k^3\\1 & x_l & x_l^2 & x_l^3\end{pmatrix}^{-1}=(N_i\quad N_j\quad N_k\quad N_l)\tag{8-21}$$

其中形函数中的各元素为

$$N_i=\frac{(x-x_j)(x-x_k)(x-x_l)}{(x_i-x_j)(x_i-x_k)(x_i-x_l)}\quad N_j=\frac{(x-x_i)(x-x_k)(x-x_l)}{(x_j-x_i)(x_j-x_k)(x_j-x_l)}$$

$$N_k=\frac{(x-x_i)(x-x_j)(x-x_l)}{(x_k-x_i)(x_k-x_j)(x_k-x_l)}\quad N_l=-\frac{(x-x_i)(x-x_j)(x-x_k)}{(x_l-x_i)(x_l-x_j)(x_l-x_k)} \tag{8-22}$$

（6）一维三次二节点单元（Hermite 型）（平面梁单元）　如图 8-13 所示的一维三次两节点单元，这类单元的位移插值函数为

$$v=(1\quad x\quad x^2\quad x^3)\begin{pmatrix}\alpha_1\\ \alpha_2\\ \alpha_3\\ \alpha_4\end{pmatrix} \tag{8-23}$$

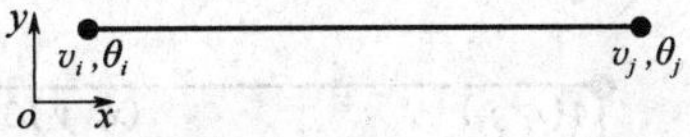

图 8-13　一维三次二节点单元

对应的转角方程为

$$\theta=\frac{\mathrm{d}v}{\mathrm{d}x}=(0\quad 1\quad 2x\quad 3x^2)\begin{pmatrix}\alpha_1\\ \alpha_2\\ \alpha_3\\ \alpha_4\end{pmatrix} \tag{8-24}$$

代入该单元两个节点的位移参数$(u_i\quad u_j\quad \theta_i\quad \theta_j)^{\mathrm{T}}$求解（$\alpha_1\quad \alpha_2\quad \alpha_3\quad \alpha_4$），即

$$\begin{pmatrix}u_i\\ u_j\\ \theta_i\\ \theta_j\end{pmatrix}=\begin{pmatrix}1 & x_i & x_i^2 & x_i^3\\ 1 & x_j & x_j^2 & x_j^3\\ 0 & 1 & 2x_i & 3x_i^2\\ 0 & 1 & 2x_j & 3x_j^2\end{pmatrix}\begin{pmatrix}\alpha_1\\ \alpha_2\\ \alpha_3\\ \alpha_4\end{pmatrix}\Rightarrow\begin{pmatrix}\alpha_1\\ \alpha_2\\ \alpha_3\\ \alpha_4\end{pmatrix}=\begin{pmatrix}1 & x_i & x_i^2 & x_i^3\\ 1 & x_j & x_j^2 & x_j^3\\ 0 & 1 & 2x_i & 3x_i^2\\ 0 & 1 & 2x_j & 3x_j^2\end{pmatrix}^{-1}\begin{pmatrix}u_i\\ u_j\\ \theta_i\\ \theta_j\end{pmatrix} \tag{8-25}$$

得到的位移函数为

$$\boldsymbol{v}=(1\quad x\quad x^2\quad x^3)\begin{pmatrix}1 & x_i & x_i^2 & x_i^3\\ 1 & x_j & x_j^2 & x_j^3\\ 0 & 1 & 2x_i & 3x_i^2\\ 0 & 1 & 2x_j & 3x_j^2\end{pmatrix}^{-1}\begin{pmatrix}u_i\\ u_j\\ \theta_i\\ \theta_j\end{pmatrix} \tag{8-26}$$

形函数矩阵为

$$\boldsymbol{N}=(1\quad x\quad x^2\quad x^3)\begin{pmatrix}1 & x_i & x_i^2 & x_i^3\\ 1 & x_j & x_j^2 & x_j^3\\ 0 & 1 & 2x_i & 3x_i^2\\ 0 & 1 & 2x_j & 3x_j^2\end{pmatrix}^{-1} \tag{8-27}$$

其中形函数矩阵的各元素为

$$N_{ui}=\frac{-(x-x_j)^2(2x-3x_i+x_j)}{(x_i-x_j)^3}\quad N_{uj}=\frac{(x-x_i)^2(2x-3x_j+x_i)}{(x_i-x_j)^3}$$

$$N_{\theta i}=\frac{(x-x_i)(x-x_j)^2}{(x_i-x_j)^2}\quad N_{\theta j}=\frac{(x-x_i)^2(x-x_j)}{(x_i-x_j)^2} \tag{8-28}$$

（7）二维一次四节点单元（平面四边形单元或矩形单元）　如图 8-14 所示的二维一次四节点单元，其位移函数方程为

$$\boldsymbol{v}=(1\quad x\quad y\quad xy)\begin{pmatrix}\alpha_1\\ \alpha_2\\ \alpha_3\\ \alpha_4\end{pmatrix}=(1\quad x\quad y\quad x\quad y)\begin{pmatrix}1 & x_i & y_i & x_i & y_i\\ 1 & x_j & y_j & x_j & y_j\\ 1 & x_k & y_k & x_k & y_k\\ 1 & x_l & y_l & x_l & y_l\end{pmatrix}^{-1}\begin{pmatrix}v_i\\ v_j\\ v_k\\ v_l\end{pmatrix} \tag{8-29}$$

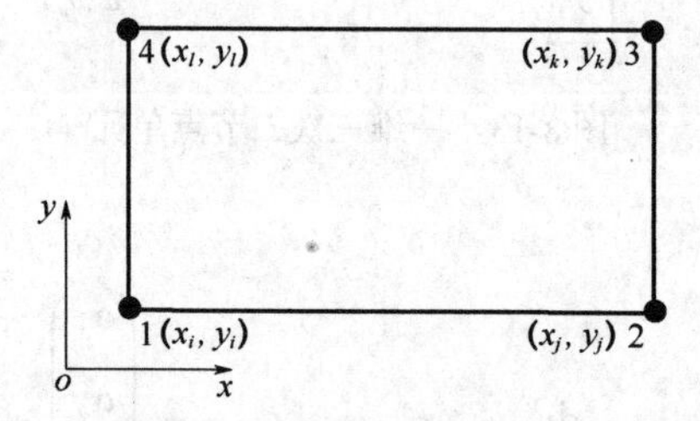

图 8-14　二维一次四节点单元

形函数矩阵为

$$\boldsymbol{N}=(1\quad x\quad y\quad xy)\begin{pmatrix}1 & x_i & y_i & x_iy_i\\ 1 & x_j & y_j & x_jy_j\\ 1 & x_k & y_k & x_ky_k\\ 1 & x_l & y_l & x_ly_l\end{pmatrix}^{-1} \tag{8-30}$$

其中形函数矩阵的各元素为

$$N_i=\frac{(y-y_l)(xx_l+x_jx_k)(y_j-y_k)+(y-y_k)(xx_k+x_jx_l)(y_l-y_j)+(y-y_j)(xx_j+x_kx_l)(y_k-y_l)}{(y_iy_j+y_ky_l)(x_k-x_l)(x_j-x_i)+(y_iy_k+y_jy_l)(x_i-x_k)(x_j-x_l)+(y_jy_k+y_iy_l)(x_i-x_l)(x_k-x_j)}$$

$$N_j=\frac{(y-y_k)(xx_k+x_ix_l)(y_i-y_l)+(y-y_i)(xx_i+x_kx_l)(y_l-y_k)+(y-y_l)(xx_l+x_ix_k)(y_k-y_i)}{(y_iy_j+y_ky_l)(x_k-x_l)(x_j-x_i)+(y_iy_k+y_jy_l)(x_i-x_k)(x_j-x_l)+(y_jy_k+y_iy_l)(x_i-x_l)(x_k-x_j)}$$

$$N_k=\frac{(y-y_l)(xx_l+x_ix_j)(y_i-y_j)+(y-y_j)(xx_j+x_ix_l)(y_l-y_i)+(y-y_i)(xx_i+x_jx_l)(y_j-y_l)}{(y_iy_j+y_ky_l)(x_k-x_l)(x_j-x_i)+(y_iy_k+y_jy_l)(x_i-x_k)(x_j-x_l)+(y_jy_k+y_iy_l)(x_i-x_l)(x_k-x_j)}$$

$$N_l=-\frac{(y-y_k)(x_ix_j+xx_k)(y_i-y_j)+(y-y_j)(x_ix_k+xx_j)(y_k-y_i)+(y-y_i)(xx_i+x_jx_k)(y_j-y_k)}{(y_iy_j+y_ky_l)(x_k-x_l)(x_j-x_i)+(y_iy_k+y_jy_l)(x_i-x_k)(x_j-x_l)+(y_jy_k+y_iy_l)(x_i-x_l)(x_k-x_j)} \tag{8-31}$$

（8）三维一次 8 节点单元　如图 8-15 所示的三维一次 8 节点单元，其位移插值函数值沿三坐标轴（x、y、z）呈线性变化。假设位移插值函数沿 x 轴的位移函数 $u=u(x,y,z)$ 可以写成如下带有 8 个系数的多项式形式

$$u = \alpha_1 + \alpha_2 x + \alpha_3 y + \alpha_4 z + \alpha_5 xy + \alpha_6 xz + \alpha_7 yz + \alpha_8 xyz \tag{8-32}$$

假设在 i 节点的位移值为 u_i，并将数值代入式(8-32)，可得

$$u = \alpha_1 + \alpha_2 x_i + \alpha_3 y_i + \alpha_4 z_i + \alpha_5 x_i y_i + \alpha_6 x_i z_i + \alpha_7 y_i z_i + \alpha_8 x_i y_i z_i \tag{8-33}$$

其他7个节点 (j,k,l,m,n,p,q) 以此类推。这样可以得到8个类似的式子，组成矩阵形式的方程，可以用于求解上式中的8个系数，即

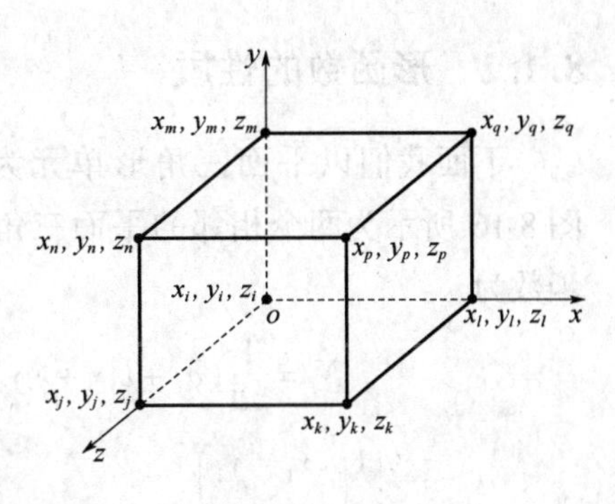

图8-15　三维一次八节点单元

$$\begin{pmatrix}\alpha_1\\ \alpha_2\\ \alpha_3\\ \alpha_4\\ \alpha_5\\ \alpha_6\\ \alpha_7\\ \alpha_8\end{pmatrix} = \begin{pmatrix}1 & x_i & y_i & z_i & x_iy_i & x_iz_i & y_iz_i & x_iy_iz_i\\ 1 & x_j & y_j & z_j & x_jy_j & x_jz_j & y_jz_j & x_jy_jz_j\\ 1 & x_k & y_k & z_k & x_ky_k & x_kz_k & y_kz_k & x_ky_kz_k\\ 1 & x_l & y_l & z_l & x_ly_l & x_lz_l & y_lz_l & x_ly_lz_l\\ 1 & x_m & y_m & z_m & x_my_m & x_mz_m & y_mz_m & x_my_mz_m\\ 1 & x_n & y_n & z_n & x_ny_n & x_nz_n & y_nz_n & x_ny_nz_n\\ 1 & x_p & y_p & z_p & x_py_p & x_pz_p & y_pz_p & x_py_pz_p\\ 1 & x_q & y_q & z_q & x_qy_q & x_qz_q & y_qz_q & x_qy_qz_q\end{pmatrix}^{-1}\begin{pmatrix}u_i\\ u_j\\ u_k\\ u_l\\ u_m\\ u_n\\ u_p\\ u_q\end{pmatrix} \tag{8-34}$$

则有该单元的位移模式方程

$$\boldsymbol{u} = (1\quad x\quad y\quad z\quad xy\quad xz\quad yz\quad xyz)\begin{pmatrix}1 & x_i & y_i & z_i & x_iy_i & x_iz_i & y_iz_i & x_iy_iz_i\\ 1 & x_j & y_j & z_j & x_jy_j & x_jz_j & y_jz_j & x_jy_jz_j\\ 1 & x_k & y_k & z_k & x_ky_k & x_kz_k & y_kz_k & x_ky_kz_k\\ 1 & x_l & y_l & z_l & x_ly_l & x_lz_l & y_lz_l & x_ly_lz_l\\ 1 & x_m & y_m & z_m & x_my_m & x_mz_m & y_mz_m & x_my_mz_m\\ 1 & x_n & y_n & z_n & x_ny_n & x_nz_n & y_nz_n & x_ny_nz_n\\ 1 & x_p & y_p & z_p & x_py_p & x_pz_p & y_pz_p & x_py_pz_p\\ 1 & x_q & y_q & z_q & x_qy_q & x_qz_q & y_qz_q & x_qy_qz_q\end{pmatrix}^{-1}\begin{pmatrix}u_i\\ u_j\\ u_k\\ u_l\\ u_m\\ u_n\\ u_p\\ u_q\end{pmatrix} \tag{8-35}$$

最后得到的形函数矩阵为

$$\boldsymbol{N} = (1\quad x\quad y\quad z\quad xy\quad xz\quad yz\quad xyz)\begin{pmatrix}1 & x_i & y_i & z_i & x_iy_i & x_iz_i & y_iz_i & x_iy_iz_i\\ 1 & x_j & y_j & z_j & x_jy_j & x_jz_j & y_jz_j & x_jy_jz_j\\ 1 & x_k & y_k & z_k & x_ky_k & x_kz_k & y_kz_k & x_ky_kz_k\\ 1 & x_l & y_l & z_l & x_ly_l & x_lz_l & y_lz_l & x_ly_lz_l\\ 1 & x_m & y_m & z_m & x_my_m & x_mz_m & y_mz_m & x_my_mz_m\\ 1 & x_n & y_n & z_n & x_ny_n & x_nz_n & y_nz_n & x_ny_nz_n\\ 1 & x_p & y_p & z_p & x_py_p & x_pz_p & y_pz_p & x_py_pz_p\\ 1 & x_q & y_q & z_q & x_qy_q & x_qz_q & y_qz_q & x_qy_qz_q\end{pmatrix}^{-1} \tag{8-36}$$

8.1.2 形函数的性质

下面我们以平面三角形单元为例讨论形函数的一些性质。图 8-16 所示为两个相邻的平面三角形单元，该三角形单元的形函数为

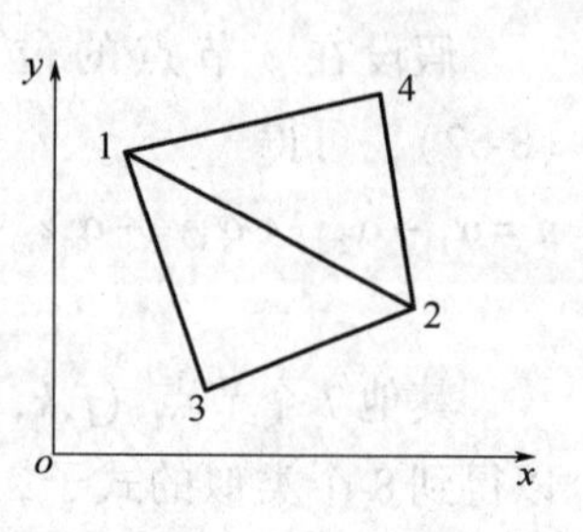

图 8-16 三角形单元

$$N_i = \frac{1}{2\Delta}(a_i + b_i x + c_i y),\ (i = 1,2,3) \tag{8-37}$$

式中，$2\Delta = \begin{vmatrix} 1 & x_1 & y_1 \\ 1 & x_2 & y_2 \\ 1 & x_3 & y_3 \end{vmatrix}$，$\Delta$ 为三角形单元的面积；a_i，b_i，c_i 为与节点坐标有关的系数，它们分别等于 2Δ 公式中的行列式的有关代数余子式，即 a_1，b_1，c_1，a_2，b_2，c_2和 a_3，b_3，c_3分别是行列式 2Δ 中的第一行、第二行和第三行各元素的代数余子式。

对于任意一个行列式，其任一行（或列）的元素与其相应的代数余子式的乘积之和等于行列式的值，而任一行（或列）的元素与其他行（或列）对应元素的代数余子式乘积之和为零。因此，形函数具有如下性质：

1）形函数在各单元节点上的值，具有“本点是 1、他点为 0”的性质，即在单元节点 1 上，满足

$$N_1(x_1, y_1) = \frac{1}{2\Delta}(a_1 + b_1 x_1 + c_1 y_1) = 1 \tag{8-38}$$

在节点 2，3 上，有

$$N_1(x_2, y_2) = \frac{1}{2\Delta}(a_1 + b_1 x_2 + c_1 y_2) = 0 \tag{8-39}$$

$$N_1(x_3, y_3) = \frac{1}{2\Delta}(a_1 + b_1 x_3 + c_1 y_3) = 0 \tag{8-40}$$

类似地有

$$\begin{aligned} &N_2(x_1, y_1) = 0, N_2(x_2, y_2) = 1, N_2(x_3, y_3) = 0 \\ &N_3(x_1, y_1) = 0, N_3(x_2, y_2) = 0, N_3(x_3, y_3) = 1 \end{aligned} \tag{8-41}$$

2）在单元内任一位置上，三个形函数之和等于 1，即

$$\begin{aligned} &N_1(x, y) + N_2(x, y) + N_3(x_3, y_3) \\ &= \frac{1}{2\Delta}(a_1 + b_1 x + c_1 y + a_2 + b_2 x + c_2 y + a_3 + b_3 x + c_3 y) \\ &= \frac{1}{2\Delta}[(a_1 + a_2 + a_3) + (b_1 + b_2 + b_3)x + (c_1 + c_2 + c_3)y] \\ &= 1 \end{aligned} \tag{8-42}$$

简记为

$$N_1 + N_2 + N_3 = 1 \tag{8-43}$$

这说明，三个形函数中只有两个是独立的。

3）三角形单元任意一条边上的形函数，仅与该边的两端节点坐标有关、而与其他节点坐标无关。例如，在1－2边上有

$$N_1(x,y)=1-\frac{x-x_1}{x_2-x_1}\quad N_2(x,y)=\frac{x-x_1}{x_2-x_1}\quad N_3(x,y)=0 \tag{8-44}$$

这一点利用单元坐标几何关系很容易证明。

根据形函数的这一性质可以证明，相邻单元的位移分别进行线性插值之后，在其公共边上将是连续的。例如，单元1-2-3和1-2-4具有公共边1-2。由上式可知，在1-2边上两个单元的第三个形函数都等于0，即

$$N_3(x,y)=N_4(x,y)=0 \tag{8-45}$$

不论按哪个单元来计算，公共边1-2上的位移均可表示为

$$\begin{aligned}u&=N_1u_1+N_2u_2+0\times u_3\\ v&=N_1v_1+N_2v_2+0\times v_4\end{aligned} \tag{8-46}$$

可见，在公共边上的位移u、v将完全由公共边上的两个节点1，2的位移所确定，因而相邻单元的位移是保持连续的。

另外，有限元形函数是坐标x，y，z的函数，而节点位移不是x，y，z的函数，因此静力学中的位移对坐标微分时，只对形函数N进行微分。而在动力学中位移对时间t微分时，只对节点位移矢量起作用。

8.1.3　面积坐标与形函数

面积坐标系就是利用三角形单元面积比的关系，来描述三角形单元中任一点在单元中位置。在图8-17所示的三角形单元ijm中，任意一点$P(x,y)$的位置可以用以下三个比值来确定。

$$\Lambda_i=\frac{\Delta_i}{\Delta}\quad \Lambda_j=\frac{\Delta_j}{\Delta}\quad \Lambda_m=\frac{\Delta_m}{\Delta} \tag{8-47}$$

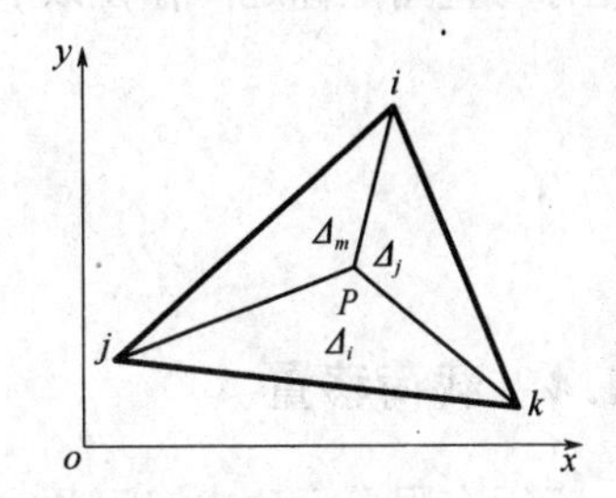

图8-17　平面三角形单元的面积坐标

式中，Δ为三角形单元ijm的面积，Δ_i、Δ_j、Δ_m分别为三角形Pjm、Pmi、Pij的面积。Λ_i，Λ_j，Λ_m称为P点的面积坐标。显然，这三个面积坐标不是完全独立的，这是由于

$$\Delta_i+\Delta_j+\Delta_m=\Delta \tag{8-48}$$

所以有

$$\Lambda_i+\Lambda_j+\Lambda_m=1 \tag{8-49}$$

对于三角形Pjm，其面积为

$$\Delta_i=\frac{1}{2}\begin{vmatrix}1 & x & y\\ 1 & x_j & y_j\\ 1 & x_m & y_m\end{vmatrix}=\frac{1}{2}(a_i+b_ix+c_iy) \tag{8-50}$$

故有

$$\Lambda_i = \frac{\Delta_i}{\Delta} = \frac{1}{2\Delta}(a_i + b_i x + c_i y) \tag{8-51}$$

类似地有

$$\Lambda_j = \frac{\Delta_j}{\Delta} = \frac{1}{2\Delta}(a_j + b_j x + c_j y) \tag{8-52}$$

$$\Lambda_m = \frac{\Delta_m}{\Delta} = \frac{1}{2\Delta}(a_m + b_m x + c_m y) \tag{8-53}$$

可见，单元形函数 N_i、N_j、N_m 与面积坐标 Λ_i、Λ_j、Λ_m 的形式一样的。

容易看出，单元三个节点的面积坐标分别为

节点 i：$\Lambda_i = 1$　　$\Lambda_j = 0$　　$\Lambda_m = 0$

节点 j：$\Lambda_i = 0$　　$\Lambda_j = 1$　　$\Lambda_m = 0$

节点 m：$\Lambda_i = 0$　　$\Lambda_j = 0$　　$\Lambda_m = 1$

根据面积坐标的定义，平行于 jm 边的某一直线上的所有各点都有相同的坐标 Λ_i（因为是同底等高三角形），并且等于该直线至 jm 边的距离与节点 i 至 jm 边的距离之比。图 8-18 所示为 Λ_i 的一些等值线，平行于另外两条边的直线也同理可证。

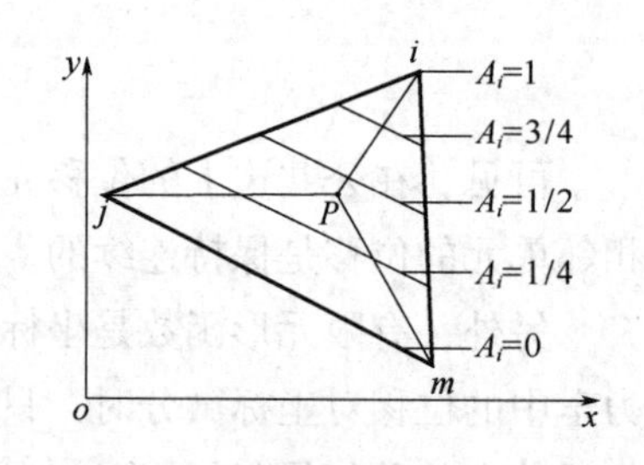

图 8-18　平面三角形单元的面积坐标

由于形函数与面积坐标的形式一致，故可以推导出面积坐标与直角坐标之间存在以下变换关系

$$\begin{aligned} x &= x_i\Lambda_i + x_j\Lambda_j + x_m\Lambda_m \\ y &= y_i\Lambda_i + y_j\Lambda_j + y_m\Lambda_m \\ &\Lambda_i + \Lambda_j + \Lambda_m = 1 \end{aligned} \tag{8-54}$$

8.1.4　载荷移置

运用有限单元法求解问题时，单元上的各种载荷都应移置到单元节点上去，进行组集并建立方程组求解。载荷类型包括体积力、面力和集中力等。载荷移置的原则是静力等效原则。对于给定的位移模式，移置的结果应是唯一的。这里以平面三角形单元为例展开讨论。

设单元上的集中力为 $\boldsymbol{F}_C$，面力为 $\boldsymbol{F}_A$，体积力为 $\boldsymbol{F}_V$。根据虚位移原理，等效节点力所做的功与作用在单元上的集中力、表面力和体积力在任何虚位移上所做的功相等，由此确定等效节点力的大小。对于平面三角形单元，可得

$$\delta \boldsymbol{q}^e R^e = (\delta d)^T \boldsymbol{F}_C + \int (\delta d)^T \boldsymbol{F}_A t\mathrm{d}s + \iint (\delta d)^T \boldsymbol{F}_V t\mathrm{d}x\mathrm{d}y \tag{8-55}$$

式中，$\delta\boldsymbol{q}^e$ 为单元节点虚位移列阵，δd 为单元内任一点的虚位移列阵；等号左边表示单元的等效节点力 R^e 的虚功；等号右边第一项是集中力 F_C 所做的虚功，等号右边第二项是面力 F_A 所做的虚功，积分沿着单元的边界进行；等号右边第三项表示体积力 F_V 所做的虚功，积分遍及整个单元；t 为单元的厚度，假定为常量。

用形函数矩阵表示的单元虚位移方程为

$$\delta \boldsymbol{d} = \boldsymbol{N} \delta \boldsymbol{q}^{e} \tag{8-56}$$

代入式（8-52），将节点虚位移列阵 δq^{e} 提到积分号的外面，于是有

$$(\delta \boldsymbol{q}^{e})^{T} \boldsymbol{R}^{e} = (\delta \boldsymbol{q}^{e})^{T} \left[\boldsymbol{N}^{T} \boldsymbol{F}_{C} + \int \boldsymbol{N}^{T} \boldsymbol{F}_{A} t \mathrm{d}s + \iint \boldsymbol{N}^{T} \boldsymbol{F}_{V} t \mathrm{d}x \mathrm{d}y \right] \tag{8-57}$$

式（8-57）右端括号中的第一项与节点虚位移相乘等于集中力所做的虚功，它是单元上的集中力移置到节点上所得到的等效节点力，是一个 6×1 阶的列阵，记为$\boldsymbol{F}_{C}^{e}$。同理，式（8-57）右端括号中的第二项是单元上的表面力移置到节点上所得到的等效节点力，记为 $\boldsymbol{F}_{A}^{e}$；第三项是单元上的体积力移置到节点上所得到的等效节点力，记为$\boldsymbol{F}_{V}^{e}$。

若载荷在 x 轴与 y 轴有两个分量

$$\boldsymbol{F}_{V} = \begin{pmatrix} F_{Vx} \\ F_{Vy} \end{pmatrix}, \quad \boldsymbol{F}_{A} = \begin{pmatrix} F_{Ax} \\ F_{Ay} \end{pmatrix}$$

则体积力的移置公式为

$$\boldsymbol{F}_{V}^{e} = \iint \boldsymbol{N}^{T} \boldsymbol{F}_{V} t \mathrm{d}x \mathrm{d}y = \iint \boldsymbol{N}^{T} \begin{pmatrix} F_{Vx} \\ F_{Vy} \end{pmatrix} t \mathrm{d}x \mathrm{d}y \tag{8-58}$$

或

$$\boldsymbol{F}_{V}^{e} = \begin{pmatrix} \boldsymbol{F}_{Vi}^{e} \\ \boldsymbol{F}_{Vj}^{e} \\ \boldsymbol{F}_{Vm}^{e} \end{pmatrix} = \begin{pmatrix} \iint N_{i} \boldsymbol{F}_{V} t \mathrm{d}x \mathrm{d}y \\ \iint N_{j} \boldsymbol{F}_{V} t \mathrm{d}x \mathrm{d}y \\ \iint N_{m} \boldsymbol{F}_{V} t \mathrm{d}x \mathrm{d}y \end{pmatrix} \tag{8-59}$$

表面力的移置公式为

$$\boldsymbol{F}_{A}^{e} = \int \boldsymbol{N}^{T} \boldsymbol{F}_{A} t \mathrm{d}s = \int \boldsymbol{N}^{T} \begin{pmatrix} F_{Ax} \\ F_{Ay} \end{pmatrix} t \mathrm{d}s \tag{8-60}$$

或

$$\boldsymbol{F}_{A}^{e} = \begin{pmatrix} \boldsymbol{F}_{Ai}^{e} \\ \boldsymbol{F}_{Aj}^{e} \\ \boldsymbol{F}_{Am}^{e} \end{pmatrix} = \begin{pmatrix} \int N_{i} \boldsymbol{F}_{A} t \mathrm{d}s \\ \int N_{j} \boldsymbol{F}_{A} t \mathrm{d}s \\ \int N_{m} \boldsymbol{F}_{A} t \mathrm{d}s \end{pmatrix} \tag{8-61}$$

由于作用在单元边界上的内力在合成过程中已相互抵消，式（8-61）中的节点力只由作用在结构边界上的表面力所引起。

集中力的移置公式为

$$\boldsymbol{F}_{C}^{e} = \boldsymbol{N}^{T} \boldsymbol{F}_{C}, \text{ 即} \boldsymbol{F}_{Ci}^{e} = N_{Ci} \boldsymbol{F}_{C} \quad (i, j, m) \tag{8-62}$$

式中，N_{Ci}、N_{Cj}和 N_{Cm} 为形函数在集中力作用点处的值。

结构载荷列阵由所有单元的等效节点载荷列阵叠加得到。注意到叠加过程中相互联接的单元之间存在大小相等方向相反的作用力和反作用力，它们之间相互抵消，因此，结构载荷列阵中只有与外载荷有关的节点有值。

上述基于形函数的载荷等效所得到的结果与按照静力学平行力分解原理得到的结果完全一致。

例如，如图 8-19 所示的单元 e，在 ij 边上作用有表面力。假设 ij 边的长度为 L，其上任一点 P 距节点 i 的距离为 s。根据面积坐标的概念，有

$$N_i = \Lambda_i = \frac{L-s}{L} = 1 - \frac{s}{L} \quad N_j = \Lambda_j = \frac{s}{L} \quad N_m = \Lambda_m = 0 \tag{8-63}$$

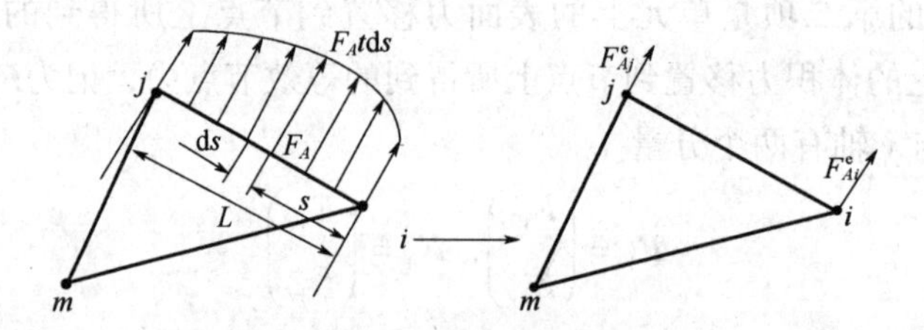

图 8-19　表面力等效示意

代入式（8-61），求得单元表面力的等效节点力

$$\boldsymbol{F}_A^e = \begin{pmatrix} \boldsymbol{F}^e_{Ai} \\ \boldsymbol{F}^e_{Aj} \\ \boldsymbol{F}^e_{Am} \end{pmatrix} = \begin{pmatrix} \int N_i \boldsymbol{F}_A t\mathrm{d}s \\ \int N_j \boldsymbol{F}_A t\mathrm{d}s \\ \int N_m \boldsymbol{F}_A t\mathrm{d}s \end{pmatrix} = \begin{pmatrix} \int_0^l \left(1 - \dfrac{s}{L}\right) \boldsymbol{F}_A t\mathrm{d}s \\ \int_0^l \dfrac{s}{L} \boldsymbol{F}_A t\mathrm{d}s \\ 0 \end{pmatrix} = \begin{pmatrix} \dfrac{L}{2}\boldsymbol{F}_A t \\ \dfrac{L}{2}\boldsymbol{F}_A t \\ 0 \end{pmatrix} \tag{8-64}$$

可见，求得的结果与按照静力等效原理将表面力 F_A 向节点 i 及 j 分解所得到的分力完全相同。

再如，从图 8-20 所示的单元 e 中 A 点处取体积微元 $t\mathrm{d}x\mathrm{d}y$，作用在其上的体积力为 $F_V t\mathrm{d}x\mathrm{d}y$，根据式（8-59），可得 $\boldsymbol{F}^e_{Vi} = \boldsymbol{F}^e_{Vj} = \boldsymbol{F}^e_{Vm} = \iint N_i \boldsymbol{F}_V t\mathrm{d}x\mathrm{d}y = \dfrac{\Delta}{3} F_V t$。

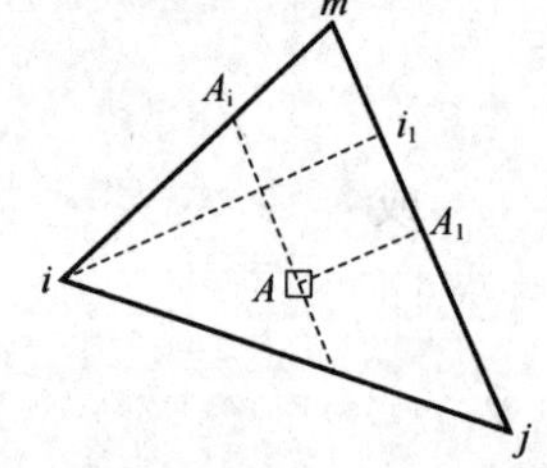

图 8-20　体积力等效示意

对于平面三角形单元，按照静力学中平行力的分解原理所得到的节点力与按照虚功原理求得的节点力完全一致，在实际计算等效节点力时，可以直接应用静力学中有关平行力分解的结果。因此，对于图 8-20 中的例子，为便于分析，认为力的作用方向与单元平面垂直。根据平行力分解原理，对 jm 边取力矩，求得节点 i 处的分力为

$$\mathrm{d}\boldsymbol{F}^e_{Vi} = \frac{\overline{AA_1}}{\overline{ii_1}} \boldsymbol{F}_V t\mathrm{d}x\mathrm{d}y = \Lambda_i \boldsymbol{F}_V t\mathrm{d}x\mathrm{d}y = N_i \boldsymbol{F}_V t\mathrm{d}x\mathrm{d}y \tag{8-65}$$

整个单元 e 的体积力在节点 i 处的分力为

$$\boldsymbol{F}^e_{Vi} = \iint N_i \boldsymbol{F}_V t\mathrm{d}x\mathrm{d}y \tag{8-66}$$

类似地，分别对 im 与 ij 边取力矩，可得到节点 j 和节点 m 处的分力

$$\boldsymbol{F}_{Vj}^{e} = \iint N_j \boldsymbol{F}_V t \mathrm{d}x\mathrm{d}y \tag{8-67}$$

$$\boldsymbol{F}_{Vm}^{e} = \iint N_m \boldsymbol{F}_V t \mathrm{d}x\mathrm{d}y \tag{8-68}$$

我们也可以简单地认为，对均质等厚度的三角形单元所受的重力，可以把1/3的重量直接加到每个节点上；对于作用在长度为 l 的 ij 边上强度为 F_A 的均布表面力，可以直接把 $(F_A tl)/2$ 移置到节点 i 和 j 上。

8.1.5　形函数与解的收敛性

对于一个有限元计算方法，一般总希望随着网格的逐步细分所得到的解能够收敛于问题的精确解。根据前面的分析，在有限元中，一旦确定了单元的形状，位移模式的选择将是非常关键的。由于载荷的移置、应力矩阵和刚度矩阵的建立都依赖于单元的位移模式，所以，如果所选择的位移模式与真实的位移分布有很大的差别，将会很难获得良好的数值解。

当节点数目或单元插值位移的项数趋于无穷大时，即当单元尺寸趋近于零时，求得的解如果能够无限地逼近真实值，那么这样的形函数所求得的解是收敛的。我们可以通过图8-21来分析几种典型的解的收敛性情况。其中曲线1和2都是收敛的，但曲线1比曲线2收敛更快。而曲线3虽然趋向于某一确定值，但该值不是问题的真实值，所以其是不能收敛的。曲线4虽然最终逼近真实值，但它不能构成真实值的上界和下界，即近似解并不总是大于或小于真实值，因此曲线4不是单调收敛的，即其不是收敛的。对于曲线5，其并不逼近真实值，而是相反而行，即其是发散的。

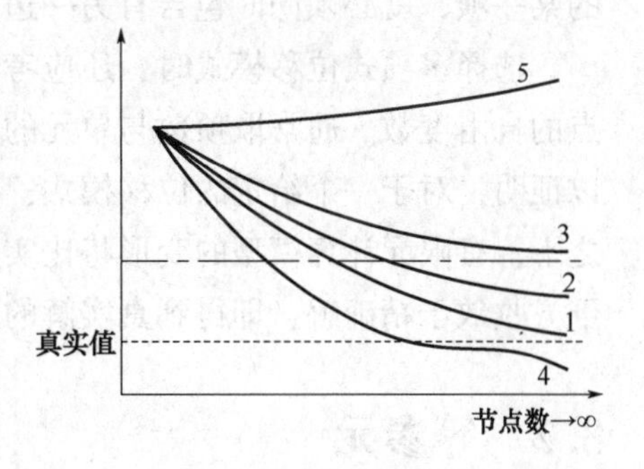

图8-21　收敛性模拟

为了保证解的收敛性，位移模式要满足以下三个条件，即

（1）位移模式必须包含单元的刚体位移　也就是，当节点位移由某个刚体位移引起时，弹性体内将不会产生应变。所以，位移模式不但要具有描述单元本身形变的能力，而且还要具有描述由其他单元形变而通过节点位移引起单元刚体位移的能力。例如，平面三角形单元位移模式的常数项 α_1、α_4 就是用于提供刚体位移的。

（2）位移模式必须包含单元的常应变　每个单元的应变一般包含两个部分：一部分是与该单元中各点的坐标位置有关的应变，另一部分是与位置坐标无关的应变（即所谓的常应变）。从物理意义上看，当单元尺寸无限缩小时，每个单元中的应变趋于常量。很显然，在平面三角形单元的位移模式中，与 α_2、α_3、α_5、α_6 有关的线性项是提供单元常应变的。

（3）位移模式在单元内要连续，且在相邻单元之间的位移必须协调　当选择多项式来构成位移模式时，单元内的连续性要求总是得到满足的，单元间的位移协调性，就是要求单元之间既不会出现开裂也不会出现重叠的现象。通常，当单元交界面上的位移取决于该交界面上节点的位移时，就可以保证位移的协调性。

在有限单元法中，把能够满足条件（1）和（2）的单元，称为完备单元；满足条件（3）的单元，叫协调单元或保续单元。前面讨论过的三角形单元和矩形单元，均能同时满足上述三个条件，因此都属于完备的协调单元。在某些梁、板及壳体分析中，要使单元满足条件（3）会比较困难，实践中有时也出现一些只满足条件（1）和（2）的单元，其收敛性往往也能够令人满意。放松条件（3）的单元，即完备而不协调的单元，已获得了很多成功的应用。不协调单元的缺点主要是不能事先确定其刚度与真实刚度之间的大小关系。但不协调单元一般不像协调单元那样刚硬（即比较柔软），因此有可能会比协调单元收敛得快。

在选择多项式作为单元的位移模式时，其阶次的确定要考虑解的收敛性，即单元的完备性和协调性要求。实践证明，虽然这两项确实是所要考虑的重要因素，但并不是唯一的因素。选择多项式位移模式阶次时，需要考虑的另一个因素是，所选的模式应该与局部坐标系的方位无关，这一性质称为几何各向同性。对于线性多项式，各向同性的要求通常就等价于位移模式必须包含常应变状态。对于高次位移模式，就是不应该有一个偏移的坐标方向，也就是位移形式不应该随局部坐标的更换而改变。经验证明，实现几何各向同性的一种有效方法是根据帕斯卡三角形来选择二维多项式的各项。在二维多项式中，如果包含有对称轴一边的某一项，就必须同时包含有另一边的对称项。

选择多项式位移模式时，还应考虑多项式中的项数必须等于或稍大于单元边界上的外节点的自由度数。通常取项数与单元的外节点的自由度数相等，取过多的项数是不恰当的。可以证明，对于一个给定的位移模式，其刚度系数的数值比精确值要大。所以，在给定的载荷之下，有限元计算模型的变形将比实际结构的变形小。因此细分单元网格，位移近似解将由下方收敛于精确解，即得到真实解的下界。

8.2 等参元

在有限单元法中，实体网格划分的好坏直接影响计算结果的精确程度。前面介绍的一些单元，例如杆单元、梁单元、三角形单元、矩形单元和六面体单元等都是形状较规则的单元，其可以较好地适用于外形规则的连续体的离散。但是，对于复杂几何形状的连续体，再用这些单元进行离散就比较困难了。正是为了解决复杂连续体离散的问题，等参数单元这一理念被提出。等参数单元（简称等参元）就是对单元几何形状和单元内的参变量函数采用相同数目的节点参数和相同的形函数进行变换而设计出的一种新型单元。利用形函数通过一一对应的坐标变换，把形状规则的单元转变为形状不规则的单元，进而来离散几何形状复杂的连续体。

等参元具有规范的定义和较强的适应复杂几何形状的能力，一方面能够很好地适应曲线边界和曲面边界，准确地模拟结构形状；另一方面，等参元一般具有高阶位移模式，能够较好地反映结构的复杂应力分布情况，既使单元网格划分得比较稀疏，也能够得到比较理想的计算精度。

等参元的基本思想是：首先导出关于局部坐标系（或称自然坐标系）下的规整形状的单元（母单元）的高阶位移模式，然后利用形函数进行坐标变换，得到关于整体坐标系的复杂形状的单元（子单元），其中子单元的位移函数插值节点数与其位置坐标变换的节点数相等，位移函数插值公式与位置坐标变换式都采用相同的形函数与节点参数。

8.2.1　一维杆单元等参元

我们在前面的章节中介绍了一维杆单元的建模过程，下面我们通过一维杆单元来简单了解一下等参元的基本概念。

等参元需要用坐标变换把形状规整的母单元转换成具有曲线（面）边界的、形状复杂的单元。转换后的单元即为子单元，可以采用各种形状复杂的子单元在整体坐标系中对实际结构进行划分。

局部坐标系下规整的母单元可以通过坐标变换映射成整体坐标系下的子单元。等参坐标变换是指在局部坐标 ξ 和整体坐标 x 之间利用形函数建立的对应关系。下面我们来看一下具体的推导过程。

根据图 8-22 中的对应关系可得

$$\frac{\xi-(-1)}{1-(-1)}=\frac{x-x_1}{x_2-x_1}$$

$$\xi=\frac{2}{x_2-x_1}(x-x_1)-1$$

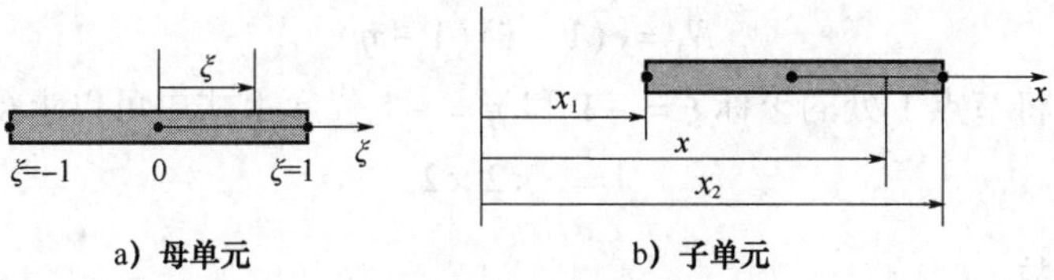

a）母单元　　　　b）子单元

图 8-22　一维杆单元的母单元与子单元

对上式中的坐标变换关系（将 x 用 ξ 表达）进行转换

$$x=\frac{x_2-x_1}{2}(\xi+1)+x_1 \tag{8-69}$$

通过进一步变换可得

$$x=\frac{1-\xi}{2}x_1+\frac{1+\xi}{2}x_2 \tag{8-70}$$

若用 N_1 和 N_2 来表示，则有

$$x=N_1x_1+N_2x_2 \tag{8-71}$$

我们已经知道，一维杆单元内任一点的位移可以通过形函数用单元节点位移来进行描述

$$q=N_1q_1+N_2q_2 \tag{8-72}$$

从式（8-71）与（8-72）中可以看出，单元内位移 q 和坐标 x 的插值形式相同，均使用相同的形函数 N_1 和 N_2，而这种表达则可以称之为等参变换。

由于等参变换使等参单元的刚度、质量、阻尼及荷载等特性矩阵的计算仍在局部坐标的母单元（规则单元）域内进行，因此无论各积分形式的矩阵表示如何复杂，仍然可以方便地采用标准化的数值积分方法计算。也正因为如此，等参元已成为有限单元法中应用最为广泛的单元形式之一。

8.2.2 四节点四边形等参元

在研究四节点四边形等参元之前，先讨论规则的基准四节点四边形单元的形状函数（见图 8-23），在局部坐标系 $o\xi\eta$ 中定义形状为正方形的母单元（基准单元）。定义其形函数 N_i，在节点 i 处，N_i为 1，在其他节点处 N_i为零（$i=1,2,3,4$）。

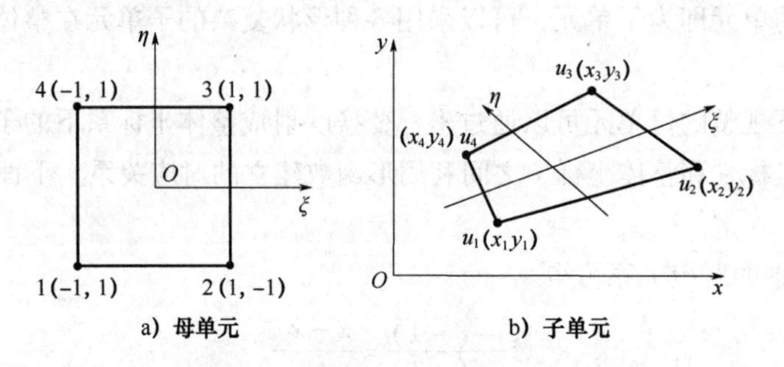

图 8-23 四边形单元及其等参元

也就是说，在 $\xi=+1$ 和 $\eta=+1$ 两条边上，有 $N_i=0$。因此，N_i应具有如下形式

$$N_1=c(1-\xi)(1-\eta) \tag{8-73}$$

式中，c 为常数，将节点 1 处的坐标 $\xi=-1$ 和 $\eta=-1$ 代入上式中可以求得

$$1=c\times 2\times 2 \tag{8-74}$$

可得 $c=\dfrac{1}{4}$，故

$$N_1=\frac{1}{4}(1-\xi)(1-\eta) \tag{8-75}$$

同理可得，四节点四边形单元的形函数可以表达为

$$\begin{aligned}
N_1&=\frac{1}{4}(1-\xi)(1-\eta)\\
N_2&=\frac{1}{4}(1+\xi)(1-\eta)\\
N_3&=\frac{1}{4}(1+\xi)(1+\eta)\\
N_4&=\frac{1}{4}(1-\xi)(1+\eta)
\end{aligned} \tag{8-76}$$

最终求得的局部坐标系下的形函数可表示为

$$N_i=\frac{(l+\xi_0)(l+\eta_0)}{4}\quad (i=1,2,3,4) \tag{8-77}$$

其中，$\xi_0=\xi_i\xi$，$\eta_0=\eta_i\eta$，该形函数是定义在局部坐标系下的归一化变量 ξ，η 的函数。

进行位移插值，有

$$
\begin{aligned}
u &= N_1(\xi,\eta)u_1 + N_2(\xi,\eta)u_2 + N_3(\xi,\eta)u_3 + N_4(\xi,\eta)u_4 \\
v &= N_1(\xi,\eta)v_1 + N_2(\xi,\eta)v_2 + N_3(\xi,\eta)v_3 + N_4(\xi,\eta)v_4
\end{aligned}
\tag{8-78}
$$

进行等参坐标变换，有

$$
\begin{aligned}
x &= \sum_{i=1}^{4} N_i(\xi,\eta)x_i = N_1(\xi,\eta)x_1 + N_2(\xi,\eta)x_2 + N_3(\xi,\eta)x_3 + N_4(\xi,\eta)x_4 \\
y &= \sum_{i=1}^{4} N_i(\xi,\eta)y_i = N_1(\xi,\eta)y_1 + N_2(\xi,\eta)y_2 + N_3(\xi,\eta)y_3 + N_4(\xi,\eta)y_4
\end{aligned}
\tag{8-79}
$$

如图8-23所示的二维单元的平面坐标变换，其中母单元是正方形，子单元变换成曲边四边形，且相邻子单元在公共边上的整体坐标是连续的，且在公共节点上具有相同的坐标，即相邻单元是连续的。

1. 雅可比矩阵

通过前面的讨论可知，局部坐标系和整体坐标系之间具有如下偏导数的关系。根据复合函数的求导法则，有

$$
\begin{aligned}
\frac{\partial}{\partial\xi} &= \frac{\partial x}{\partial\xi}\frac{\partial}{\partial x} + \frac{\partial y}{\partial\xi}\frac{\partial}{\partial y} \\
\frac{\partial}{\partial\eta} &= \frac{\partial x}{\partial\eta}\frac{\partial}{\partial x} + \frac{\partial y}{\partial\eta}\frac{\partial}{\partial y}
\end{aligned}
\tag{8-80}
$$

上式写成矩阵形式

$$
\begin{pmatrix} \dfrac{\partial}{\partial\xi} \\ \dfrac{\partial}{\partial\eta} \end{pmatrix} = \begin{pmatrix} \dfrac{\partial x}{\partial\xi} & \dfrac{\partial y}{\partial\xi} \\ \dfrac{\partial x}{\partial\eta} & \dfrac{\partial y}{\partial\eta} \end{pmatrix} \begin{pmatrix} \dfrac{\partial}{\partial x} \\ \dfrac{\partial}{\partial y} \end{pmatrix} = \boldsymbol{J} \begin{pmatrix} \dfrac{\partial}{\partial x} \\ \dfrac{\partial}{\partial y} \end{pmatrix}
\tag{8-81}
$$

式中，$\boldsymbol{J}$ 称为雅可比矩阵，定义为

$$
\boldsymbol{J} = \begin{pmatrix} \dfrac{\partial x}{\partial\xi} & \dfrac{\partial y}{\partial\xi} \\ \dfrac{\partial x}{\partial\eta} & \dfrac{\partial y}{\partial\eta} \end{pmatrix}
\tag{8-82}
$$

可以将式（8-76）的表达式代入雅可比矩阵式（8-79），求得雅可比矩阵。例如，对于四节点线性四边形单元，有

$$
\frac{\partial x}{\partial\xi} = \sum_{i=1}^{4} \frac{\partial N_i(\xi,\eta)}{\partial\xi}x_i,\ \frac{\partial y}{\partial\eta} = \sum_{i=1}^{4} \frac{\partial N_i(\xi,\eta)}{\partial\eta}y_i
\tag{8-83}
$$

雅可比矩阵的逆变换 $\boldsymbol{J}^{-1}$ 具有如下形式

$$
\boldsymbol{J}^{-1} = \frac{1}{|\boldsymbol{J}|} \begin{pmatrix} \dfrac{\partial y}{\partial\eta} & -\dfrac{\partial y}{\partial\xi} \\ -\dfrac{\partial x}{\partial\eta} & \dfrac{\partial x}{\partial\xi} \end{pmatrix}
\tag{8-84}
$$

用逆雅可比矩阵表示的偏导关系如下

$$\begin{pmatrix} \dfrac{\partial}{\partial x} \\ \dfrac{\partial}{\partial y} \end{pmatrix} = \boldsymbol{J}^{-1} \begin{pmatrix} \dfrac{\partial}{\partial \xi} \\ \dfrac{\partial}{\partial \eta} \end{pmatrix} \tag{8-85}$$

2. 应变矩阵

将上述等参元的位移模式代入弹性力学平面问题的几何方程，将会得到如下形式的单元应变分量

$$\boldsymbol{\varepsilon} = \begin{Bmatrix} \varepsilon_x \\ \varepsilon_y \\ \gamma_{xy} \end{Bmatrix} = \begin{Bmatrix} \dfrac{\partial u}{\partial x} \\ \dfrac{\partial v}{\partial y} \\ \dfrac{\partial u}{\partial y} + \dfrac{\partial v}{\partial x} \end{Bmatrix} = \boldsymbol{Bd} = (\boldsymbol{B}_1 \quad \boldsymbol{B}_2 \quad \boldsymbol{B}_3 \quad \boldsymbol{B}_4)\boldsymbol{d} \tag{8-86}$$

式中，$\boldsymbol{d} = (\boldsymbol{d}_1 \quad \boldsymbol{d}_2 \quad \boldsymbol{d}_3 \quad \boldsymbol{d}_4)^{\mathrm{T}}$ 是单元节点位移列阵；$\boldsymbol{d}_i = \begin{pmatrix} u_i \\ v_i \end{pmatrix}$，$(i = 1,2,3,4)$。

$$\boldsymbol{B} = \begin{pmatrix} \dfrac{\partial N_1(\xi,\eta)}{\partial x} & 0 & \dfrac{\partial N_2(\xi,\eta)}{\partial x} & 0 & \dfrac{\partial N_3(\xi,\eta)}{\partial x} & 0 & \dfrac{\partial N_4(\xi,\eta)}{\partial x} & 0 \\ 0 & \dfrac{\partial N_1(\xi,\eta)}{\partial y} & 0 & \dfrac{\partial N_2(\xi,\eta)}{\partial y} & 0 & \dfrac{\partial N_3(\xi,\eta)}{\partial y} & 0 & \dfrac{\partial N_4(\xi,\eta)}{\partial y} \\ \dfrac{\partial N_1(\xi,\eta)}{\partial y} & \dfrac{\partial N_1(\xi,\eta)}{\partial x} & \dfrac{\partial N_2(\xi,\eta)}{\partial y} & \dfrac{\partial N_2(\xi,\eta)}{\partial x} & \dfrac{\partial N_3(\xi,\eta)}{\partial y} & \dfrac{\partial N_3(\xi,\eta)}{\partial x} & \dfrac{\partial N_4(\xi,\eta)}{\partial y} & \dfrac{\partial N_4(\xi,\eta)}{\partial x} \end{pmatrix} \tag{8-87}$$

为了求应变矩阵 $\boldsymbol{B}$，进行如下推导。由于形函数 $N_i = (\xi,\eta)$ 是局部坐标的函数，需要进行偏导数的变换

$$\begin{pmatrix} \dfrac{\partial N_i}{\partial x} \\ \dfrac{\partial N_i}{\partial y} \end{pmatrix} = \boldsymbol{J}^{-1} \begin{pmatrix} \dfrac{\partial N_i}{\partial \xi} \\ \dfrac{\partial N_i}{\partial \eta} \end{pmatrix} \tag{8-88}$$

式（8-88）中的雅可比矩阵的逆矩阵$\boldsymbol{J}^{-1}$由式（8-84）给出，这里

$$\boldsymbol{J} = \begin{pmatrix} \dfrac{\partial x}{\partial \varepsilon} & \dfrac{\partial y}{\partial \varepsilon} \\ \dfrac{\partial x}{\partial \eta} & \dfrac{\partial y}{\partial \eta} \end{pmatrix} = \begin{pmatrix} J_{11} & J_{12} \\ J_{21} & J_{22} \end{pmatrix}$$

而

$$J_{11} = \frac{\partial x}{\partial \xi} = \frac{1}{4}[-x_1(1-\eta) + x_2(1-\eta) + x_3(1+\eta) - x_4(1+\eta)]$$

$$J_{12} = \frac{\partial y}{\partial \xi} = \frac{1}{4}[-y_1(1-\eta) + y_2(1-\eta) + y_3(1+\eta) - y_4(1+\eta)]$$

$$J_{21} = \frac{\partial x}{\partial \eta} = \frac{1}{4}[-x_1(1-\xi) - x_2(1-\xi) + x_3(1+\xi) + x_4(1+\xi)]$$

$$J_{22}=\frac{\partial y}{\partial \eta}=\frac{1}{4}[-y_1(1-\xi)-y_2(1-\xi)+y_3(1+\xi)+y_4(1+\xi)]$$

可见

$$\begin{aligned}\frac{\partial N_i(\xi,\eta)}{\partial x}&=\frac{1}{|\boldsymbol{J}|}\left(\frac{\partial y}{\partial \eta}\frac{\partial N_i(\xi,\eta)}{\partial \xi}-\frac{\partial y}{\partial \xi}\frac{\partial N_i(\xi,\eta)}{\partial \eta}\right)=\frac{1}{|\boldsymbol{J}|}\left(J_{22}\frac{\partial N_i}{\partial \xi}-J_{12}\frac{\partial N_i}{\partial \eta}\right)\\ \frac{\partial N_i(\xi,\eta)}{\partial y}&=\frac{1}{|\boldsymbol{J}|}\left(-\frac{\partial x}{\partial \eta}\frac{\partial N_i(\xi,\eta)}{\partial \xi}+\frac{\partial x}{\partial \xi}\frac{\partial N_i(\xi,\eta)}{\partial \eta}\right)=\frac{1}{|\boldsymbol{J}|}\left(-J_{21}\frac{\partial N_i}{\partial \xi}+J_{11}\frac{\partial N_i}{\partial \eta}\right)\end{aligned}\tag{8-89}$$

式（8-84）应变矩阵中的每一项为

$$\boldsymbol{B}_i=\frac{1}{|\boldsymbol{J}|}\begin{pmatrix}J_{22}\frac{\partial N_i}{\partial \xi}-J_{12}\frac{\partial N_i}{\partial \eta} & 0\\ 0 & J_{11}\frac{\partial N_i}{\partial \eta}-J_{21}\frac{\partial N_i}{\partial \xi}\\ J_{11}\frac{\partial N_i}{\partial \eta}-J_{21}\frac{\partial N_i}{\partial \xi} & J_{22}\frac{\partial N_i}{\partial \xi}-J_{12}\frac{\partial N_i}{\partial \eta}\end{pmatrix}\quad i=1,2,3,4\tag{8-90}$$

3. 单元刚度矩阵

类似于平面三角形单元，应用虚位移原理也可以确定四节点四边形单元的刚度矩阵表达式，即

$$\boldsymbol{K}^{\mathrm{e}}=t\iint \boldsymbol{B}^{\mathrm{T}}\boldsymbol{D}\boldsymbol{B}\,\mathrm{d}x\mathrm{d}y$$

又因为

$$\iint \mathrm{d}x\mathrm{d}y=\int_{-1}^{1}\int_{-1}^{1}\det\begin{pmatrix}\frac{\partial x}{\partial \xi} & \frac{\partial x}{\partial \eta}\\ \frac{\partial y}{\partial \xi} & \frac{\partial y}{\partial \eta}\end{pmatrix}\mathrm{d}\xi\mathrm{d}\eta=\int_{-1}^{1}\int_{-1}^{1}|\boldsymbol{J}|\,\mathrm{d}\xi\mathrm{d}\eta\tag{8-91}$$

所以，四节点四边形单元的单元刚度矩阵的最终表达式可以写成如下形式

$$\boldsymbol{K}^{\mathrm{e}}=t\int_{-1}^{1}\int_{-1}^{1}\boldsymbol{B}^{\mathrm{T}}\boldsymbol{D}\boldsymbol{B}\,|\boldsymbol{J}|\,\mathrm{d}\xi\mathrm{d}\eta\tag{8-92}$$

矩形单元的位移模式比平面三角形单元的线性位移模式增添了 $\xi\eta$ 项（相当于 xy 项），这种位移模式称为双线性模式。在这种模式下，单元内的应变分量不是常量，这一点可以从应变矩阵 $\boldsymbol{B}$ 的表达式中看出。

由矩形单元的应力矩阵表达式可以看出，矩形单元中的应力分量也都不是常量。其中，正应力分量 σ_x 的主要项（即不与μ相乘的项）沿 y 方向线性变化，而正应力分量 σ_y 的主要项则是沿 x 方向线性变化、剪应力分量 τ_{xy} 沿 x 及 y 两个方向都是线性变化。因此，采用相同数目的节点，矩形单元的精度要比平面三角形单元的精度高。

但是，矩形单元存在一些明显的缺点：其一是矩形单元不能适应斜交的边界和曲线边界，其二是不便于对不同部位采用不同大小的单元。

与平面三角形单元相同，将各单元的 $\boldsymbol{K}^{\mathrm{e}}$、$\boldsymbol{d}$ 和 $\boldsymbol{R}^{\mathrm{e}}$ 都扩充到整体结构自由度的维数，再进行叠加，可得到整个结构的平衡方程，即 $\boldsymbol{Kd}=\boldsymbol{R}$。

4. 按等参元思想进行载荷移置

以具有 n 个节点的平面单元为例，说明按等参元思想进行载荷移置的方法。假设单元作用有集中载荷 $\boldsymbol{F}_C$、体积力 $\boldsymbol{F}_V$和表面力 $\boldsymbol{F}_A$等，对上述载荷进行移植。

对于集中载荷，设单元任意点 c 作用有集中载荷$\boldsymbol{F}_C=(F_{Cx}\quad F_{Cy})^{\mathrm{T}}$，则移置到单元有关节点上的等效节点载荷为

$$\boldsymbol{F}_{Ci}^{\mathrm{e}}=(F_{Cix}^{\mathrm{e}}\quad F_{Ciy}^{\mathrm{e}})^{\mathrm{T}}=\boldsymbol{N}_{ci}\boldsymbol{F}_C\quad i=1,2,\cdots,n \tag{8-93}$$

式中，$\boldsymbol{N}_{ci}$是形函数 N_i在集中力作用点 c 处的取值，可以先根据作用点 c 的整体坐标（x_c, y_c）求得其局部坐标（ξ_c, η_c）后，再将局部坐标（ξ_c, η_c）分别代入形函数得到。

对于体积力，设单元上作用的体积力为$\boldsymbol{F}_V=(F_{Vx}\quad F_{Vy})^{\mathrm{T}}$，移置到单元各节点上的等效载荷为

$$\boldsymbol{F}_{Vi}^{\mathrm{e}}=(\boldsymbol{F}_{Vix}^{\mathrm{e}}\quad \boldsymbol{F}_{Viy}^{\mathrm{e}})^{\mathrm{T}}=\iint N_i\,\boldsymbol{F}_V t\mathrm{d}x\mathrm{d}y=\int_{-1}^{1}\int_{-1}^{1}N_i\begin{pmatrix}F_{Vx}\\F_{Vy}\end{pmatrix}t\,|\,\boldsymbol{J}\,|\,\mathrm{d}\xi\mathrm{d}\eta \tag{8-94}$$
$$i=1,2,\cdots,n$$

对于表面力，设单元某边界上作用的表面力为$\boldsymbol{F}_A=(F_{Ax}\quad F_{Ay})^{\mathrm{T}}$，则这条边上三个节点的等效载荷为

$$\boldsymbol{F}_A^{\mathrm{e}}=(F_{Aix}^{\mathrm{e}}\quad F_{Aiy}^{\mathrm{e}})^{\mathrm{T}}=\int_{\Gamma}N_i\begin{pmatrix}F_{Ax}\\F_{Ay}\end{pmatrix}t\mathrm{d}s\quad i=1,2,\cdots,n \tag{8-95}$$

式中，Γ 是单元作用有面力的边界域；ds 是边界域内的微段弧长。

则移置后，对于具有 N 个单元的结构系统的载荷列阵可表示为

$$\boldsymbol{R}=\sum_{i=1}^{N}\boldsymbol{R}_{i,\mathrm{ext}}^{\mathrm{e}}=\sum_{i=1}^{N}(\boldsymbol{F}_{i\,\mathrm{ext}}^{\mathrm{e}}+\boldsymbol{F}_{C,i,\mathrm{ext}}^{\mathrm{e}}+\boldsymbol{F}_{V,i,\mathrm{ext}}^{\mathrm{e}}) \tag{8-96}$$

8.2.3 八节点四边形等参元

为了更好地适应复杂形状的连续体，在四节点四边形单元各边中点处增加一个节点，转变成八节点四边形单元，如图 8-24 所示。

1. 母单元的形函数

同样原理，如果采用二次形函数的四边形单元，单元每边的节点数为三个，对于图 8-24 所示的八节点二次四边形等参元，角点的形函数为

$$N_i=\frac{1}{4}(1+\xi_0)(1+\eta_0)(\xi_0+\eta_0-1)\quad(i=1,2,3,4) \tag{8-97}$$

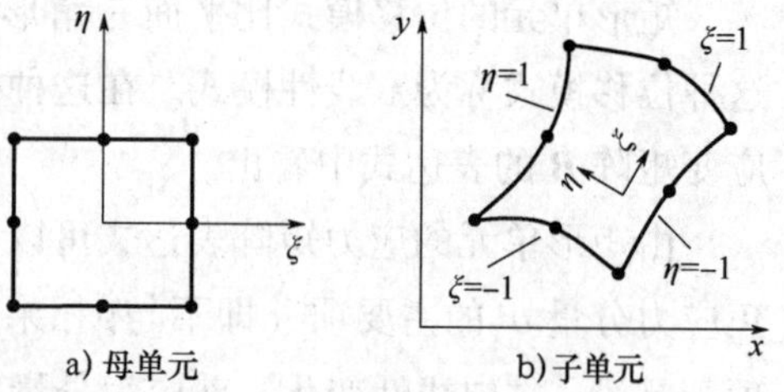

a) 母单元　　b) 子单元

图 8-24　二次矩形平面四边形单元

边中点的形函数为

$$N_i=\frac{1}{2}(1-\xi^2)(1+\eta_0)\quad(i=5,7) \tag{8-98}$$

$$N_i=\frac{1}{2}(1-\eta^2)(1+\xi_0)\quad(i=6,8) \tag{8-99}$$

其中，$\xi_0=\xi_i\xi$，$\eta_0=\eta_i\eta$，该形函数是定义在局部坐标下的归一化变量ξ，η的函数。

因此，八节点二次四边形等参元在局部坐标系下的形函数为

$$
\begin{aligned}
&N_1=\frac{1}{4}(1-\xi)(1-\eta)(-\xi-\eta-1), &&N_2=\frac{1}{4}(1+\xi)(1-\eta)(\xi-\eta-1)\\
&N_3=\frac{1}{4}(1+\xi)(1+\eta)(\xi+\eta-1), &&N_4=\frac{1}{4}(1-\xi)(1+\eta)(-\xi+\eta-1)\\
&N_5=\frac{1}{2}(1-\xi^2)(1-\eta), &&N_6=\frac{1}{2}(1-\eta^2)(1+\xi)\\
&N_7=\frac{1}{2}(1-\xi^2)(1+\eta), &&N_8=\frac{1}{2}(1-\eta^2)(1-\xi)
\end{aligned}
\tag{8-100}
$$

进行等参坐标变换，有

$$
\begin{aligned}
x &= \sum_{i=1}^{8}N_i(\xi,\eta)x_i = N_1(\xi,\eta)x_1+N_2(\xi,\eta)x_2+\cdots+N_8(\xi,\eta)x_8\\
y &= \sum_{i=1}^{8}N_i(\xi,\eta)y_i = N_1(\xi,\eta)y_1+N_2(\xi,\eta)y_2+\cdots+N_8(\xi,\eta)y_8
\end{aligned}
$$

进行位移插值，获得位移模式，有

$$
\begin{aligned}
u&=N_1(\xi,\eta)u_1+N_2(\xi,\eta)u_2+\cdots+N_8(\xi,\eta)u_8\\
v&=N_1(\xi,\eta)v_1+N_2(\xi,\eta)v_2+\cdots+N_8(\xi,\eta)v_8
\end{aligned}
$$

2. 应变矩阵与单元刚度矩阵

同样，将上述等参元的位移模式代入弹性力学平面问题的几何方程，将会得到如下形式的单元应变分量

$$
\boldsymbol{\varepsilon}=\begin{pmatrix}\varepsilon_x\\ \varepsilon_y\\ \gamma_{xy}\end{pmatrix}=\begin{pmatrix}\dfrac{\partial u}{\partial x}\\ \dfrac{\partial v}{\partial y}\\ \dfrac{\partial u}{\partial y}+\dfrac{\partial v}{\partial x}\end{pmatrix}=\boldsymbol{B}\boldsymbol{\delta}^{e}=(\boldsymbol{B}_1\quad \boldsymbol{B}_2\quad \cdots\quad \boldsymbol{B}_8)\boldsymbol{d}
\tag{8-101}
$$

式中，$\boldsymbol{d}=(\boldsymbol{d}_1\quad \boldsymbol{d}_2\quad \cdots\quad \boldsymbol{d}_8)^{\mathrm{T}}$是单元节点位移列阵；$\boldsymbol{d}_i=\begin{pmatrix}u_i\\ v_i\end{pmatrix}$，$(i=1,2,\cdots,8)$。

进行偏导变换，最终求得的应变矩阵各子矩阵为

$$
\boldsymbol{B}_i=\frac{1}{|\boldsymbol{J}|}\begin{pmatrix}J_{22}\dfrac{\partial N_i}{\partial \xi}-J_{12}\dfrac{\partial N_i}{\partial \eta} & 0\\ 0 & J_{11}\dfrac{\partial N_i}{\partial \eta}-J_{21}\dfrac{\partial N_i}{\partial \xi}\\ J_{11}\dfrac{\partial N_i}{\partial \eta}-J_{21}\dfrac{\partial N_i}{\partial \xi} & J_{22}\dfrac{\partial N_i}{\partial \xi}-J_{12}\dfrac{\partial N_i}{\partial \eta}\end{pmatrix}\quad i=1,2,3,4,5,6,7,8
\tag{8-102}
$$

对于八节点二次四边形单元，其雅可比矩阵$\boldsymbol{J}$中的各元素分别为

$$J_{11}=\frac{\partial x}{\partial \xi}=\frac{1}{4}[x_1(2\xi+\eta)(1-\eta)+x_2(1-\eta)(2\xi-\eta)+x_3(2\xi+\eta)(1+\eta)-$$
$$x_4(1+\eta)(2\xi-\eta)-4\xi x_5(1-\eta)]+2x_6(1-\eta^2)-4\xi x_7(1+\eta)-2x_8(1-\eta^2)$$
$$J_{12}=\frac{\partial y}{\partial \xi}=\frac{1}{4}[y_1(2\xi+\eta)(1-\eta)+y_2(2\xi-\eta)(1-\eta)+y_3(2\xi+\eta)(1+\eta)+$$
$$y_4(2\xi-\eta)(1+\eta)-4\xi y_5(1-\eta)+2y_6(1-\eta^2)-4\xi y_7(1+\eta)-2y_8(1-\eta^2)]$$
$$J_{21}=\frac{\partial x}{\partial \eta}=\frac{1}{4}[x_1(1-\xi)(\xi+2\eta)-x_2(1+\xi)(\xi-2\eta)+x_3(1+\xi)(\xi+2\eta)-$$
$$x_4(1-\xi)(\xi-2\eta)-2x_5(1-\xi^2)-4\eta x_6(1+\xi)+2x_7(1-\xi^2)-4\eta x_8(1-\xi)]$$
$$J_{22}=\frac{\partial y}{\partial \eta}=\frac{1}{4}[y_1(1-\xi)(\xi+2\eta)-y_2(1+\xi)(\xi-2\eta)+y_3(1+\xi)(\xi+2\eta)-$$
$$y_4(1-\xi)(\xi-2\eta)-2y_5(1-\xi^2)-4\eta y_6(1+\xi)+2y_7(1-\xi^2)-4\eta y_8(1-\xi)]$$
(8-103)

单元刚度矩阵的求解式，同样为

$$\boldsymbol{K}^{e}=t\int_{-1}^{1}\int_{-1}^{1}\boldsymbol{B}^{T}\boldsymbol{D}\boldsymbol{B}\,|\boldsymbol{J}|\,d\xi d\eta \tag{8-104}$$

8.2.4　二十节点三维空间等参元

空间等参元的原理及推导方法与平面问题类似。空间等参元主要有八节点六面体单元、二十节点三维单元和 8 ~ 21 可变节点三维单元等。下面我们讨论一种应用较广的二十节点三维空间等参元。

二十节点三维等参元的母单元是规则的二十节点正方体单元，边长为 2，对应的是边界为曲面和曲边的六面体子单元，如图 8-25 所示。每个节点具有三个平动自由度，即

$$\boldsymbol{d}_i=\begin{pmatrix}u_i\\v_i\\w_i\end{pmatrix},\ i=1,\ 2,\ \cdots,\ 20$$

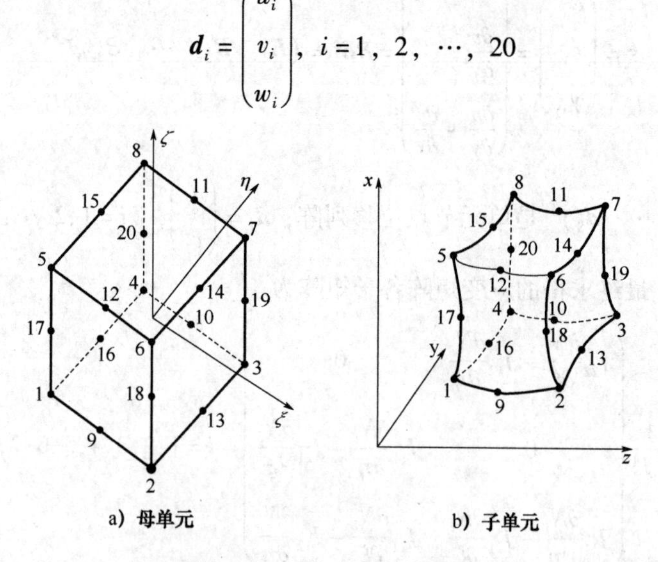

图 8-25　20 节点空间等参数单元

根据等参元的概念，位移函数和几何坐标变换式应采用相同的形函数。20 节点三维等参元的位移函数可表示为

$$
\begin{aligned}
u &= \sum_{i=1}^{20} N_i(\xi,\eta,\zeta) u_i \\
v &= \sum_{i=1}^{20} N_i(\xi,\eta,\zeta) v_i \\
w &= \sum_{i=1}^{20} N_i(\xi,\eta,\zeta) w_i
\end{aligned}
\tag{8-105}
$$

对于单元的 20 个节点分别写出 20 个形函数，具体表达式如下

$$
\begin{aligned}
N_i = &(1+\xi_0)(1+\eta_0)(1+\zeta_0)(\xi_0+\eta_0+\zeta_0)\xi_i^2\eta_i^2\zeta_i^2/8 + \\
&(1-\xi^2)(1+\eta_0)(1+\zeta_0)(1-\xi_i^2)\eta_i^2\zeta_i^2/4 + \\
&(1-\eta^2)(1+\zeta_0)(1+\xi_0)(1-\eta_i^2)\xi_i^2\zeta_i^2/4 + \\
&(1-\zeta^2)(1+\xi_0)(1+\eta_0)(1-\zeta_i^2)\xi_i^2\eta_i^2/4
\end{aligned}
\tag{8-106}
$$

式中，$\xi_0=\xi_i\xi$；$\eta_0=\eta_i\eta$；$\zeta_0=\zeta_i\zeta$。ξ_i、η_i及ζ_i是节点 i 在 ξ，η，ζ 局部坐标系中的坐标。例如，节点 1 的局部坐标是（$-1,-1,-1$），节点 5 的坐标是（$-1,-1,1$）等。

坐标变换关系可表示为

$$
\begin{aligned}
x &= \sum_{i=1}^{20} N_i(\xi,\eta,\zeta) x_i \\
y &= \sum_{i=1}^{20} N_i(\xi,\eta,\zeta) y_i \\
z &= \sum_{i=1}^{20} N_i(\xi,\eta,\zeta) z_i
\end{aligned}
\tag{8-107}
$$

式中，u_i，v_i，w_i 和 x_i，y_i，z_i 分别为节点 i 的位移值和整体坐标值。

根据弹性力学几何方程，可以得到单元应变列阵为

$$
\boldsymbol{\varepsilon} = \begin{pmatrix} \varepsilon_x \\ \varepsilon_y \\ \varepsilon_z \\ \tau_{xy} \\ \tau_{yz} \\ \tau_{zx} \end{pmatrix} = \begin{pmatrix} \dfrac{\partial u}{\partial x} \\ \dfrac{\partial v}{\partial y} \\ \dfrac{\partial w}{\partial z} \\ \dfrac{\partial u}{\partial y}+\dfrac{\partial v}{\partial x} \\ \dfrac{\partial v}{\partial z}+\dfrac{\partial w}{\partial y} \\ \dfrac{\partial w}{\partial x}+\dfrac{\partial u}{\partial z} \end{pmatrix} = \boldsymbol{Bd} = (B_1 \quad B_2 \quad \cdots \quad B_{20}) \begin{pmatrix} d_1 \\ d_2 \\ \vdots \\ \vdots \\ \vdots \\ d_{20} \end{pmatrix}
\tag{8-108}
$$

式中，$\boldsymbol{B}$ 是单元的应变矩阵，其分块子矩阵的表达式如下

$$\boldsymbol{B}_i = \begin{pmatrix} \dfrac{\partial N_i}{\partial x} & 0 & 0 \\ 0 & \dfrac{\partial N_i}{\partial y} & 0 \\ 0 & 0 & \dfrac{\partial N_i}{\partial z} \\ \dfrac{\partial N_i}{\partial y} & \dfrac{\partial N_i}{\partial x} & 0 \\ 0 & \dfrac{\partial N_i}{\partial z} & \dfrac{\partial N_i}{\partial y} \\ \dfrac{\partial N_i}{\partial z} & 0 & \dfrac{\partial N_i}{\partial x} \end{pmatrix}; \quad (i = 1, 2, \cdots, 20) \tag{8-109}$$

上式中的形函数 N_i 是局部坐标的函数。在对整体坐标求导时，类似于平面问题，根据复合函数求导数的规则，有以下用雅可比矩阵表达的关系式

$$\begin{pmatrix} \dfrac{\partial N_i}{\partial \xi} \\ \dfrac{\partial N_i}{\partial \eta} \\ \dfrac{\partial N_i}{\partial \zeta} \end{pmatrix} = \boldsymbol{J} \begin{pmatrix} \dfrac{\partial N_i}{\partial x} \\ \dfrac{\partial N_i}{\partial y} \\ \dfrac{\partial N_i}{\partial z} \end{pmatrix}, \quad \begin{pmatrix} \dfrac{\partial N_i}{\partial x} \\ \dfrac{\partial N_i}{\partial y} \\ \dfrac{\partial N_i}{\partial z} \end{pmatrix} = \boldsymbol{J}^{-1} \begin{pmatrix} \dfrac{\partial N_i}{\partial \xi} \\ \dfrac{\partial N_i}{\partial \eta} \\ \dfrac{\partial N_i}{\partial \zeta} \end{pmatrix} \tag{8-110}$$

其中，三维雅可比矩阵 $\boldsymbol{J}$ 为

$$\boldsymbol{J} = \begin{pmatrix} \dfrac{\partial x}{\partial \xi} & \dfrac{\partial y}{\partial \xi} & \dfrac{\partial z}{\partial \xi} \\ \dfrac{\partial x}{\partial \eta} & \dfrac{\partial y}{\partial \eta} & \dfrac{\partial z}{\partial \eta} \\ \dfrac{\partial x}{\partial \zeta} & \dfrac{\partial y}{\partial \zeta} & \dfrac{\partial z}{\partial \zeta} \end{pmatrix} \tag{8-111}$$

式（8-111）中的每个元素可以分别按如下公式求得

$$\frac{\partial x}{\partial \xi} = \sum_{i=1}^{20} \frac{\partial N_i}{\partial \xi} x_i, \ \frac{\partial y}{\partial \xi} = \sum_{i=1}^{20} \frac{\partial N_i}{\partial \xi} y_i, \ \cdots, \ \frac{\partial z}{\partial \zeta} = \sum_{i=1}^{20} \frac{\partial N_i}{\partial \zeta} z_i \tag{8-112}$$

例如，上式中的 $\partial N_i / \partial \xi$ 是

$$\begin{aligned} \partial N_i / \partial \xi = {} & \xi_i (1 + \eta_0)(1 + \zeta_0)(2\xi_0 + \eta_0 + \zeta_0 - 1)\xi_i^2 \eta_i^2 \zeta_i^2 / 8 - \\ & \xi (1 + \eta_0)(1 + \zeta_0)(1 - \xi_i^2)\eta_i^2 \zeta_i^2 / 2 + \\ & \xi_i (1 - \eta^2)(1 + \zeta_0)(1 - \eta_i^2)\xi_i^2 \zeta_i^2 / 4 + \\ & \xi_i (1 - \zeta^2)(1 + \eta_0)(1 - \zeta_i^2)\xi_i^2 \eta_i^2 / 4 \end{aligned}$$

将单元应变代入空间问题的物理方程式，得到单元的应力

$$\boldsymbol{\sigma}=(\sigma_x \quad \sigma_y \quad \sigma_z \quad \tau_{xy} \quad \tau_{yz} \quad \tau_{zx})^{\mathrm{T}}$$
$$=\boldsymbol{D\varepsilon}=\boldsymbol{DBd}=\boldsymbol{Sd}=(\boldsymbol{S}_1 \quad \boldsymbol{S}_2 \quad \cdots \quad \boldsymbol{S}_{20})\boldsymbol{d} \tag{8-113}$$

式中，$\boldsymbol{D}$ 为弹性矩阵；$\boldsymbol{S}$ 为应力矩阵；$\boldsymbol{d}$ 是单元节点位移列阵。

$$\boldsymbol{S}_i=\boldsymbol{DB}_i \quad (i=1,2,\cdots,20) \tag{8-114}$$

进而利用虚功原理，推导得到单元刚度矩阵为

$$\boldsymbol{K}^{\mathrm{e}}=\iiint \boldsymbol{B}^{\mathrm{T}}\boldsymbol{DB}\mathrm{d}x\mathrm{d}y\mathrm{d}z=\begin{pmatrix} \boldsymbol{k}_{1,1} & \boldsymbol{k}_{1,2} & \cdots & \boldsymbol{k}_{1,20} \\ \boldsymbol{k}_{2,1} & \boldsymbol{k}_{2,2} & \cdots & \boldsymbol{k}_{2,20} \\ \vdots & \vdots & & \vdots \\ \boldsymbol{k}_{20,1} & \boldsymbol{k}_{20,2} & \cdots & \boldsymbol{k}_{20,20} \end{pmatrix} \tag{8-115}$$

其中子块矩阵是

$$\boldsymbol{K}_{i,j}^{\mathrm{e}}=\iiint \boldsymbol{B}_i^{\mathrm{T}}\boldsymbol{DB}_j\mathrm{d}x\mathrm{d}y\mathrm{d}z=\int_{-1}^{1}\int_{-1}^{1}\int_{-1}^{1}\boldsymbol{B}_i^{\mathrm{T}}\boldsymbol{DB}_j\,|\boldsymbol{J}|\,\mathrm{d}\xi\mathrm{d}\eta\mathrm{d}\zeta \tag{8-116}$$
$$(i=1,2,\cdots,20;\ j=1,2,\cdots,20)$$

8.3　应用举例

例 8.1　一个四节点四边形单元，厚度 t，如图 8-26所示，在 2-3 边上施加均布载荷 q，边长为 L，(1) 求该四边形等参元的雅可比矩阵 $\boldsymbol{J}$ 及$|\boldsymbol{J}|$；(2) 对 2-3 边上的均布载荷进行节点移置。

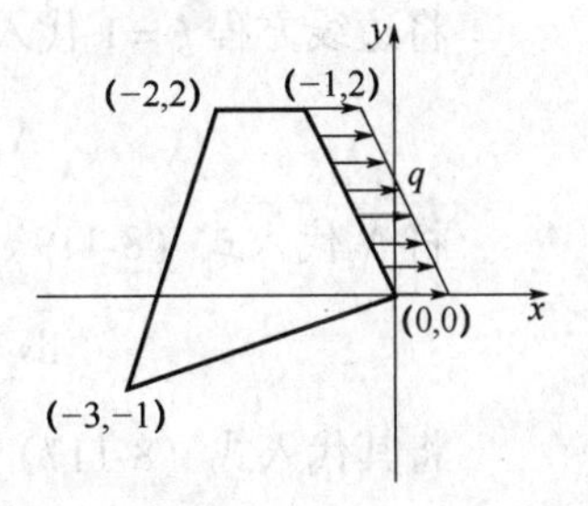

图 8-26　例题图

解：(1) 雅可比矩阵 $\boldsymbol{J}$ 及$|\boldsymbol{J}|$

由前文可知，四节点四边形单元的雅可比矩阵 $\boldsymbol{J}$ 的表达式为

$$J_{11}=\frac{\partial x}{\partial \xi}=\frac{1}{4}[-x_1(1-\eta)+x_2(1-\eta)+x_3(1+\eta)-x_4(1+\eta)]$$

$$J_{12}=\frac{\partial y}{\partial \xi}=\frac{1}{4}[-y_1(1-\eta)+y_2(1-\eta)+y_3(1+\eta)-y_4(1+\eta)]$$

$$J_{21}=\frac{\partial x}{\partial \eta}=\frac{1}{4}[-x_1(1-\xi)-x_2(1+\xi)+x_3(1+\xi)+x_4(1-\xi)]$$

$$J_{22}=\frac{\partial y}{\partial \eta}=\frac{1}{4}[-y_1(1-\xi)-y_2(1+\xi)+y_3(1+\xi)+y_4(1-\xi)]$$

表 8-1　节点的坐标

	节点 1	节点 2	节点 3	节点 4
局部坐标	(−1, −1)	(1, −1)	(1,1)	(−1,1)
整体坐标	(−3, −1)	(0,0)	(−1,2)	(−2,2)

可以求得

$$\boldsymbol{J}=\begin{pmatrix} J_{11} & J_{12} \\ J_{21} & J_{22} \end{pmatrix}=\begin{pmatrix} 4-2\eta & -2\eta \\ -2\xi & 4-2\xi \end{pmatrix}$$

则

$$|\boldsymbol{J}| = (4-2\eta)(4-2\xi) - 4\xi\eta = 16 - 8\eta - 8\xi$$

(2) 分布力节点载荷移置

由式（8-95）可知，节点载荷列阵为

$$F_C^e = \int_s N^T F_C t \mathrm{d}s \tag{8-117}$$

经过简单推导可知

$$\left.\begin{aligned} \mathrm{d}x &= \frac{\partial x}{\partial \xi}\mathrm{d}\xi + \frac{\partial x}{\partial \eta}\mathrm{d}\eta \\ \mathrm{d}y &= \frac{\partial y}{\partial \xi}\mathrm{d}\xi + \frac{\partial y}{\partial \eta}\mathrm{d}\eta \\ \mathrm{d}s &= \sqrt{(\mathrm{d}x)^2 + (\mathrm{d}y)^2} \end{aligned}\right\} \tag{8-118}$$

当分布载荷作用在 $\xi=1$ 边上时，$\mathrm{d}\xi=0$，则有

$$\mathrm{d}s = \sqrt{\left(\frac{\partial x}{\partial \eta}\right)^2 + \left(\frac{\partial y}{\partial \eta}\right)^2}\mathrm{d}\eta = \sqrt{\left(\sum_{i=1}^{4}\frac{\partial N_i}{\partial \eta}x_i\right)^2 + \left(\sum_{i=1}^{4}\frac{\partial N_i}{\partial \eta}y_i\right)^2}\mathrm{d}\eta \tag{8-119}$$

将边线方程 $\xi=1$ 代入（8-76），可得 2-3 边上的形函数

$$N_1 = 0, N_2 = \frac{1}{2}(1-\eta), N_3 = \frac{1}{2}(1+\eta), N_4 = 0$$

将 N_i 代入式（8-119）中，并令 $2-3$ 边的边长为 L，可得

$$\mathrm{d}s = \frac{1}{2}\sqrt{(-x_2+x_3)^2 + (-y_2+y_3)^2}\mathrm{d}\eta = \frac{1}{2}L\mathrm{d}\eta \tag{8-120}$$

将其代入式（8-117）中，可得

$$\boldsymbol{F}_C^e = \int_{-1}^{1}\frac{1}{2}LN^T \boldsymbol{F}_C t\mathrm{d}\eta \tag{8-121}$$

式中，$\boldsymbol{F}_C = \begin{pmatrix} q \\ 0 \end{pmatrix}$；$N_i = \begin{pmatrix} N_1 & 0 & N_2 & 0 & N_3 & 0 & N_4 & 0 \\ 0 & N_1 & 0 & N_2 & 0 & N_3 & 0 & N_4 \end{pmatrix}$。

式（8-121）进一步推导可得

$$\boldsymbol{F}_C^e = \frac{1}{2}Lt\int_{-1}^{1}N^T \boldsymbol{F}_C \mathrm{d}\eta = \frac{1}{2}Lt\int_{-1}^{1}\begin{pmatrix} N_1 & 0 \\ 0 & N_1 \\ N_2 & 0 \\ 0 & N_2 \\ N_3 & 0 \\ 0 & N_3 \\ N_4 & 0 \\ 0 & N_4 \end{pmatrix}\begin{pmatrix} q \\ 0 \end{pmatrix}\mathrm{d}\eta$$

$$= \frac{1}{2}qLt\int_{-1}^{1}(N_1 \quad 0 \quad N_2 \quad 0 \quad N_3 \quad 0 \quad N_4 \quad 0)^T\mathrm{d}\eta$$

$$= \frac{1}{2}qLt(0 \quad 0 \quad 1 \quad 0 \quad 1 \quad 0 \quad 0 \quad 0)^T$$

从上式中可以看出，分布载荷均分给了两个节点2和3。

例8.2 如图8-27所示矩形单元，假设为平面应力状态，取$E=30\times10^6\text{Pa}$，$\boldsymbol{\nu}=0.3$，$\boldsymbol{d}=[0,0,0.001,0.002,0.004,0.0022,0,0]^{\text{T}}$ m，计算$\xi=0$，$\boldsymbol{\eta}=0$处的雅可比矩阵$\boldsymbol{J}$，应变矩阵$\boldsymbol{B}$和应力$\boldsymbol{\sigma}$。

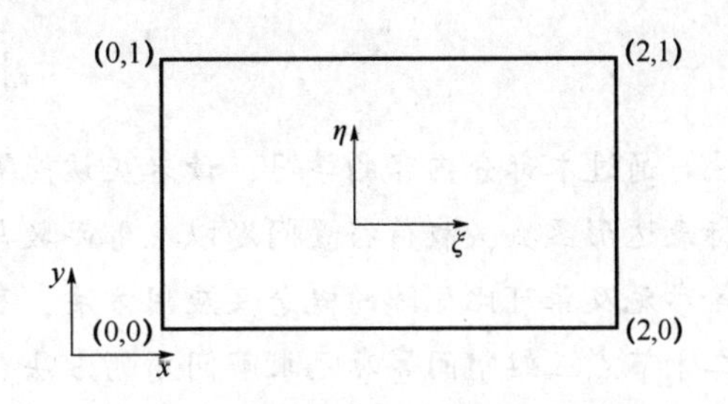

图8-27 例题图

解：

由式（8-77）可知，可以得到雅可比矩阵

$$\boldsymbol{J}=\frac{1}{4}\begin{pmatrix}2(1-\eta)+2(1+\eta) & (1+\eta)-(1+\eta)\\ -2(1+\xi)+2(1+\xi) & (1+\xi)+(1-\xi)\end{pmatrix}=\begin{pmatrix}1 & 0\\ 0 & \frac{1}{2}\end{pmatrix}$$

由式（8-87）可知，可知在$\xi=0$，$\boldsymbol{\eta}=0$处应变矩阵$\boldsymbol{B}$为

$$\boldsymbol{B}=\begin{pmatrix}-\frac{1}{4} & 0 & \frac{1}{4} & 0 & \frac{1}{4} & 0 & -\frac{1}{4} & 0\\ 0 & -\frac{1}{2} & 0 & -\frac{1}{2} & 0 & \frac{1}{2} & 0 & \frac{1}{2}\\ -\frac{1}{2} & -\frac{1}{4} & -\frac{1}{2} & \frac{1}{4} & \frac{1}{2} & \frac{1}{4} & \frac{1}{2} & -\frac{1}{4}\end{pmatrix}$$

已知$\boldsymbol{\sigma}=\boldsymbol{D\varepsilon}=\boldsymbol{DBd}$，并且弹性矩阵$\boldsymbol{D}$为

$$\boldsymbol{D}=\frac{E}{1-\nu^2}\begin{pmatrix}1 & \nu & 0\\ \nu & 1 & 0\\ 0 & 0 & \frac{1-\nu}{2}\end{pmatrix}=\frac{30\times10^6}{(1-0.09)}\begin{pmatrix}1 & 0.3 & 0\\ 0.3 & 1 & 0\\ 0 & 0 & 0.35\end{pmatrix}$$

则应力

$$\boldsymbol{\sigma}=\boldsymbol{DBd}$$

$$=\frac{30\times10^6}{(1-0.09)}\begin{pmatrix}1 & 0.3 & 0\\ 0.3 & 1 & 0\\ 0 & 0 & 0.35\end{pmatrix}\begin{pmatrix}-\frac{1}{4} & 0 & \frac{1}{4} & 0 & \frac{1}{4} & 0 & -\frac{1}{4} & 0\\ 0 & -\frac{1}{2} & 0 & -\frac{1}{2} & 0 & \frac{1}{2} & 0 & \frac{1}{2}\\ -\frac{1}{2} & -\frac{1}{4} & -\frac{1}{2} & \frac{1}{4} & \frac{1}{2} & \frac{1}{4} & \frac{1}{2} & -\frac{1}{4}\end{pmatrix}\begin{pmatrix}0\\ 0\\ 0.001\\ 0.002\\ 0.004\\ 0.0022\\ 0\\ 0\end{pmatrix}$$

$$=\begin{pmatrix}42198.8\\ 15659.3\\ 29423.1\end{pmatrix}(\text{Pa})$$

小 结

通过本部分内容的学习，读者应该能够：掌握形函数的构造原理与性质，如何用面积坐标表达形函数，载荷移置问题以及形函数与解的收敛性问题；同时应掌握子单元、母单元、等参元及雅可比矩阵的概念及应用方法，了解一维杆单元、四节点四边形、八节点四边形、二十节点三维空间等参元求解问题的方法。在解决不规则结构问题时应充分地理解和应用这些概念和方法。

习 题

8.1 解释概念：位移插值函数、位移模式、有限元解的收敛准则、位移解的下限性质。

8.2 证明形函数的基本性质（3），即三角形单元任意一条边上的形函数，仅与该边的两端节点坐标有关、而与其他节点坐标无关。

8.3 等参元函数应满足的条件是什么？什么是等参坐标变换的雅可比矩阵和行列式？它代表什么几何意义？

8.4 计算习题8.4图中所示的单元等效节点载荷。

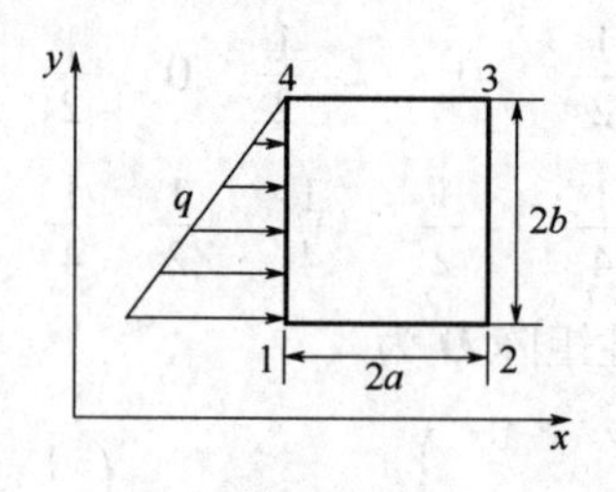

习题8.4图

8.5 如习题8.5图中所示四节点四边形单元，局部坐标系下一点A'的坐标为（0.5,0.5），试通过等参坐标变换求解A'点对应的整体坐标系下点A的坐标。进一步，假如已知整体坐标系下4个节点的位移分别为：$u_1=0$，$v_1=0$；$u_2=0.02$，$v_2=0.01$；$u_3=0.05$，$v_3=0.02$；$u_4=0.03$，$v_4=0$，试求解整体坐标系下点A的位移（u_A,v_A）。

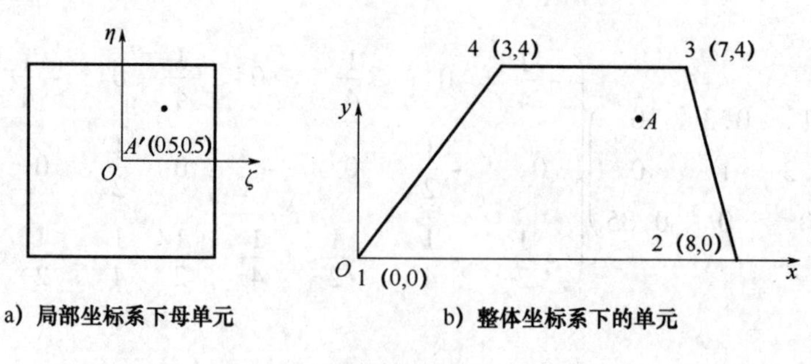

习题8.5图

第 9 章

动力学问题的有限元法求解

当机械结构受到随时间变化的载荷时，就需要对其进行动力学分析。结构动力学分析的基本内容主要包括固有特性分析和振动响应分析。固有特性分析主要是为了求解结构的固有频率（特征值）和模态振型（特征向量）。响应分析主要是计算结构对给定动载荷的各种响应特性，包括位移响应、速度响应、加速度响应，而响应计算的类型又可以分为频域谐响应以及时域的瞬态响应。对于机械结构的动力学分析问题，有限元法也是非常有效的数值计算工具。与机械结构静力学分析的有限元法一样，动力学问题的有限元法也是把要分析的对象离散为有限个单元的组合体。本章主要介绍机械结构动力学的有限元方法，主要包括机械结构动力学有限元分析的流程、单元质量矩阵、固有特性及振动响应的有限元求解方法，此外，还提供一些可参照的分析实例。

9.1 动力学有限元分析的一般流程

在动力学分析中由于节点具有速度和加速度，因而整个结构将受到阻尼力和惯性力作用。根据达朗伯原理，引入惯性力和阻尼力之后，结构仍处于平衡状态，整个运动方程为

$$\boldsymbol{M}\ddot{\boldsymbol{q}}(t)+\boldsymbol{C}\dot{\boldsymbol{q}}(t)+\boldsymbol{K}\boldsymbol{q}(t)=\boldsymbol{F} \tag{9-1}$$

式中，$\boldsymbol{M}$ 为整体质量矩阵；$\boldsymbol{C}$ 为整体阻尼矩阵；$\boldsymbol{K}$ 为整体刚度矩阵；$\boldsymbol{F}$ 为节点的外载荷矢量；$\boldsymbol{q}(t)$，$\dot{\boldsymbol{q}}(t)$和$\ddot{\boldsymbol{q}}(t)$分别表示节点的位移、速度和加速度向量。

式（9-1）为动力学有限元的基本方程，它不再是静力学问题那样的线性方程，而是一个二阶常微分方程组，其求解过程也比静力学问题难得多。

与静力学有限元分析相似，结构的动力学有限元分析可概括为如下 6 个步骤：

1. 结构离散

与静力学分析相同，也是将一个连续的弹性体划分为一定数量的单元。同样需要确定节点坐标以及单元的节点编号等内容。

2. 单元分析

在动力学有限元分析中，不仅需要确定单元的刚度矩阵，同时也需要确定单元的质量矩阵（具体确定单元质量矩阵的方法详见 9. 2 节）和单元阻尼矩阵。单元分析的焦点是在选择合适的单元位移模式的基础上确定单元的形函数，因为求解单元的刚度矩阵、质量矩阵及

阻尼矩阵，均需要用到形函数。上述矩阵的求解式可表示为

$$\boldsymbol{K}^{\mathrm{e}} = \int_V \boldsymbol{B}^{\mathrm{T}}\boldsymbol{D}\boldsymbol{B}\mathrm{d}V \tag{9-2a}$$

$$\boldsymbol{M}^{\mathrm{e}} = \int_V \boldsymbol{N}^{\mathrm{T}}\rho\boldsymbol{N}\mathrm{d}V \tag{9-2b}$$

$$\boldsymbol{C}^{\mathrm{e}} = \int_V \boldsymbol{N}^{\mathrm{T}}c\boldsymbol{N}\mathrm{d}V \tag{9-2c}$$

式中，ρ 为材料的密度；c 为黏性阻尼系数。

3. 单元的组集

单元组集的目标是为了形成式（9-1）描述的机械结构动力学分析有限元方程。在式（9-1）中，节点的位移 $\boldsymbol{q}(t)$、速度 $\dot{\boldsymbol{q}}(t)$ 和加速度 $\ddot{\boldsymbol{q}}(t)$ 为待求的量值。

在前面章节我们已经学习了刚度矩阵的组集方法，而质量矩阵、阻尼矩阵、载荷列向量也可以按照刚度矩阵的组集方法来实现。组集的方法包括直接组集法及转换矩阵法，以直接组集法为例，组集公式可描述为

$$\boldsymbol{K} = \sum_{i=1}^{N}\boldsymbol{K}_{i,\mathrm{ext}}^{\mathrm{e}},\ \boldsymbol{M} = \sum_{i=1}^{N}\boldsymbol{M}_{i,\mathrm{ext}}^{\mathrm{e}},\ \boldsymbol{C} = \sum_{i=1}^{N}\boldsymbol{C}_{i,\mathrm{ext}}^{\mathrm{e}},\ \boldsymbol{F} = \sum_{i=1}^{N}\boldsymbol{F}_{i,\mathrm{ext}}^{\mathrm{e}} \tag{9-3}$$

式中，N 为系统中单元的总数；$\boldsymbol{K}_{i,\mathrm{ext}}^{\mathrm{e}}$，$\boldsymbol{M}_{i,\mathrm{ext}}^{\mathrm{e}}$，$\boldsymbol{C}_{i,\mathrm{ext}}^{\mathrm{e}}$ 是扩展到总刚矩阵维数一致的单元刚度矩阵；$\boldsymbol{F}_{i,\mathrm{ext}}^{\mathrm{e}}$ 为扩展后的各单元等效外载荷列向量。同整体刚度矩阵一样，整体质量矩阵和整体阻尼矩阵一般也是大型、对称和带状稀疏矩阵。

另外，需要知晓的是由于阻尼机理的复杂性，通常不单独求解单元的阻尼矩阵，而是通过最终获得的整体刚度及整体质量矩阵，按比例来确定整体阻尼矩阵，具体表达为

$$\boldsymbol{C} = \alpha\boldsymbol{M} + \beta\boldsymbol{K} \tag{9-4}$$

式中，α 称之为质量阻尼系数，β 为刚度阻尼系数。α，β 可以通过测定两阶模态阻尼比及固有频率来确定，α，β 与各阶模态阻尼比的关系可表达为

$$2\xi_r\omega_r = \alpha + \beta\omega_r^2 \tag{9-5}$$

式中，ξ_r，ω_r 表示第 r 阶模态阻尼比及固有频率。上述这种表达阻尼的方式称为瑞利阻尼，使用瑞利阻尼可使动力学方程求解大为简化。

4. 边界条件的引入

针对组建的动力学方程，必须引入位移约束条件才能求解。由于位移约束经常是0位移，即已知结构某部分边界上的位移为0，因而实际引入位移边界条件时，只需将原动力学方程中对应已知节点位移的自由度消去。获得的新的动力学方程称之为修正动力学方程，此方程消除了刚体位移，因而能够求解。

5. 固有特性分析

固有特性分析是为了求解结构的固有频率和模态振型，后续9.3节将详细介绍。

6. 振动响应分析

振动响应分析是为了求解结构在外激励载荷作用下，各节点的位移、速度、加速度，同样将在后续9.5节进行详细介绍。

从以上结构动力学有限元分析的求解步骤可以看出：与静力学求解相比，在动力学分析中只需要引入质量矩阵及阻尼矩阵，其他步骤与静力学完全相同。概括地讲，利用有限元法对结构进行动力学计算，关键是解决以下两个问题：①建立结构的刚度矩阵、质量矩阵（阻尼矩阵可借助于式9-4 由刚度矩阵和质量矩阵生成）；②求解一组与时间或者频率相关的常微分方程组。这些内容将在后续章节中进行介绍。

9.2 单元的质量矩阵

在前面章节已对不同的单元刚度矩阵的求解过程做了详细的介绍，因而本章重点描述单元质量矩阵的形成过程。

对于具有分布质量的连续体系统，单元质量矩阵又称为单元协调质量矩阵或单元一致质量矩阵，求解式见式（9-2b）。单元协调质量矩阵采用了与推导单元刚度矩阵一致的形函数矩阵。协调质量矩阵的质量分布与实际情况一致，是一个与刚度矩阵同阶的对称方阵。对于等参元，设其形函数矩阵为 $\boldsymbol{N}(\xi,\eta,\zeta)$，则单元协调质量矩阵的求解式为

$$\boldsymbol{M}^{\mathrm{e}} = \int_{-1}^{1}\int_{-1}^{1}\int_{-1}^{1}\rho\,\boldsymbol{N}^{\mathrm{T}}\boldsymbol{N}\,|\,\boldsymbol{J}\,|\,\mathrm{d}\xi\mathrm{d}\eta\mathrm{d}\zeta \tag{9-6}$$

式中，$\boldsymbol{J}$ 为雅可比矩阵。

在实际的有限元动力学计算中，有时假定单元体的质量集中分配在它的节点上，这样某一节点的加速度将不引起其他节点产生的惯性力，因而得到的质量矩阵是对角线矩阵，称为集中质量矩阵。单元集中质量矩阵 $\overline{\boldsymbol{M}^{\mathrm{e}}}$ 的元素定义如下

$$\overline{\boldsymbol{M}_{ij}^{\mathrm{e}}} = \sum_{k=1}^{n_e}\phi_i\boldsymbol{M}_{ik}^{\mathrm{e}} \tag{9-7}$$

ϕ_i 在分配节点 i 的区域内取1，在域外取0。

下面，以杆单元、平面梁单元、三角形单元和四节点四边形单元为例，说明上述两种质量矩阵的表达形式以及它们之间的区别。

1. 一维杆单元

一维杆单元的一致质量矩阵为

$$\boldsymbol{M}^{\mathrm{e}} = \int_V\rho\,\boldsymbol{N}^{\mathrm{T}}\boldsymbol{N}\mathrm{d}V = \frac{\rho AL}{6}\begin{pmatrix}2 & 1\\1 & 2\end{pmatrix} \tag{9-8}$$

式中，A 为杆截面的面积；L 为杆单元的长度。

将上述一致质量矩阵中各行（或各列）的元素相加后直接放在对角线元素上，非对角线元素为0，则可生成集中质量矩阵，表示为

$$\boldsymbol{M}^{\mathrm{e}} = \int_V\rho\,\boldsymbol{N}^{\mathrm{T}}\boldsymbol{N}\mathrm{d}V = \frac{\rho AL}{2}\begin{pmatrix}1 & 0\\0 & 1\end{pmatrix} \tag{9-9}$$

2. 平面梁单元

平面梁单元的一致质量矩阵可表示为

$$\boldsymbol{M}^{\mathrm{e}}=\frac{\rho AL}{420}\begin{pmatrix}156 & 22L & 54 & -13L\\ 22L & 4L^2 & 13L & -3L^2\\ 54 & 13L & 156 & -22L\\ -13L & -3L^2 & -22L & 4L^2\end{pmatrix} \tag{9-10}$$

将每个节点集中二分之一的质量，并略去转动项，可得梁单元的集中质量矩阵，表达为

$$\boldsymbol{M}^{\mathrm{e}}=\frac{\rho AL}{2}\begin{pmatrix}1 & 0 & 0 & 0\\ 0 & 0 & 0 & 0\\ 0 & 0 & 1 & 0\\ 0 & 0 & 0 & 0\end{pmatrix} \tag{9-11}$$

3. 平面三节点三角形单元

平面三节点三角形单元的一致质量矩阵可表示为

$$\boldsymbol{M}^{\mathrm{e}}=\frac{\rho tA}{12}\begin{pmatrix}2 & 0 & 1 & 0 & 1 & 0\\ 0 & 2 & 0 & 1 & 0 & 1\\ 1 & 0 & 2 & 0 & 1 & 0\\ 0 & 1 & 0 & 2 & 0 & 1\\ 1 & 0 & 1 & 0 & 2 & 0\\ 0 & 1 & 0 & 1 & 0 & 2\end{pmatrix} \tag{9-12}$$

式中，t 为单元的厚度。

将单元的质量进行三等分并分配给每一个节点，得到三角形单元的集中质量矩阵如下

$$\boldsymbol{M}^{\mathrm{e}}=\frac{\rho tA}{3}\begin{pmatrix}1 & 0 & 0 & 0 & 0 & 0\\ 0 & 1 & 0 & 0 & 0 & 0\\ 0 & 0 & 1 & 0 & 0 & 0\\ 0 & 0 & 0 & 1 & 0 & 0\\ 0 & 0 & 0 & 0 & 1 & 0\\ 0 & 0 & 0 & 0 & 0 & 1\end{pmatrix} \tag{9-13}$$

4. 平面四节点四边形单元

平面四节点四边形单元一致质量矩阵可表示为

$$\boldsymbol{M}^{\mathrm{e}}=\frac{\rho tA}{36}\begin{pmatrix}4 & 0 & 2 & 0 & 1 & 0 & 2 & 0\\ 0 & 4 & 0 & 2 & 0 & 1 & 0 & 2\\ 2 & 0 & 4 & 0 & 2 & 0 & 1 & 0\\ 0 & 2 & 0 & 4 & 0 & 2 & 0 & 1\\ 1 & 0 & 2 & 0 & 4 & 0 & 2 & 0\\ 0 & 1 & 0 & 2 & 0 & 4 & 0 & 2\\ 2 & 0 & 1 & 0 & 2 & 0 & 4 & 0\\ 0 & 2 & 0 & 1 & 0 & 2 & 0 & 4\end{pmatrix} \tag{9-14}$$

将单元的质量进行四等分并分配给每一个节点，得到该四边形单元的集中质量矩阵如下

$$
\boldsymbol{M}^{\mathrm{e}}=\frac{\rho tA}{4}\begin{pmatrix}1&0&0&0&0&0&0&0\\0&1&0&0&0&0&0&0\\0&0&1&0&0&0&0&0\\0&0&0&1&0&0&0&0\\0&0&0&0&1&0&0&0\\0&0&0&0&0&1&0&0\\0&0&0&0&0&0&1&0\\0&0&0&0&0&0&0&1\end{pmatrix} \tag{9-15}
$$

5. 一致质量矩阵与集中质量矩阵的区别

采用一致质量矩阵计算惯性力比集中质量矩阵算的准确，但是由一致质量矩阵生成的整体质量矩阵 $\boldsymbol{M}$，其非零元素的数量和位置较多，因而在进行方程求解时需耗费更多的机时。

集中质量矩阵的系数集中在对角线上，也就是说对应于各个自由度的质量系数相互独立、无耦合，相对于一致质量矩阵，用集中质量矩阵计算结构的振动特性更为容易。

一般来讲，采用集中质量矩阵求得的结构固有频率偏低。但由于位移协调的单元的刚度往往偏硬，从而使固有频率的计算值提高，两种相反的计算偏差可以相互抵消。因此有时采用集中质量矩阵计算固有频率甚至比采用一致质量矩阵的计算结果更精确。然而采用集中质量矩阵计算结构的振型比采用一致质量矩阵的要差。

9.3　机械结构固有特性的有限元分析

不考虑式（9-1）中的阻尼项和激振力项，机械结构的动力学方程变为

$$
\boldsymbol{M}\ddot{\boldsymbol{q}}(t)+\boldsymbol{K}\boldsymbol{q}(t)=0 \tag{9-16}
$$

可以假设其解为

$$
\boldsymbol{q}=\boldsymbol{\varphi}\sin\omega(t-t_0) \tag{9-17}
$$

式中，$\boldsymbol{\varphi}$ 是 n 阶向量；ω 是振动圆频率；t 是时间变量；t_0 是由初始条件确定的时间常数。

将式（9-17）代入式（9-16），得到如下特征方程（即广义特征值问题）

$$
\boldsymbol{K}\boldsymbol{\varphi}-\omega^2\boldsymbol{M}\boldsymbol{\varphi}=0\text{，或}[\boldsymbol{K}-\omega^2\boldsymbol{M}]\boldsymbol{\varphi}=0 \tag{9-18}
$$

求解以上方程可以得到 n 个特征解，即$(\omega_1^2,\boldsymbol{\varphi}_1)$，$(\omega_2^2,\boldsymbol{\varphi}_2)$，…，$(\omega_n^2,\boldsymbol{\varphi}_n)$，其中特征值 ω_1，ω_2，…，ω_n 代表系统的 n 个固有频率，并且有 $0\leqslant\omega_1<\omega_2<\cdots<\omega_n$。

对于结构的每个固有频率，由式（9-18）可以确定出一组各节点的振幅值，它们互相之间保持固定的比值，但绝对值可任意变化，所构成的向量称为特征向量，在工程上通常称为结构的固有振型。设特征向量$\boldsymbol{\varphi}_1$，$\boldsymbol{\varphi}_2$，…，$\boldsymbol{\varphi}_n$ 代表结构的 n 个固有振型，它们的幅度可按以下比例化的方式加以确定（即正则振型）

$$
\boldsymbol{\varphi}_i^{\mathrm{T}}\boldsymbol{M}\,\boldsymbol{\varphi}_i=1\quad(i=1,2,\cdots,n) \tag{9-19}
$$

机械结构的固有振型具有如下性质。将特征解$(\omega_i^2,\boldsymbol{\varphi}_i)$，$(\omega_j^2,\boldsymbol{\varphi}_j)$代回方程式（9-18），得到

$$K\varphi_i = \omega_i^2 M\varphi_i,\ K\varphi_j = \omega_j^2 M\varphi_j \tag{9-20}$$

式（9-20）前一式两端前乘以φ_j^{T}，后一式两端前乘以φ_i^{T}，由 K 和 M 的对称性可知

$$\varphi_j^{\mathrm{T}} K\varphi_i = \varphi_i^{\mathrm{T}} K\varphi_j \tag{9-21}$$

可以得到

$$(\omega_i^2 - \omega_j^2)\varphi_j^{\mathrm{T}} M\varphi_i = 0 \tag{9-22}$$

由上式可见，当 $\omega_i \neq \omega_j$ 时，必有

$$\varphi_j^{\mathrm{T}} M\varphi_i = 0 \tag{9-23}$$

上式表明固有振型对于矩阵 M 是正交的。和式（9-19）一起，可将固有振型对于 M 的正则正交性质表示为

$$\varphi_i^{\mathrm{T}} M\varphi_j = \begin{cases} 1, & (i = j) \\ 0, & (i \neq j) \end{cases} \tag{9-24}$$

进而可得

$$\varphi_i^{\mathrm{T}} K\varphi_j = \begin{cases} \omega_i^2, & (i = j) \\ 0, & (i \neq j) \end{cases} \tag{9-25}$$

定义固有振型矩阵 $\Phi = (\varphi_1 \quad \varphi_2 \quad \cdots \quad \varphi_n)$，则

$$\Omega^2 = \mathrm{diag}(\omega_1^2 \quad \omega_2^2 \quad \cdots \quad \omega_n^2) \tag{9-26}$$

特征解的性质还可表示成

$$\Phi^{\mathrm{T}} M\Phi = I, \Phi^{\mathrm{T}} K\Phi = \Omega^2 \tag{9-27}$$

式中，Φ 和Ω^2 分别是固有振型矩阵和固有频率矩阵。因此，原特征值问题还可以表示为

$$K\Phi = M\Phi\Omega^2 \tag{9-28}$$

机械结构的固有频率和固有振型求解是模态分析的关键。求解固有频率和振型的方法主要有振型截断法、矩阵逆迭代法、里兹法、广义雅可比法等。对于一个连续体结构，其固有频率有无限多阶。在有限元中，结构被离散成小的单元，固有频率的阶次就是有限的。但是，对于大型复杂结构，单元的数目可能数以万计，由这些单元形成的动力学方程组的规模很庞大，其特征方程的阶次通常会很高。在有限元中，经常只求解结构的低阶模态。另外，同样规模的特征值问题，其计算量比静力问题的计算量要高出几倍。因此，如何降低特征值问题的计算规模、减少计算量是一个重要的课题。对于少自由度系统，可利用 MATLAB 软件的命令

$$[\boldsymbol{v}, \boldsymbol{d}] = \mathrm{eig}(K, M)$$

快速解出系统的固有频率及固有振型。这里 v，d 均为方阵，方阵 d 对角线元素即是固有频率，方阵 v 的每一列对应一个特征向量。

例 9.1 现有一个二维截面梁结构，在梁单元模型中，每个节点具有垂直方向和转动方向的自由度，转轴两端节点采用线性弹簧 k 支撑，同时转轴两端节点转动自由度全约束。此外，不考虑轴向自由度，假设梁的长度为 $L = 800$ mm，宽和高 $b = h = 30$ mm，截面形状如图 9-1 所示，材料常数分别为弹性模量 $E = 200$ GPa，泊松比 $\nu = 0.3$，密度 $\rho = 7\ 850$ kg/m^3。试求解梁两端的支撑刚度 $k = 1 \times 10^{10}$ N/m时，二维截面梁的特征值和特征向量。

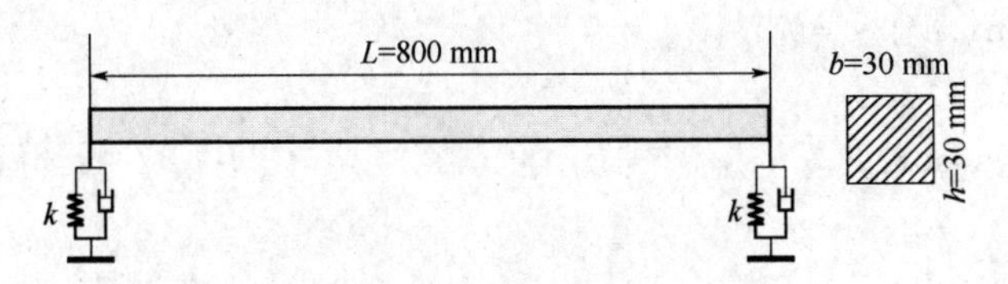

图9-1　二维梁结构

利用MATLAB编制的有限元程序如下：

```
%%%%%%%%%%%%%%%%%%%%%%%%%%%%%%%程序段A
clc; clear all; format long
%二维截面的梁几何参数
L=800/1000;                         % 梁的长度
B=30/1000;                          % 梁的宽度
H=30/1000;                          % 梁的厚度单位m
Iz=B*H^3/12;                        % 截面惯性矩
As=B*H;                             % 梁横截面积
%梁材料参数
E=2.0e11;                           % 弹性模量单位Pa
Rou=7850;                           % 密度单位kg/m^3
v=0.3;                              % 泊松比
G=E/(2*(1+v));                      % 剪切模量
%%%%%%%%%%%%%%%%%%单元的划分定义参数(金属基层、涂层阻尼层单元等大小)
Element_number=40;                  % 系统中单元数量
No_dof=2;                           % 每个节点的自由度
No_sys=Element_number +1;           % 系统节点总数
No_nel=2;                           % 每个单元的节点数
dof_el=No_dof*No_nel;               % 单元自由度
%求解节点编号矩阵和坐标矩阵
Code(1:Element_number,No_nel)=0;    % 定义节点编号矩阵
gcoord(1:No_sys,1:2)=0;             % 定义节点坐标矩阵
for ni=1:Element_number
        Code(ni,1)=ni;
        Code(ni,2)=ni+1;
end
for nj=1:No_sys
gcoord(nj,1)=L*(nj-1)/Element_number;
end
disp(1:No_sys,1:2)=1;               % 节点位移
Sys_dof=0;                          % 自由度
for ni=1:No_sys
    for nj=1:2
```

```
        ifdisp(ni,nj) ~ =0
Sys_dof = Sys_dof +1;
disp(ni,nj) = Sys_dof;
        end
    end
end                                          % 此时,Sys_dof 为系统自由度
%----------------------------------------------------------------
%初始化
%----------------------------------------------------------------
kk = zeros(Sys_dof,Sys_dof);                 % 系统刚度矩阵
mm = zeros(Sys_dof,Sys_dof);                 % 系统质量矩阵
f = zeros(Sys_dof,1);                        % 系统力向量
%----------------------------------------------------------------
%计算系统的刚度矩阵和质量矩阵
%----------------------------------------------------------------
%计算梁单元刚度矩阵
Le = L/Element_number;
c = E * Iz/(Le^3);
k0 = [12        6 * Le      -12        6 * Le;
    6 * Le      4 * Le^2    -6 * Le    2 * Le^2;
    -12         -6 * Le     12         -6 * Le;
    6 * Le      2 * Le^2    -6 * Le    4 * Le^2];
k = c * k0;
%单元质量矩阵
mass = Rou * As * Le;
m0 = [156      22 * Le     54          -13 * Le;
   22 * Le    4 * Le^2    13 * Le       -3 * Le^2;
   54         13 * Le     156          -22 * Le;
   -13 * Le     -3 * Le^2   -22 * Le    4 * Le^2];
m = mass/420 * m0;
index(1:dof_el) = 0;                         %vector sontaining system dofs of nodes in each
                                               element.
forloopi = 1:Element_number                  %   循环
    for zi = 1:2
        index((zi -1) * 2 +1) = disp(Code(loopi,zi),1);
        index((zi -1) * 2 +2) = disp(Code(loopi,zi),2);
    end
    for jx = 1:4
        for jy = 1:4
            if(index(jx) * index(jy) ~ =0)
```

```
                kk(index(jx),index(jy))=kk(index(jx),index(jy))+k(jx,jy);
                mm(index(jx),index(jy))=mm(index(jx),index(jy))+m(jx,jy);
            end
        end
    end
end
%%%%%%%%%%%%%%%%%%%%%%%%%%%%%%%%程序段B(特征值与特征向量的求解)
mm=mm([1,3:end-1],[1,3:end-1]);  % 约束两端节点转动自由度
kk=kk([1,3:end-1],[1,3:end-1]);  % 约束两端节点转动自由度
K_S=1e10;                         % 两端支撑刚度
kk(1,1)=kk(1,1)+K_S;
kk(end,end)=kk(end,end)+K_S;
[v,d]=eig(kk,mm);                 % 求解特征值,v d均为方阵,d对角线即是固有频率
tempd=diag(d);
[nd,sortindex]=sort(tempd);       % 固有频率排序 sortindex是对应的索引
v=v(:,sortindex);                 % 排成与固有频率相对应的振型
frequency=sqrt(nd)/(2*pi);
Eigenvector=zeros(No_sys,3);
for i=1:3
Eigenvector(:,i)=v([1,2:2:Sys_dof-2],i)/max(abs(v([1,2:2:Sys_dof-2],i)));
end
%%%%%%%%%%%%%%%%%%%%%%%%%%%%%%%%程序段C(画图)
figure (1)
H1=plot(gcoord(:,1),Eigenvector(:,1),'b-','linewidth',1.5); hold on
H2=plot(gcoord(:,1),Eigenvector(:,2),'r--','linewidth',1.5); hold on
H3=plot(gcoord(:,1),Eigenvector(:,3),'m-.','linewidth',1.5); xlim([0,L]);
[legh,outm]=legend([H1,H2,H3],'第一阶模态','第二阶模态','第三阶模态');
set(legh,'Box','off');
set(legh,'position',[0.7,0.75,0.1,0.1]);
set(legh,'Fontname','宋体','FontSize',14);
xlabel('\fontname{宋体}位置\fontname{Times New Roman}X/m','fontsize',14);
ylabel('\fontname{宋体}无量纲变形\fontname{Times New Roman}Y','fontsize',14);
set(gcf,'Position',[200 200 505 315]);
set(gca,'FontSize',14,'FontName','Times New Roman');
set(gca,'linewidth',0.75);
set(gcf,'PaperPositionMode','auto');
```

具体的求解结果见表9-1和图9-2，表9-1和图9-2中分别给出了前三阶固有频率和相应的振型。如图9-2中所示，由于截面梁两端节点的转动自由度被约束，因此，振型两端的斜率为零。由于本例题中的支撑刚度相对较大（$K=1\times10^{10}$ N/m），因此得到的弹性支撑梁的振型与两端固支梁基本一致。其中，一阶振型存在一个波峰，即一弯振型；而二阶和三阶阵

型分别存在二个和三个波峰，即二弯和三弯振型。

表 9-1 悬臂梁结构固有频率对比 （单位：Hz）

阶次	第一阶	第二阶	第三阶
MATLAB	243.154	669.981	1312.612

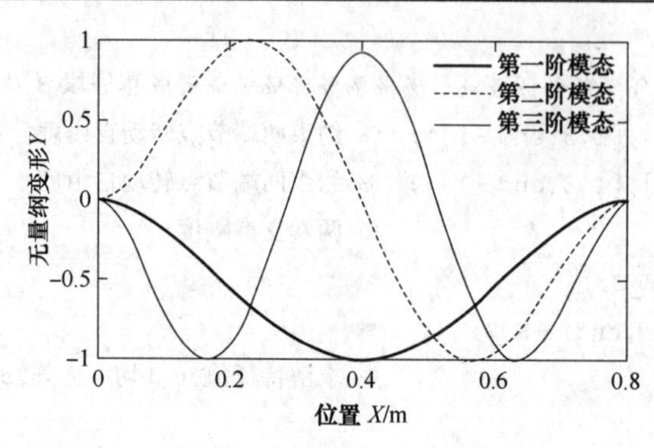

图 9-2 二维梁的前三阶振型

9.4 关于刚体模态

在一些特殊的情况下（太空中航天器柔性结构及位于软基座上的设备等），我们将面临一个具有整体性平动或转动的振动模态问题，也就是说这些结构将既有刚体模态也有变形模态。所谓刚体模态是指分析对象在这一阶模态，不发生自身的相对变形，而是整体性的平移或转动。所以对于无约束的三维结构，其刚体模态分别对应于沿（绕）x、y、z 轴的平动和转动，一共有六阶刚体模态，从第七模态开始对应于其变形模态。对于刚体模态而言，其刚度矩阵 $\boldsymbol{K}$ 是奇异的，该结论可以这样推出：任何一个有限的刚体平动或转动位移 $\boldsymbol{\Phi}^0$ 并不会在结构中产生任何内力或应力，因此，$\boldsymbol{K\Phi}^0=0$，由于 $\boldsymbol{\Phi}^0\neq0$，所以 $\boldsymbol{K}$ 肯定是奇异矩阵。而且，可以将 $\boldsymbol{K\Phi}^0=0$ 写成 $\boldsymbol{K\Phi}^0=(0)\boldsymbol{M\Phi}^0=0$，从该式可以看出，刚体模态对应一个零特征值，则前六阶刚体模态对应于六个零特征值。

例 9.2 用例 9.1 中的弹性支撑梁来说明刚体模态相关问题。根据 9.3 节中的模态计算方法，得到不同支撑刚度下的梁的一阶振型。当梁两端的支撑刚度 $k=0$ N/m 时，梁的一阶模态为刚体平动模态。随着支撑刚度的增加，梁的一阶模态为刚体平动模态和弯曲模态的叠加。当梁的支撑约束足够强时（$k=1\times10^9$ N/m），梁的整体平动的刚体模态消失，梁的一阶模态完全表现为弯曲模态，如图 9-3 所示。利用 Matlab 编制的有限元程序如下：

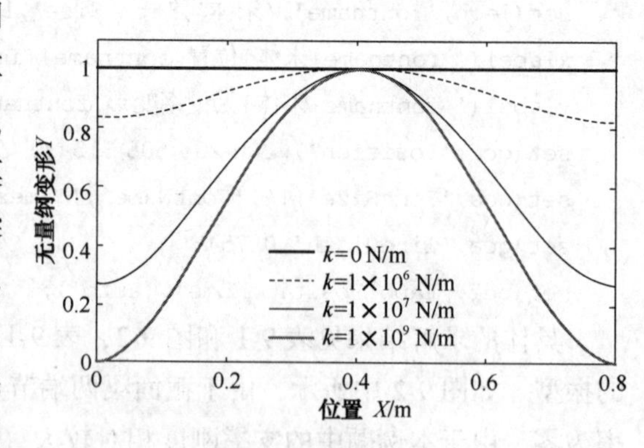

图 9-3 不同支撑刚度下二维截面梁的前三阶振型

```
%%%%%%%%%%%%%%%%%%%%%%%%%%%%程序段A % 见例9.1
%%%%%%%%%%%%%%%%%%%%%%%%%程序段B (特征值与特征向量的求解)
                                                % 见例9.1
mm=mm([1,3:end-1],[1,3:end-1]);         %  约束两端节点转动自由度
kk=kk([1,3:end-1],[1,3:end-1]);         %  约束两端节点转动自由度
Vector=zeros(No_sys,4);
ii=0;
for K_S=[0,1e6,1e7,1e9]                 %  循环:两端支撑刚度
ii=ii+1;
kk(1,1)=kk(1,1)+K_S;
kk(end,end)=kk(end,end)+K_S;
[v,d]=eig(kk,mm);                       %  eig求部分特征值
tempd=diag(d);
[nd,sortindex]=sort(tempd);             %  固有频率排序 sortindex是对应的索引
v=v(:,sortindex);                       %  排成与固有频率相对应的振型
frequency=sqrt(nd)/(2*pi);
Vector(:,ii)=v([1,2:2:Sys_dof-2],1)/max(abs(v([1,2:2:Sys_dof-2],1)));
end
%%%%%%%%%%%%%%%%%%%%%%%%%%%%%%%%%程序段C (画图)
figure(1)
H1=plot(gcoord(:,1),-Vector(:,1),'b-','linewidth',1.5); hold on
H2=plot(gcoord(:,1),-Vector(:,2),'r--','linewidth',1.5); hold on
H3=plot(gcoord(:,1),-Vector(:,3),'m-.','linewidth',1.5); hold on
H4=plot(gcoord(:,1),-Vector(:,4),'g-','linewidth',1.5);
ylim([0,1.1]);
[legh,outm]=legend([H1,H2,H3,H4],'k=0N/m','k=1×106N/m','k=1×107N/m','k=1×
109N/m');
set(legh,'Box','off');
set(legh,'position',[0.475,0.25,0.1,0.1]);
set(legh,'Fontname',' Times New Roman ','FontSize',14);
xlabel('\fontname{宋体}位置\fontname{Times New Roman}X/m','fontsize',14);
ylabel('\fontname{宋体}无量纲变形\fontname{Times New Roman}Y','fontsize',14);
set(legh,'Fontname','Times New Roman','FontSize',14);
set(gcf,'Position',[200 200 505 315]);
set(gca,'FontSize',14,'FontName','Times New Roman');
set(gca,'linewidth',0.75);
set(gcf,'PaperPositionMode','auto');
```

9.5 机械结构振动响应的有限元分析

机械结构在随时间变化的节点力作用下，由于存在的各种阻尼（材料阻尼、滑移阻尼、

介质黏性阻尼等)，各节点产生有阻尼的强迫振动。因此，与系统初始条件有关的自由衰减振动，总是要随时间增长而消失，最后只保留稳态的强迫振动。求解结构系统的稳态强迫振动解，即稳态响应，并进一步算出动应力响应，是动力学有限元的重要内容之一。机械结构的振动响应分析可以分为频域谐响应分析及时域瞬态振动响应分析。振动响应分析的主要目标是求解结构在外激励作用下各点（有限元分析中对应节点）的振动水平。以下介绍用有限元技术求解机械结构振动响应的方法。

9.5.1　频域谐响应分析

假设激励为简谐激励，则针对式（9-1）的运动方程转换到频域表达式，可表达为

$$[\boldsymbol{K}+\mathrm{i}\omega\boldsymbol{C}-\omega^2\boldsymbol{M}]\boldsymbol{q}_0^*=\boldsymbol{F}_0 \tag{9-29}$$

式中，ω 为激振频率；$\boldsymbol{q}_0^*$，$\boldsymbol{F}_0$ 分别为复响应幅度和激振力幅度向量；$\mathrm{i}=\sqrt{-1}$；$*$ 表示复数。

频域谐响应分析的目标是获得所考虑频率范围内各频率点对应的响应值，可考虑用复模态叠加法（或称之为振型叠加法）来求解。在 9.3 节已经求得了结构的实模态，复模态就是在特征方程中考虑了阻尼的影响而求解的模态。各阶模态组成了复模态矩阵 $\boldsymbol{\varphi}*$，利用此复模态对式（9-29）对应的频域动力学方程解耦可得到 n 个相互独立的，以模态坐标 $x_{\mathrm{N}r}^*(r=1,2,\cdots,n)$ 表达的单自由度复数方程，表达为

$$(k_{\mathrm{N}r}^*+\mathrm{i}\omega_l c_{1\mathrm{N}r}-\omega_l^2 m_{\mathrm{N}r}^*)x_{\mathrm{N}r}^*=f_{\mathrm{N}r}^*\quad r=1,2,\cdots,n \tag{9-30}$$

这里

$$k_{\mathrm{N}r}^*=\boldsymbol{\varphi}_r^{*\mathrm{T}}\boldsymbol{K}\boldsymbol{\varphi}_r^* \tag{9-31a}$$

$$m_{\mathrm{N}r}^*=\boldsymbol{\varphi}_r^{*\mathrm{T}}\boldsymbol{M}\boldsymbol{\varphi}_r^* \tag{9-31b}$$

$$f_{\mathrm{N}r}^*=\boldsymbol{\varphi}_r^{*\mathrm{T}}\boldsymbol{F}_0 \tag{9-31c}$$

$$c_{\mathrm{N}r}=\boldsymbol{\varphi}_r^{*T}\boldsymbol{C}\boldsymbol{\varphi}_r^*=2\xi_r\omega_r \tag{9-31d}$$

式中，ω_r 为第 r 阶固有频率；ξ_r 为第 r 阶等效黏性阻尼产生的模态阻尼比。

由式（9-30）可获得对应于每个阶次的模态坐标的响应，表达为

$$x_{\mathrm{N}r}^*=\frac{f_{\mathrm{N}r}^*}{k_{\mathrm{N}r}^*+\mathrm{i}\omega c_{\mathrm{N}r}-\omega^2 m_{\mathrm{N}r}^*} \tag{9-32}$$

进一步可获得每个模态的贡献度 $\boldsymbol{q}_{0r}^*$ 为

$$\boldsymbol{q}_{0r}^*=x_{\mathrm{N}r}^*\boldsymbol{\varphi}_r^* \tag{9-33}$$

从而按照复模态叠加法，可得到复合结构在频率为 ω 时基础激励作用下的频域振动响应，具体为

$$\boldsymbol{q}_0^*=\sum_{r=1}^{n}\boldsymbol{q}_{0r}^* \tag{9-34}$$

式（9-34）中的元素为复数，可通过求模运算来得到响应值。此外，通常在模态叠加法中不必考虑所有阶次，而只需要保证引入的模态数大于所分析频率范围内包含的模态数即可。

9.5.2　振型叠加法求解时域振动响应

振型叠加法是一种计算结构瞬态响应简洁而又有效的方法，其基本思想是：在积分运动方程以前，利用系统自由振动的固有振型将几何坐标下的方程组转换为 n 个正则坐标下的相互不耦合的方程，对这种方程可以用解析或数值积分求解。具体求解过程如下：

将节点的位移写成振型叠加的形式，即

$$\boldsymbol{q}(t) = \boldsymbol{\Phi} x(t) = \sum_{i=1}^{n} \boldsymbol{\varphi}_i x_i \tag{9-35}$$

式中，$\boldsymbol{x}(t) = (x_1, x_2, \cdots, x_n)^{\mathrm{T}}$；$x_i$ 是广义的位移值（又可称为模态贡献）。

将式（9-35）代入到式（9-1），进一步两端前乘以$\boldsymbol{\Phi}^{\mathrm{T}}$，并注意到 $\boldsymbol{\Phi}$ 的正交性，得到新基向量空间内的运动方程

$$\ddot{x}(t) + \boldsymbol{\Phi}^{\mathrm{T}} C \boldsymbol{\Phi} \dot{x}(t) + \Omega^2 x(t) = \boldsymbol{\Phi}^{\mathrm{T}} \boldsymbol{F}(t) = \boldsymbol{R}(t) \tag{9-36}$$

阻尼矩阵如果是振型比例阻尼矩阵，也可以由 $\boldsymbol{\Phi}$ 的正交性相应地得到

$$\boldsymbol{\varphi}_i^{\mathrm{T}} \boldsymbol{C} \boldsymbol{\varphi}_j = \begin{cases} 2\omega_i \xi_i, & (i=j) \\ 0, & (i \neq j) \end{cases} \tag{9-37}$$

即

$$\boldsymbol{\varphi}_i^{\mathrm{T}} \boldsymbol{C} \boldsymbol{\varphi}_j = \begin{pmatrix} 2\omega_1\xi_1 & & & \\ & 2\omega_2\xi_2 & & 0 \\ 0 & & \ddots & \\ & & & 2\omega_n\xi_n \end{pmatrix} \tag{9-38}$$

其中，$\xi_i (i=1,2,\cdots,n)$是第 i 阶振型阻尼比。在此情况下，式（9-36）就成为 n 个互相不耦合的二阶常微分方程

$$\ddot{x}_i(t) + 2\omega_i \xi_i \dot{x}_i(t) + \omega_i^2 x_i(t) = r_i(t) \quad (i=1,2,\cdots,n) \tag{9-39}$$

上式每一个方程相当于一个单自由度系统的振动方程，可以方便地求解。式中 $r_i(t) = \boldsymbol{\varphi}_i^{\mathrm{T}} \boldsymbol{F}(t)$，是载荷向量 $\boldsymbol{F}(t)$在振型$\boldsymbol{\varphi}_i$ 上的投影。

在得到每个振型的响应以后，按式（9-35）将它们叠加起来，就得到系统的响应，亦即每个节点的位移值。另外，在实际计算时，通常只要对非耦合运动方程中的一小部分进行积分。例如只要得到对应于前 p 个特征解的响应，就能很好地近似系统的实际响应。这是由于高阶的特征解通常对系统的实际影响较小，且有限元法得到的高阶特征解和实际相差也很大(因为有限元的自由度有限，对于低阶特征解近似性较好，而对于高阶则较差)，因此求解高阶特征解的意义不大，而低阶特征解对于结构设计则常常是必要的。还有，对于非线性系统，通常表现为变刚度、变质量，这样系统的特征解也将是随时间变化的，因此无法利用振型叠加法，而下节所述的直接积分法却可以很好地解决非线性振动响应求解的问题。

9.5.3　直接积分法求解时域振动响应

直接积分法是将时间的积分区间进行离散化，计算每一段时刻的位移数值。通常的直接

积分法是从两个方面解决问题，一是将在求解域 $0<t<T$ 内的任何时刻 t 都应满足运动方程的要求，代之以仅在一定条件下近似地满足运动方程，即将连续时间域内每点都满足的微分平衡方程转化为只在每个节点处满足的节点平衡方程。例如可以仅在相隔 Δt 的离散时间点满足运动方程。二是以在单元内分片连续的已知变化规律的位移函数，代替空间域内连续的未知函数。从而将通过微分平衡方程求全域内连续的未知函数问题转化为通过节点平衡力求节点未知位移的问题。

在以下的讨论中，假设 $t=0$ 时的位移 $\boldsymbol{q}_0$、速度 $\dot{\boldsymbol{q}}_0$ 和加速度 $\ddot{\boldsymbol{q}}_0$ 已知，并假设时间求解域 $0\sim T$ 等分为 n 个时间间隔 Δt。在讨论具体算法时，假定 0，Δt，$2\Delta t$，…，t 时刻的解已经求得，计算的目的在于求 $t+\Delta t$ 时刻的解，由此建立求解所有离散时间点的一般算法步骤。常用的直接积分法包括中心差分法、Newmark 积分法等。

中心差分法是一种显式算法，是由上一时刻的已知计算值来直接递推下一时间步的结果，在给定的时间步中，逐步求解各个时间离散点的值。其中，加速度和速度可以用位移表示

$$\ddot{\boldsymbol{q}}_t=\frac{1}{\Delta t^2}(\boldsymbol{q}_{t-\Delta t}-2\boldsymbol{q}_t+\boldsymbol{q}_{t+\Delta t}) \tag{9-40}$$

$$\dot{\boldsymbol{q}}_t=\frac{1}{2\Delta t}(-\boldsymbol{q}_{t-\Delta t}+\boldsymbol{q}_{t+\Delta t}) \tag{9-41}$$

时间 $t+\Delta t$ 的位移解是 $\boldsymbol{q}_{t+\Delta t}$，可由下面关于时刻 t 的运动方程得到，即

$$\boldsymbol{M}\ddot{\boldsymbol{q}}_t+\boldsymbol{C}\dot{\boldsymbol{q}}_t+\boldsymbol{K}\boldsymbol{q}_t=\boldsymbol{Q}_t \tag{9-42}$$

将式（9-40）和（9-41）代入式（9-42），得到

$$\left(\frac{1}{\Delta t^2}\boldsymbol{M}+\frac{1}{2\Delta t}\boldsymbol{C}\right)\boldsymbol{q}_{t+\Delta t}=\boldsymbol{Q}_t-\left(\boldsymbol{K}-\frac{2}{\Delta t^2}\boldsymbol{M}\right)\boldsymbol{q}_t-\left(\frac{1}{\Delta t^2}\boldsymbol{M}-\frac{1}{2\Delta t}\boldsymbol{C}\right)\boldsymbol{q}_{t-\Delta t} \tag{9-43}$$

如已经求得 $\boldsymbol{q}_{t-\Delta t}$ 和 $\boldsymbol{q}_t$，则从上式可以进一步解出 $\boldsymbol{q}_{t+\Delta t}$。所以上式是求解各个离散时间点解的递推公式，这种数值积分方法又称逐步积分法。但是，当 $t=0$ 时，为了计算 $\boldsymbol{q}_{\Delta t}$，除了有初始条件已知的 $\boldsymbol{q}_0$ 外，还需要知道 $\boldsymbol{q}_{t-\Delta t}$，所以必须用一种专门的起步方法。为此，利用式（9-40）、(9-41）可以得到

$$\boldsymbol{q}_{t-\Delta t}=\boldsymbol{q}_0-\Delta t\,\dot{\boldsymbol{q}}_0+\frac{\Delta t^2}{2}\ddot{\boldsymbol{q}}_0 \tag{9-44}$$

上式中 $\boldsymbol{q}_0$ 可从给定的初始条件得到，而 $\ddot{\boldsymbol{q}}_0$ 则可以利用 $t=0$ 时的运动方程（9-42）得到。

应用中心差分法求解运动方程的算法具体步骤如下：

a. 初始计算：

（1）形成刚度矩阵 $\boldsymbol{K}$，质量矩阵 $\boldsymbol{M}$ 和阻尼矩阵 $\boldsymbol{C}$；

（2）给定 $\boldsymbol{q}_0$、$\dot{\boldsymbol{q}}_0$ 和 $\ddot{\boldsymbol{q}}_0$；

（3）选择时间步长 Δt，$\Delta t<\Delta t_{cr}$（$\Delta t_{cr}=T_{\min}/\pi$，$T_{\min}$ 为系统最小周期），并计算积分常数 $c_0=1/\Delta t^2$，$c_1=1/(2\Delta t)$，$c_2=2c_0$，$c_3=1/c_2$；

（4）计算 $\boldsymbol{q}_{t-\Delta t}=\boldsymbol{q}_0-\Delta t\,\dot{\boldsymbol{q}}_0+c_3\ddot{\boldsymbol{q}}_0$；

(5) 形成有效质量矩阵 $\hat{\boldsymbol{M}}=c_0\boldsymbol{M}+c_1\boldsymbol{C}$；

(6) 进行三角分解 $\hat{\boldsymbol{M}}$：$\hat{\boldsymbol{M}}=\boldsymbol{LDL}^{\mathrm{T}}$。

b. 对于每一时间步长：

(1) 计算时间 t 的有效载荷：$\hat{\boldsymbol{Q}}_t=\boldsymbol{Q}_t-(\boldsymbol{K}-c_2\boldsymbol{M})\boldsymbol{q}_t-(c_0\boldsymbol{M}-c_1\boldsymbol{C})\boldsymbol{q}_{t-\Delta t}$；

(2) 求解时间 $t+\Delta t$ 的位移：$\boldsymbol{LDL}^{\mathrm{T}}\boldsymbol{q}_{t+\Delta t}=\hat{\boldsymbol{Q}}_t$；

(3) 如果需要，计算时间 t 的加速度和速度

$$\ddot{\boldsymbol{q}}_t=c_0(\boldsymbol{q}_{t-\Delta t}-2\boldsymbol{q}_t+\boldsymbol{q}_{t+\Delta t})；\dot{\boldsymbol{q}}_t=c_1(-\boldsymbol{q}_{t-\Delta t}+\boldsymbol{q}_{t+\Delta t})。$$

由以上过程，我们可以看出，中心差分法是一种显式积分算法。接下来我们介绍 Newmark 积分法，Newmark 积分法是一种隐式算法。首先假设

$$\boldsymbol{q}_{t+\Delta t}=\boldsymbol{q}_t+\dot{\boldsymbol{q}}_t\Delta t+\left[\left(\frac{1}{2}-\alpha\right)\ddot{\boldsymbol{q}}_t+\alpha\ddot{\boldsymbol{q}}_{t+\Delta t}\right]\Delta t^2 \tag{9-45}$$

$$\dot{\boldsymbol{q}}_{t+\Delta t}=\dot{\boldsymbol{q}}_t+[(1-\beta)\ddot{\boldsymbol{q}}_t+\beta\ddot{\boldsymbol{q}}_{t+\Delta t}]\Delta t \tag{9-46}$$

式中，α 和 β 是按积分精度和稳定性要求而设定的参数。当 $\beta=1/2$ 和 $\alpha=1/6$ 时，式 (9-45) 和 (9-46) 对应于线性加速度法，此时它们可以从下面的时间间隔 Δt 内线性假设的加速度表达式的积分得到

$$\ddot{\boldsymbol{q}}_{t+\tau}=\ddot{\boldsymbol{q}}_t+(\ddot{\boldsymbol{q}}_{t+\Delta t}-\ddot{\boldsymbol{q}}_t)\tau/\Delta t \tag{9-47}$$

式中，$0\leqslant\tau\leqslant\Delta t$。

当 $\beta=1/2$ 和 $\alpha=1/4$ 时，则对应平均加速度法。这时，Δt 内的加速度为

$$\ddot{\boldsymbol{q}}_{t+\tau}=\frac{1}{2}(\ddot{\boldsymbol{q}}_t+\ddot{\boldsymbol{q}}_{t+\Delta t}) \tag{9-48}$$

不同于中心差分法，Newmark 方法中的时间 $t+\Delta t$ 的位移解 $\ddot{\boldsymbol{q}}_{t+\Delta t}$ 是通过满足时间 $t+\Delta t$ 的运动方程得到的，即

$$\boldsymbol{M}\ddot{\boldsymbol{q}}_{t+\Delta t}+\boldsymbol{C}\dot{\boldsymbol{q}}_{t+\Delta t}+\boldsymbol{K}\boldsymbol{q}_{t+\Delta t}=\boldsymbol{Q}_{t+\Delta t} \tag{9-49}$$

$\boldsymbol{q}_{t+\Delta t}$ 和 $\dot{\boldsymbol{q}}_{t+\Delta t}$ 的表达式已知，而 $\ddot{\boldsymbol{q}}_{t+\Delta t}$ 可由式 (9-45) 求得

$$\ddot{\boldsymbol{q}}_{t+\Delta t}=\frac{1}{\alpha\Delta t^2}(\boldsymbol{q}_{t+\Delta t}-\boldsymbol{q}_t)-\frac{1}{\alpha\Delta t}\dot{\boldsymbol{q}}_t-\left(\frac{1}{2\alpha}-1\right)\ddot{\boldsymbol{q}}_t \tag{9-50}$$

将式 (9-45)、式 (9-46) 和式 (9-50) 一并代入式 (9-49)，则可得到从 $\boldsymbol{q}_t$、$\dot{\boldsymbol{q}}_t$ 和 $\ddot{\boldsymbol{q}}_t$ 计算 $\boldsymbol{q}_{t+\Delta t}$ 的公式

$$\begin{aligned}\left(\boldsymbol{K}+\frac{1}{\alpha\Delta t^2}\boldsymbol{M}+\frac{\beta}{\alpha\Delta t}\boldsymbol{C}\right)\boldsymbol{q}_{t+\Delta t}=\boldsymbol{Q}_{t+\Delta t}+\boldsymbol{M}\left[\frac{1}{\alpha\Delta t^2}\boldsymbol{q}_t+\frac{1}{\alpha\Delta t}\dot{\boldsymbol{q}}_t+\left(\frac{1}{2\alpha}-1\right)\ddot{\boldsymbol{q}}_t\right]+\\ \boldsymbol{C}\left[\frac{\beta}{\alpha\Delta t}\boldsymbol{q}_t+\left(\frac{\beta}{\alpha}-1\right)\dot{\boldsymbol{q}}_t+\left(\frac{\beta}{2\alpha}-1\right)\Delta t\,\ddot{\boldsymbol{q}}_t\right]\end{aligned} \tag{9-51}$$

采用 Newmark 方法求解运动方程的具体算法步骤如下：

a. 初始计算：

(1) 形成刚度矩阵 $\boldsymbol{K}$，质量矩阵 $\boldsymbol{M}$ 和阻尼矩阵 $\boldsymbol{C}$；

（2）给定 $\boldsymbol{q}_0$，$\dot{\boldsymbol{q}}_0$，和$\ddot{\boldsymbol{q}}_0$；

（3）选择时间步长 Δt，参数 α 和 β，$\beta \geqslant \frac{1}{2}$，$\alpha \geqslant \frac{1}{4}\left(\frac{1}{2}+\beta\right)^2$ 并计算积分常数：

$c_0=\frac{1}{\alpha \Delta t^2}$，$c_1=\frac{1}{\alpha \Delta t}$，$c_2=\frac{1}{\alpha \Delta t^2}$，$c_3=\frac{1}{2\alpha}-1$，$c_4=\frac{\beta}{\alpha}-1$，$c_5=\frac{\Delta t}{2}\left(\frac{\beta}{\alpha}-2\right)$，$c_6=\Delta t(1-\beta)$，$c_7=\beta \Delta t$；

（4）形成有效的刚度矩阵 $\hat{\boldsymbol{K}}$：$\hat{\boldsymbol{K}}=\boldsymbol{K}+c_0\boldsymbol{M}+c_1\boldsymbol{C}$。

b. 对每一个时间步长：

（1）计算时间 $t+\Delta t$ 的有效载荷：

$$\hat{\boldsymbol{Q}}_{t+\Delta t}=\boldsymbol{Q}_{t+\Delta t}+\boldsymbol{M}(c_0\boldsymbol{q}_t+c_2\ \dot{\boldsymbol{q}}_t+c_3\ddot{\boldsymbol{q}}_t)+\boldsymbol{C}(c_1\boldsymbol{q}_t+c_4\ \dot{\boldsymbol{q}}_t+c_5\ddot{\boldsymbol{q}}_t)$$

（2）求解时间 $t+\Delta t$ 的位移：

$$\hat{\boldsymbol{K}}^{-1}\boldsymbol{q}_{t+\Delta t}=\hat{\boldsymbol{Q}}_{t+\Delta t}$$

c. 计算时间 $t+\Delta t$ 的加速度和速度：

$$\ddot{\boldsymbol{q}}_{t+\Delta t}=c_0(\boldsymbol{q}_{t+\Delta t}-\boldsymbol{q}_t)-c_2\ \dot{\boldsymbol{q}}_t-c_3\ddot{\boldsymbol{q}}_t$$

$$\dot{\boldsymbol{q}}_{t+\Delta t}=\dot{\boldsymbol{q}}_t+c_6\ddot{\boldsymbol{q}}_t+c_7\ddot{\boldsymbol{q}}_{t+\Delta t}$$

从 Newmark 方法的循环求解方程式（9-51）可见，有效刚度矩阵 $\hat{\boldsymbol{K}}$ 中包含了 $\boldsymbol{K}$。而一般情况下 $\boldsymbol{K}$ 总是非对角矩阵，因此在求解$\ddot{\boldsymbol{q}}_{t+\Delta t}$时，$\hat{\boldsymbol{K}}$ 的求逆是必须的（而在线性分析中只需计算一次）。这是由于在导出式（9-51）时利用了 $t+\Delta t$ 时刻的运动方程，因此，这种算法称为隐式算法。

9.6　振动响应分析实例

例 9.3　如图 9-4 所示，现将例 9.1 中的弹簧支撑梁简化成悬臂梁（右端为自由端）。假如在距梁的根部 $L_1=400$ mm 的位置上作用有幅值为 500 N 的正弦激振。①假设激励为$F=500\sin 30t$（单位为 N），试分别用模态叠加法、直接积分法、ANSYS 编程求该悬臂梁自由端时域波形图。②试编程求解该悬臂梁自由端的频域谐响应（扫频范围为 0 ~ 2000 rad/s）。

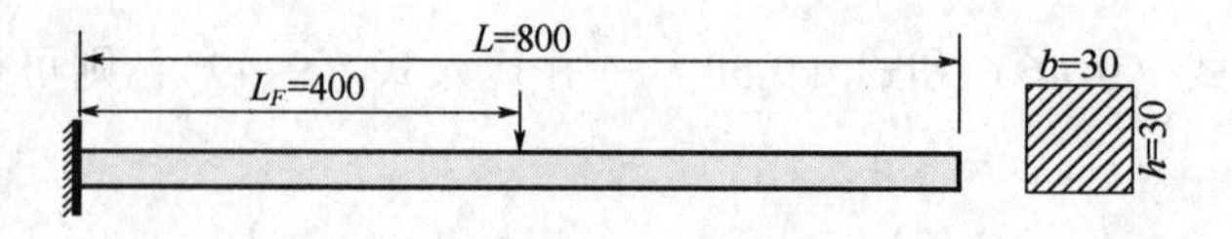

图 9-4　二维悬臂梁结构

解：这里选用每个节点只有两个自由度的平面梁单元对上述问题进行求解，整个动力学有限元的求解过程简要描述如下：

（1）划分单元，确定节点坐标及单元的节点编号。采用 Euler-Bernoulli 梁单元来求解，每个单元 2 个节点，每个节点 2 个自由度。单元的变形为横向位移 v 和转角 θ。将梁划分为

40个单元，共有41个节点。

（2）求解单元的质量及刚度矩阵。由于单元的大小及方向一致，因而各单元的质量、刚度矩阵也是一致的，因而仅需要计算一次。

（3）进行单元质量及刚度矩阵的组集，并引入约束条件。

（4）利用Newmark法求解振动响应。采用Newmark-β法求解时域响应，计算8s内的时域响应，时间间隔0.01s，提取节点41（自由端）的弯曲振动响应。

利用MATLAB编制的有限元程序如下：

```
%%%%%%%%%%%%%%%%%%%%%%%%%%%%%%%%%%%%%%%%
程序段 A                              % 见例 9.1
%%%%%%%%%%%%%%%%%%%%%%%%%%%%%%%%%%%%%%%%
mm = mm(3:end,3:end);                  % 约束梁左端节点的弯曲和转动自由度
kk = kk(3:end,3:end);                  % 约束梁左端节点的弯曲和转动自由度
Sys_dof = Sys_dof - 2;
H_FEM = zeros(2 * Element_number,2);
H_FEM(Element_number - 1,1) = 1;       % 定义简谐激励位置
H_FEM(2 * Element_number - 1,2) = 1;   % 定义需要记录的响应位置
%%%%%%%%%%%%%%%%%%%%%%%%%%%%%%%%%%%%%%%%程序段 B (Newmark - β 法求解响应)
t1 = 0.01;
t2 = 0.01;
[v,d] = eig(kk,mm);                    % 求解特征值,v、d 均为方阵,d 对角线即是固有频率
tempd = diag(d);
[nd,sortindex] = sort(tempd);          % 固有频率排序 sortindex 是对应的索引
frequency = sqrt(nd);
w1 = frequency(1);  w2 = frequency(2);
a = 2 * (t2/w2 - t1/w1)/(1/w2^2 - 1/w1^2);
b = 2 * (t2 * w2 - t1 * w1)/(w2^2 - w1^2);
c = a * mm + b * kk;                   % 瑞利阻尼矩
x = zeros(Sys_dof,1);                  % 输入初始位移
xd = zeros(Sys_dof,1);                 % 输入初始速度
dt = 0.01;                             % 定义时间步长
t = 0:dt:4;                            % 定义响应时间
step_num = length(t);
alfa = 0.25;
beta = 0.5;
a0 = 1/alfa/dt/dt; a1 = beta/alfa/dt; a2 = 1/alfa/dt; a3 = 1/2/alfa - 1; a4 = beta/alfa - 
1; a5 = dt/2 * (beta/alfa - 2);
a6 = dt * (1 - beta); a7 = dt * beta;Kinv = inv(a0 * mm + a1 * c + kk);
fidX = fopen('Xout_DIM.txt','wt');  % 定义时域响应记录文档
for i = 1:step_num
```

```
tt=i*dt;
    f=H_FEM(:,1)*500*sin(30*tt);
        if i==1;xdd=mm\(f-kk*x-c*xd);  end
        f=f+mm*(a0*x+a2*xd+a3*xdd)+c*(a1*x+a4*xd+a5*xdd);
        X=Kinv*f;
    Xdd=a0*(X-x)-a2*xd-a3*xdd;
    Xd=xd+a6*xdd+a7*Xdd;
    fprintf(fidX,'%.10e',[tt,H_FEM(:,2)'*X]);  fprintf(fidX,'\n');
        x=X; xd=Xd;xdd=Xdd;
end
fclose(fidX);
%%%%%%%%%%%%%%%%%%%%%%%%%%%%%%%%程序段C(模态叠加法求解时域响应)
n_d=10;                                  % 考虑的模态阶数(需大于所分析的激励频率)
M=v'*mm*v;                               % 正则坐标下的质量矩阵
K=v'*kk*v;                               % 正则坐标下的刚度矩阵
C=v'*c*v;                                % 正则坐标下的阻尼矩阵
R=v'*H_FEM(:,1);                         % 激励向量
omg_F=30;                                % 激励频率(rad/s)
y_Analytical=zeros(size(t));
for i=1:n_d
omega=sqrt(K(i,i)/M(i,i));
kesin=C(i,i)/(2*M(i,i)*omega);
Fai=atan(2*kesin*(omg_F/omega)/(1-(omg_F/omega)^2));
y_Analytical=y_Analytical+v(2*Element_number-1,i)*R(i)*500/K(i,i)/sqrt((1-
(omg_F/omega)^2)^2+(2*kesin*(omg_F/omega))^2)*sin(omg_F*t-Fai);
end
%%%%%%%%%%%%%%%%%%%%%%%%%%%%%%%%程序段D(画图)
A=load('Xout_DIM.txt');                  % 直接积分法得到的结果
B=load('Results_ansys.txt');             % 运行Example_9.3.ANSYS.txt得到的结果
figure(1)
H1=plot(A(:,1),A(:,2)*1e3,'b-','linewidth',1); hold on
H2=plot(t,y_Analytical*1e3,'r--','linewidth',1); hold on
H3=plot(B(:,1),B(:,2)*1e3,'m-.','linewidth',1);xlim([0,max(t)]);  ylim([-3,3]);
[legh,~,~,outm]=legend(H1,'直接积分法');
set(legh,'Box','off'); set(legh,'position',[0.225,0.8,0.1,0.1]);
set(legh,'Fontname','Times New Roman','FontSize',13);
legh2=copyobj(legh,gcf);
[legh2,objh2]=legend(H2,'模态叠加法');
set(legh2,'Box','off'); set(legh2,'position',[0.5,0.8,0.1,0.1]);
set(legh2,'Fontname','Times New Roman','FontSize',13);
```

```
legh3 = copyobj(legh2,gcf);
[legh3,objh3] = legend(H3,'ANSYS');
set(legh3,'Box','off'); set(legh3,'position',[0.75,0.815,0.1,0.1]);
set(legh3,'Fontname','Times New Roman','FontSize',13);
xlabel('\fontname{宋体}时间\fontname{Times New Roman}t/s','fontsize',13);
ylabel('\fontname{宋体}位移\fontname{Times New Roman}y/mm','fontsize',13);
set(gcf,'Position',[200 200 505 315]);
set(gca,'FontSize',13,'FontName','Times New Roman');
set(gca,'linewidth',0.75);
set(gcf,'PaperPositionMode','auto');
```

计算结果如图9-5所示，为了说明结果的正确性，这里还利用工程软件ANSYS对上述问题也进行了同样的计算，并将其计算结果与直接积分法及模态叠加法计算的结果进行了对比。在ANSYS中选用的单元为Beam3单元，单元及节点数量与MATLAB分析时的相一致。对比可以发现不同求解方法的响应结果基本一致。

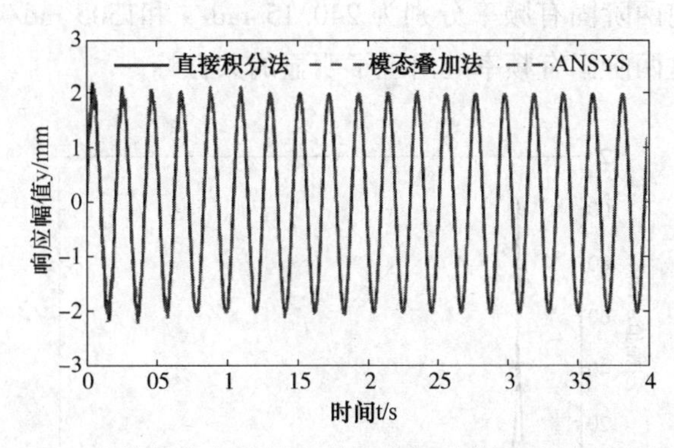

图9-5　直接积分法 & 模态叠加法 & 有限元法响应对比图

以下列出APDL程序，具体地，求解截面梁响应的命令流如下：

```
FINISH $ /CLEAR $ /PREP7 $ /TITLE,MODAL ANALYSIS
! 选单元
ET,1,BEAM3                                          ! 每个节点有3个自由度的梁单元
MP,EX,1,2.0E11 $ MP,DENS,1,7850 $ MP,PRXY,1,0.3    ! 材料特性
! 实常数设定
B = 3E - 2 $ H = B $ S = B * H $ I = (B * H * H * H)/12  ! 截面的尺寸参数/截面的惯性矩
R,1,S,I,H $ NODE = 41 $ X = 0                       ! 绘制节点
*DO,I,1,NODE
N,I,X,0,0 $ X = X + 0.02
*ENDDO
*DO,I,1,NODE - 1                                    ! 绘制单元
E,I,I + 1
*ENDDO
D,1,ALL $ /ESHAPE,1                                 ! 加约束
```

```
TT=0 $ DT=0.01 $ CN=400 $ WI=30 $ FA=500   ! 求解瞬态响应分析/激振频率/力幅
/SOLU $ ANTYPE,TRANS $ TRNOPT,FULL $ NROPT,FULL
                                           ! 瞬态响应法
*CFOPEN,Results_ansys,TXT                  ! 创建存储文件
*DO,I,1,CN
*GET,UX,NODE,41,U,Y                        ! 提取节点位移
*VWRITE,TT,UX                              ! 读写数据
(F15.5,F20.8)                              ! 控制写入格式和精
TT=TT+DT $ TIME,TT $ F,21,FY,FA*SIN(WI*TT)
SOLVE
*ENDDO
*CFCLOS                                    ! 关闭文件
FINISH
```

下面将采用频域谐响应分析求解悬臂梁的幅频特性，如图 9-6 所示。由本例题前面的程序可以得到悬臂梁的前两阶固有频率分别为 240.15 rad/s 和1505 rad/s。因此，图 9-6 中的幅频特性曲线分别在这两阶固有频率处出现了明显的共振峰。

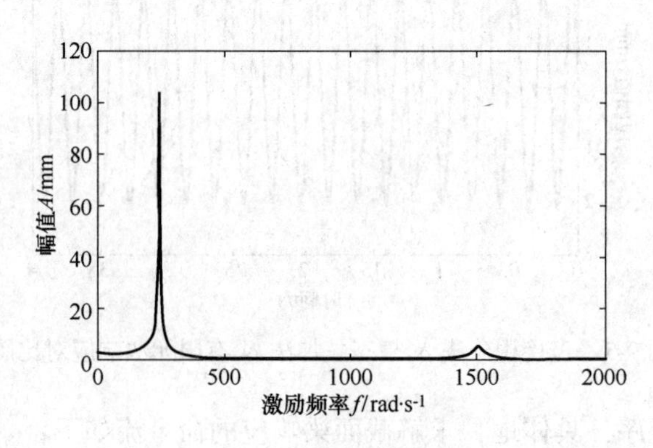

图 9-6　幅频曲线图

```
%%%%%%%%%%%%%%%%%%%%%%%%%%%%%%%%%%%程序段 E (频域谐响应)
[Evect,omegan]=polyeig(kk,c,mm);                    %  求复模态
imag_omegan=imag(omegan)/2/pi;
[omegan_sort,omegan_Position]=sort(imag_omegan);    %  特征值排序
Evect=Evect(:,omegan_Position);                     %  特征向量排序
Evect=Evect(:,2*Element_number+1:end);
M0=Evect'*mm*Evect;                                 %  利用复模态矩阵对方程解耦
K0=Evect'*kk*Evect;                                 %  利用复模态矩阵对方程解耦
C0=Evect'*c*Evect;                                  %  利用复模态矩阵对方程解耦
R0=Evect'*H_FEM(:,1);
fidXA=fopen('Xout_A.txt','wt');
for omg_F=0:1:2000;
```

```
Amp_Analytical = 0;
for i = 1:2 * Element_number
  omega0 = sqrt(K0(i,i)/M0(i,i));
kesin0 = C0(i,i)/(2 * M0(i,i) * omega0);
Fai0 = atan(2 * kesin0 * (omg_F/omega0)/(1 - (omg_F/omega0)^2));
Amp_Analytical = Amp_Analytical + abs(Evect(2 * Element_number - 1, i) * R0(i) * 500/K0
(i,i)/sqrt((1 -...
(omg_F/omega0)^2)^2 + (2 * kesin0 * (omg_F/omega0))^2));
end
fprintf(fidX,' %.10e',omg_F,Amp_Analytical);  fprintf(fidX,'\n');
end
fclose(fidX);
D = load('Xout_A.txt');
figure(2)
plot(D(:,1),D(:,2) * 1e3,'b - ','linewidth',1);
xlabel('\fontname{宋体}激励频率\fontname{Times New Roman}f/(rad/s)','fontsize',13);
ylabel('\fontname{宋体}幅值\fontname{Times New Roman}A/mm','fontsize',13);
set(gcf,'Position',[200 200 505 315]);
set(gca,'FontSize',13,'FontName','Times New Roman');
set(gca,'linewidth',0.75);
set(gcf,'PaperPositionMode','auto');
```

9.7　有限元模型的自由度缩减

在轮船、飞机、汽车及核反应堆等工程结构的应力和变形分析中，其有限元模型的自由度通常可达数十万或数百万个；但在动力学分析中，使用这种考虑种种细节的静态计算模型显然既不现实也无必要。此外，设计和控制方法更适合于小自由度的系统。为了克服这个困难，有学者提出了在动力学分析之前减小系统自由度的动力学缩减技术，GUYAN 缩减就是动力学缩减中最常用的方法之一，此时必须要确定哪些自由度需要保留，哪些自由度可被忽略。例如图 9-7 给出了怎样忽略一些自由度从而获得缩减模型的一个例子（例题 9.1 的弹性支撑截面梁简化成悬臂梁），在忽略了自由度的位置上，其所施加的外载和惯性力均可被忽略。

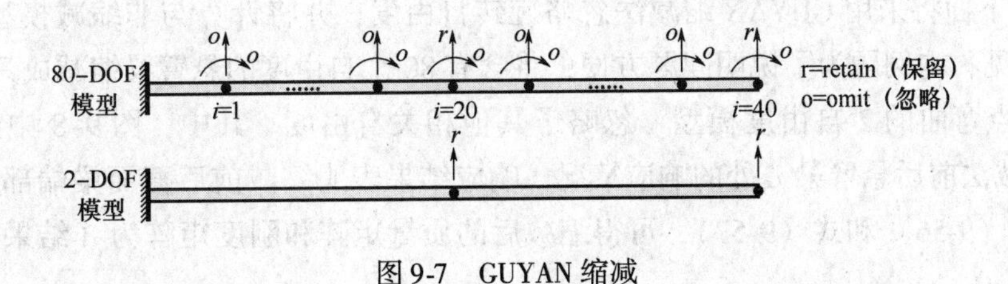

图 9-7　GUYAN 缩减

缩减刚度矩阵和质量矩阵的方法为：对于运动方程 $\boldsymbol{M}\ddot{\boldsymbol{q}}+\boldsymbol{K}\boldsymbol{q}=\boldsymbol{F}$，即式（9-1），若将惯性力放到方程的右端和所施加的外载荷写在一起，则方程 $\boldsymbol{K}\boldsymbol{q}=\boldsymbol{F}$，将 $\boldsymbol{q}$ 分为

$$\boldsymbol{q}=\begin{pmatrix}\boldsymbol{q}_{\mathrm{r}}\\ \boldsymbol{q}_{\mathrm{o}}\end{pmatrix} \tag{9-52}$$

其中，$\boldsymbol{q}_{\mathrm{r}}$为需要保留的自由度；$\boldsymbol{q}_{\mathrm{o}}$为要忽略的自由度组。一般情况下，保留的自由度数约占总数的20%。这里为了说明问题方便，将80DOF模型简化为2DOF模型，如图9-7所示。因此，运动方程可以写成分块形式

$$\begin{pmatrix}\boldsymbol{K}_{\mathrm{rr}} & \boldsymbol{K}_{\mathrm{ro}}\\ \boldsymbol{K}_{\mathrm{ro}}^{\mathrm{T}} & \boldsymbol{K}_{\mathrm{oo}}\end{pmatrix}\begin{pmatrix}\boldsymbol{q}_{\mathrm{r}}\\ \boldsymbol{q}_{\mathrm{o}}\end{pmatrix}=\begin{pmatrix}\boldsymbol{F}_{\mathrm{r}}\\ \boldsymbol{F}_{\mathrm{o}}\end{pmatrix} \tag{9-53}$$

选择所忽略自由度的思路是其对应的 $\boldsymbol{F}_{\mathrm{o}}$分量在数值上应较小；因此，应当保留的自由度组（下标为 r 的那组）应对应有较大的集中质量和集中力（用于瞬态分析），同时还要保证所保留的自由度组要足以描述振动模态。设 $\boldsymbol{F}_{\mathrm{o}}=0$，方程（9-53）的下半部分为

$$\boldsymbol{q}_{\mathrm{o}}=-\boldsymbol{K}_{\mathrm{oo}}^{-1}\boldsymbol{K}_{\mathrm{ro}}^{\mathrm{T}}\boldsymbol{q}_{\mathrm{r}} \tag{9-54}$$

结构的应变能为 $W=\dfrac{1}{2}\boldsymbol{q}^{\mathrm{T}}\boldsymbol{K}\boldsymbol{q}$，可以写成如下形式

$$W=\frac{1}{2}(\boldsymbol{q}_{\mathrm{r}}^{\mathrm{T}}\quad \boldsymbol{q}_{\mathrm{o}}^{\mathrm{T}})\begin{pmatrix}\boldsymbol{K}_{\mathrm{rr}} & \boldsymbol{K}_{\mathrm{ro}}\\ \boldsymbol{K}_{\mathrm{ro}}^{\mathrm{T}} & \boldsymbol{K}_{\mathrm{oo}}\end{pmatrix}\begin{pmatrix}\boldsymbol{q}_{\mathrm{r}}\\ \boldsymbol{q}_{0}\end{pmatrix} \tag{9-55}$$

可以将应变能写为 $W=\dfrac{1}{2}\boldsymbol{q}_{\mathrm{r}}^{\mathrm{T}}\boldsymbol{K}_{\mathrm{r}}\boldsymbol{q}_{\mathrm{r}}$，其中

$$\boldsymbol{K}_{\mathrm{r}}=\boldsymbol{K}_{\mathrm{rr}}-\boldsymbol{K}_{\mathrm{ro}}\boldsymbol{K}_{\mathrm{oo}}^{-1}\boldsymbol{K}_{\mathrm{ro}}^{\mathrm{T}} \tag{9-56}$$

是缩减的刚度矩阵。为了得到缩减的质量矩阵表达式，设动能 $V=\dfrac{1}{2}\dot{\boldsymbol{q}}^{\mathrm{T}}\boldsymbol{M}\dot{\boldsymbol{q}}$，将质量矩阵按式（9-53）分块，并应用式（9-54），可以将动能写为 $V=\dfrac{1}{2}\dot{\boldsymbol{q}}_{\mathrm{r}}^{\mathrm{T}}\boldsymbol{M}_{\mathrm{r}}\dot{\boldsymbol{q}}_{\mathrm{r}}$，其中

$$\boldsymbol{M}_{\mathrm{r}}=\boldsymbol{M}_{\mathrm{rr}}-\boldsymbol{M}_{\mathrm{ro}}\boldsymbol{K}_{\mathrm{oo}}^{-1}\boldsymbol{K}_{\mathrm{ro}}^{\mathrm{T}}-\boldsymbol{K}_{\mathrm{ro}}\boldsymbol{K}_{\mathrm{oo}}^{-1}\boldsymbol{M}_{\mathrm{ro}}^{\mathrm{T}}+\boldsymbol{K}_{\mathrm{ro}}\boldsymbol{K}_{\mathrm{oo}}^{-1}\boldsymbol{M}_{\mathrm{oo}}\boldsymbol{K}_{\mathrm{oo}}^{-1}\boldsymbol{K}_{\mathrm{ro}}^{\mathrm{T}} \tag{9-57}$$

是缩减的质量矩阵。对于缩减的刚度矩阵和缩减的质量矩阵，其特征值问题的求解规模大大减少，即

$$\boldsymbol{K}_{\mathrm{r}}\boldsymbol{\varphi}_{\mathrm{r}}=\lambda\boldsymbol{M}_{\mathrm{r}}\boldsymbol{\varphi}_{\mathrm{r}} \tag{9-58}$$

然后可以恢复所忽略部分的

$$\boldsymbol{\varphi}_{\mathrm{o}}=-\boldsymbol{K}_{\mathrm{oo}}^{-1}\boldsymbol{K}_{\mathrm{ro}}^{\mathrm{T}}\boldsymbol{\varphi}_{\mathrm{r}} \tag{9-59}$$

例 9.4　例题 9.3 中，在求解悬臂梁的响应过程时，我们将悬臂梁考虑成 40 个单元，80 个自由度。下面将采用 GUYAN 缩减法忽略旋转自由度，并将计算与非缩减模型进行比较。由图 9-7 可见，本例题为了说明问题方便，将含有 80 个自由度的悬臂梁缩减成只考虑 $1/2L$、L 位置处节点弯曲的 2 自由度模型，忽略了其他相关自由度。其中，图 9-8 中给出了采用 GUYAN 缩减法前后悬臂梁 L 处的响应情况，响应结果表明缩减前后截面梁端部的响应基本一致。由式（9-56）和式（9-57），可得缩减后的质量矩阵和刚度矩阵为（结果对应于程序中 m_r 和 k_r）

$$\boldsymbol{M}_{\mathrm{r}}=\begin{pmatrix}2.5175 & 0.4963\\ 0.4963 & 0.7764\end{pmatrix};\quad \boldsymbol{K}_{\mathrm{r}}=\begin{pmatrix}2.8933 & -0.9043\\ -0.9043 & 0.3620\end{pmatrix}\times 10^{6}$$

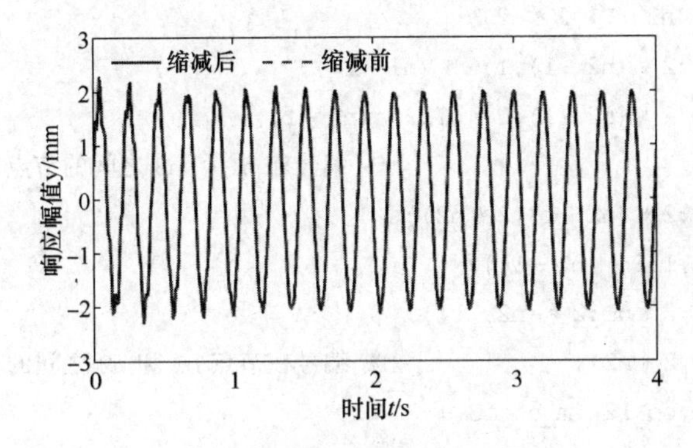

图9-8 自由度缩减前后响应对比图

采用前面求解刚体模态的程序，可求解弹性支撑梁的一阶模态，即例题程序中的 v_r 和 frequency_r，具体解为

$$\omega_1=38.2858\text{Hz};\quad \boldsymbol{\varphi}_{\mathrm{r}}^{1}=(0.3395\quad 1)^{\mathrm{T}}$$

$$\omega_2=242.1852\text{Hz};\quad \boldsymbol{\varphi}_{\mathrm{r}}^{2}=(-0.6991\quad 1)^{\mathrm{T}}$$

用式（9-59），可得到对应于所忽略自由度的特征向量，由于向量维度过大这里不做具体列举，详细结果对应于程序中 U_o。

由例题9.3中含有40个单元的悬臂梁模型，得到相应的前两阶固有频率，及相应节点位置的振型向量为（详细结果已由例题9.3求得）

$$\overline{\omega_1}=38.2210Hz;\ \overline{\boldsymbol{\varphi}_{\mathrm{r}}^{1}}=(0.3395\quad 1)^{\mathrm{T}}$$

$$\overline{\omega_2}=239.5268Hz;\ \overline{\boldsymbol{\varphi}_{\mathrm{r}}^{2}}=(-0.7137\quad 1)^{\mathrm{T}}$$

$$\overline{\boldsymbol{\varphi}_{\mathrm{o}}^{1}}=(0.8449\quad 1.0000)^{\mathrm{T}};\ \overline{\boldsymbol{\varphi}_{\mathrm{o}}^{2}}=(0.0948\quad 1.0000)^{\mathrm{T}}$$

对比缩减前后悬臂梁的固有频率及相应的振型向量表明：低阶固有频率和相应的特征向量具有较高的精度，但是高阶的特征值和特征频率的误差会相对加大。

利用 MATLAB 编制的有限元程序如下：

```
%%%%%%%%%%%%%%%%%%%%%%%%%%%%%%%%
程序段 A                                      % 见例 9.1
%%%%%%%%%%%%%%%%%%%%%%%%%%%%%%%%缩减矩阵及相应特征值与特征向量的求解
   mm = mm(3:end,3:end);                      % 约束梁左端节点的弯曲和转动自由度
kk = kk(3:end,3:end);                         % 约束梁左端节点的弯曲和转动自由度
n1 = 20;                                      % 需要保留的节点编号 1
n2 = 40;                                      % 需要保留的节点编号 2
m_rr = [mm(2 * n1 -1,2 * n1 -1)  mm(2 * n1 -1,2 * n2 -1)
       mm(2 * n2 -1,2 * n1 -1)  mm(2 * n2 -1,2 * n2 -1)];
                                              % 保留自由度的质量矩阵
m_oo_11 = mm(1:2 * (n1 -1),1:2 * (n1 -1));
```

```
                                        % 编号小于 n1 的节点自由度
m_oo_12 = mm(1:2*(n1-1),2*n1:2*(n2-1));
m_oo_13 = mm(1:2*(n1-1),2*n2);
m_oo_21 = mm(2*n1:2*(n2-1),1:2*(n1-1));
m_oo_22 = mm(2*n1:2*(n2-1),2*n1:2*(n2-1));
                                        % 编号在 n1 和 n2 之间的节点自由度
m_oo_23 = mm(2*n1:2*(n2-1),2*n2);
m_oo_31 = mm(2*n2,1:2*(n1-1));
m_oo_32 = mm(2*n2,2*n1:2*(n2-1));
m_oo_33 = mm(2*n2,2*n2);                % 编号在节点 n1 和 n2 之间的自由度
m_oo = [m_oo_11  m_oo_12  m_oo_13
        m_oo_21  m_oo_22  m_oo_23
        m_oo_31  m_oo_32  m_oo_33];
m_ro = [mm(1:2*(n1-1),2*n1-1)'    mm(2*n1-1,2*n1:2*(n2-1))    mm(2*n1-1,2*n2)
mm(1:2*(n1-1),2*n2-1)'    mm(2*n1:2*(n2-1),2*n2-1)'    mm(2*n2-1,2*n2)];
k_rr = [kk(2*n1-1,2*n1-1)  kk(2*n1-1,2*n2-1)
        kk(2*n2-1,2*n1-1)  kk(2*n2-1,2*n2-1)];
                                        % 保留自由度的刚度矩阵
k_oo_11 = kk(1:2*(n1-1),1:2*(n1-1));
                                        % 编号小于 n1 的节点自由度
k_oo_12 = kk(1:2*(n1-1),2*n1:2*(n2-1));
k_oo_13 = kk(1:2*(n1-1),2*n2);
k_oo_21 = kk(2*n1:2*(n2-1),1:2*(n1-1));
k_oo_22 = kk(2*n1:2*(n2-1),2*n1:2*(n2-1));
                                        % 编号在 n1 和 n2 之间的节点自由度
k_oo_23 = kk(2*n1:2*(n2-1),2*n2);
k_oo_31 = kk(2*n2,1:2*(n1-1));
k_oo_32 = kk(2*n2,2*n1:2*(n2-1));
k_oo_33 = kk(2*n2,2*n2);                % 编号在节点 n1 和 n2 之间的自由度
k_oo = [k_oo_11  k_oo_12  k_oo_13
        k_oo_21  k_oo_22  k_oo_23
        k_oo_31  k_oo_32  k_oo_33];
k_ro = [kk(1:2*(n1-1),2*n1-1)'    kk(2*n1-1,2*n1:2*(n2-1))    kk(2*n1-1,2*n2)
kk(1:2*(n1-1),2*n2-1)'    kk(2*n1:2*(n2-1),2*n2-1)'    kk(2*n2-1,2*n2)];
k_r = k_rr-k_ro*(inv(k_oo))*k_ro'; % 自由度缩减后的刚度矩阵
m_r = m_rr-m_ro*(inv(k_oo))*k_ro'-k_ro*(inv(k_oo))*m_ro'+k_ro*(inv(k_oo))*m_oo*(inv(k_oo))*k_ro'; % 自由度缩减后的质量矩阵
```

```
[v_r,d_r]=eig(k_r,m_r);                % 求保留自由度特征值及特征向量,d_r对角线即是固有频率
tempd=diag(d_r);
[nd,sortindex]=sort(tempd);            % 固有频率排序 sortindex是对应的索引
v_r=v_r(:,sortindex);                  % 排成与固有频率相对应的振型
frequency_r=sqrt(nd)/(2*pi);           % 保留自由度特征值
U_o=-(inv(k_oo))*k_ro'*(-v_r);Sys_dof=size(m_r,1); % 求忽略自由度特征向量
mm=m_r;
kk=k_r;
H_FEM=[1 0
0 1];                                  % 定义简谐激励位置及记录的响应位置
%%%%%%%%%%%%%%%%%%%%%%%%%%%%%%%%模态叠加法求解时域响应
程序段B                                % 见例题9.3
%%%%%%%%%%%%%%%%%%%%%%%%%%%%%%%%时域响应出图
A=load('Xout_DIM.txt');                % 自由度缩减后得到的响应结果
B=load('Xout_DIM0.txt');               % 需要先运行Example_9_3_matlab.m文件得到
figure (1)
H1=plot (A (:, 1), A (:, 2) *1e3, 'b-', 'linewidth', 1);
hold on
H2=plot (B (:, 1), B (:, 2) *1e3, 'r--', 'linewidth', 1);
xlim ([0, 4]);
ylim ([-3, 3]);
[legh, ~, ~, outm] =legend (H1, '缩减后');
set (legh, 'Box', 'off');
set (legh, 'position', [0.2, 0.8, 0.1, 0.1]);
set (legh, 'Fontname', 'Times New Roman', 'FontSize', 13)
legh2=copyobj (legh, gcf);
[legh2, objh2] =legend (H2, '缩减前');
set (legh2, 'Box', 'off');
set (legh2, 'position', [0.4, 0.815, 0.1, 0.1]);
set (legh2, 'Fontname', 'Times New Roman', 'FontSize', 13);
xlabel ('\fontname {Times New Roman} 时间 \fontname {Times New Roman} t/s', 'fontsize', 13);
ylabel ('\fontname {Times New Roman} 位移 \fontname {Times New Roman} y/mm', 'fontsize', 13);
set (gcf, 'Position', [200 200 505 315]);
set (gca, 'FontSize', 13, 'FontName', 'Times New Roman');
set (gca, 'linewidth', 0.75);
set (gcf, 'PaperPositionMode', 'auto');
```

从图中自由度缩减前后响应的对比结果可以看出，两者具有很好的一致性。

小　结

通过本部分内容的学习，读者应该能够：基本掌握动力学有限元分析的一般流程；推导单元的质量矩阵；结合前面几章的内容，具备机械结构固有特性的有限元分析能力；对刚体模态和变形模态有基本的认识；具备进行频域谐响应分析和振动响应的有限元分析能力；基本具备有限元自由度缩减的能力，并应用到具体问题的求解过程中。

习　题

9.1　如图所示规整形状的母单元和真实坐标系下的子单元，试按照四边形母单元的形函数推导出真实坐标系下子单元的一致质量矩阵，设材料的密度为 $\rho = 7\ 800\ \text{kg/m}^3$。

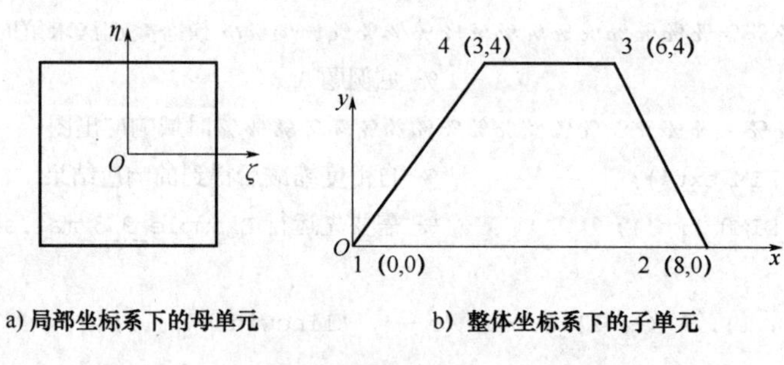

习题 9.1 图

9.2　如图所示的平面梁结构，包含长度、材料、截面积相等的 3 个单元，具体的单元长度为 l，截面积为 A，密度为 ρ，试采用直接组集法求解该平面梁的结构的一致质量矩阵和集中质量矩阵。

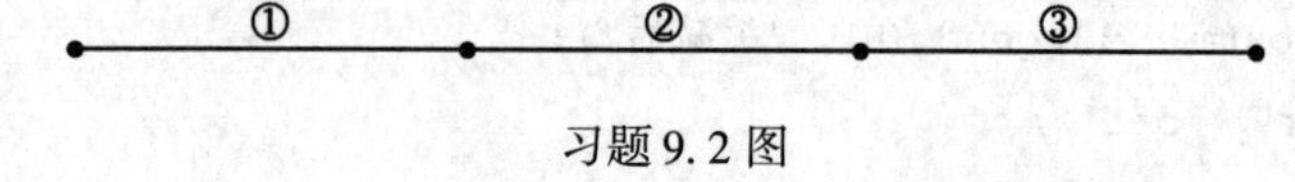

习题 9.2 图

9.3　如图所示的一个平面梁系统（一端固支，一端简支），梁的材料为 $E = 206$ GPa，梁的截面参数如图中所示，作用力为简谐激振 $F = 70\sin(100t)$ N，总长度为 1.5 m，等分为 15 个轴段。试用有限元法求解该梁结构的固有频率和特征向量；试用直接积分法求解图中所指的响应拾取点的振动响应。注：要求写出详细的有限元分析步骤；阻尼为瑞利阻尼，具体系数如下：$\alpha = 0.03$，$\beta = 0.004$。

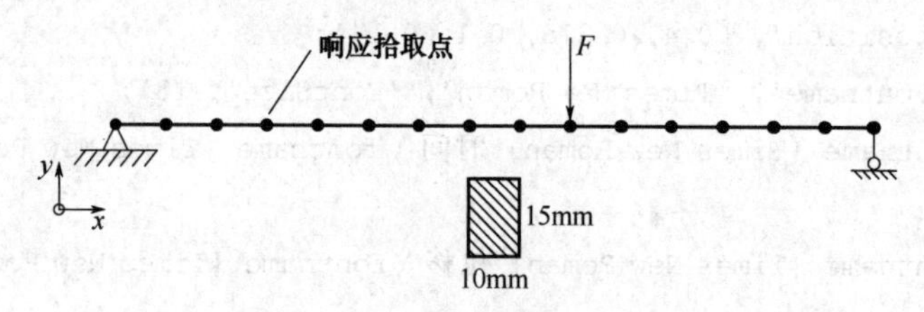

习题 9.3 图

9.4　如图所示的一个悬臂圆梁系统（一端固支，一端弹性支撑），梁的材料为弹性模量 $E = 206$ GPa，密度 $\rho = 7\ 850\ \text{kg/m}^3$，如图中所示，圆梁直径 $d = 0.025$ m，总长度为 1.0 m，弹簧支撑刚度为 $k = 1 \times 10^5$ N/m，梁的中点作用有简谐激振 $P = 100\cos(70t)$ N。试用有限元法求解该弹支梁结构的固有频率和振型；试分别用直接积分法和振型叠加法求解弹簧支撑处的振动响应。注：要求写出详细的有限元分析步骤；阻尼为瑞利阻尼，具体系数如下：$\alpha=0.01$，$\beta=0.004$。

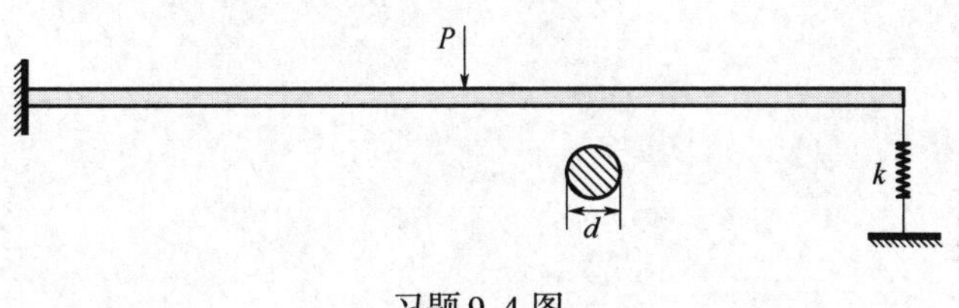

习题9.4图

9.5　如图所示为一车床主轴的简化结构图。轴承1处的径向刚度为6×10^{7} N/m，轴承2处的径向刚度为2×10^{7} N/m，其转动自由度忽略不计。几何尺寸如图所示，在A点受到$F=1000\sin(\omega t)$N的力，试采用复频域谐响应分析方法求A点的幅频特性。（假设其弹性模量$E=206$ GPa）注：要求写出详细的有限元分析步骤；阻尼为瑞利阻尼，具体系数如下：$\alpha=0.03$，$\beta=0.004$。

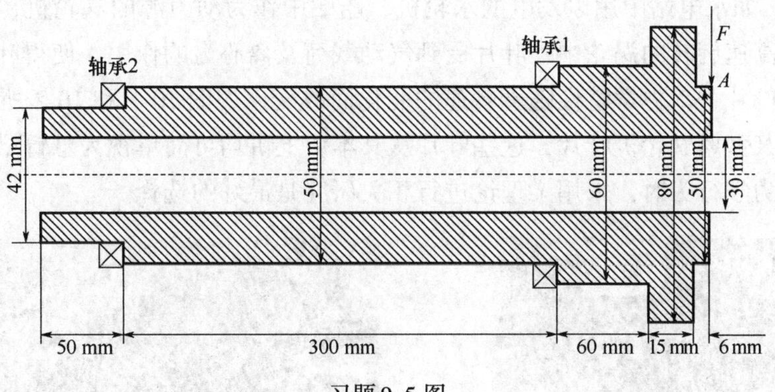

习题9.5图

第 10 章

旋转梁的动力学有限元建模与应用

涡轮是将流体中的能量转化为机械能的设备，其主要由旋转元件（叶片）以及旋转轴（叶盘）组成。如水电站中用以发电的水轮机、船舶中作为动力源的汽轮机、喷气式飞机的燃气轮机。在高速旋转的涡轮中，叶片受到气动载荷及离心力的作用，使得叶片动力学特性受到影响，即叶片的动力学特性随着转速的变化而改变。如图 10-1 和 10-2 所示分别为某型航空发动机和某型燃气轮机叶片，这些叶片从其本质上讲均可简单视为悬臂梁结构，在仅定性地研究其动力学行为时，采用梁理论进行相关研究是最好的选择。

图 10-1　某航空发动机叶片

图 10-2　某燃气轮机中的叶片

在第六章中，我们已经给出了梁的有限元描述，并推导了 Euler-Bernoulli（欧拉-伯努利）梁的单元刚度矩阵。本章在第六章的基础上，进一步推导改进的 Euler-Bernoulli 梁及 Timoshenko（铁木辛柯）梁单元的单元刚度矩阵、质量矩阵以及由旋转引起的离心刚化矩阵，通过前面给出的组集方法及边界条件施加过程，分析旋转叶片的静态特性和动态特性。

10.1　梁理论的形函数求解

在第六章梁理论的推导中，我们采用的是最简单的 Euler-Bernoulli 梁理论。为节省篇幅这里不再赘述。

10.1.1　改进的 Euler-Bernoulli 梁形函数的推导

在本章中，函数对位置求导用（$'$）表示，对时间的求导用（$\dot{}$）表示。

下面以考虑剪切变形影响的平面梁单元为例进行相关方程推导，主要包括以下几个步骤。

1. 建立坐标系，进行单元离散

针对第六章中图6-3所示的悬臂梁模型建立坐标系 $o\text{-}xy$。

2. 建立平面梁单元的位移模式

平面梁单元具有两个节点，如图6-4所示。在局部坐标系内，平面梁单元共有6个自由度，其节点的位移矢量可表示为

$$\boldsymbol{q}^{e}=(u_1\quad v_1\quad \theta_1\quad u_2\quad v_2\quad \theta_2)^{\mathrm{T}} \tag{10-1}$$

忽略其轴向位移 u，平面梁单元具有如下4个自由度

$$\boldsymbol{q}^{e}=(v_1\quad \theta_1\quad v_2\quad \theta_2)^{\mathrm{T}} \tag{10-2}$$

考虑到梁的剪切变形，可以采用改进的 Euler-Bernoulli 梁的假设：变形前垂直于梁中心线的截面在变形后不再垂直于梁的中心线，并且转角变为

$$\theta(x)=v'(x)-\gamma(x) \tag{10-3}$$

式中，$\gamma(x)=\kappa F_V(x)/GA$ 为截面和中面相交处的剪切应变；$v(x)$ 为任意位置的横向变形；A 为梁单元的横截面积；G 为切变模量；$F_V(x)$ 为剪力；κ 为考虑实际剪切应变与剪切应力不均匀分布而引入的校正因子。

根据基本梁理论可知，在梁单元发生变形时，作用在梁单元上的弯矩 M 为

$$M(x)=-EI\theta'(x) \tag{10-4}$$

由于弯矩 $M(x)$ 是关于梁段长度 x 的函数，假设作用在梁段上的弯矩为

$$M(x)=\alpha_0 x+\alpha_1 \tag{10-5}$$

弯矩 $M(x)$ 的导数则为作用在梁段上该处的剪力，那么 $F_V(x)=M'(x)=\alpha_0$。将式（10-5）代入到式（10-4）中，得到

$$\theta'(x)=-\frac{1}{EI}(\alpha_0 x+\alpha_1) \tag{10-6}$$

对上式进行积分得到梁段截面转角 $\theta(x)$ 的表达式

$$\theta(x)=-\frac{1}{EI}\left(\frac{\alpha_0}{2}x^2+\alpha_1 x-\alpha_2\right) \tag{10-7}$$

根据公式（10-7）与梁截面转角计算公式（10-3），可以得到梁总变形量 $v(x)$ 的表达式为

$$v(x)=\left(\frac{\kappa x}{GA}-\frac{x^3}{6EI}\right)\alpha_0-\frac{x^2}{2EI}\alpha_1+\frac{x}{EI}\alpha_2+\alpha_3=\boldsymbol{R}(x)\boldsymbol{\alpha} \tag{10-8}$$

式中，$\boldsymbol{R}(x)=\begin{pmatrix}\dfrac{\kappa x}{GA}-\dfrac{x^3}{6EI} & -\dfrac{x^2}{2EI} & \dfrac{x}{EI} & 1\end{pmatrix}$；$\boldsymbol{\alpha}=(\alpha_0\quad \alpha_1\quad \alpha_2\quad \alpha_3)^{\mathrm{T}}$。

因此，平面梁单元的位移模式可表示为如下形式

$$\begin{pmatrix} v(x)\\ \theta(x)\end{pmatrix}=\begin{pmatrix}\dfrac{\kappa x}{GA}-\dfrac{x^3}{6EI} & -\dfrac{x^2}{2EI} & \dfrac{x}{EI} & 1\\ -\dfrac{x^2}{2EI} & -\dfrac{x}{EI} & \dfrac{1}{EI} & 0\end{pmatrix}\begin{pmatrix}\alpha_0\\ \alpha_1\\ \alpha_2\\ \alpha_3\end{pmatrix} \tag{10-9}$$

3. 推导形函数矩阵

将梁单元两个节点的位移和节点坐标（0,0）和（L,0）代入到式（10-9）中，有

$$v(0)=v_1,\quad \theta(0)=\theta_1,\quad v(L)=v_2,\quad \theta(L)=\theta_2$$

式中，L 为梁单元的长度。得到

$$\begin{cases} v_1=\alpha_3 \\ \theta_1=\dfrac{1}{EI}\alpha_2 \\ v_2=\left(\dfrac{\kappa L}{GA}-\dfrac{L^3}{6EI}\right)\alpha_0-\dfrac{L^2}{2EI}\alpha_1+\dfrac{L}{EI}\alpha_2+\alpha_3 \\ \theta_2=-\dfrac{L^2}{2EI}\alpha_0-\dfrac{L}{EI}\alpha_1+\dfrac{1}{EI}\alpha_2 \end{cases} \tag{10-10}$$

将式（10-10）写成矩阵的形式可表示为

$$\boldsymbol{q}^{\mathrm{e}}=\boldsymbol{H\alpha} \tag{10-11}$$

式中，$\boldsymbol{H}=\begin{pmatrix} 0 & 0 & 0 & 1 \\ 0 & 0 & \dfrac{1}{EI} & 0 \\ \dfrac{\kappa L}{GA}-\dfrac{L^3}{6EI} & -\dfrac{L^2}{2EI} & \dfrac{L}{EI} & 1 \\ -\dfrac{L^2}{2EI} & -\dfrac{L}{EI} & \dfrac{1}{EI} & 0 \end{pmatrix}$。

那么，由公式（10-10）便可得到待定系数 $\boldsymbol{\alpha}$ 的表达式，即 $\boldsymbol{\alpha}=\boldsymbol{H}^{-1}\boldsymbol{q}^{\mathrm{e}}$。将其代入到式（10-8）中，得到梁段总变形量 $v(x)$ 的表达式

$$v(x)=\boldsymbol{R}(x)\boldsymbol{\alpha}=\boldsymbol{R}(x)\boldsymbol{H}^{-1}\boldsymbol{q}^{\mathrm{e}} \tag{10-12}$$

令

$$\boldsymbol{N}(x)=\boldsymbol{R}(x)\boldsymbol{H}^{-1}=(N_1\quad N_2\quad N_3\quad N_4) \tag{10-13}$$

这里，将向量 $\boldsymbol{N}(x)$ 称作梁段总变形量 $v(x)$ 的形函数。已知向量 $\boldsymbol{R}(x)$ 与矩阵 $\boldsymbol{H}$ 的表达式，那么可计算得到向量 $\boldsymbol{N}$ 中各元素的表达式为

$$\begin{aligned} \boldsymbol{N}(x)&=(N_1\quad N_2\quad N_3\quad N_4) \\ &=\left[1-\frac{12EI}{(1+b)L^3}\left(\frac{\kappa x}{GA}-\frac{x^3}{6EI}\right)-\frac{3x^2}{(1+b)L^2},x-\frac{6EI}{(1+b)L^2}\left(\frac{\kappa x}{GA}-\frac{x^3}{6EI}\right)-\frac{(4+b)x^2}{2L(1+b)},\right. \\ &\qquad \left.\frac{12EI}{(1+b)L^3}\left(\frac{\kappa x}{GA}-\frac{x^3}{6EI}\right)+\frac{3x^2}{(1+b)L^2},-\frac{6EI}{(1+b)L^2}\left(\frac{\kappa x}{GA}-\frac{x^3}{6EI}\right)-\frac{(2-b)x^2}{2(1+b)}\right] \end{aligned} \tag{10-14}$$

式中，$b=\dfrac{12\kappa EI}{GAL^2}$。

10.1.2　Timoshenko 梁形函数的推导

下面推导考虑剪切变形影响的 Timoshenko 梁单元的形函数，主要步骤如下：

1. 建立坐标系，进行单元离散

针对第六章中图6-3所示的悬臂梁模型建立坐标系 $o\text{-}xy$。

2. 建立平面梁单元的位移模式

平面梁单元具有两个节点，如图6-4所示。在局部坐标系内，平面梁单元共有6个自由度，其节点的位移矢量可表示为

$$\boldsymbol{q}^{e}=(u_1\quad v_1\quad \theta_1\quad u_2\quad v_2\quad \theta_2)^{\mathrm{T}} \tag{10-15}$$

忽略其轴向位移 u，平面梁单元具有如下4个自由度

$$\boldsymbol{q}^{e}=(v_1\quad \theta_1\quad v_2\quad \theta_2)^{\mathrm{T}} \tag{10-16}$$

考虑到梁的剪切变形，那么可以采用 Timoshenko 梁的假设：变形前垂直于梁中心线的截面在变形后不再垂直于梁的中心线，并且转角变为

$$\theta(x)=v'(x)-\gamma(x) \tag{10-17}$$

Timoshenko 梁单元中，横向位移 $v(x)$ 和转角 $\theta(x)$ 是独立的，可各自独立插值。在这里使用 Timoshenko 梁弯曲问题的基本解进行逼近，取 2×2 个基本解，即刚体平移、刚体旋转、纯弯曲、常剪力弯曲，它们分别是

$$\begin{pmatrix} v\ (x) \\ \theta\ (x) \end{pmatrix}=\begin{pmatrix} 1 \\ 0 \end{pmatrix},\ \begin{pmatrix} x \\ 1 \end{pmatrix},\ \begin{pmatrix} \dfrac{x^2}{2}-\dfrac{EI}{2\kappa GA} \\ x \end{pmatrix},\ \begin{pmatrix} \dfrac{x^3}{6}-\dfrac{EIx}{2\kappa GA} \\ \dfrac{x^2}{2}+\dfrac{EI}{2\kappa GA} \end{pmatrix} \tag{10-18}$$

横向位移 $v(x)$ 可用以下逼近公式来表示

$$v(x)=\alpha_0+\alpha_1 x+\alpha_2\left(\frac{x^2}{2}-\frac{EI}{2\kappa GA}\right)+\alpha_3\left(\frac{x^3}{6}-\frac{EIx}{2\kappa GA}\right) \tag{10-19}$$

将上式用矩阵的方式表达为

$$v(x)=\begin{pmatrix} 1 & x & \dfrac{x^2}{2}-\dfrac{EI}{2\kappa GA} & \dfrac{x^3}{6}-\dfrac{EIx}{2\kappa GA} \end{pmatrix}\begin{pmatrix} \alpha_0 \\ \alpha_1 \\ \alpha_2 \\ \alpha_3 \end{pmatrix}=\boldsymbol{R}(x)\boldsymbol{\alpha} \tag{10-20}$$

转角 $\theta(x)$ 可用以下逼近公式来表示

$$\theta(x)=\alpha_1+\alpha_2 x+\alpha_3\left(\frac{x^2}{2}+\frac{EI}{2\kappa GA}\right) \tag{10-21}$$

因此，平面梁单元的位移模式可表示为如下形式

$$\begin{pmatrix} v(x) \\ \theta(x) \end{pmatrix}=\begin{pmatrix} 1 & x & \dfrac{x^2}{2}-\dfrac{EI}{2\kappa GA} & \dfrac{x^3}{6}-\dfrac{EIx}{2\kappa GA} \\ 0 & 1 & x & \dfrac{x^2}{2}+\dfrac{EI}{2\kappa GA} \end{pmatrix}\begin{pmatrix} \alpha_0 \\ \alpha_1 \\ \alpha_2 \\ \alpha_3 \end{pmatrix} \tag{10-22}$$

3. 推导形函数矩阵

将梁单元两个节点的位移和节点坐标（0,0）和（L,0）代入到式（10-22）中，有

$$v(0)=v_1,\quad \theta(0)=\theta_1,\quad v(L)=v_2,\quad \theta(L)=\theta_2$$

式中，L 为梁单元的长度。得到

$$\begin{pmatrix} v_1 \\ \theta_1 \\ v_2 \\ \theta_2 \end{pmatrix} = \begin{pmatrix} 1 & 0 & -\dfrac{EI}{2\kappa GA} & 0 \\ 0 & 1 & 0 & \dfrac{EI}{2\kappa GA} \\ 1 & L & \dfrac{L^2}{2}-\dfrac{EI}{2\kappa GA} & \dfrac{L^3}{6}-\dfrac{EIL}{2\kappa GA} \\ 0 & 1 & L & \dfrac{L^2}{2}+\dfrac{EI}{2\kappa GA} \end{pmatrix} \begin{pmatrix} \alpha_0 \\ \alpha_1 \\ \alpha_2 \\ \alpha_3 \end{pmatrix} \tag{10-23}$$

通过式（10-23），求解出待定系数 α_0，α_1，α_2，α_3 的表达式为

$$\begin{pmatrix} \alpha_0 \\ \alpha_1 \\ \alpha_2 \\ \alpha_3 \end{pmatrix} = \begin{pmatrix} 1 & 0 & -\dfrac{EI}{2\kappa GA} & 0 \\ 0 & 1 & 0 & \dfrac{EI}{2\kappa GA} \\ 1 & L & \dfrac{L^2}{2}-\dfrac{EI}{2\kappa GA} & \dfrac{L^3}{6}-\dfrac{EIL}{2\kappa GA} \\ 0 & 1 & L & \dfrac{L^2}{2}+\dfrac{EI}{2\kappa GA} \end{pmatrix} \begin{pmatrix} v_1 \\ \theta_1 \\ v_2 \\ \theta_2 \end{pmatrix} = \boldsymbol{H}^{-1}\boldsymbol{q}^{e} \tag{10-24}$$

将式（10-24）代入到式（10-20）中可得

$$v(x) = \boldsymbol{R}(x)\boldsymbol{\alpha} = \boldsymbol{R}\boldsymbol{H}^{-1}\boldsymbol{q}^{e} \tag{10-25}$$

令

$$\boldsymbol{N}(x) = \boldsymbol{R}\boldsymbol{H}^{-1} = (N_1 \quad N_2 \quad N_3 \quad N_4) \tag{10-26}$$

这里，将向量 $\boldsymbol{N}(x)$ 称作梁段总变形量 $v(x)$ 的形函数。已知向量 $\boldsymbol{R}(x)$ 与矩阵 $\boldsymbol{H}$ 的表达式，那么可计算得到向量 $\boldsymbol{N}$ 中各元素的表达式为

$$N_1 = \frac{AG\kappa L^2+9EI}{AG\kappa L^2+12EI} - \frac{6EIx}{AG\kappa L^3+12EIL} + \frac{12AG\kappa\left(\dfrac{x^3}{6}-\dfrac{EIx}{2AG\kappa}\right)}{AG\kappa L^3+12EIL} - \frac{6AG\kappa\left(\dfrac{x^2}{2}-\dfrac{EI}{2AG\kappa}\right)}{AG\kappa L^2+12EI};$$

$$N_2 = \frac{x(AG\kappa L^2+9EI)}{AG\kappa L^2+12EI} - \frac{2(3E^2I^2+AG\kappa EIL^2)}{A^2G^2\kappa^2L^3+12EIAG\kappa L} - \frac{4(AG\kappa L^3+3EI)\left(\dfrac{x^2}{2}-\dfrac{EI}{2AG\kappa}\right)}{AG\kappa L^3+12EIL} + \frac{6AG\kappa\left(\dfrac{x^3}{6}-\dfrac{EIx}{2AG\kappa}\right)}{AG\kappa L^2+12EI};$$

$$N_3 = \frac{3EI}{AG\kappa L^2+12EI} + \frac{6EIx}{AG\kappa L^3+12EIL} - \frac{12AGk\left(\dfrac{x^3}{6}-\dfrac{EIx}{2AGk}\right)}{AG\kappa L^3+12EIL} + \frac{6AG\kappa\left(\dfrac{x^2}{2}-\dfrac{EI}{2AC\kappa}\right)}{AG\kappa L^2+12EI};$$

$$N_4 = \frac{6E^2L^2-AG\kappa EIL^2}{A^2G^2\kappa^2L^3+12EIAG\kappa L} + \frac{2(-AC\kappa L^2+6EI)\left(\dfrac{x^2}{2}-\dfrac{EI}{2AG\kappa}\right)}{AG\kappa L^3+12EIL} - \frac{3EIx}{AG\kappa L^2+12EI} + \frac{6AG\kappa\left(\dfrac{x^3}{6}-\dfrac{EIx}{2AG\kappa}\right)}{AG\kappa L^2+12EI}。$$

10.2　刚度矩阵与质量矩阵

10.2.1　单元应变能及动能推导

在求解三种梁单元矩阵前，首先需要推导单元应变能及动能。在第六章中，我们已经推

导了不考虑剪切的平面梁单元应变能，下面进行考虑剪切的平面梁单元应变能及三种梁单元动能的推导。

1. 考虑剪切的单元应变能

根据最小势能原理可知，对于受外力作用的弹性体，外力对其所做的功与其自身的应变能相等。那么梁单元的应变能 U 可表示为

$$U = \frac{1}{2}\int_0^L EI(v''(x))^2 \mathrm{d}x + \frac{1}{2}\int_0^L \frac{\kappa(F_V(x))^2}{GA}\mathrm{d}x \tag{10-27}$$

式中，等号右端第一项为弯曲应变能；第二项为剪切应变能。且由式 $M(x) = -EI\theta'(x)$ 弯矩与剪力 $F_V(x)$ 的关系可得到 $EIv'''(x) = -M'(x) = -F_V(x)$。则有

$$F_V^2(x) = (EI)^2(v'''(x))^2 \tag{10-28}$$

将式（10-28）代入到式（10-27）中，单元应变能可表示为

$$U = \frac{1}{2}EI\int_0^L (v''(x))^2 \mathrm{d}x + \frac{1}{2}\frac{\kappa(EI)^2}{GA}\int_0^L (v'''(x))\mathrm{d}x \tag{10-29}$$

2. 单元动能

从能量的角度推导梁单元的动能，其表达式为

$$T = \frac{1}{2}\int_0^L \rho A(\dot{v}(x))^2 \mathrm{d}x \tag{10-30}$$

式中，ρ 表示材料的密度。

10. 2. 2　Euler-Bernoulli 梁单元的质量矩阵

在第六章中，我们已经推导了 Euler-Bernoulli 梁单元的刚度矩阵，这里不再重复说明，本小节仅推导该梁单元质量矩阵。推导过程如下所述。

将梁段总变形量 $v(x)$ 表达式（6-11）及式（6-12）中的形函数向量代入到式（10-30）中的单元动能中，得到 Euler-Bernoulli 梁单元的动能表达式为

$$T = \frac{1}{2}\int_0^L (\dot{\boldsymbol{q}}^{\mathrm{e}})^{\mathrm{T}}\boldsymbol{N}^{\mathrm{T}}(x)\rho A\boldsymbol{N}(x)\boldsymbol{q}^{\mathrm{e}}\mathrm{d}x \tag{10-31}$$

考虑到单元动能的一般形式可以表示成

$$T = \frac{1}{2}(\dot{\boldsymbol{q}}^{\mathrm{e}})^{\mathrm{T}}\boldsymbol{M}^{\mathrm{e}}\dot{\boldsymbol{q}}^{\mathrm{e}} \tag{10-32}$$

那么，式（10-32）中的 $\boldsymbol{M}^{\mathrm{e}}$ 即为平面梁单元质量矩阵，对应于式（10-31），那么其表达式为

$$\boldsymbol{M}^{\mathrm{e}} = \int_0^L \boldsymbol{N}^{\mathrm{T}}(x)\rho A\boldsymbol{N}(x)\mathrm{d}x \tag{10-33}$$

代入具体数值，得到 Euler-Bernoulli 梁单元质量矩阵 $\boldsymbol{M}^{\mathrm{e}}$，其具体表达式为

$$\boldsymbol{M}^{\mathrm{e}} = \frac{\rho AL}{420}\begin{pmatrix} 156 & 22L & 54 & -13L \\ 22L & 4L^2 & 13L & -3L^2 \\ 54 & 13L & 156 & -22L \\ -13L & -3L^2 & -22L & 4L^2 \end{pmatrix} \tag{10-34}$$

10.2.3　改进的 Euler-Bernoulli 梁单元的刚度矩阵与质量矩阵

下面针对改进的 Euler-Bernoulli 梁单元进行单元矩阵的推导，主要包括刚度矩阵和质量矩阵的推导，推导过程如下。

1. 改进的 Euler-Bernoulli 梁单元的刚度矩阵

将梁段总变形量 $v(x)$ 的表达式（10-12）及形函数表达式（10-13）代入到应变能表达式（10-29），那么单元应变能可写成

$$U = \frac{1}{2}EI\int_0^L (\dot{\boldsymbol{q}}^e)^T(\boldsymbol{N}''(x))^T\boldsymbol{N}''(x)\boldsymbol{q}^e dx + \frac{1}{2}\frac{k(EI)^2}{GA}\int_0^L (\dot{\boldsymbol{q}}^e)^T(\boldsymbol{N}'''(x))^T\boldsymbol{N}'''(x)\boldsymbol{q}^e dx \tag{10-35}$$

考虑到单元应变能的一般形式可以表达成

$$U = \frac{1}{2}(\dot{\boldsymbol{q}}^e)^T\boldsymbol{K}^e\boldsymbol{q}^e \tag{10-36}$$

这样，上式中的 $\boldsymbol{K}^e$ 即为平面梁单元刚度矩阵，对应于式（10-35），那么其表达式为

$$\boldsymbol{K}^e = EI\int_0^L (\boldsymbol{N}''(x))^T\boldsymbol{N}''(x)dx + \frac{k(EI)^2}{GA}\int_0^L (\boldsymbol{N}'''(x))^T\boldsymbol{N}'''(x)dx \tag{10-37}$$

将形函数表达式（10-13）进行求导，然后代入到式（10-37）中，得到改进 Euler-Bernoulli 梁单元刚度矩阵 $\boldsymbol{K}^e$，其具体表达式为

$$\boldsymbol{K}^e = \frac{EI}{(1+b)L^3}\begin{pmatrix} 12 & 6L & -12 & 6L \\ & (4+b)L^2 & -6L & (2-b)L^2 \\ & & 12 & -6L \\ & \text{SYM} & & (4+b)L^2 \end{pmatrix} \tag{10-38}$$

2. 改进的 Euler-Bernoulli 梁单元的质量矩阵

将梁段总变形量 $v(x)$ 的表达式（10-12）及形函数表达式（10-13）代入到式（10-30）中的单元动能中，得到改进的 Euler-Bernoulli 梁单元的动能可表示为

$$T = \frac{1}{2}\int_0^L (\dot{\boldsymbol{q}}^e)^T\boldsymbol{N}^T(x)\rho A\boldsymbol{N}(x)\,\dot{\boldsymbol{q}}^e dx \tag{10-39}$$

考虑到单元动能的一般形式可以表示成

$$T = \frac{1}{2}(\dot{\boldsymbol{q}}^e)^T\boldsymbol{M}^e\,\dot{\boldsymbol{q}}^e \tag{10-40}$$

那么，式（10-40）中的 $\boldsymbol{M}^e$ 即为平面梁单元质量矩阵，对应于式（10-39），那么其表达式为

$$\boldsymbol{M}^e = \int_0^L \boldsymbol{N}^T(x)\rho A\boldsymbol{N}(x)dx \tag{10-41}$$

代入具体数值，得到改进的 Euler-Bernoulli 梁单元质量矩阵 $\boldsymbol{M}^e$，其具体表达式为

$$\boldsymbol{M}^e = \frac{\rho AL}{420(1+b)^2}\begin{pmatrix} 140b^2+294b+156 & \frac{35}{2}b^2L+\frac{77}{2}bL+22L & 70b^2+126b+54 & -\frac{35}{2}b^2L-\frac{63}{2}bL-13L \\ & \frac{7}{2}b^2L^2+7bL^2+4L^2 & \frac{35}{2}b^2L+\frac{63}{2}bL+13L & -\frac{7}{2}b^2L^2-7bL^2-3L^2 \\ & & 140b^2+294b+156 & -\frac{35}{2}b^2L-\frac{77}{2}bL-22L \\ & \text{SYM} & & \frac{7}{2}b^2L^2+7bL^2+4L^2 \end{pmatrix} \tag{10-42}$$

10.2.4　Timoshenko 梁单元的刚度矩阵与质量矩阵

下面针对 Timoshenko 梁单元进行单元矩阵的推导，主要包括刚度矩阵和质量矩阵的推导，推导过程如下。

1. Timoshenko 梁单元的刚度矩阵

将梁段总变形量 $v(x)$ 的表达式（10-25）及形函数表达式（10-26）代入到应变能表达式（10-29），那么单元应变能可写成

$$U = \frac{1}{2}EI\int_0^L (\dot{\boldsymbol{q}}^{\mathrm{e}})^{\mathrm{T}}(\boldsymbol{N}''(x))^{\mathrm{T}}\boldsymbol{N}''(x)\boldsymbol{q}^{\mathrm{e}}\mathrm{d}x + \frac{1}{2}\frac{k(EI)^2}{GA}\int_0^L (\dot{\boldsymbol{q}}^{\mathrm{e}})^{\mathrm{T}}(\boldsymbol{N}'''(x))^{\mathrm{T}}\boldsymbol{N}'''(x)\boldsymbol{q}^{\mathrm{e}}\mathrm{d}x \tag{10-43}$$

考虑到单元应变能的一般形式可以表达成

$$U = \frac{1}{2}(\dot{\boldsymbol{q}}^{\mathrm{e}})^{\mathrm{T}}\boldsymbol{K}^{\mathrm{e}}\boldsymbol{q}^{\mathrm{e}} \tag{10-44}$$

这样，上式中的 $\boldsymbol{K}^{\mathrm{e}}$ 即为平面梁单元刚度矩阵，对应于式（10-43），那么其表达式为

$$\boldsymbol{K}^{\mathrm{e}} = EI\int_0^L (\boldsymbol{N}''(x))^{\mathrm{T}}\boldsymbol{N}''(x)\mathrm{d}x + \frac{k(EI)^2}{GA}\int_0^L (\boldsymbol{N}'''(x))^{\mathrm{T}}\boldsymbol{N}'''(x)\mathrm{d}x \tag{10-45}$$

将形函数表达式（10-26）进行求导，然后代入到式（10-45）中，得到 Timoshenko 梁单元刚度矩阵 $\boldsymbol{K}^{\mathrm{e}}$，其具体表达式为

$$\boldsymbol{K}^{\mathrm{e}} = \begin{pmatrix} 12c+144d & 6Lc+72Ld & -12c-144d & 6Lc+72Ld \\ & \dfrac{EI}{L}+3L^3c+72L^2d & -6L^2c-72Ld & -\dfrac{EI}{L}+3L^2c+36L^2d \\ & & 12c+144d^2 & -6Lc-72Ld \\ & \text{SYM} & & \dfrac{EI}{L}+3L^3c+36L^2d \end{pmatrix} \tag{10-46}$$

式中，$c = \dfrac{A^2EG^2I\kappa^2L}{(12EI+AGL^2)}$；$d = \dfrac{AE^2GI^2\kappa^3}{L(12EI+AG\kappa L^2)}$。

2. Timoshenko 梁单元的质量矩阵

将梁段总变形量 $v(x)$ 的表达式（10-25）及形函数表达式（10-26）代入到式（10-30）中的单元动能中，得到 Timoshenko 梁单元的动能可表示为

$$T = \frac{1}{2}\int_0^L (\dot{\boldsymbol{q}}^{\mathrm{e}})^{\mathrm{T}}\boldsymbol{N}^{\mathrm{T}}(x)\rho A\boldsymbol{N}(x)\dot{\boldsymbol{q}}^{\mathrm{e}}\mathrm{d}x \tag{10-47}$$

考虑到单元动能的一般形式可以表示成

$$T = \frac{1}{2}(\dot{\boldsymbol{q}}^{\mathrm{e}})^{\mathrm{T}}\boldsymbol{M}^{\mathrm{e}}\dot{\boldsymbol{q}}^{\mathrm{e}} \tag{10-48}$$

那么，式（10-48）中的 $\boldsymbol{M}^{\mathrm{e}}$ 即为平面梁单元质量矩阵，对应于式（10-47），那么其表达式为

$$\boldsymbol{M}^{\mathrm{e}} = \int_0^L \boldsymbol{N}^{\mathrm{T}}(x)\rho A\boldsymbol{N}(x)\mathrm{d}x \tag{10-49}$$

代入具体数值，得到 Timoshenko 梁单元质量矩阵 $\boldsymbol{M}^{\mathrm{e}}$，其具体表达式为

$$
\boldsymbol{M}^{e}=\begin{pmatrix} \frac{13e}{35}-f & \frac{11L}{210}e-h & f+\frac{9}{70}e & -\frac{13L}{420}e-h \\ & \frac{AL^2}{120}e+g & \frac{13L}{420}e+h & -\frac{L^2}{120}e+g \\ & & \frac{13}{35}e-f & -\frac{11L}{210}e+h \\ & \text{SYM} & & \frac{L^2}{120}e+g \end{pmatrix} \tag{10-50}
$$

式中，

$$
e=AL\rho;\ f=\frac{18G\kappa\rho A^2EIL^3+192\rho AE^2I^2L}{35(12EI+AG\kappa L^2)^2};
$$

$$
g=\frac{A^3G^3\kappa^2L^7\rho}{840(12EI+AG\kappa L^2)^2};\ h=\frac{(11G\kappa\rho A^2EIL^4)/70+(54\rho AE^2I^2L^2)/35}{(12EI+AG\kappa L^2)^2}。
$$

10.3　旋转引起的离心刚化矩阵

首先从梁单元的角度建立旋转叶片模型，如图 10-3 所示。$O\text{-}XYZ$ 为系统的整体坐标系，原点 O 为叶盘的中心，叶盘系统绕 Z 轴以 Ω 的转速旋转。$o\text{-}xyz$ 为局部坐标系，原点 o 设在叶片根部，且与整体坐标系 $O\text{-}XYZ$ 平行，整体坐标系原点 O 与局部坐标系原点 o 之间距离为 R，即为盘的半径。X 与 x 与梁的中轴线重合，y 与 z 与横截面的中轴线重合。

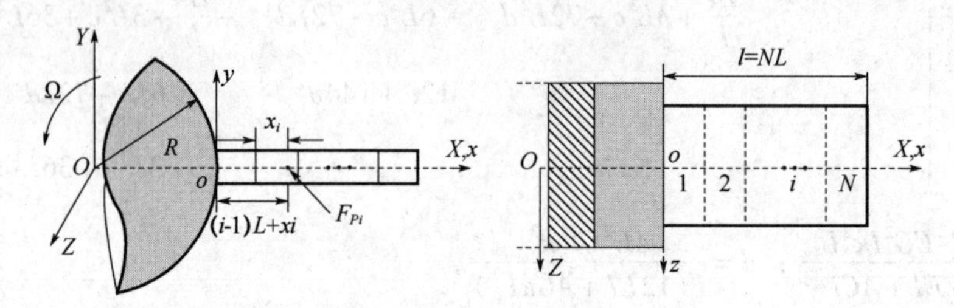

图 10-3　旋转悬臂梁叶片有限元模型

梁的几何参数和物理参数主要有：梁的横截面积：$A=bh$，式中 b 为叶片的宽度，h 为叶片的高度。抗弯刚度：EI，E 为弹性模量，I 为绕 Z 轴的惯性矩，$I=bh^3/12$。ρ 为梁的密度。l 为叶片的长度，L 为一个单元的长度，N 为单元个数，x_i 为第 i 个单元中任意一点到单元前端的距离。

由于叶盘系统以角速度 Ω 绕 Z 轴旋转，在此过程当中，叶片会产生一定的离心力。同时，由于叶片受力在横向上产生微小的挠度和转角，那么此时离心力也会相对于原来的方向有一定的偏角。离心力的横向分量会对叶片做功，以能量的形式储存在叶片内，这就是叶片的离心应变能。

如图 10-3，将叶片划分为 N 个单元。P_i 为第 i 个单元内任意一点，x_i 为第 i 个单元内 P_i 点到本单元第一节点的距离。则单元内微元体的离心力可表示为

$$\mathrm{d}F_{P_i}(x_i)=\rho A\Omega^2[R+(i-1)l+x_i]\mathrm{d}x_i \tag{10-51}$$

式中，ρ 为材料密度；A 为叶片横截面积；Ω 为叶片转速；R 为轮盘半径；L 为单元长度。

取其中的任一单元，假定该单元中任意一点到该单元前端的距离为 x，通过对上式从 P 到梁的自由端积分，可得到离心力的表达式为

$$\begin{aligned}F_P(x)&=\int_{(i-1)l+x}^{nl}\rho A\Omega^2[R+(i-1)l+x]\mathrm{d}x\\&=\rho A\Omega^2 x\left(R+il-l+\frac{1}{2}x\right)_{(i-1)l+x}^{nl}\\&=\rho A\Omega^2(\alpha_2x^2+\alpha_1x+\alpha_0)\end{aligned} \tag{10-52}$$

式中，

$$\begin{aligned}&\alpha_0=-\frac{3L^2}{2}+3L^2i-\frac{3L^2i^2}{2}-NL^2+NiL^2+\frac{N^2L^2}{2}+LR-iLR+NLR;\\&\alpha_1=2L-2iL-R;\alpha_2=-\frac{1}{2}。\end{aligned} \tag{10-53}$$

经分析了解到，离心应变能主要是由离心力的横向分量产生的。关键是要求出离心力的横向分量。如图10-4所示。

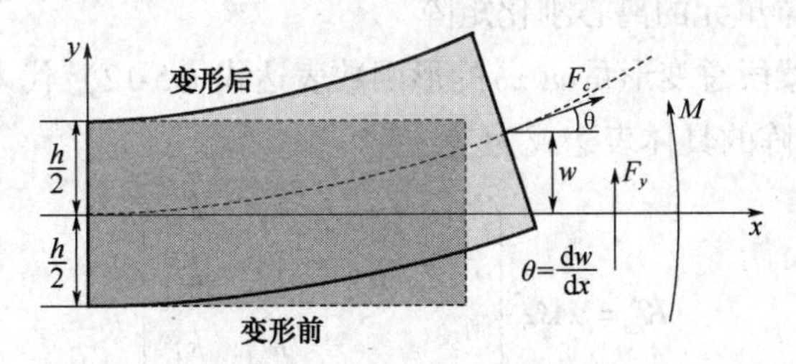

图10-4　离心力分解图

假设点 a 处的离心力为 F_c，那么可知该离心力的横向分量为

$$F_y=F_c\sin\theta \tag{10-54}$$

因为梁产生的挠度为微小变形，所以

$$\sin\theta\approx\tan\theta\approx\theta=\frac{\mathrm{d}v}{\mathrm{d}x} \tag{10-55}$$

将公式（10-55）代入（10-54）中得到

$$F_y=F_c\frac{\mathrm{d}v}{\mathrm{d}x} \tag{10-56}$$

应用到梁单元中，某一单元离心力的横向分量为

$$F_P(x)_{横}=F_P(x)\frac{\mathrm{d}v}{\mathrm{d}x} \tag{10-57}$$

任意单元的横向位移为$\frac{\mathrm{d}v}{\mathrm{d}x}\mathrm{d}x$，离心应变能等于离心力所做的功

$$U_c=\frac{1}{2}\int_0^L F_P(x)\left(\frac{\mathrm{d}v}{\mathrm{d}x}\right)^2\mathrm{d}x \tag{10-58}$$

三种梁单元梁段总变形量 $v(x)$ 可以用形函数表示

$$v(x) = \boldsymbol{N}(x)\boldsymbol{q}^{\mathrm{e}} \tag{10-59}$$

将式（10-59）代入到式（10-58）中，可将任意单元的离心应变能写为

$$\begin{aligned} U_c &= \frac{1}{2}\int_0^L F_P(x)(\dot{\boldsymbol{q}}^{\mathrm{e}})^{\mathrm{T}}(\boldsymbol{N}'(x))^{\mathrm{T}}\boldsymbol{N}'(x)\boldsymbol{q}^{\mathrm{e}}\mathrm{d}x = \\ &\frac{1}{2}(\dot{\boldsymbol{q}}^{\mathrm{e}})^{\mathrm{T}}\left(\int_0^L F_P(x)(\boldsymbol{N}'(x))^{\mathrm{T}}\boldsymbol{N}'(x)\mathrm{d}x\right)\boldsymbol{q}^{\mathrm{e}} \end{aligned} \tag{10-60}$$

考虑到单元应变能的一般形式可以表达成

$$U_c = \frac{1}{2}(\dot{\boldsymbol{q}}^{\mathrm{e}})^{\mathrm{T}}\boldsymbol{K}_c^{\mathrm{e}}\boldsymbol{q}^{\mathrm{e}} \tag{10-61}$$

这样，式中的 $\boldsymbol{K}_c^{\mathrm{e}}$ 即为平面梁单元的单元离心刚化矩阵，其表达式为

$$\boldsymbol{K}_c^{\mathrm{e}} = \int_0^L F_P(x)(\boldsymbol{N}'(x))^{\mathrm{T}}\boldsymbol{N}'(x)\mathrm{d}x \tag{10-62}$$

将三种梁单元形函数 $\boldsymbol{N}(x)$ 的具体数值代入式（10-62），即可求解出单元离心刚化矩阵，接下来给出不同梁单元离心刚化矩阵。

1. Euler-Bernoulli 梁单元的离心刚化矩阵

将 Euler-Bernoulli 梁段总变形量 $v(x)$ 的形函数表达式（5-12）代入式（10-62），得到平面梁单元的单元刚度矩阵的具体表达式为

$$\boldsymbol{K}_c^{\mathrm{e}} = \rho A\Omega^2\begin{pmatrix} k_{11} & k_{12} & k_{13} & k_{14} \\ & k_{22} & k_{23} & k_{24} \\ & & k_{33} & k_{34} \\ & \mathrm{SYM} & & k_{44} \end{pmatrix} \tag{10-63}$$

式中，

$k_{11} = \dfrac{6\alpha_0}{5L} + \dfrac{3\alpha_1}{5} + \dfrac{12L\alpha_2}{35}$；$k_{12} = \dfrac{\alpha_0}{10} + \dfrac{L\alpha_1}{10} + \dfrac{L^2\alpha_2}{14}$；$k_{13} = -\dfrac{6\alpha_0}{5l} - \dfrac{3\alpha_1}{5} - \dfrac{12L\alpha_2}{35}$；$k_{14} = \dfrac{\alpha_0}{10} - \dfrac{L^2\alpha_2}{35}$

$k_{22} = \dfrac{L\ (28\alpha_0 + 7L\alpha_1 + 4L^2\alpha_2)}{210}$；$k_{23} = -k_{12}$；$k_{24} = -\dfrac{L(14\alpha_0 + 7L\alpha_1 + 6L^2\alpha_2)}{420}$；

$k_{33} = \dfrac{6\alpha_0}{5l} + \dfrac{12L\alpha_2}{35} + \dfrac{3\alpha_1}{5}$；$k_{34} = -k_{14}$；$k_{44} = \dfrac{L(28\alpha_0 + 21L\alpha_1 + 18L^2\alpha_2)}{210}$。

2. 改进的 Euler-Bernoulli 梁单元的离心刚化矩阵

将改进的 Euler-Bernoulli 梁段总变形量 $v(x)$ 的形函数表达式（10-13）代入式（10-62），得到平面梁单元的单元刚度矩阵的具体表达式为

$$\boldsymbol{K}_c^{\mathrm{e}} = \rho A\Omega^2\begin{pmatrix} k_{11} & k_{12} & k_{13} & k_{14} \\ & k_{22} & k_{23} & k_{24} \\ & & k_{33} & k_{34} \\ & \mathrm{SYM} & & k_{44} \end{pmatrix} \tag{10-64}$$

式中，

$k_{11}=\int_0^L(\alpha_2x^2+\alpha_1x+\alpha_0)N'_1\cdot N'_1\mathrm{d}x$；$k_{12}=\int_0^L(\alpha_2x^2+\alpha_1x+\alpha_0)N'_1\cdot N'_2\mathrm{d}x$；

$k_{13}=-k_{11}=\int_0^L(\alpha_2x^2+\alpha_1x+\alpha_0)N'_1\cdot N'_3\mathrm{d}x$；$k_{14}=\int_0^L(\alpha_2x^2+\alpha_1x+\alpha_0)N'_1\cdot N'_4\mathrm{d}x$；

$k_{22}=\int_0^L(\alpha_2x^2+\alpha_1x+\alpha_0)N'_2\cdot N'_2\mathrm{d}x$；$k_{23}=-k_{12}=\int_0^L(\alpha_2x^2+\alpha_1x+\alpha_0)N'_2\cdot N'_3\mathrm{d}x$；

$k_{24}=\int_0^L(\alpha_2x^2+\alpha_1x+\alpha_0)N'_2\cdot N'_4\mathrm{d}x$；$k_{33}=k_{11}=\int_0^L(\alpha_2x^2+\alpha_1x+\alpha_0)N'_3\cdot N'_3\mathrm{d}x$；

$k_{34}=-k_{14}=\int_0^L(\alpha_2x^2+\alpha_1x+\alpha_0)N'_3\cdot N'_4\mathrm{d}x$；$k_{44}=\int_0^L(\alpha_2x^2+\alpha_1x+\alpha_0)N'_4\cdot N'_4\mathrm{d}x$。

3. Timoshenko梁单元的离心刚化矩阵

将Timoshenk梁段总变形量$v(x)$的形函数表达式（10-26）代入式（10-62），得到平面梁单元的单元刚度矩阵的具体表达式为

$$\boldsymbol{K}_c^{\mathrm{e}}=\rho A\Omega^2\begin{pmatrix}k_{11} & k_{12} & k_{13} & k_{14}\\ & k_{22} & k_{23} & k_{24}\\ & & k_{33} & k_{34}\\ & \mathrm{SYM} & & k_{44}\end{pmatrix}\tag{10-65}$$

式中，

$k_{11}=\int_0^L(\alpha_2x^2+\alpha_1x+\alpha_0)N'_1N'_1\mathrm{d}x$；$k_{12}=\int_0^L(\alpha_2x^2+\alpha_1x+\alpha_0)N'_1N'_2\mathrm{d}x$；

$k_{13}=-k_{11}=\int_0^L(\alpha_2x^2+\alpha_1x+\alpha_0)N'_1N'_3\mathrm{d}x$；$k_{14}=\int_0^L(\alpha_2x^2+\alpha_1x+\alpha_0)N'_1N'_4\mathrm{d}x$；

$k_{22}=\int_0^L(\alpha_2x^2+\alpha_1x+\alpha_0)N'_2N'_2\mathrm{d}x$；$k_{23}=-k_{12}=\int_0^L(\alpha_2x^2+\alpha_1x+\alpha_0)N'_2N'_3\mathrm{d}x$；

$k_{24}=\int_0^L(\alpha_2x^2+\alpha_1x+\alpha_0)N'_2N'_4\mathrm{d}x$；$k_{33}=k_{11}=\int_0^L(\alpha_2x^2+\alpha_1x+\alpha_0)N'_3N'_3\mathrm{d}x$；

$k_{34}=-k_{14}=\int_0^L(\alpha_2x^2+\alpha_1x+\alpha_0)N'_3N'_4\mathrm{d}x$；$k_{44}=\int_0^L(\alpha_2x^2+\alpha_1x+\alpha_0)N'_4N'_4\mathrm{d}x$。

10.4　旋转梁的固有特性计算举例

在第九章中介绍了机械结构固有特性的有限元分析过程，本节将基于第九章的内容对旋转梁的固有特性进行计算举例。

当叶片绕轮盘轴线以Ω的转速旋转时，叶片将产生离心力，由此得到无阻尼的自由振动时的微分方程为

$$\boldsymbol{M}\ddot{\boldsymbol{q}}+(\boldsymbol{K}+\boldsymbol{K}_c)\boldsymbol{q}=0\tag{10-66}$$

式中，$\boldsymbol{K}$为整体刚度矩阵；$\boldsymbol{K}_c$为整体离心刚度矩阵。

以一个随转速变化的旋转梁为例对固特性进行计算。

例 10.1 一旋转悬臂梁模型，结构如图 10-3 所示，将其划分为 30 个梁单元有限元模型，其转速 Ω 分别取 0 rad/s、200 rad/s、400 rad/s 及 600 rad/s，试分析旋转梁的固有特性。轮盘半径 $R=0.35$ m，叶片长度 $l=0.15$ m，截面边长分别为 $b=0.06$ m 和 $h=0.007$ m。材料参数：弹性模量 $E=200$ GPa，密度 $\rho=7850$ kg/m^3，泊松比 $\nu=0.3$，考虑剪切的校正因子 $\kappa=6/5$。

解：以 Timoshenko 梁单元为例，将模型划分成 30 个平面梁单元，按照前面的推导过程求出每个单元的刚度矩阵 $\boldsymbol{K}^e$、离心刚化矩阵 $\boldsymbol{K}_c^e$ 及质量矩阵 $\boldsymbol{M}^e$，根据第三章所述组集方法，将单元组集成整体坐标系下的总体刚度矩阵 $\boldsymbol{K}$、总体离心刚化矩阵 $\boldsymbol{K}_c$ 和总体质量矩阵 $\boldsymbol{M}$，引入固支边界条件，由此得到旋转悬臂梁无阻尼自由振动时的微分方程为

$$\boldsymbol{M}\ddot{\boldsymbol{q}}+(\boldsymbol{K}+\boldsymbol{K}_c)\boldsymbol{q}=0 \tag{10-67}$$

对以上微分方程进行求解。具体的计算过程可参见以下 MATLAB 程序。

```
clear;clc;
for Omega_ro=[0 200 400 600];          %转速为0、200、400、600rad/s
CoL=[rand(),rand(),rand()];            %随机颜色向量
n=30; R=0.35; L=0.15; l=L/n;           %单元个数;轮盘半径;叶片长度;单元长度;
b=0.06;  h=0.007; rho=7850;            %叶片宽度;叶片厚度;材料密度;
v=0.3; E=2e11; k=6/5;                  %泊松比;弹性模量;考虑剪切的校正因子
I=b*h^3/12;                            %截面惯性矩
A=b*h;                                 %截面面积
G=E/(2*(1+v));                         %剪切模量
%%%程序段A%%%
syms x;                                %计算形函数所用参数
    R1=[1 x x*x/2-E*I/(2*k*G*A) x*x*x/6-E*I*x/(2*k*G*A)];
    H=[1 0 -E*I/(2*k*G*A) 0;0 1 0 E*I/(2*k*G*A);
       1 l l*l/2-E*I/(2*k*G*A) l*l*l/6-E*I*l/(2*k*G*A);0 1 l l*l/2+E
*I/(2*k*G*A)];
    N=R1*inv(H);                       %形函数
    k_e=E*I*int((diff(N,x,2)).'*diff(N,x,2),x,0,l)+k*E*I*E*I/(G*A)*int
((diff(N,x,3)).'*diff(N,x,3),x,0,l);
    m_e=int((N).'*rho*A*N,x,0,l);k_e=double(k_e);m_e=double(m_e);
    K_E=zeros(2*(1+n),2*(1+n));M_E=zeros(2*(1+n),2*(1+n));K_C=zeros(2*
(1+n),2*(1+n));
    for i=1:n
%%%%%单元离心刚化矩阵计算%%%%%%%%%%%%%
       a_0=-3*l^2/2+3*l^2*i-3*l^2*i^2/2-n*l^2+n*i*l^2+n^2*l^2/2+l
*R-i*l*R+n*l*R;
       a_1=2*l-2*i*l-R;a_2=-1/2;
k_c=rho*A*Omega_ro*Omega_ro*int((a_2*x^2+a_1*x+a_0)*(diff(N,x,1).'*diff
(N,x,1)),x,0,l);
```

```
k_c = double(k_c);
        T = eye(4,4);                               %坐标转换矩阵
        %%%坐标转换%%%
Ke = T * k_e * T';
        Me = T * m_e * T';
        Kc = T * k_c * T';
        %%%%%%%%%%%%%
        W = zeros(4,2 * (n +1));
        W(1:4,2 * i -1:2 * i +2) = eye(4,4); %转换矩阵
    %%%组集转换%%
        KE = W' * Ke * W;
        ME = W' * Me * W;
        KC = W' * Kc * W;
    %%%%组集%%%%%
        K_E = KE + K_E;
        M_E = ME + M_E;
        K_C = KC + K_C;
    end
    K = K_C + K_E; %整体刚度矩阵与整体离心刚度矩阵叠加
    M = M_E;
%%%程序段 A%%%
%%%%%%施加边界约束条件%%%%%%
K = K(3:2 * (n +1),3:2 * (n +1));  M = M(3:2 * (n +1),3:2 * (n +1));
%%%%求解%%%%
[V,D] = eig(M\K); omega = eig(D); omega = sqrt(omega);  pl = omega/(2 * pi);
f = sort(pl);                                   %固有频率
V1 = V(:,2 * n); V2 = V(:,2 * n -1); V3 = V(:,2 * n -2);
V1 = V1(1:2:2 * n -1,:); V2 = V2(1:2:2 * n -1,:); V3 = V3(1:2:2 * n -1,:);
                                                %特征向量
V_1(1) = 0;V_1(2:31) = V1(1:30);V_1(2) = 0;V_2(2:31) = V2(1:30);V_3(1) = 0;V_3(2:31) =
V3(1:30);
x = 0:n;
figure(1)
    plot(x * l * 1e3,V_1/max(abs(V_1)),'- * ','Color',CoL);
                                                %一阶振型
    hold on
    if Omega_ro = =200
        plot(x * l * 1e3, -V_2/max(abs(V_2)),'-v','Color',CoL);
                                                %二阶振型
    else
```

```
        plot(x*l*1e3,V_2/max(abs(V_2)),'-v','Color',CoL);
    end
    hold on
    if Omega_ro==400||Omega_ro==600
        plot(x*l*1e3,-V_3/max(abs(V_3)),'-o','Color',CoL);
    else
        plot(x*l*1e3,V_3/max(abs(V_3)),'-o','Color',CoL);
    end
    hold on                                      %三阶振型
legend('一阶振型','二阶振型','三阶振型')
xlabel('\fontname{宋体}位置\fontname{Times New Roman} \rm/mm','fontsize',14);
                                                 %标坐标值
ylabel('\fontname{宋体}相对变形','fontsize',14);
end
format long
```

利用该程序求得旋转梁在不同转速下的频率如表10-1所示，振型如图10-5所示。从表中可以看出各阶固有频率随着转速的升高不断增大，而各阶振型并没有发生大的改变。

表10-1　不同转速下旋转梁固有频率　（单位：Hz）

转速/rad·s^{-1}	阶次		
	一阶	二阶	三阶
0	253.52	1582.96	4406.55
200	264.55	1592.78	4416.46
400	295.11	1621.87	4446.04
600	339.80	1669.22	4494.84

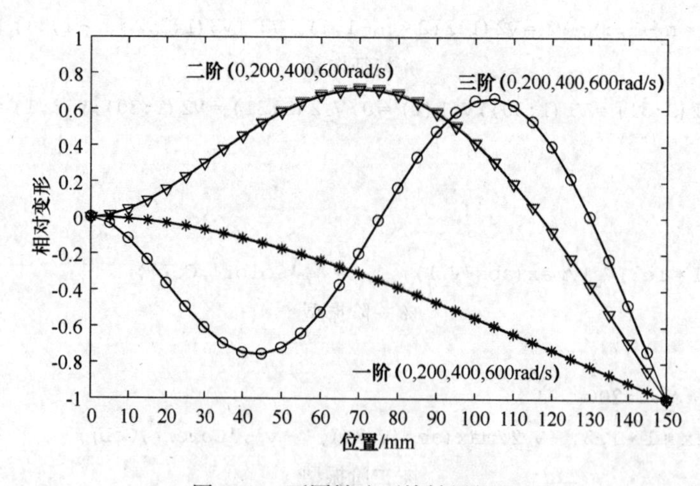

图10-5　不同转速下旋转梁振型

10.5　叶肩对其质量矩阵和离心刚化矩阵的影响

假设在某旋转梁上有一叶肩结构，L 为单元长度，位于与梁根距离为 L_0 的单元第 1 个节点上，叶肩的质量为 m_0，转动惯量为 J_0，那么所得到的整体质量矩阵为对应 $L_0/L+1$ 双行 $L_0/L+1$ 双列对角线元素 $m_{(2L_0/L+1)(2L_0/L+1)}$ 改为 $m_{(2L_0/L+1)(2L_0/L+1)}+m_0$，对角线元素 $m_{(2L_0/L+2)(2L_0/L+2)}$ 改为 $m_{(2L_0/L+2)(2L_0/L+2)}+J_0$。

如图 10-6 的梁有限元模型，这里为了便于说明，将其划分为四个平面梁单元五节点的离散模型，在与叶根距离为 1 个单元的第 1 个节点（即梁中第 2 个节点）位置加上质量为 m_0 的质量块。

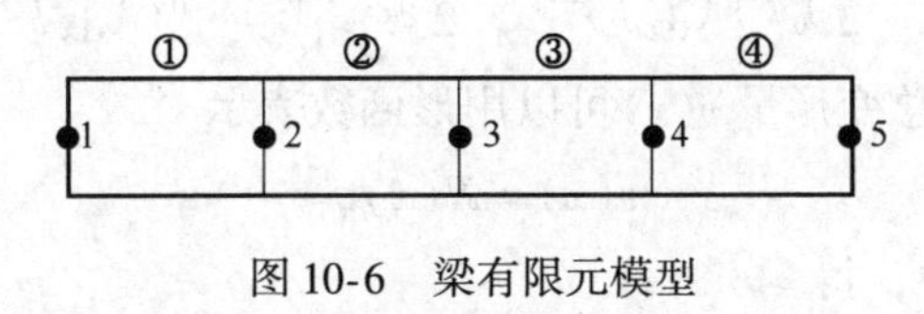

图 10-6　梁有限元模型

该有限元模型经过组集后形成的整体质量矩阵 $\boldsymbol{M}$ 是一个 10×10 的方阵，加入质量块前的整体质量矩阵为

$$\boldsymbol{M}=\begin{pmatrix} m_{1,1} & m_{1,2} & m_{1,3} & m_{1,4} & \cdots & m_{1,9} & m_{1,10} \\ m_{2,1} & m_{2,2} & m_{2,3} & m_{2,4} & \cdots & m_{2,9} & m_{2,10} \\ m_{3,1} & m_{3,2} & m_{3,3} & m_{3,4} & \cdots & m_{3,9} & m_{3,10} \\ m_{4,1} & m_{4,2} & m_{4,3} & m_{4,4} & \cdots & m_{4,9} & m_{4,10} \\ \vdots & \vdots & \vdots & \vdots & & \vdots & \vdots \\ m_{9,1} & m_{9,2} & m_{9,3} & m_{9,4} & \cdots & m_{9,9} & m_{9,10} \\ m_{10,1} & m_{10,2} & m_{10,3} & m_{10,4} & \cdots & m_{10,9} & m_{10,10} \end{pmatrix} \tag{10-68}$$

加入质量块后的整体质量矩阵为

$$\boldsymbol{M}=\begin{pmatrix} m_{1,1} & m_{1,2} & m_{1,3} & m_{1,4} & \cdots & m_{1,9} & m_{1,10} \\ m_{2,1} & m_{2,2} & m_{2,3} & m_{2,4} & \cdots & m_{2,9} & m_{2,10} \\ m_{3,1} & m_{3,2} & m_{3,3} & m_{3,4} & \cdots & m_{3,9} & m_{3,10} \\ m_{4,1} & m_{4,2} & m_{4,3} & m_{4,4}+J_0 & \cdots & m_{4,9} & m_{4,10} \\ \vdots & \vdots & \vdots & \vdots & & \vdots & \vdots \\ m_{9,1} & m_{9,2} & m_{9,3} & m_{9,4} & \cdots & m_{9,9} & m_{9,10} \\ m_{10,1} & m_{10,2} & m_{10,3} & m_{10,4} & \cdots & m_{10,9} & m_{10,10} \end{pmatrix} \tag{10-69}$$

由于质量块的加入，由旋转引起的离心力将发生变化，继而对梁离心刚化矩阵产生影响，下面对此进行分析。

旋转悬臂梁模型如图 10-3 所示，转速为 Ω，将悬臂梁划分为 n 个单元，单元长度为 L。假设在旋转梁上有一质量块，位于与梁根距离为 L_0 的单元第 1 个节点上，质量块的质量为

m_0。分析可知，质量块仅对距离梁根小于 L_0 的梁单元离心力有影响，对大于 L_0 的梁单元离心力没有影响。

那么由质量块引起的离心力为

$$F_0 = m_0 \Omega^2 L_0 \tag{10-70}$$

对于节点 $L_0/L+1$ 之前单元任一点的离心力，此时由式（10-52）

$$F_P(x) = \rho A \Omega^2 (\alpha_2 x^2 + \alpha_1 x + \alpha_0) \tag{10-71}$$

变为

$$F_P = F_P(x) + F_0 \tag{10-72}$$

此时叶片前 L_0/L 个单元的离心应变能变为

$$U_c = \frac{1}{2}\int_0^L F_P \left(\frac{dv}{dx}\right)^2 dx = \frac{1}{2}\int_0^L (F_P + F_0)\left(\frac{dv}{dx}\right)^2 dx \tag{10-73}$$

由于三种梁单元梁段总变形量 $v(x)$ 可以用形函数表示

$$v(x) = \boldsymbol{N}(x)\boldsymbol{q}^e \tag{10-74}$$

代入到式（10-73）中，得

$$\begin{aligned} U_c &= \frac{1}{2}\int_0^L F_P(x)\left(\frac{dv}{dx}\right)^2 dx + \frac{1}{2}\int_0^L F_0\left(\frac{dv}{dx}\right)^2 dx \\ &= \frac{1}{2}\int_0^L F_P(x)(\boldsymbol{q}^e)^T(\boldsymbol{N}')^T\boldsymbol{N}'\boldsymbol{q}^e dx + \frac{1}{2}\int_0^L F_0(\boldsymbol{q}^e)^T(\boldsymbol{N}')^T\boldsymbol{N}'\boldsymbol{q}^e dx \\ &= \frac{1}{2}(\boldsymbol{q}^e)^T\left(\int_0^L F_P(x)(\boldsymbol{N}')^T\boldsymbol{N}' dx\right)\boldsymbol{q}^e + \frac{1}{2}(\boldsymbol{q}^e)^T\left(\int_0^L F_0(\boldsymbol{N}')^T\boldsymbol{N}' dx\right)\boldsymbol{q}^e \end{aligned} \tag{10-75}$$

那么离心应变能可以表示为

$$U_c = \frac{1}{2}(\boldsymbol{q}^e)^T\boldsymbol{K}_{c0}^e\boldsymbol{q}^e + \frac{1}{2}(\boldsymbol{q}^e)^T\boldsymbol{K}_{c1}^e\boldsymbol{q}^e \tag{10-76}$$

$$\boldsymbol{K}_{c0}^e = \int_0^L F_P(x)(\boldsymbol{N}')^T\boldsymbol{N}' dx \quad \boldsymbol{K}_{c1}^e = \int_0^L F_0(\boldsymbol{N}')^T\boldsymbol{N}' dx \tag{10-77}$$

式中，$\boldsymbol{K}_{c0}^e$ 为未加叶片凸肩前的离心刚度矩阵；$\boldsymbol{K}_{c1}^e$ 为叶片凸肩附加的离心刚度矩阵；两个刚度矩阵之和即为前 L_0/L 个单元的单元离心刚度矩阵。

以 Timoshenko 梁单元为例，其中，$\boldsymbol{K}_{c0}^e$ 与式（10-65）相等，$\boldsymbol{K}_{c1}^e$ 矩阵如下

$$\boldsymbol{K}_{c1}^e = m_0\Omega^2 L_0 \begin{pmatrix} \frac{1}{L}+\frac{p}{5L^2j^2} & \frac{p}{10Lj^2} & -\frac{1}{L}-\frac{p}{5L^2j^2} & \frac{p}{10Lj^2} \\ & \frac{1}{12}+\frac{p}{20j^2} & -\frac{p}{10Lj^2} & -\frac{1}{12}+\frac{p}{20j^2} \\ & & \frac{1}{L}+\frac{p}{5L^2j^2} & -\frac{p}{10Lj^2} \\ & \text{SYM} & & \frac{1}{12}+\frac{p}{20j^2} \end{pmatrix} \tag{10-78}$$

式中，$j = 12EI + AG\kappa L^2$；$p = A^2G^2\kappa^2L^5$。

总的离心刚化矩阵为

$$K_c^e = K_{c0}^e + K_{c1}^e \tag{10-79}$$

若质量块提供另外轴向载荷 F_1（x 向），那么式（10-70）将会变成下式

$$F_0 = m_0 \Omega^2 L_0 + F_1 \tag{10-80}$$

式（10-78）变成

$$K_{c1}^e = (m_0 \Omega^2 L_0 + F_1)\begin{pmatrix} \frac{1}{L}+\frac{p}{5L^2j^2} & \frac{p}{10Lj^2} & -\frac{1}{L}-\frac{p}{5L^2j^2} & \frac{p}{10Lj^2} \\ & \frac{1}{12}+\frac{p}{20j^2} & -\frac{p}{10Lj^2} & -\frac{1}{12}+\frac{p}{20j^2} \\ & & \frac{1}{l}+\frac{p}{5L^2j^2} & -\frac{p}{10Lj^2} \\ & \text{SYM} & & \frac{1}{12}+\frac{p}{20j^2} \end{pmatrix} \tag{10-81}$$

10.6　弹支旋转梁强迫振动分析

在 10.4.2 节中，我们分析了旋转梁的固有特性。在接下来的小节中，利用前面提出的 Newmark 积分法，以 Timoshenko 梁单元为例，分析旋转梁的动力学特性。

例 10.2　一旋转悬臂梁模型，结构如图 10-3 所示，将其划分为 30 个梁单元有限元模型，梁根处弹支，其转速 $\Omega=200$ rad/s，在悬臂梁中部垂直梁表面施加一简谐激励 $F_Q(t)=P_a\cos(\omega t+\varphi_0)$。其中激励幅值为 $P_a=500$ N，取激励角频率为 $\omega=1\ 600$ rad/，φ_0 为激励的初始相位。试进行弹支边界旋转梁顶部的强迫振动响应分析，在弹性边界中旋转梁根部位移刚度为 10^8 N/m，转动刚度为10^8 N · m/rad。轮盘半径 $R=0.35$ m，叶片长度为 $l=0.15$ m，截面边长分别为$b=0.06$ m 和 $h=0.007$ m。材料参数：弹性模量 $E=200$ GPa，密度$\rho=7\ 850$ kg/m^3，泊松比 $\nu=0.3$，考虑剪切的校正因子 $\kappa=6/5$。

解：将模型划分成 30 个平面梁单元，求出每个单元的刚度矩阵 $\boldsymbol{K}^e$、质量矩阵 $\boldsymbol{M}^e$ 及离心刚化矩阵 $\boldsymbol{K}_c^e$，然后将单元组集为整体坐标系下的总体刚度矩阵 $\boldsymbol{K}$、质量矩阵 $\boldsymbol{M}$ 及离心刚度矩阵 $\boldsymbol{K}_c$，将总体刚度矩阵与总体离心刚化矩阵叠加，计算出瑞利阻尼 $\boldsymbol{C}$，随后算出整体载荷列阵 $\boldsymbol{R}$ 后引入边界条件，得到该旋转悬臂梁受迫振动微分方程的表达式如下

$$\boldsymbol{M}\ddot{\boldsymbol{q}}+\boldsymbol{C}\dot{\boldsymbol{q}}+(\boldsymbol{K}+\boldsymbol{K}_c)\boldsymbol{q}=\boldsymbol{R} \tag{10-82}$$

利用 Newmark 积分法进行求解。具体的计算过程可参见以下 MATLAB 程序。

```
close all
clc;clear all; tic
%%系统参数
L=0.15; R=0.35; b=0.06; h=0.007;%叶片几何参数:L长度;R轮盘半径;b宽度;h厚度;
rho=7850; E=2e11; v=0.3; k=6/5; %材料参数:rho密度;E弹性模量;v泊松比;k剪切校正因子
n=30;sdof=2*(1+n);                 %有限元参数:单元个数;自由度个数
```

```
l=L/n;I=b*h^3/12;A=b*h;G=E/(2*(1+v));
                                     %单元长度;截面惯性矩;截面面积;剪切模量
Amp_ex=500; Omega_ro=200;            %动力学参数:Amp_ex外激励幅值;Omega_ro旋转速度;
omega_ex=1600;                       %omega_ex外激励角频率(rad/s)
%%计算结构质量、刚度、阻尼矩阵
%%中间省略段与例1程序段A一致
%%%%整体阻尼矩阵求解%%%%
y1=0.04;
y2=0.04;                             %对应前两阶固有频率的阻尼系数
oumiga1=253.517577650*2*pi;          %固支且没有转速影响下的第一阶固有角速度
oumiga2=1582.955429671*2*pi;         %固支且没有转速影响下的第二阶固有角速度
alafa=2*(y2/oumiga2-y1/oumiga1)/(1/(oumiga2*oumiga2)-1/(oumiga1*oumiga1));
                                     %与质量矩阵成比例的系数
beita=2*(y2*oumiga2-y1*oumiga1)/(oumiga2^2-oumiga1^2);
                                     %与刚度矩阵成比例的系数
C=alafa*M+beita*K;                   %阻尼矩阵
K(1,1)=K(1,1)+10^8;K(2,2)=K(2,2)+10^8;
                                     %施加弹支边界条件
%%%%%newmark%%%%%
n3=512;                              %n3为单周期内计算次数
dt=2*pi/omega_ex/n3;                 %时间间隔
nt=360*n3;                           %nt总计算数360为计算周期
f0=zeros(sdof,1);                    %外激励向量
x1=rand(sdof,1)/1e30;v1=rand(sdof,1)/1e30;
aa=inv(M)*[f0-C*v1-K*x1];            %%计算初始加速度
alfa=0.25;beta=0.5;a0=1/alfa/dt/dt;a1=beta/alfa/dt;a2=1/alfa/dt;a3=1/2/alfa-1;
                                     %newmark参数
a4=beta/alfa-1;a5=dt/2*(beta/alfa-2);a6=dt*(1-beta);a7=dt*beta;
fidX=fopen('Xout.txt','wt');         %打开一txt文本来存储位移响应结果
ke=K+a0*M+a1*C;                      %等效刚度
for i=1:nt
    t=i*dt;
    fi=Amp_ex*cos(omega_ex*t);
    f0(31)=fi;                       %外激励作用在叶片中部
    %%%算法%%%
fe=f0+M*(a0*x1+a2*v1+a3*aa)+C*(a1*x1+a4*v1+a5*aa);
    x2=ke\fe;
    aa2=a0*(x2-x1)-a2*v1-a3*aa;
    v2=v1+a6*aa+a7*aa2;
    x1=x2;v1=v2;aa=aa2;
```

```
                                        %%%%%%%%%%%
    if i>100*n3                         %储存100周期后的数据
fprintf(fidX,'%.10e',t,x1(sdof-1));     %保持叶尖的数据
fprintf(fidX,'\n');
    end
end
fclose(fidX);                           %关闭txt文本
%%计算结果出图
Xout=load('Xout.txt');                  %加载计算结果
%%%叶尖时域响应图%%%
figure(1)
plot(Xout(:,1),Xout(:,2)*1e3);
xlabel('\fontname{宋体}时间\it\fontname{Times New Roman} t\rm/s','fontsize',14);
ylabel('\fontname{宋体}位移\it\fontname{Times New Roman} x\rm/mm','fontsize',14);
%%%频谱图%%%
figure(2)
Fs=1/dt;                                %采样频率
T1=100*n3*dt/Fs;                        %采样时间为100周期
N_2=1*Fs;                               %采样点数
t=(0:N_2-1)*T1;
X=Xout(:,2)-mean(Xout(:,2));            %离散程度
NFFT=2^nextpow2(N_2);
Y=fft(X,NFFT)/NFFT;
f=Fs/2*linspace(0,1,NFFT/2+1);
plot(f,2*(abs(Y(1:NFFT/2+1)))*1e3);  %频谱图
xlabel('\fontname{宋体}频率\it\fontname{Times New Roman} f\rm/Hz','fontsize',14);
ylabel('\fontname{宋体}幅值\it\fontname{Times New Roman} A\rm/mm','fontsize',14);
cpu_time=toc                            %输出计算时间(s)
```

利用程序求得弹支旋转梁顶端强迫振动响应时域波形图与频谱图如图10-7所示。

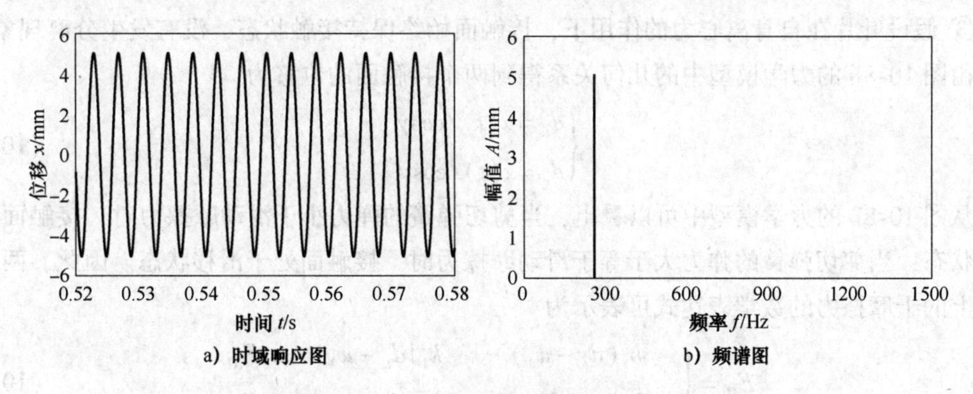

图10-7　弹支旋转梁强迫响应图

10.7　干摩擦载荷边界旋转梁的强迫振动响应

10.7.1　榫头榫槽接触力学模型建立

当考虑叶片的榫连接触特性时，叶片的边界条件将随转速的变化而发生改变。叶片在旋转状态下，由于离心力的作用，使得榫头与榫槽紧密地贴合在一起形成接触面，并且在接触面处有复杂的非线性力产生。为了研究接触面处非线性力对叶片振动响应特性的影响，本章建立理想的干摩擦模型来模拟榫头-榫槽接触面处的非线性力，如图 10-8 所示。图 10-8a 为榫头与榫槽连接结构示意图，图 γ 中为榫角，ϕ 和 η 为接触面与竖直方向的夹角。图 10-8b 为干摩擦的力学模型图。其中 A_1，A_2 分别代表榫头与榫槽接触的两个接触面，叶根在水平方向的平动位移为 $x(t)$，接触面 A_1 的位移为 d_u，接触面 A_2 的位移为 d_u，F_N 为叶片在旋转态下产生的离心力，F_{N1}，F_{N2} 分别为接触面 A_1 和 A_2 的法向正压力，k_1，F_{f1} 和 μ_1 分别为榫头接触面 A_1 的剪切刚度，摩擦力和滑动摩擦系数，w_1 为干摩擦阻尼器的位移；k_2，F_{f2} 和 μ_2 分别为榫头接触面 A_2 的剪切刚度，摩擦力和滑动摩擦系数，w_2 为干摩擦阻尼器的位移。

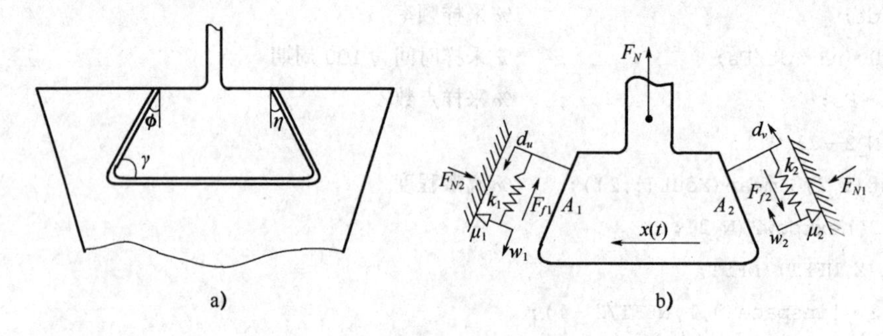

图 10-8　理想干摩擦力学模型

为便于分析与计算，本文做出如下简化：

① 忽略摩擦力的变化对接触面上正压力的影响；

② 忽略叶片的扭转及展向位移，仅考虑叶片的平动，忽略安装角的影响；

③ 假设叶片在自身离心力的作用下，接触面始终保持接触状态，没有发生分离现象。

由图 10-8b 的力学模型中的几何关系得到两个接触面的位移为

$$\begin{cases} d_u = x(t)/\cos\gamma \\ d_v = x(t)/\cos\gamma \end{cases} \tag{10-83}$$

从图 10-8b 的力学模型中可以看出，当剪切弹簧的弹力小于滑动摩擦力时，接触面处于黏滞状态；当剪切弹簧的弹力大于等于滑动摩擦力时，接触面处于滑移状态。因此，两个接触面上的干摩擦力的数学表达式可表示为

$$F_{f1} = \begin{cases} k_1(d_u - w_1) & k_1|d_u - w_1| < \mu_1 F_{N1} \\ \mu_1 F_{N_1}\operatorname{sgn}(d_u - w_1) & k_1|d_u - w_1| \geqslant \mu_1 F_{N1} \end{cases} \tag{10-84}$$

$$F_{f2}=\begin{cases}k_2(d_v-w_2) & k_2|d_v-w_2|<\mu_2F_{N2}\\ \mu_2F_{N_2}\operatorname{sgn}(d_v-w_2) & k_2|d_v-w_2|\geqslant\mu_2F_{N2}\end{cases}\tag{10-85}$$

根据力学平衡，并忽略摩擦力的影响，得到离心力 F_{N_Ω} 在两个接触面上产生的正压力为

$$F_{N1}=F_{N2}=\frac{F_N}{2\cos\gamma}\tag{10-86}$$

假定叶片以恒定转速 Ω 运转，此时叶片的离心力表达式为

$$F_N=\int_R^{R+L}\rho A\Omega^2(R+x)\,\mathrm{d}x\tag{10-87}$$

由干摩擦力的数学表达式可以看出，干摩擦力在叶片振动的周期内是分段存在的。这里以接触面 A_1 为例。当接触面上弹簧的弹力即 $k_1|d_u-w_1|$ 小于滑动摩擦力 μ_1F_{N1} 时，榫头榫槽接触面将处于粘滞状态，阻尼器的速度 $\dot{w}_1=0$。那么可知，在相邻的两个时刻下，摩阻器的位移相同，即

$$w_{\text{current}}=w_{\text{former}}\tag{10-88}$$

而当接触面上弹簧弹力即 $k_1|d_u-w_1|$ 大于或等于滑动摩擦力 μ_1F_{N1} 时，榫头榫槽接触面将处于滑移状态。在滑动状态下，相对于坐标原点，摩阻器的位移总是滞后于接触面的位移一个弹簧的拉伸/压缩量。而对于弹簧是压缩还是拉伸，则可以通过该状态下摩擦力的方向来判断。若摩擦力为正，弹簧被拉伸；若摩擦力为负，弹簧被压缩。那么，该状态下摩阻器的位移可以表示为

$$w_{\text{current}}=d_{\text{current}}-\frac{\mu F_N}{k}\operatorname{sign}(F_f)\tag{10-89}$$

进行数值计算时，给定摩阻器一个初始位移，便可进行迭代计算。在计算出干摩擦力的具体数值后，由于两接触面的摩擦力均沿接触面的方向，且方向相反。将干摩擦力在竖直和水平方向投影，可得到干摩擦力在竖直和水平方向的分量为

$$\begin{cases}F_{f_\mathrm{v}}=F_{f1}\sin\gamma-F_{f2}\sin\gamma\\ F_{f_\mathrm{h}}=F_{f1}\cos\gamma+F_{f2}\cos\gamma\end{cases}\tag{10-90}$$

由以上所述的几何关系可知 $F_{f_\mathrm{v}}=0$。根据基于有限元理论推导出的系统的刚度矩阵 $\boldsymbol{K}$，质量矩阵 $\boldsymbol{M}$，阻尼矩阵 $\boldsymbol{C}$。列出叶片的有限元方程为

$$\boldsymbol{M}\ddot{\boldsymbol{q}}+\boldsymbol{C}\dot{\boldsymbol{q}}+\boldsymbol{K}\boldsymbol{q}=\boldsymbol{F}_Q(t)-\boldsymbol{F}_h\tag{10-91}$$

式中，$\boldsymbol{F}_Q(t)$ 为作用在叶片上的外激励；$\boldsymbol{F}_h$ 为矢量化后的摩擦力向量。

通过求解方程可得到叶片各节点的位移与速度，进而可以计算出干摩擦力的大小，做出干摩擦力的时域波形图以及干摩擦力的滞回曲线。

10.7.2　干摩擦载荷边界旋转梁的强迫振动响应

在 10.6.3 节中，我们分析了固支和弹支旋转梁的动力学特性，考虑到叶片的榫连接触特性，本小节进行榫连旋转梁的强迫振动响应分析。

例 10.3　一旋转悬臂梁模型，结构如图 10-3 所示，将其划分为 30 个梁单元有限元模

型，梁根处为图 10-8 所示的榫头榫槽接触模型，其转速 Ω 分别为 100 rad/s、500 rad/s，在悬臂梁中部垂直梁表面施加一简谐激励 $F_Q(t)=P_c\cos(n_0\omega t+\varphi_0)$。其中激励幅值为 $P_a=500$ N，n_0 为前排静止叶片数，这里取 5，ω 为转速，φ_0 为激励的初始相位。试进行榫连旋转梁根部的强迫振动响应分析。轮盘半径 $R=0.35$ m，叶片长度 $l=0.15$ m，截面边长分别为 $b=0.06$ m 和 $h=0.007$ m。材料参数：弹性模量 $E=200$ GPa，密度 $\rho=7\ 850$ kg/m^3，泊松比 $\nu=0.3$，考虑剪切的校正因子 $\kappa=6/5$。

解：将模型划分成 30 个平面梁单元，求出每个单元的刚度矩阵 $\boldsymbol{K}^e$、质量矩阵 $\boldsymbol{M}^e$ 及离心刚化矩阵 $\boldsymbol{K}_c^e$，然后将单元组集成整体坐标系下的总体刚度矩阵 $\boldsymbol{K}$、质量矩阵 $\boldsymbol{M}$ 及离心刚度矩阵 $\boldsymbol{K}_c$，将总体刚度矩阵与总体离心刚化矩阵叠加，计算出瑞利阻尼 $\boldsymbol{C}$，随后算出整体载荷列阵 $\boldsymbol{R}$ 后引入榫连接触边界条件，得到摩擦力向量 $\boldsymbol{F}_h$，列出干摩擦载荷边界旋转梁的强迫振动微分方程

$$\boldsymbol{M}\ddot{\boldsymbol{q}}+\boldsymbol{C}\dot{\boldsymbol{q}}+(\boldsymbol{K}+\boldsymbol{K}_c)\boldsymbol{q}=\boldsymbol{R}-\boldsymbol{F}_h \tag{10-92}$$

利用 Newmark 积分法进行求解。具体的计算过程可参见以下 MATLAB 程序。

```
close all
clc;clear all; tic
L=0.15; R=0.35; b=0.06; h=0.007;%L长度;R轮盘半径;b宽度;h厚度
rho=7850; E=2e11; v=0.3; k=6/5; %rho密度;E弹性模量;niu泊松比;k剪切校正因子
n=30;sdof=2*(1+n)-1;                %单元个数;自由度个数
l=L/n;I=b*h^3/12;A=b*h;G=E/(2*(1+v));
                                    %单元长度;截面惯性矩;截面面积;剪切模量
miu=0.2;kjq=8e6;                    %榫头榫槽接触面摩擦系数;接触面剪切刚度
sunalpha=(1/3)*pi; sunbeta=sunalpha;
                                    %接触面1与竖直方向夹角;接触面2与竖直夹角
Omega_ro=100;n_0=5;                 %Omega_ro叶片转速  n_0前排静止叶片数
Amp_ex=500 ;                        %动力学参数:Amp_ex外激励幅值
omega_ex=n_0*Omega_ro;              %% 计算结构质量、刚度、阻尼矩阵
  %%%%%%%%%%%%%%%%%%%
%%中间省略段与例1程序段A一致
%%%%%%%%%%%%%%%%%%%
  %%%%整体阻尼矩阵求解%%%%
    y1=0.04;y2=0.04;                %对应前两阶固有频率的阻尼系数
oumiga1=253.52*2*pi;oumiga2=1582.96*2*pi;
                                    %固支且没有转速影响下的一、二阶角频率
alafa=2*(y2/oumiga2-y1/oumiga1)/(1/(oumiga2*oumiga2)-1/(oumiga1*oumiga1));
                                    %与质量矩阵成比例的系数
beita=2*(y2*oumiga2-y1*oumiga1)/(oumiga2^2-oumiga1^2);
                                    %与刚度矩阵成比例的系数
   C=alafa*M+beita*K;               %阻尼矩阵
```

```
    M=M([1,3:62],[1,3:62]);K=K([1,3:62],[1,3:62]);
    C=C([1,3:62],[1,3:62]);             %约束叶根节点的扭转自由度
%%%%%newmark%%%%%%
n3=512;                                 %单周期内计算次数
dt=2*pi/omega_ex/n3;                    %时间间隔
nt=600*n3;                              %总计算数600为计算周期
f_fric=rand(1,1)/1e30; f_fric_v=zeros(sdof,1);
f_fric_v(1)=-2* f_fric;                 %摩擦力初值
f0=zeros(sdof,1);                       %外激励向量
d_former=rand(1,1)/1e30;w_former=rand(1,1)/1e30;
                                        %接触面位移初值;阻尼器位移初值
syms x_2; N0=rho*b*h*Omega_ro^2*(R+x_2);
                                        %叶片所承受的离心力;被积分项
N1=int(N0,x_2,0,L); N1=double(N1);   %离心力
N2=N1*(cos(sunbeta)/sin(sunalpha+sunbeta));
                                        %榫头榫槽接触面所受正压力
x1=rand(sdof,1)/1e30;v1=rand(sdof,1)/1e30;
                                        %初始位移速度
aa=inv(M)*[f0-C*v1-K*x1];               %计算初始加速度
alfa=0.25;beta=0.5;
a0=1/alfa/dt/dt;a1=beta/alfa/dt;a2=1/alfa/dt;a3=1/2/alfa-1;
a4=beta/alfa-1;a5=dt/2*(beta/alfa-2);a6=dt*(1-beta);a7=dt*beta;
                                        %newmark参数
ke=K+a0*M+a1*C;                         %等效刚度
fidX=fopen('Xout.txt','wt');            %打开一txt文本来存储位移响应结果
fidf=fopen('fout.txt','wt');            %打开一txt文本来存储摩擦力
fidXd=fopen('Xdout.txt','wt');          %打开一txt文本来存储叶根速度
%%%%%%%求解%%%%%%%%%
for i=1:nt
    t=i*dt;
    fi=Amp_ex*cos(omega_ex*t);
    f0(30)=fi;                          %外激励作用在叶片中部
    f2=f0+f_fric_v;                     %等效外力
    %%%算法%%%
fe=f2+M*(a0*x1+a2*v1+a3*aa)+C*(a1*x1+a4*v1+a5*aa);
    x2=ke\fe;
    aa2=a0*(x2-x1)-a2*v1-a3*aa;
    v2=v1+a6*aa+a7*aa2;
    x1=x2;v1=v2;aa=aa2;
```

```
    %%%%%%%%%%%
d_curent=x1(1)/sin(sunalpha);        %接触面位移
    ifkjq*abs(d_curent-w_former)<miu*N2
                                     %粘滞状态
f_fric=kjq*(d_curent-w_former);%静摩擦力
w_curent=w_former;
    elseifkjq*abs(d_curent-w_former)>=miu*N2  %滑动状态
f_fric=miu*N2*sign(d_curent-w_former);  %滑动摩擦力
w_curent=d_curent-miu*N2/kjq*sign(f_fric);
    end
f_fric_v(1)=-2*f_fric*sin(sunalpha);
                                     %赋值摩擦力
d_former=d_curent;  w_former=w_curent;  %接触面,磨阻器位移赋值
    if i>100*n3                      %储存100周期后的数据
fprintf(fidX,'%.10e',t,x1(1));       %保持叶根的数据
fprintf(fidX,'\n');
fprintf(fidf,'%.10e',t,f_fric);
fprintf(fidf,'\n');                  %保存摩擦力到fout.txt中
fprintf(fidXd,'%.10e',t,v1(1));
fprintf(fidXd,'\n');                 %保存叶根速度到Xdout.txt中
    end
end
fclose(fidX); fclose(fidf);fclose(fidXd);
%%计算结果出图
Xout=load('Xout.txt');               %加载Xout.txt文本
fout=load('fout.txt');               %加载fout.txt文本
Xdout=load('Xdout.txt');             %加载Xdout.txt文本
%%叶根时域响应%%
figure(1)
plot(Xout(:,1),Xout(:,2)*1e3);
xlabel('\fontname{宋体}时间\it\fontname{Times New Roman} t\rm/s','fontsize',10);
ylabel('\fontname{宋体}位移\it\fontname{Times New Roman} x\rm/mm','fontsize',10);
%%叶根摩擦力响应%%
figure(2)
plot(fout(:,1),fout(:,2)/1e3);
xlabel('\fontname{宋体}时间\it\fontname{Times New Roman} t\rm/s','fontsize',10);
ylabel('\fontname{宋体}摩擦力\it\fontname{Times New Roman} f\rm/kN','fontsize',10);
%%%%叶根摩擦力滞回曲线%%
figure(3)
```

```
plot(Xout(:,2)*1e3,fout(:,2)/1e3)
xlabel('\fontname{宋体}位移\it\fontname{Times New Roman} x\rm/mm','fontsize',10);
ylabel('\fontname{宋体}摩擦力\it\fontname{Times New Roman} f\rm/kN','fontsize',10);
%%%%叶根频谱图%%%
figure(4)
Fs=1/dt;                          %采样频率
T1=100*n3*dt/Fs;                  %采样时间为 100 周期
N_2=1*Fs;                         %采样点数
t=(0:N_2-1)*T1;
X=Xout(:,2)-mean(Xout(:,2));      %离散程度
NFFT=2^nextpow2(N_2);
Y=fft(X,NFFT)/NFFT;
f=Fs/2*linspace(0,1,NFFT/2+1);
plot(f,2*(abs(Y(1:NFFT/2+1)))*1e3);    %频谱图
xlabel('\fontname{宋体}频率\it\fontname{Times New Roman} f\rm/Hz','fontsize',14);
ylabel('\fontname{宋体}幅值\it\fontname{Times New Roman} A\rm/mm','fontsize',14);
cpu_time=toc                      %输出计算时间(s)
```

利用该程序求得榫连旋转梁根端在 100rad/s、500rad/s 的转速下强迫振动响应。不同转速下时域波形图、二维频谱图、摩擦力波形图、摩擦力滞回曲线如图 10-9、10-10 所示。

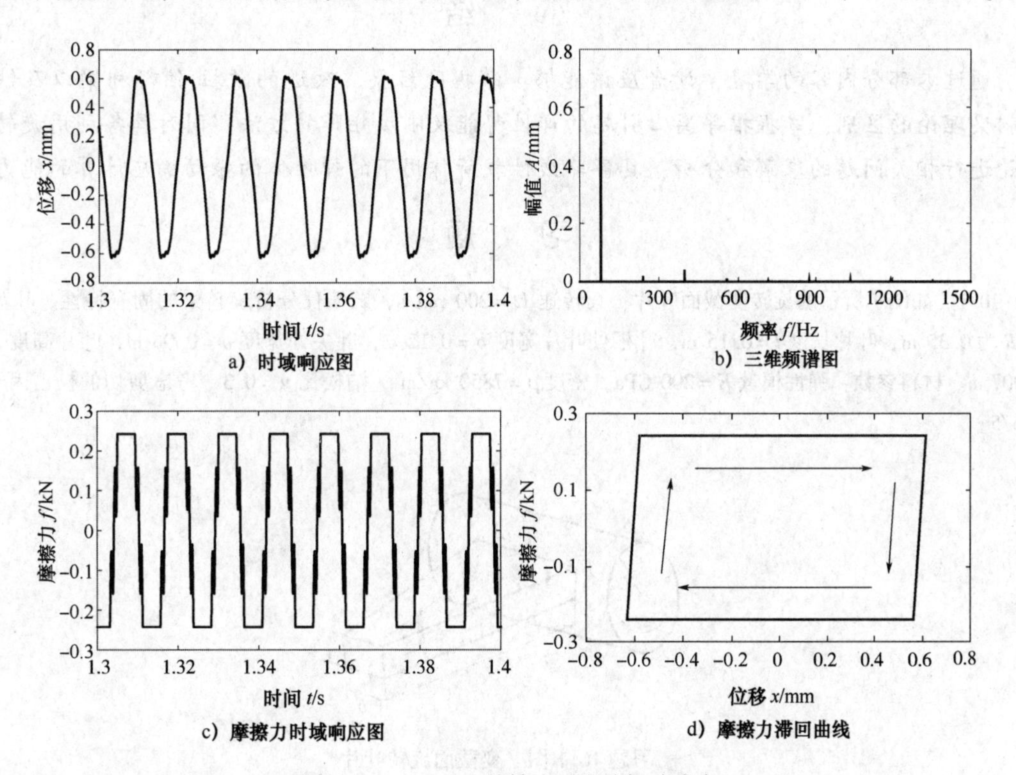

图 10-9　100rad/s 的转速下强迫振动响应

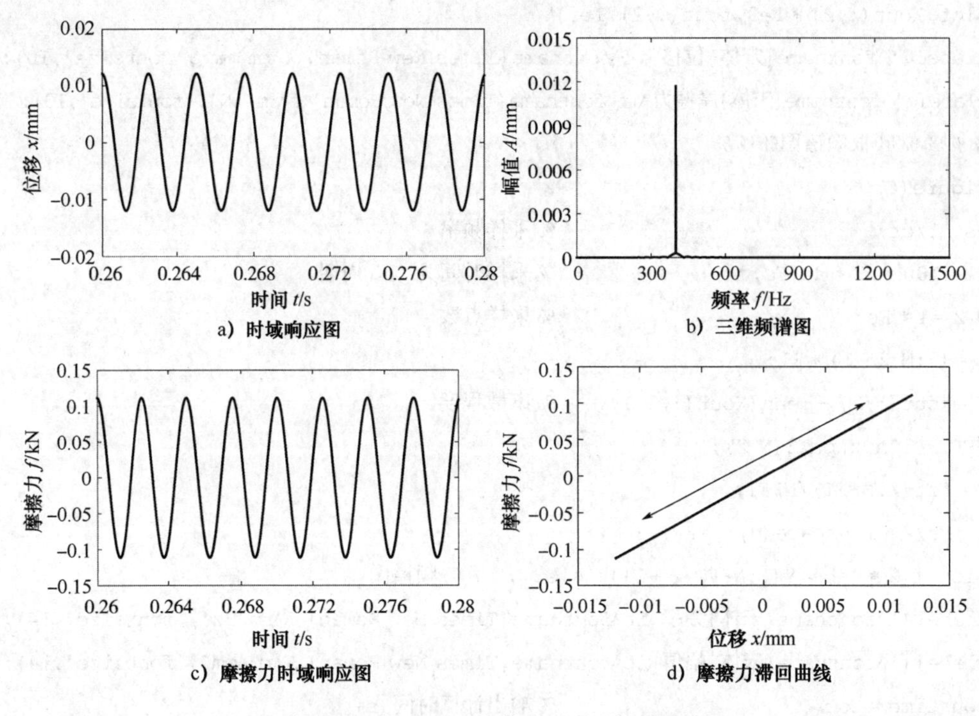

a）时域响应图　b）三维频谱图

c）摩擦力时域响应图　d）摩擦力滞回曲线

图 10-10　500rad/s 的转速下强迫振动响应

小　结

通过本部分内容的学习，读者应该能够：掌握欧拉梁、改进的欧拉-伯努利梁以及铁木辛柯梁理论的区别；掌握推导离心引起的弹性势能及刚度矩阵的方法；同时具备利用旋转梁理论进行相关问题的求解和分析；具备非线性载荷作用下的弹性体的振动响应计算的能力。

习　题

10.1　如图中所示的旋转变截面叶片，其转速 $\Omega = 200$ rad/s，试编程分析旋转梁的固有特性。叶盘半径 R 为 0.35 m，叶片长度 $l = 0.15$ m，叶根处叶片宽度 $b = 0.12$ m，叶尖处宽度 $b = 0.06$ m，叶片高度 $h = 0.007$ m。材料参数：弹性模量 $E = 200$ GPa，密度 $\rho = 7850$ kg/m^3，泊松比 $\nu = 0.3$，考虑剪切的校正因子 $\kappa = 6/5$。

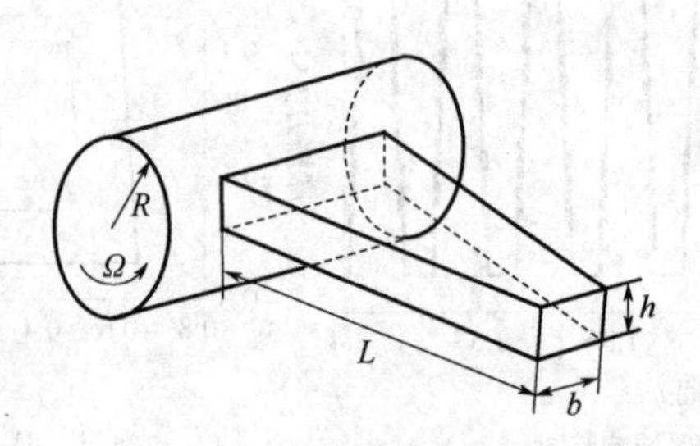

习题 10.1 图　变截面旋转叶片

10.2　如图中所示的带叶肩旋转叶片，叶肩处在距离叶根 $2L/3$ 处，其质量 $m_0=0.05$ kg，转动惯量 $J_0=0.001$ kgm^2，其转速 $\Omega=200$ rad/s；在叶片中部垂直叶片受到一简谐激励 $F(t)=F_0\cos(\omega t+\varphi_0)$，激励幅值 $F_0=500$ N，取激励角频率 $\omega=600$ rad/s，激励初始相位 $\varphi_0=0$；假定瑞利阻尼系数 $\alpha=100$；$\beta=7.0\times10^{-6}$。试进行固支边界旋转叶片固有特性分析及叶尖强迫振动响应分析。结构的几何参数及材料参数如下：叶盘半径 $R=0.35$ m，叶片长度 $L=0.15$ m，叶片宽度 $b=0.06$ m，叶片厚度 $h=0.007$ m；材料参数：弹性模量 $E=200$ GPa，密度 $\rho=7\ 850$ kg/m^3，泊松比 $\nu=0.3$，考虑剪切的校正因子 $\kappa=6/5$。

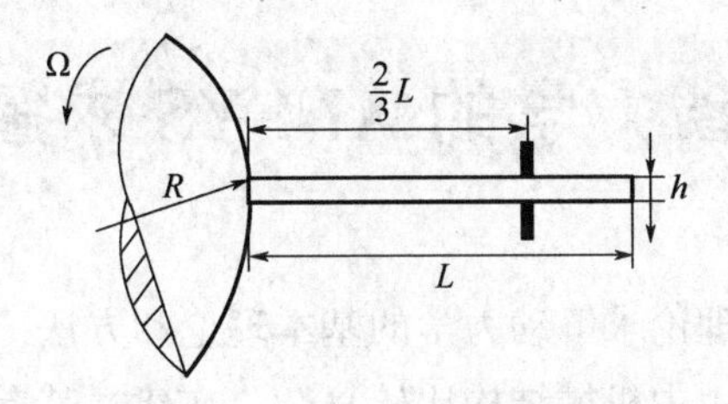

习题 10.2 图　带叶肩旋转叶片

10.3　假设题 10.2 图中的旋转叶片在 0 相位处受到机匣定点碰摩故障如下图所示，假设碰摩刚度 $k_r=1\times10^9$ N/m；碰摩侵入量 $\delta=1.0$ μm；摩擦系数 $\mu=0.2$；假定瑞利阻尼系数 $\alpha=100$；$\beta=7.0\times10^{-6}$；其他参数见 10.2 题。这里忽略叶片所受简谐激励及叶肩之间的碰摩情况。请编程计算叶片叶尖位置的振动响应情况。（提示：考虑叶片的叶展方向自由度，考虑叶片及叶片离心力）

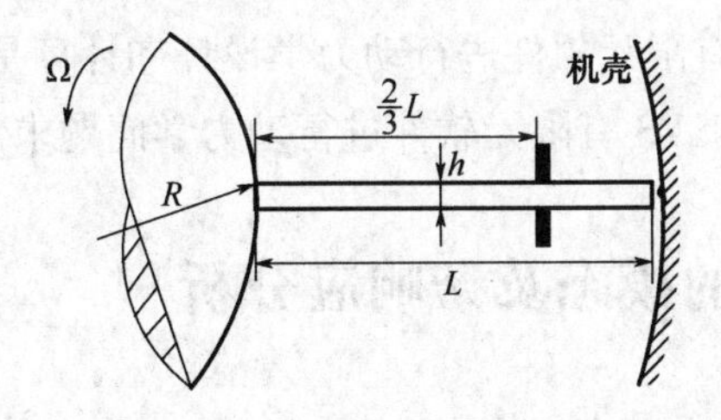

习题 10.3 图　旋转叶片定点碰摩故障图

第 11 章

典型机械结构动力学的 ANSYS 求解与分析

在前面介绍了用有限元理论求解动力学的基本理论和方法，为将问题讲清楚，算例设置比较简单。实际上在工程应用中机械结构比较复杂，在建立其有限元模型时，进行单元矩阵组集、数值求解、计算结果的图像显示和计算数据的高效存储是一项十分繁杂的工作，另外，对于不同单元的混用及构件连接问题也涉及比较复杂的编程问题，采用直接编程的办法会消耗非常多的时间，在工业市场上有很多的专业软件可进行机械结构的动力学问题模拟。对于大型的有限元动力学问题建议采用专业软件进行求解计算，以节省时间，这些大型的专业软件在单元矩阵的组集、数值计算方法及一些非线性问题的优化处理方面有着不可比拟的优越性。因此，应用专业的有限元软件进行动力学设计和计算是非常必要的。本章将以几种典型的机械结构为例，用 ANSYS 有限元软件进行动力学问题求解。

11.1 振动筛中横梁的模态及谐响应分析

图 11-1a 所示为一工业用振动筛，筛板的上横梁在工作时要受到来自激振器的简谐激振力，因此在设计时除了需要考虑其强度外还要进行模态特性分析。这里将简单分析其固有频率、振型及其谐响应。该圆梁的尺寸如图 11-1b 所示，横梁长度 $L=3000$ mm，外径 $D_1=220$ mm，厚度 $\delta_1=10$ mm；法兰盘外径 $D_2=380$ mm，内径 $d_2=200$ mm，厚度 $\delta_2=20$ mm，肋板厚度 $\delta_3=10$ mm。材料参数，密度 $\rho=7\ 850$ kg/m^3，弹性模量 $E=206$ GPa，泊松比 $\nu=0.3$。振动频率 $f=720$ r/min，振幅 $A=5.5$ mm。

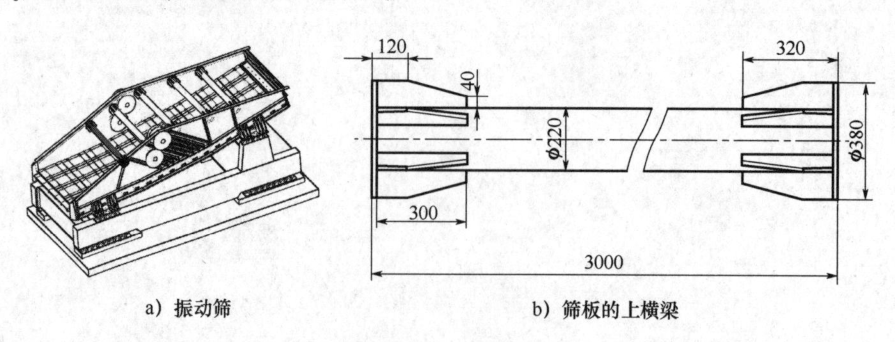

a）振动筛　　b）筛板的上横梁

图 11-1　振动筛及筛板上横梁

对于以上振动机械结构由于其属于动设备，因此在设计时必须进行动力学模态分析以校核其动力学参数，这里将分析其模态特性以及谐响应结果。根据其结构特征这里选用壳单元SHELL93来进行有限元建模和计算。根据其激振方向，该横梁受到沿激振方向的简谐激励。

该横梁在建模过程中可将其分为横梁本身、法兰、肋板三部分进行建模。在有限元前处理中，通过创建面完成整体结构的建模。由于创建的面各自相互独立，在进行求解时，需将其合并为一个整体，这里采用合并节点的办法来使各个面相互连接起来。因此，需要特别注意的是在进行网格划分前，需在各个面相交的位置进行切分，以确保网格划分后，在两面相交处存在共同的节点。

1. 建立几何模型及单元划分

这里采用APDL语言对该横梁进行建模，在ANSYS中运行Example_11 -1.1. ANSYS. txt文件完成该横梁几何模型的创建与网格划分。其命令流如下：

```
FINISH                          ! 退出当前处理器
/CLEAR,START                    ! 开始一个新的分析过程
PI=COS(-1)                      ! 给PI赋值
DIS=5.5/1000                    ! 位移幅值
X_DIS=DIS*COS(PI/6)             ! X方向位移载荷
Y_DIS=DIS*SIN(PI/6)             ! Y方向位移载荷
L_S=3                           ! 横梁长度
D1_S=0.22                       ! 横梁外径
D2_S=0.2                        ! 横梁内径
H_S=0.01                        ! 横梁厚度
R_S=(D1_S-H_S)/2                ! 横梁中平面半径
D1_D=0.38                       ! 法兰外径
D2_D=0.2                        ! 法兰内径
H_D=0.02                        ! 法兰厚度
/PREP7                          ! 进入前处理
ET,1,SHELL93                    ! 定义单元类型
R,1,H_S                         ! 定义单元实常数,即横梁和肋板的厚度
R,2,H_D                         ! 定义单元实常数,即法兰厚度
MP,EX,1,2.06E11                 ! 输入材料弹性模量
MP,DENS,1,7850                  ! 输入材料密度
MP,PRXY,1,0.3                   ! 输入材料泊松比
! ----MODELING----
K,1,0,0,0                       ! 生成第1个关键点,作为轴线起点
K,2,0,0,L_S-H_D                 ! 生成第2个关键点,作为轴线终点
L,1,2                           ! 创建横梁的轴线
CIRCLE,1,R_S                    ! 横梁中曲面
LCOMB,2,3,0                     ! 合并线2,3
LCOMB,4,5,0                     ! 合并线4,5
```

```
ADRAG,2,4,,,,,1                          ! 拉伸成壳
APLOT                                    ! 显示面
AGEN,,1,2,,,,-(L_S-H_D)/2,,,1            ! 沿 Z 轴平移实体
CYL4,0,0,R_S,360,D1_D/2,360              ! 在坐标原点创建法兰
AGEN,,3,,,,,(L_S-H_D)/2,,,1              ! 沿 Z 轴移动法兰盘到相应位置
LCOMB,8,9,0                              ! 合并线 8,9
LCOMB,10,11,0                            ! 合并线 10,11
LCOMB,12,13,0                            ! 合并线 12,13
LCOMB,14,15,0                            ! 合并线 14,15
WPROTA,,90,  $  ASBW,ALL                 ! 绕 X 轴旋转工作平面 $ 切分所选的面
WPROTA,,,60  $  ASBW,ALL                 ! 绕 Y 轴旋转工作平面 $ 切分所选的面
WPROTA,,,60  $  ASBW,ALL                 ! 绕 Y 轴旋转工作平面 $ 切分所选的面
K,51,D1_D/2,0,(L_S-H_D)/2                ! 创建绘制拉筋所需要的关键点
K,52,D1_D/2,0,(L_S-H_D)/2-0.12+H_D/2
K,53,D1_S/2+0.04,0,(L_S-H_D)/2-0.32+H_D/2
K,54,R_S,0,(L_S-H_D)/2-0.32+H_D/2
K,55,R_S,0,(L_S-H_D)/2
A,51,52,53,54,55                         ! 生成拉筋平面
LDELE,1,                                 ! 删除横梁轴线
WPROTA,,,-120  $  WPROTA,,-90,
                                         ! 绕 Y 轴旋转工作平面 $ 绕 X 轴旋转工作平面
WPOFFS,,,(L_S-H_D)/2-0.31  $  ASBW,ALL
                                         ! 沿 Z 轴平移工作平面 $ 切分所选的面
WPOFFS,,,0.2               $  ASBW,ALL
                                         ! 沿 Z 轴平移工作平面 $ 切分所选的面
WPOFFS,,,-(L_S-H_D)+0.42   $  ASBW,ALL
                                         ! 沿 Z 轴平移工作平面 $ 切分所选的面
WPOFFS,,,-0.2              $  ASBW,ALL
                                         ! 沿 Z 轴平移工作平面 $ 切分所选的面
!----MESHING----
ESIZE,0.03                               ! 设定单元尺寸
TYPE,1                                   ! 选择单元类型 1
MAT,1                                    ! 选择材料 1
REAL,1                                   ! 选择实常数 1
ASEL,ALL                                 ! 选择所有面
ASEL,U,LOC,Z,(L_S-H_D)/2                 ! 删除 Z=(L_S-H_D)/2 的面
CM,A1,AREA                               ! 将选中的面命名为 A1
MSHKEY,1                                 ! 设置为映射方式划分网格
AMESH,A1                                 ! 对 A1 进行划分
ALLS                                     ! 选择所有实体
```

```
LSEL,S,LOC,Z,(L_S - H_D)/2                ! 选择 Z = (L_S - H_D)/2 的线
CSYS,1                                    ! 转换到柱坐标系下
*DO,XI,1,6,1
LSEL,U,LOC,Y,(XI - 1)*60                  ! 去掉 Y = 0,60,120,180,240,300 的线
*ENDDO
CM,L1,LINE                                ! 将选中的线命名为 L1
LESIZE,L1,,,8,,,,,1                       ! 将选中的线划分 8 份
LSEL,INVE                                 ! 选择原来未被选中的线
CSYS,0                                    ! 转换到笛卡尔坐标系下
LSEL,R,LOC,Z,(L_S - H_D)/2                ! 再选择 Z = (L_S - H_D)/2 的线
CM,L2,LINE                                ! 命名为 L2
LESIZE,L2,,,6,,,,,1                       ! 将选中的线分为 6 份
ALLS                                      ! 选择所有实体
REAL,2                                    ! 选择实常数 2
ASEL,S,LOC,Z,(L_S - H_D)/2                ! 选择 Z = (L_S - H_D)/2 的面
CM,A2,AREA                                ! 将选中的面命名为 A2
MSHKEY,1                                  ! 设置为映射方式划分网格
AMESH,A2                                  ! 对 A2 进行划分
ALLS                                      ! 选择所有实体
! ----复制拉筋与法兰----
CSYS,1                                    ! 激活柱坐标系 1 为当前工作坐标系
AGEN,6,8,13,5,,360/6,,,                   ! 将拉筋绕 Y 轴复制 6 个
CSYS,0                                    ! 激活笛卡尔坐标系为当前工作坐标系
ASEL,S,LOC,Z,(L_S - H_D)/2                ! 选择 Z = (L_S - H_D)/2 的面
ASEL,A,AREA,,6,10,2                       ! 再选择面 6,8,10
ASEL,A,AREA,,13                           ! 再选择面 13
ASEL,A,AREA,,45,48,1                      ! 再选择面 45,46,47,48
ASEL,A,AREA,,17,19,2                      ! 再选择面 17,19
ASEL,A,AREA,,23,25,2                      ! 再选择面 23,25
ARSYM,Z,ALL,,,,0,0                        ! 将建好的法兰与拉筋沿 XY 平面镜像对称
ALLS                                      ! 选择所有实体
NUMMRG,NODE,,,,LOW                        ! 合并节点
FINISH                                    ! 退出当前处理器
```

生成的几何模型及网格模型如图 11-2 和 11-3 所示。

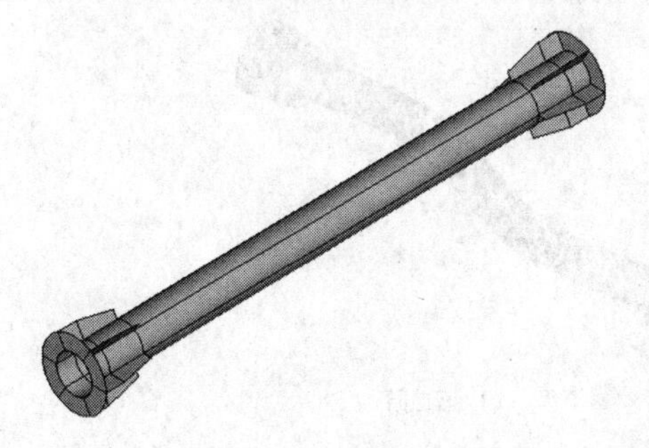

图 11-2　几何模型

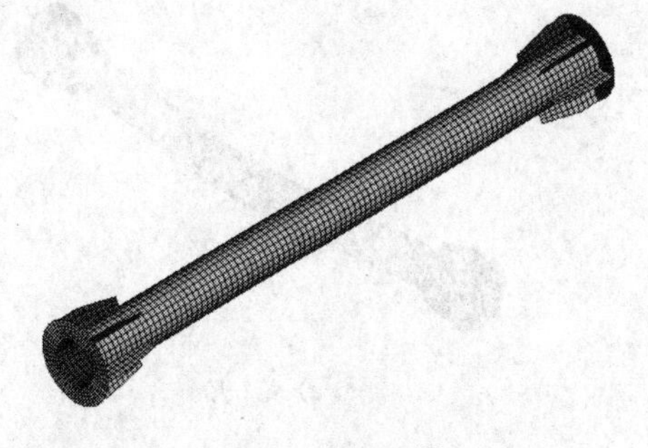

图 11-3　有限元模型

2. 施加约束及模态分析

进行模态分析时，边界条件的施加是重点。由于该横梁安装在振动筛上，其两端均被固定于机架上。因此，在 ANSYS 中施加约束时，将横梁两端所有节点的自由度进行全约束，从而来模拟其在实际工况下的约束。然后进行模态求解。对该横梁进行模态分析以确定其固有频率和振型。首先运行 Example_11. 1. 1. ANSYS. txt 文件完成建模，然后运行 Example_11. 1. 2. ANSYS. txt 文件完成模态求解。具体的命令流如下：

```
/SOLU                              ! 进入求解器
ANTYPE,MODAL                       ! 选择模态分析
MODOPT,LANB,10                     ! 计算前 10 阶模态
MXPAND,10,,,1                      ! 指定拓展的模态数为 10 并计算单元的应力
EQSLV,SPAR                         ! 设置采用稀疏直接求解器进行求解
NSEL,S,LOC,Z,(L_S-H_D)/2           ! 选择 Z=(L_S-H_D)/2 的所有节点
NSEL,A,LOC,Z,-(L_S-H_D)/2          ! 选择 Z=-(L_S-H_D)/2 的所有节点
CM,N1,NODE                         ! 将选择的节点命名 N1
D,N1,ALL                           ! 对所选择的节点施加全约束
ALLSEL,ALL                         ! 选择所有实体
SOLVE                              ! 求解
FINISH                             ! 退出当前处理器
/POST1                             ! 进入通用后处理
SET,LIST                           ! 显示前 10 阶固有频率
SET,FIRST                          ! 选择第 1 阶模态
PLNSOL,U,SUM,1,1                   ! 显示第 1 阶振型
FINISH
```

完成模态分析后，求出该横梁的前五阶固有频率及横梁的振型。表 11-1 所列为该横梁的前五阶固有频率，图 11-4a 和 11-4b 所示分别为第一阶、第二阶振型。

表 11-1　横梁的前五阶固有频率　（单位：Hz）

阶次	第一阶	第二阶	第三阶	第四阶	第五阶
频率	165.28	406.87	530.77	603.46	628.86

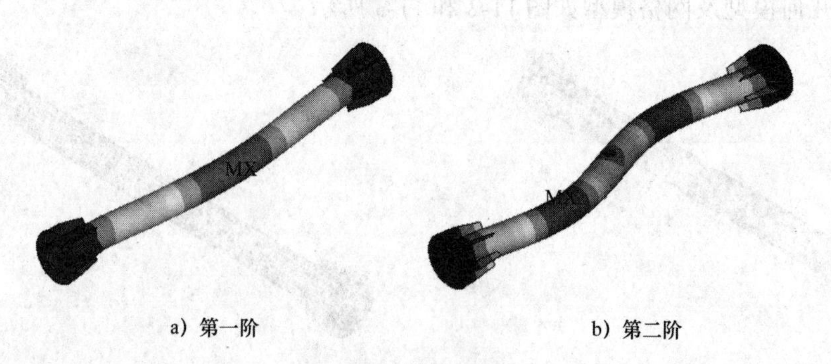

a）第一阶　b）第二阶

图 11-4　横梁振型

3. 施加载荷及谐响应分析

该横梁安装完成后，箱体外侧在横梁两端上存在有支撑拉筋。该拉筋与竖直方向的夹角为30°。由于支撑拉筋与该角度的存在，会给横梁两端施加一沿拉筋方向的振动位移，振动位移的幅值在题中已给出。因此，基于该振动位移对横梁进行谐响应分析，在求解过程中阻尼根据该横梁的前两阶固有频率设定。进行谐响应分析时，首先要完成模态分析。因此在以上模态分析的基础上进行编写。运行 Example_11. 1. 3. ANSYS. txt 文件完成谐响应分析。具体命令流如下：

```
/SOLU                                    ! 进入求解器
ANTYPE,HARM                              ! 选择谐响应分析
HROPT,FULL                               ! 设置求解方法
KBC,1                                    ! 打开阶跃加载方式
NSEL,S,LOC,Z,(L_S-H_D)/2                 ! 选择 Z=(L_S-H_D)/2 的节点
D,ALL,,X_DIS,,,,UX,,,,,                  ! 施加 X 方向的位移 X_DIS
D,ALL,,Y_DIS,,,,UY,,,,,                  ! 施加 Y 方向的位移 Y_DIS
NSEL,S,LOC,Z,-(L_S-H_D)/2                ! 选择 Z=-(L_S-H_D)/2 的节点
D,ALL,,X_DIS,,,,UX,,,,,                  ! 施加 X 方向的位移 X_DIS
D,ALL,,Y_DIS,,,,UY,,,,,                  ! 施加 Y 方向的位移 Y_DIS
ALLSEL,ALL                               ! 选择所有实体
F1=165.28                                ! 一阶固有频率
F2=406.87                                ! 二阶固有频率
ZUNIBI=0.08                              ! 阻尼比
ALPHA=4*PI*F1*F2*ZUNIBI/(F1+F2)          ! 比例阻尼系数 ALPHA
BEITA=ZUNIBI/PI/(F1+F2)                  ! 比例阻尼系数 BEITA
ALPHAD,ALPHA
BETAD,BEITA
NSUBST,250                               ! 设定求解步
HARFRQ,0,500                             ! 设定激励频率变化范围
SOLVE                                    ! 求解
FINISH                                   ! 退出当前处理器
```

4. 输出结果及合理性分析

对求解结果进行查看，主要是后处理部分。运行 Example_11. 1. 4. ANSYS. txt 文件查看节点位移响应情况。

```
/POST26                          ! 进入时间后处理器
NSOL,2,690,U,X,DIS_X690          ! 提取节点 690 的 X 方向位移,命名 DIS_X690
NSOL,3,650,U,X,DIS_X650          ! 提取节点 650 的 X 方向位移,命名 DIS_X650
NSOL,4,730,U,X,DIS_X730          ! 提取节点 730 的 X 方向位移,命名 DIS_X730
ANSOL,5,690,S,X,SX_690           ! 提取节点 690 的 X 方向应力,命名 SX_690
ANSOL,6,650,S,X,SX_650           ! 提取节点 650 的 X 方向应力,命名 SX_650
ANSOL,7,730,S,X,SX_730           ! 提取节点 730 的 X 方向应力,命名 SX_730
```

```
PLVAR,2,3,4                    ! 作出幅频曲线
PLVAR,5,6,7                    ! 作出幅频曲线
FINISH                         ! 退出当前处理器
```

通过观察横梁中间位置以及两侧处的幅频曲线，来验证其发生共振时所对应的频率是否为固有频率。并查看其最大应力变化情况，结果如图 11-5 和图 11-6 所示。

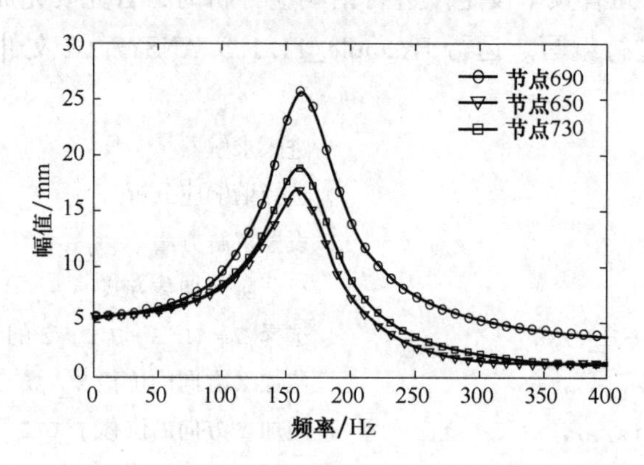

图 11-5　幅频曲线

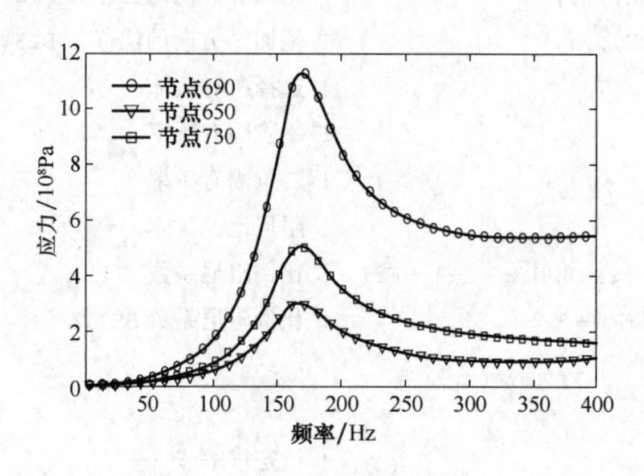

图 11-6　最大应力曲线

观察结果发现，横梁发生共振时所对应的频率约为 160 Hz。前面进行模态分析计算得到横梁的一阶固有频率为 162. 23 Hz，结果相吻合。证明本次计算结果是正确的。

11. 2　齿轮系统的动力学分析

图 11-7 所示为一工业用两级增速机箱体。图 11-8a、b 所示分别为小齿轮轴和大齿轮轴简图，其中轮齿未画出。其在工作时由于受到来自轴系的啮合及不平衡激励，箱体容易被激起振动和噪声，因此在设计阶段应该分析其固有特性并对于轴系需要对其临界转速进行计算分析。另外，该类关键设备在特殊的应用场景中，如在核设施中需要用谱分析计算其抗振特性。其中，箱体的壁厚为5 mm，箱体和轴的材料参数相同。弹性模量 $E=200$ GPa，泊松比 $\nu=0.3$，材料密度 $\rho=7850\ \mathrm{kg/m^3}$。

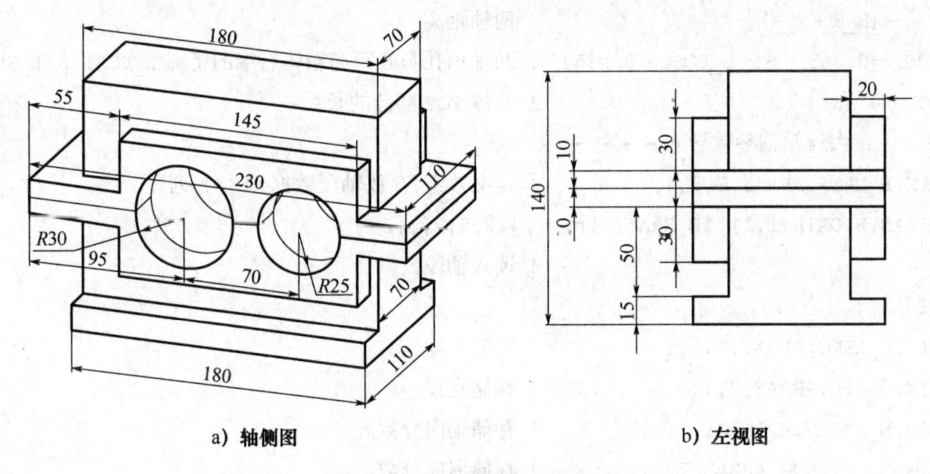

a）轴侧图　　b）左视图

图 11-7　二级增速机箱体

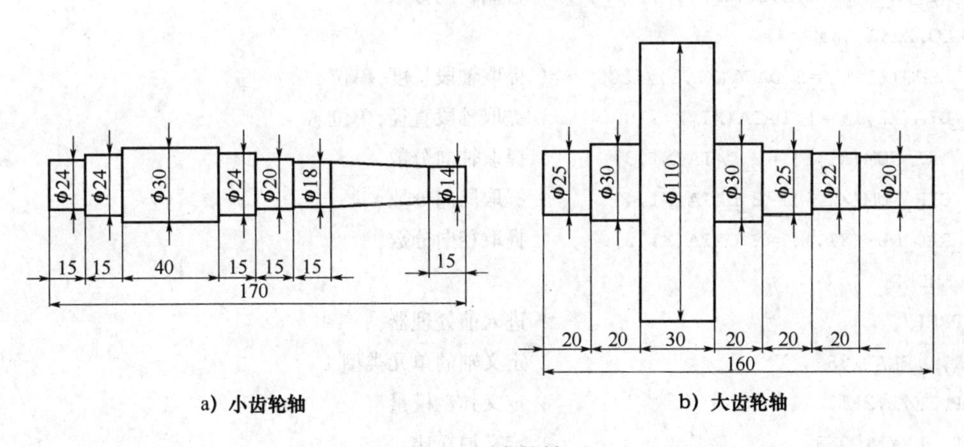

a）小齿轮轴　　b）大齿轮轴

图 11-8　齿轮轴

根据其结构特征，对于齿轮箱选用 Solid45 单元进行有限元建模和计算，对于齿轮轴采用 Beam188 单元进行建模计算。在对齿轮轴系进行有限元建模时要注意其轴段网格的划分，以及径向单元的份数。过多则影响计算效率，过少则影响计算结果精度。

1. 齿轮轴系的有限元建模

（1）大齿轮轴建模　在对大齿轮轴进行建模时，各轴段的尺寸参数已保存在“B_Shaft. csv”文件中，直接从中进行调用即可。但注意：在运行“Example11. 2. 1_B_Shaft. ANSYS. txt”时，需将“B_Shaft. csv”文件和“Example11. 2. 1_B_Shaft. ANSYS. txt”文件放于同一路径下。具体命令如下：

```
FINISH                            ! 退出当前处理器
/CLEAR,START                      ! 开始一个新的分析过程
/FILNAME,Single_point
/TITLE,Single_point
PI = ACOS( -1)                    ! 给 PI 赋值
B_R = 0.11/2   $   S_R = 0.03/2   ! 大齿轮半径   $   小齿轮半径
```

```
DIS = - (B_R + S_R)                         ! 两轴距离
L_POS1 = 0.065   $   L_POS2 = 0.135         ! 两轴承孔圆心距离箱体右端的距离 L_POS1 $ L_POS2
L_TOP = 0.23                                ! 箱体 TOP 部分的长度
! - - - - 大齿轮轴参数导入 - - - -
*DIM,B_DATA,ARRAY,7,5,1                     ! 定义数组,存放轴段数据(7 行 5 列)
*VREAD,B_DATA(1,1),'B_Shaft',csv,,jik,5,7,1,2
                                            ! 读入轴段数据
(5F10.0)
*DIM,B_LENG,ARRAY,7,1,1                     ! 存储长度
*DIM,B_DIA,ARRAY,7,1,1                      ! 存储直径
*DIM,B_AXI_NUM,ARRAY,7,1,1                  ! 存储轴向分数
*DIM,B_CIR_NUM,ARRAY,7,1,1                  ! 存储周向分数
*DIM,B_RAD_NUM,ARRAY,7,1,1                  ! 存储径向分数
*DO,XI,1,7,1
B_LENG(XI,1) = B_DATA(XI,1)/1000            ! 提取轴段长度,单位 m
B_DIA(XI,1) = B_DATA(XI,2)/1000             ! 提取轴段直径,单位 m
B_AXI_NUM(XI,1) = B_DATA(XI,3)              ! 提取轴向分数
B_CIR_NUM(XI,1) = B_DATA(XI,4)              ! 提取周向分数
B_RAD_NUM(XI,1) = B_DATA(XI,5)              ! 提取径向分数
*ENDDO
/PREP7                                      ! 进入前处理器
ET,1,BEAM188                                ! 定义轴的单元类型 1
MP,EX,1,2E11                                ! 定义弹性模量
MP,PRXY,1,0.3                               ! 定义泊松比
MP,DENS,1,7850                              ! 定义密度
! - - - - 大齿轮轴建模 - - - -
B_LH = 0
K,1,B_LH,,L_POS2 - L_TOP/2                  ! 创建第一个关键点
*DO,XI,1,7,1
B_LH = B_LH + B_LENG(XI,1)                  ! 轴段长度
K,XI + 1,B_LH,,L_POS2 - L_TOP/2             ! 创建关键点
LSTR,XI,XI + 1                              ! 创建直线
SECTYPE,XI,BEAM,CSOLID,,0                   ! 定义轴截面
SECOFFSET,CENT
SECDATA,B_DIA(XI,1)/2,B_CIR_NUM(XI,1),B_RAD_NUM(XI,1),0,0,0,0,0,0,0,0,0
                                            ! 指定划分的分数
LESIZE,XI,,,B_AXI_NUM(XI,1),,,,,1           ! 指定轴向划分的分数
TYPE,1                                      ! 选择单元类型 1
SECNUM,XI   $   LMESH,XI                    ! 划分直线
*ENDDO
```

```
/ESHAPE,1                                  ! 显示单元形状
/REPLOT
FINISH
```

所建有限元模型如图 11-9 所示。

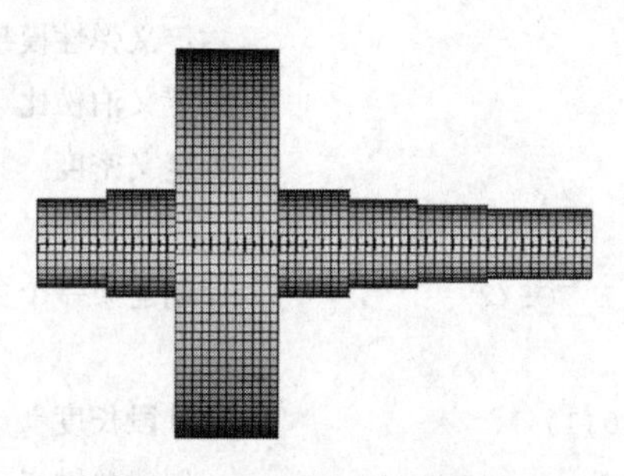

图 11-9　大齿轮轴有限元模型

（2）小齿轮轴建模　在完成大齿轮轴的建模后，再对小齿轮轴进行建模。各轴段的尺寸参数已保存在“S_Shaft. csv”文件中，直接从中进行调用即可。但注意：在运行“Example11. 2. 1_S _ Shaft. ANSYS. txt”时，需将“S _ Shaft. csv”文件和“Example11. 2. 1 _ S _ Shaft. ANSYS. txt”文件放于同一路径下。具体命令如下：

```
FINISH                                              ! 退出当前处理器
PI = ACOS(-1)                                       ! 给 PI 幅值
! ----小齿轮轴参数导入----
*DIM,S_DATA,ARRAY,8,5,1                             ! 定义数组,存放轴段数据(7 行 5 列)
*VREAD,S_DATA(1,1),'S_Shaft',csv,,jik,5,8,1,2       ! 读入轴段数据
(5F10.0)
*DIM,S_LENG,ARRAY,8,1,1                             ! 存储长度
*DIM,S_DIA,ARRAY,8,1,1                              ! 存储直径
*DIM,S_AXI_NUM,ARRAY,8,1,1                          ! 存储轴向分数
*DIM,S_CIR_NUM,ARRAY,8,1,1                          ! 存储周向分数
*DIM,S_RAD_NUM,ARRAY,8,1,1                          ! 存储径向分数
*DO,XI,1,8,1
S_LENG(XI,1) = S_DATA(XI,1)/1000                    ! 提取轴段长度,单位 m
S_DIA(XI,1) = S_DATA(XI,2)/1000                     ! 提取轴段直径,单位 m
S_AXI_NUM(XI,1) = S_DATA(XI,3)                      ! 提取轴向分数
S_CIR_NUM(XI,1) = S_DATA(XI,4)                      ! 提取周向分数
S_RAD_NUM(XI,1) = S_DATA(XI,5)                      ! 提取径向分数
*ENDDO
L1 = -0.115 $ L2 = -0.155                           ! 圆锥面的跨度
! ----齿轮半径----
B_R=0.11/2   $   S_R=0.03/2                         ! 大齿轮半径   $   小齿轮半径
DIS = -(B_R+S_R)                                    ! 两轴距离
L_POS1 =0.065   $   L_POS2 =0.135                   ! 两轴承孔圆心距离箱体右端的距离 L_POS1 $
```

```
                                                      L_POS2
L_TOP=0.23                                          ! 箱体 TOP 部分的长度
/PREP7                                              ! 进入前处理器
ET,1,BEAM188                                        ! 定义轴的单元类型 1
MP,EX,1,2E11                                        ! 定义弹性模量
MP,PRXY,1,0.3                                       ! 定义泊松比
MP,DENS,1,7850                                      ! 定义密度
S_LH=0
K,11,S_LH,,DIS+L_POS2-L_TOP/2                       ! 创建第一个关键点
*DO,XI,11,18,1
S_LH=S_LH-S_LENG(XI-10,1)                           ! 轴段长度
K,XI+1,S_LH,,DIS+L_POS2-L_TOP/2                     ! 创建关键点
LSTR,XI,XI+1                                        ! 创建直线
*ENDDO
*DO,XI,11,16,1
SECTYPE,XI,BEAM,CSOLID,,0                           ! 定义轴截面
SECOFFSET,CENT
SECDATA,S_DIA(XI-10,1)/2,S_CIR_NUM(XI-10,1),S_RAD_NUM(XI-10,1),0,0,0,0,0,0,0,
0,0                                                 ! 指定划分的分数
*ENDDO
SECTYPE,18,BEAM,CSOLID,,0                           ! 定义截面 18
SECOFFSET,CENT
SECDATA,S_DIA(8,1)/2,S_CIR_NUM(8,1),S_RAD_NUM(8,1),0,0,0,0,0,0,0,0,0
SECTYPE,17,TAPER,,                                  ! 定义锥截面 17
SECDATA,16,L1,,DIS                                  ! 锥截面起始位置
SECDATA,18,L2,,DIS                                  ! 锥截面结束位置
*DO,XI,11,18,1
! LESIZE,XI-10,,,S_AXI_NUM(XI-10,1),,,,,1           ! 指定轴向划分的分数(单独建小轴时使用此条
                                                      命令)
LESIZE,XI-3,,,S_AXI_NUM(XI-10,1),,,,,1              ! 指定轴向划分的分数(建耦合轴系时使用此条
                                                      命令)
TYPE,1                                              ! 选择单元类型 1
SECNUM,XI
! LMESH,XI-10                                       ! 划分直线(单独建小轴时使用此条命令)
LMESH,XI-3                                          ! 划分直线(建耦合轴系时使用此条命令)
*ENDDO
/ESHAPE,1                                           ! 显示单元形状
/REPLOT
FINISH
```

所建立有限元模型如图 11-10 所示。

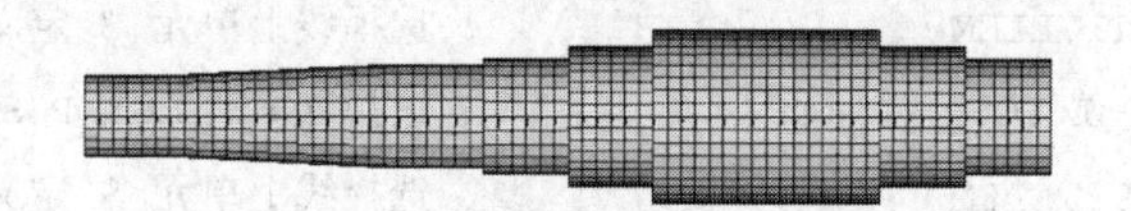

图 11-10　小齿轮轴有限元模型

2. 施加约束和临界转速分析（耦合轴）

在建立耦合轴系模型时，应首先运行程序“Example11. 2. 1_B_Shaft. ANSYS. txt”和程序“Example11. 2. 1_S_Shaft. ANSYS. txt”，完成大小轴系的建模，然后运行“Example11. 2. 2_Coup_Shaft. ANSYS. txt”中的命令，建立耦合轴系模型。在该例中，利用弹簧单元来建立两轴之间的耦合刚度。同时对两轴建立两端的全约束。命令流如下所示：

```
! ----大齿轮轴段长度----
B_LH1=0.02 $ B_LH2=0.02 $ B_LH3=0.03 $ B_LH4=0.02
B_LH5=0.02 $ B_LH6=0.02 $ B_LH7=0.03
! 小齿轮轴段长度
S_LH1=-0.015 $ S_LH2=-0.015 $ S_LH3=-0.04 $ S_LH4=-0.015
S_LH5=-0.015 $ S_LH6=-0.015 $ S_LH7=-0.04 $ S_LH8=-0.015
L_POS1=0.065  $  L_POS2=0.135              ! 两轴承孔圆心距离箱体右端的距离 L_POS1 $
                                            L_POS2
E_SIZE=0.005                               ! 箱体单元尺寸大小
L_TOP=0.23                                 ! 箱体 TOP 部分的长度
/PREP7                                     ! 进入前处理器
ET,2,COMBI214,,1   $  R,1,1E8,1E8          ! 两轴耦合弹簧  $  刚度
ET,3,COMBIN14,,2   $  R,2,1E7              ! Y 方向支撑弹簧和刚度  $  刚度
ET,4,COMBIN14,,3   $  R,3,1E7              ! Z 方向支撑弹簧和刚度  $  刚度
! ----提取建立两轴耦合所需的节点----
N3=NODE(B_LH1+B_LH2+B_LH3/2,0,0)           ! 提取大轴上的节点编号并赋值给 N3
N4=NODE(S_LH1+S_LH2+S_LH3/2,0,DIS)         ! 提取小轴上的节点编号并赋值给 N4
! ----移动大齿轮轴到啮合位置----
LSEL,S,LOC,Z,L_POS2-L_TOP/2                ! 选择 Z=L_POS2-L_TOP/2 的直线
CM,L1,LINE                                 ! 命名为 L1
DIS2=B_LH1+B_LH2+B_LH3/2-S_LH1-S_LH2-S_LH3/2
                                           ! 给定平移距离
LGEN,,L1,,,-DIS2,,,,,1                     ! 沿 X 负方向平移 DIS2
ALLS                                       ! 选择所有元素
! ----建立耦合单元----
TYPE,2  $ REAL,1                           ! 选择单元类型 2  $  实常数 1
E,N3,N4                                    ! 创建单元
! ----指定两旋转部件名称----
LSEL,S,LOC,Z,L_POS2-L_TOP/2                ! 选择 Z=L_POS2-L_TOP/2 的线
```

```
ESLL,S  $  CM,ROT1,ELEM                     ! 选择线上单元 $ 定义为 ROT1
LSEL,S,LOC,Z,DIS + L_POS2 - L_TOP/2         ! 选择 Z = DIS + L_POS2 - L_TOP/2 的线
ESLL,S  $  CM,ROT2,ELEM                     ! 选择线上单元 $ 定义为 ROT2
ALLS                                        ! 选择所有元素
! ----建立弹簧约束模拟轴承----
N5 = NODE(B_LH1/2 - DIS2,0,L_POS2 - L_TOP/2)       ! 提取节点编号给 N5
N6 = NODE(B_LH1 + B_LH2 + B_LH3 + B_LH4 + B_LH5/2 - DIS2,0,L_POS2 - L_TOP/2)
                                            ! 提取节点编号给 N6
N7 = NODE(S_LH1 + E_SIZE,0,DIS + L_POS2 - L_TOP/2) ! 提取节点编号给 N7
N8 = NODE(S_LH1 + S_LH2 + S_LH3 + S_LH4 + S_LH5 + 2 * E_SIZE,0,DIS + L_POS2 - L_TOP/2)
                                            ! 提取节点编号给 N8
D,N5,ALL  $  DDELE,N5,UZ  $  DDELE,N5,UY ! N5 全约束 $ 放开 Z 和 Y 的平移自由度
D,N6,ALL  $  DDELE,N6,UZ  $  DDELE,N6,UY ! N6 全约束 $ 放开 Z 和 Y 的平移自由度
D,N7,ALL  $  DDELE,N7,UZ  $  DDELE,N7,UY ! N7 全约束 $ 放开 Z 和 Y 的平移自由度
D,N8,ALL  $  DDELE,N8,UZ  $  DDELE,N8,UY ! N8 全约束 $ 放开 Z 和 Y 的平移自由度
! ----创建建立弹簧单元的令以节点----
N,200,B_LH1/2 - DIS2,0,L_POS2 - L_TOP/2         ! 创建节点 200
N,201,B_LH1 + B_LH2 + B_LH3 + B_LH4 + B_LH5/2 - DIS2,0,L_POS2 - L_TOP/2
                                            ! 创建节点 201
N,202,S_LH1 + E_SIZE,0,DIS + L_POS2 - L_TOP/2
                                            ! 创建节点 202
N,203,S_LH1 + S_LH2 + S_LH3 + S_LH4 + S_LH5 + 2 * E_SIZE,0,DIS + L_POS2 - L_TOP/2
                                            ! 创建节点 203
! ----创建弹簧支撑----
TYPE,3  $  REAL,2                           ! 选择单元类型 3 $ 实常数 2
E,N5,200 $ E,N6,201 $ E,N7,202 $ E,N8,203  ! 创建 Y 方向弹簧
TYPE,4  $  REAL,3                           ! 选择单元类型 4 $ 实常数 3
E,N5,200 $ E,N6,201 $ E,N7,202 $ E,N8,203  ! 创建 Z 方向弹簧
! ----建立弹簧约束,将弹簧另一端全约束----
NSEL,S,,,200,203  $  D,ALL,ALL              ! 将节点 200 到 203 全约束(建立整机模型时,不
                                              用此条命令)
ALLS                                        ! 选择所有元素
/ESHAPE,1                                   ! 显示单元形状
/REPLOT
FINISH                                      ! 退出当前处理器
```

到此为止，轴系的建模结束，耦合轴系的有限元模型如图 11-11 所示。

对耦合轴系进行临界转速分析，其求解过程如下：

在完成耦合轴系的建模后，运行“Example. 11. 2. 2_Critical_Speed. ANSYS. txt”文本中的命令进行耦合轴系的临界转速分析，在计算过程中，应打开 ANSYS 中的科氏力效应。要

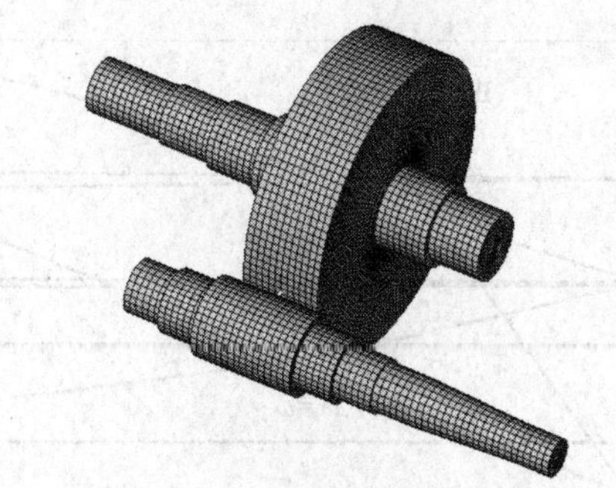

图 11-11　耦合轴系有限元模型

注意的是大小两轴的转速比为 1∶3.5。命令流如下所示：

```
/SOLU                                                   ! 进入求解器
! 求解参数设定
NMOD=6   $   SOLNUM=10                                  ! 求解模态数  $  求解步数
ANTYPE,MODAL                                            ! 选择模态分析
MODOPT,QRDAMP,NMOD,,,ON                                 ! 选择 QRDAMP 法,计算 NMOD 阶模态
MXPAND,NMOD,,,YES                                       ! 打开拓展模态,计算单元应力
CORIOLIS,ON,,,ON                                        ! 打开科氏力效应
*DO,XI,1,SOLNUM,1                                       ! 循环求解
CMOMEGA,ROT1,(XI-1)*2000,,,-DIS2,0,L_POS2-L_TOP/2,B_LH1+B_LH2+B_LH3+B_LH4+
B_LH5+B_LH6+B_LH7-DIS2,0,L_POS2-L_TOP/2
! 给 ROT1 施加绕 X 轴转速,并指定转轴起始坐标
CMOMEGA,ROT2,(XI-1)*7000,,,0,0,DIS+L_POS2-L_TOP/2,S_LH1+S_LH2+S_LH3+S_LH4+
S_LH5+S_LH6+S_LH7+S_LH8,0,DIS+L_POS2-L_TOP/2
! 给 ROT2 施加绕 X 轴转速,并指定转轴起始坐标
SOLVE                                                   ! 求解
*ENDDO                                                  ! 结束循环
FINISH                                                  ! 退出当前处理器
! ----作出坎贝尔图----
/POST1                                                  ! 进入时间后处理器
PLCAMP,ON,1,RDS,,ROT1                                   ! 画出 ROT1 的坎贝尔图
PLCAMP,ON,1,RDS,,ROT2                                   ! 画出 ROT2 的坎贝尔图
PRCAMP,ON,1,RDS,,ROT1,,ON                               ! 输出 ROT1 的数据
PRCAMP,ON,1,RDS,,ROT1,,ON                               ! 输出 ROT2 的数据
FINISH                                                  ! 退出当前处理器
```

结果如图 11-12 所示。

3. 齿轮箱体单元划分

在对齿轮箱进行建模时，为了之后顺利利用 ANSYS 进行网格划分和快速求解，去掉了一些响应有限元计算效率但是对计算结果影响小到可以忽略的模型特征。在建模过程中，将下箱体分为上（TOP）、中（MID）、下（BOT）和轴承座（BLK）四部分，依次进行建模；在下箱

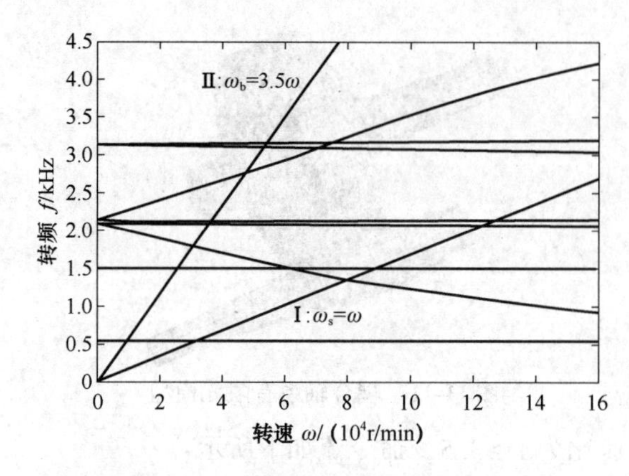

图 11-12　耦合轴系临界转速分析

体建模完成后，可采用镜像操作完成箱体模型的建立。运行“Example_11.2.3.ANSYS.txt”文本完成齿轮箱体建模。建模的命令流如下：

```
FINISH                                        ! 退出当前处理器
! ----下箱体的几何参数----
L_TOP=0.23  $  W_TOP=0.11  $  H_TOP=0.01     ! TOP 部分的长 $ 宽 $ 高
L_MID=0.18  $  W_MID=0.07  $  H_MID=0.05     ! MID 部分的长 $ 宽 $ 高
T_MID=0.005                                   ! 箱体的壁度
L_BOT=0.18  $  W_BOT=0.11  $  H_BOT=0.015    ! BOT 部分的长 $ 宽 $ 高
L_BLK=0.145  $  W_BLK=0.02  $  H_BLK=0.03    ! 两侧轴承座的长 $ 宽 $ 高
R1=0.025      $  R2=0.03                      ! 两个轴承孔半径 R1 $ R2
L_POS1=0.065  $  L_POS2=0.135                 ! 两轴承孔圆心距离箱体右端的距离 L_POS1
                                                $ L_POS2
E_SIZE=0.005                                  ! 单元尺寸大小
! ----下箱体建模----
/PREP7                                        ! 进入前处理
ET,1,SOLID45                                  ! 定义单元类型:实体 45 单元
MP,EX,1,2E11                                  ! 定义弹性模量
MP,DENS,1,7850                                ! 定义材料密度
MP,PRXY,1,0.3                                 ! 定义材料泊松比
BLOCK,-L_BOT/2,L_BOT/2,0,H_BOT,-W_BOT/2,W_BOT/2
                                              ! 建立 BOT 部分
BLOCK,-L_MID/2,L_MID/2,H_BOT,H_BOT+H_MID,-W_MID/2,W_MID/2
                                              ! 建立 MID 部分
BLOCK,-L_TOP/2,L_TOP/2,H_BOT+H_MID,H_BOT+H_MID+H_TOP,-W_TOP/2,W_TOP/2
                                              ! 建立 TOP 部分
BLOCK,-(L_MID-2*T_MID)/2,(L_MID-2*T_MID)/2,H_BOT,H_BOT+H_MID+H_TOP,-(W_MID
-2*T_MID)/2,(W_MID-2*T_MID)/2                 ! 建立箱体的空腔部分
VSEL,S,VOLU,,2,4                              ! 选择所建立的实体
```

```
CM,V1,VOLU                                        ! 命名为 V1
VSBV,V1,4                                         ! 进行布尔运算减操作,从所选的实体中减去
                                                    4 号体
ALLS                                              ! 选择所有元素
BLOCK,-L_BLK/2,L_BLK/2,H_BOT+H_MID-H_BLK,H_BOT+H_MID,W_MID/2,W_MID/2+W_BLK
                                                  ! 创建一侧轴承座
VGEN,,2,,,L_MID/2-L_BLK/2-T_MID,,,,,1             ! 沿 X 轴将轴承座移动到指定位置
VSYMM,Z,2,,,,0,0                                  ! 关于 X-Y 平面镜像生成另一侧的轴承座
CYL4,L_TOP/2-L_POS1,H_BOT+H_MID+H_TOP,R1,,,,W_TOP
                                                  ! 小孔圆心处创建半径为 R1 高 W_TOP 的圆柱
VGEN,,4,,,,,-W_TOP/2,,,1                          ! 沿 Z 负方向平移 W_TOP/2
CYL4,L_TOP/2-L_POS2,H_BOT+H_MID+H_TOP,R2,,,,W_TOP
                                                  ! 大孔圆心处创建半径为 R2 高 W_TOP 的圆柱
VGEN,,7,,,,,-W_TOP/2,,,1                          ! 沿 Z 负方向平移 W_TOP/2
VSEL,S,VOLU,,2,7                                  ! 选择编号 2 到 7 的体
CM,V2,VOLU                                        ! 命名为 V2
VSBV,V2,4                                         ! 从 V2 中减去编号为 4 的体
ALLS                                              ! 选择所有元素
VSEL,S,VOLU,,7,12                                 ! 选择编号 7 到 12 的体
CM,V3,VOLU                                        ! 命名为 V3
VSBV,V3,7                                         ! 从 V3 中减去编号为 7 的体
ALLS                                              ! 选择所有元素
NUMCMP,VOLU                                       ! 对体重新编号
! ----上箱体建模----
VSEL,ALL                                          ! 选择所有的体
CM,V4,VOLU                                        ! 命名为 V4
VGEN,,V4,,,,-(H_TOP+H_MID+H_BOT),,,,1             ! 将 V4 沿 Y 负方向平移 H_TOP+H_MID+H
                                                    _BOT
ALLS                                              ! 选择所有元素
VSEL,S,VOLU,,2,8                                  ! 选择编号 2 到 8 的体
CM,V5,VOLU                                        ! 命名为 V5
VSYMM,Y,V5,,,,0,0                                 ! 将 V5 关于 Z-X 平面镜像
ALLS                                              ! 选择所有元素
VSEL,ALL                                          ! 选择所有的体
CM,V6,VOLU                                        ! 命名为 V6
VGEN,,V6,,,,H_TOP+H_MID+H_BOT,,,,1                ! 将 V6 沿 Y 正方向平移 H_TOP+H_MID+H
                                                    _BOT
ALLS                                              ! 选择所有元素
NUMCMP,VOLU                                       ! 对体重新编号
BLOCK,-L_MID/2,L_MID/2,H_BOT+2*H_MID+2*H_TOP,H_BOT+2*H_MID+2*H_TOP+T_MID,
```

```
-W_MID/2,W_MID/2                        ! 创建上箱体盖
  VSEL,ALL                              ! 选择所有体
  ! ----对已经创建好的实体进行切分,以便后续网格划分----
  WPOFFS,,,-W_MID/2   $  VSBW,ALL       ! 工作平面沿 Z 平移 -W_MID/2   $  切分所有体
  WPOFFS,,,T_MID      $  VSBW,ALL       ! 工作平面沿 Z 平移 T_MID  $  切分所有体
  WPOFFS,,,W_MID-2*T_MID  $  VSBW,ALL   ! 工作平面沿 Z 平移 W_MID-2*T_MID  $  切分所有体
  WPOFFS,,,T_MID      $  VSBW,ALL       ! 工作平面沿 Z 平移 T_MID  $  切分所有体
  WPROTA,,,-90                          ! 工作平面绕 Y 轴旋转 -90 度
  WPOFFS,,,-L_MID/2   $  VSBW,ALL       ! 工作平面沿 Z 平移 -L_MID/2  $  切分所有体
  WPOFFS,,,T_MID      $  VSBW,ALL       ! 工作平面沿 Z 平移 T_MID  $  切分所有体
  WPOFFS,,,T_MID      $  VSBW,ALL       ! 工作平面沿 Z 平移 T_MID  $  切分所有体
  WPOFFS,,,L_BLK-2*T_MID  $  VSBW,ALL   ! 工作平面沿 Z 平移 L_BLK-2*T_MID  $  切分所有体
  WPOFFS,,,T_MID      $  VSBW,ALL       ! 工作平面沿 Z 平移 T_MID  $  切分所有体
  WPOFFS,,,L_MID-2*T_MID-L_BLK
  VSBW,ALL                              ! 工作平面沿 Z 平移 L_MID-2*T_MID-L_BLK  $  切分所有体
  WPOFFS,,,T_MID      $  VSBW,ALL       ! 工作平面沿 Z 平移 T_MID  $  切分所有体
  WPROTA,,-90,,                         ! 工作平面绕 X 轴旋转 -90 度
  WPOFFS,,,H_BOT+(H_MID-H_BLK)
  VSBW,ALL                              ! 工作平面沿 Z 平移 H_BOT+(H_MID-H_BLK)  $  切分所有体
  WPOFFS,,,2*T_MID    $  VSBW,ALL       ! 工作平面沿 Z 平移 2*T_MID  $  切分所有体
  WPOFFS,,,2*H_TOP+2*H_BLK-4*T_MID
  VSBW,ALL                              ! 工作平面沿 Z 平移 2*H_TOP+2*H_BLK-4*T_MID  $  切分所有体
  WPOFFS,,,2*T_MID    $  VSBW,ALL       ! 工作平面沿 Z 平移 2*T_MID  $  切分所有体
  VGLUE,ALL                             ! 将切分好的实体进行布尔操作粘接,以便网格划分
  WPCSYS,-1                             ! 工作平面返回初始位置
  !----网格划分----
  VSEL,ALL                              ! 选择所有体
  CSYS,5                                ! 激活坐标系 5
  VGEN,,ALL,,,,90,,,,1                  ! 将所有体绕 Y 轴旋转 90 度
  CSYS,0                                ! 激活坐标系 0
```

```
ESIZE,E_SIZE                                  ! 设定单元尺寸大小为5mm
VSWEEP,ALL                                    ! 划分网格
VSEL,ALL                                      ! 选择所有体
NSLV,S,1                                      ! 选择体上的所有节点
NUMMRG,NODE,,,,LOW                            ! 合并节点
ALLS
FINISH                                        ! 退出当前处理器
```

到此为止，齿轮箱的建模以及网格划分完成，划分好的齿轮箱有限元模型如图11-13所示。

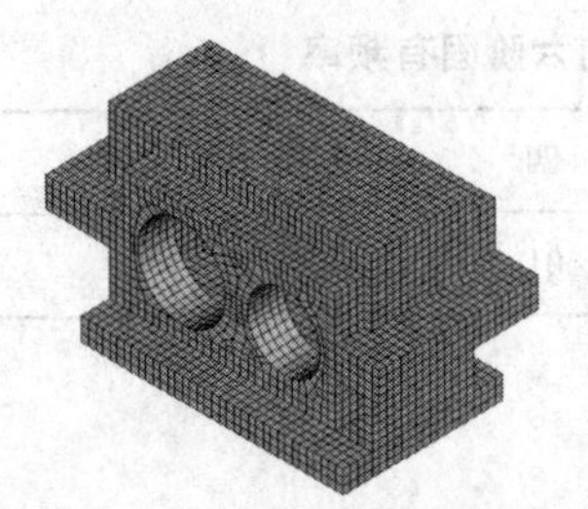
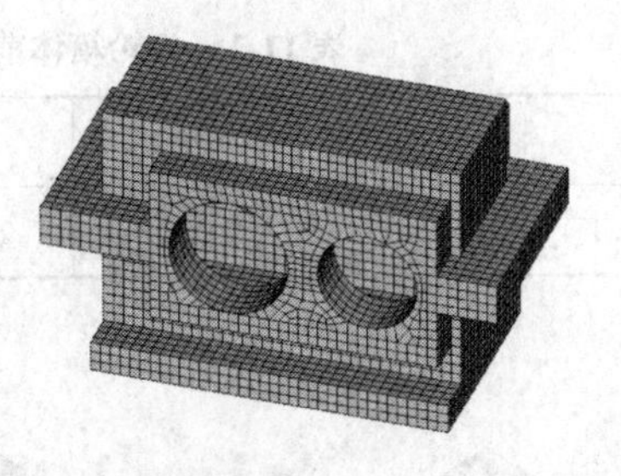

图11-13　齿轮箱体有限元模型

4. 施加约束和模态分析

根据箱体在实际应用中的固定方法，这里将箱体底座四个角的位置进行固定约束，然后进行模态分析。完成箱体的有限元模型后，运行“Example_11.2.4.ANSYS.txt”文本完成箱体的约束与模态分析，命令流如下所示：

```
/SOLU                       ! 进入求解器
E_SIZE=0.005                ! 单元尺寸大小
ANTYPE,MODAL                ! 选择模态分析
NSEL,S,LOC,Y,0              ! 选择Y=0的节点
NSEL,U,LOC,Z,-(L_BOT/2-3*E_SIZE),L_BOT/2-4*E_SIZE
                            ! 去掉Z轴坐标在该范围内的节点
NSEL,U,LOC,Z,L_BOT/2-E_SIZE,L_BOT/2
                            ! 去掉Z轴坐标在该范围内的节点
NSEL,U,LOC,Z,-L_BOT/2,-(L_BOT/2-E_SIZE)
                            ! 去掉Z轴坐标在该范围内的节点
NSEL,U,LOC,X,-(W_BOT/2-4*E_SIZE),W_BOT/2-4*E_SIZE
                            ! 去掉X轴坐标在该范围内的节点
NSEL,U,LOC,X,-(W_BOT/2-E_SIZE),-W_BOT/2
                            ! 去掉X轴坐标在该范围内的节点
NSEL,U,LOC,X,W_BOT/2-E_SIZE,W_BOT/2
                            ! 去掉X轴坐标在该范围内的节点
CM,N1,NODE                  ! 将选中的节点命名为N1
D,N1,ALL                    ! 施加全约束
```

```
ALLS                      ! 选择所有元素
MODOPT,LANB,10            ! 计算前 10 阶模态
MXPAND,10,,,1             ! 指定拓展的模态数为 10 并计算单元的应力
EQSLV,SPAR                ! 设置采用稀疏直接求解器进行求解
SOLVE                     ! 求解
FINISH                    ! 退出当前处理器
/TRIAD,OFF                ! 去掉坐标系显示
/REPLOT
```

求解完成后，齿轮箱体的前六阶固有频率与振型分别如表 11-2 和图 11-14 所示。

表 11-2　齿轮箱体前六阶固有频率　　（单位：Hz）

阶次	一	二	三	四	五	六
频率	1167.1	1758.7	2458.3	2601.3	3042.3	3584.1

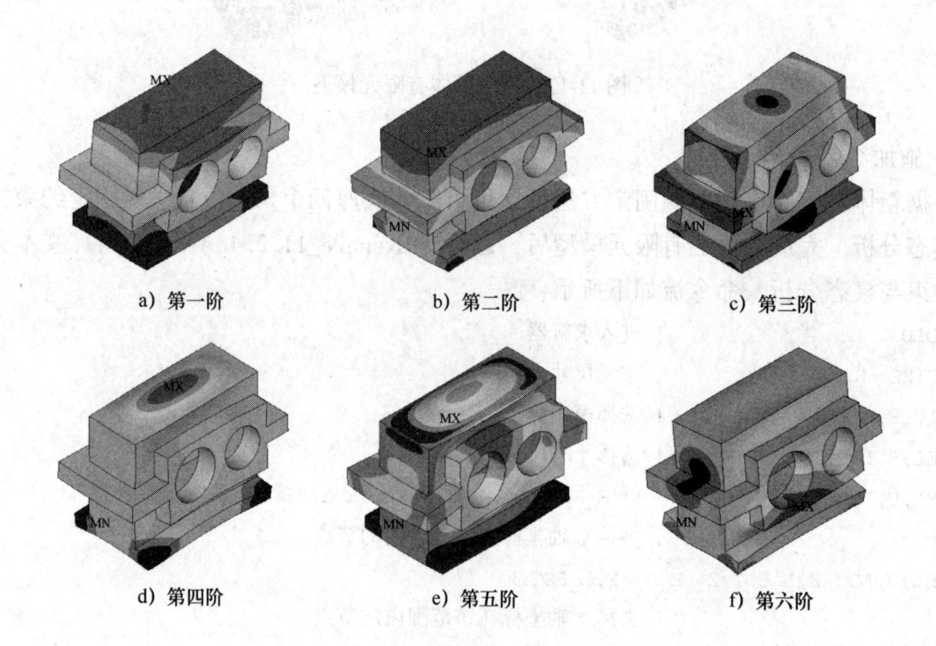

a）第一阶　b）第二阶　c）第三阶　d）第四阶　e）第五阶　f）第六阶

图 11-14　齿轮箱前六阶振型

5. 整机系统的有限元模型组装

在前面耦合轴系以及齿轮箱体建模的基础之上，再运行“Example_11.2.5.ANSYS.txt”文本完成整机模型的建立与约束，以便后续进行相应的分析。命令流如下：

```
/PREP7
! - - - - 箱体约束 - - - -
NSEL,S,LOC,Y,0                                  ! 选择 Y = 0 的节点
NSEL,U,LOC,Z,-(L_BOT/2-3*E_SIZE),L_BOT/2-4*E_SIZE
```

```
                                              ! 去掉 Z 轴坐标在该范围内的节点
NSEL,U,LOC,Z,L_BOT/2 - E_SIZE,L_BOT/2         ! 去掉 Z 轴坐标在该范围内的节点
NSEL,U,LOC,Z, - L_BOT/2, - (L_BOT/2 - E_SIZE) ! 去掉 Z 轴坐标在该范围内的节点
NSEL,U,LOC,X, - (W_BOT/2 - 4 * E_SIZE),W_BOT/2 - 4 * E_SIZE
                                              ! 去掉 X 轴坐标在该范围内的节点
NSEL,U,LOC,X, - (W_BOT/2 - E_SIZE), - W_BOT/2 ! 去掉 X 轴坐标在该范围内的节点
NSEL,U,LOC,X,W_BOT/2 - E_SIZE,W_BOT/2         ! 去掉 X 轴坐标在该范围内的节点
CM,N10,NODE                                   ! 将选中的节点命名为 N10
D,N10,ALL                                     ! 施加全约束
ALLS                                          ! 选择所有元素
! 移动箱体到相应位置
VSEL,ALL                                      ! 选择所有体
VGEN,,ALL,,,, - (H_TOP + H_MID + H_BOT),,,,1  ! 沿 Y 负方向移动箱体
VGEN,,ALL,,, - (DIS2 - B_LH1 - B_LH2 - B_LH3/2),,,,,1
                                              ! 沿 X 负方向移动箱体
/ESHAPE,1                                     ! 显示单元形状
/REPLOT
ALLS                                          ! 选择所有元素
! 创建齿轮轴与箱体之间的耦合连接
! 靠近 Y - Z 平面的大圆 - - - - CP 耦合 - - - -
ASEL,S,AREA,,51,229,178                       ! 选择面 51 和 229
ASEL,A,AREA,,1148,1460,312                    ! 选择面 1148 和 1460
ASEL,A,AREA,,1494,1498,4                      ! 选择面 11494 和 1498
ASEL,A,AREA,,1661,1664,3                      ! 选择面 1661 和 1664
NSLA,S,1                                      ! 选择所选面上的节点
NSEL,R,LOC,X,B_LH1 + B_LH2 + B_LH3 + B_LH4 + B_LH5/2 - DIS2
                                              ! 从中选择该范围内的节点
NSEL,A,NODE,,201                              ! 再选择节点 201
CP,1,ALL,ALL                                  ! 定义耦合约束
! 远离 Y - Z 平面的大圆 - - - - CP 耦合 - - - -
ALLS                                          ! 选择所有元素
ASEL,S,AREA,,161,172,11                       ! 选择面 161 和 172
ASEL,A,AREA,,1386,1390,4                      ! 选择面 1386 和 1390
ASEL,A,AREA,,1667,1670,3                      ! 选择面 1667 和 1670
ASEL,A,AREA,,1273,1410,137                    ! 选择面 1273 和 1410
NSLA,S,1                                      ! 选择面上的节点
NSEL,R,LOC,X,B_LH1/2 - DIS2                   ! 从中选择该范围内的节点
NSEL,A,NODE,,200                              ! 选择节点 200
```

```
CP,12,ALL,ALL                                    ! 定义耦合约束
! 靠近 Y-Z 平面的小圆----CP 耦合----
ALLS                                             ! 选择所有元素
ASEL,S,AREA,,220,304,84                          ! 选择面 220 和 304
ASEL,A,AREA,,1141,1447,306                       ! 选择面 1141 和 1447
ASEL,A,AREA,,1662,1665,3                         ! 选择面 1662 和 1665
NSLA,S,1                                         ! 选择面上的节点
NSEL,R,LOC,X,S_LH1+E_SIZE                        ! 从中选择该范围内的节点
NSEL,A,NODE,,202                                 ! 再选择节点 202
CP,22,ALL,ALL                                    ! 定义耦合约束
! 远离 Y-Z 平面的小圆----CP 耦合----
ALLS                                             ! 选择所有元素
ASEL,S,AREA,,163,186,23                          ! 选择面 163 和 186
ASEL,A,AREA,,1272,1352,80                        ! 选择面 1272 和 1352
ASEL,A,AREA,,1668,1671,3                         ! 选择面 1668 和 1671
NSLA,S,1                                         ! 选择面上的节点
NSEL,R,LOC,X,S_LH1+S_LH2+S_LH3+S_LH4+S_LH5+2*E_SIZE
                                                 ! 从中选择该范围内的节点
NSEL,A,NODE,,203                                 ! 再选择节点 203
CP,32,ALL,ALL                                    ! 定义耦合约束
ALLS                                             ! 选择所有元素
FINISH                                           ! 退出当前处理器
```

到此为止，整机建模结束。模型如图 11-15 所示。

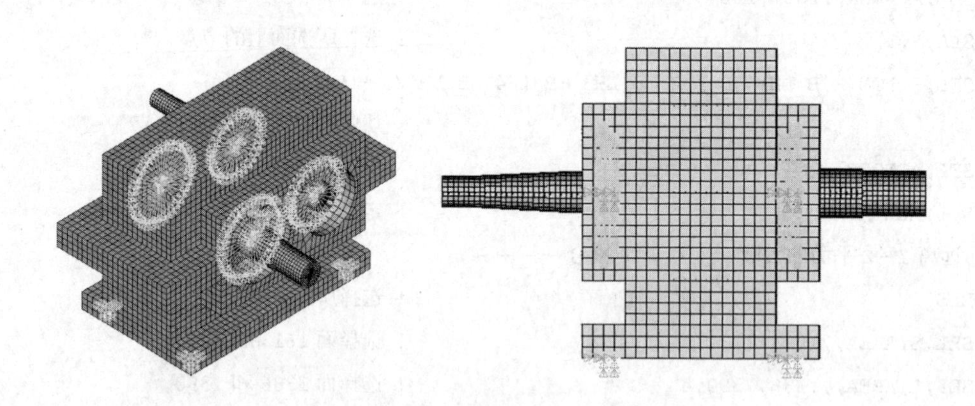

图 11-15　整机有限元模型

6. 齿轮系统整机谱分析

由于该增速机在工作状态下会因外力的作用而发生整体的振动。从而对其工作性能及其使用寿命产生一定影响。因此对其进行谱分析观察其整体变形与应力情况十分必要。运行

"Example_11. 2. 6. ANSYS. txt" 文本完成整机谱分析。命令流如下所示：

```
/SOLU                                  ! 进入求解器
ANTYPE,MODAL                           ! 选择模态分析
MODOPT,LANB,10                         ! 计算前 10 阶模态
EQSLV,SPAR                             ! 设置采用稀疏直接求解器进行求解
MXPAND,10,,,1                          ! 拓展模态并计算单元应力
SOLVE                                  ! 求解
FINISH                                 ! 退出当前处理器
/SOLU                                  ! 进入求解器
ANTYPE,SPECTR                          ! 进行谱分析
SPOPT,SPRS,10,1                        ! 选择单点响应普,10 阶模态参与计算并计算单元应力
SVTYP,3                                ! 选择位移谱
SED,0,1,0                              ! 谱的激励方向为整体坐标系的 Y 方向
FREQ,0.5,1.0,2.4,3.8,17,18,20,32,0
                                       ! 输入频率
SV,0.01,1.0E-3,0.5E-3,0.9E-3,0.8E-3,1.2E-3,0.75E-3,0.86E-3,0.2E-3,
                                       ! 输入谱值
SOLVE                                  ! 求解
FINISH                                 ! 退出当前处理器
/SOLU                                  ! 进入求解器
ANTYPE,SPECTR                          ! 指定谱分析
SRSS,0,DISP                            ! 指定合并模态的方法为平方根法
SOLVE                                  ! 求解
FINISH                                 ! 退出当前处理器
```

7. 结果查看及分析

运行 Example_11. 2. 7. ANSYS. txt 文本查看整机谱分析结果。命令流如下所示：

```
/POST1                                 ! 进入后处理器
SET,LIST                               ! 列表显示频率计算结果
SET,,,1,,,,1                           ! 选择第一阶模态
/INPUT,'Single_point','mcom','路径',,0
                                       ! 读入后缀为".mcom"的文件,"路径"表示该文件在操作者电脑中的
                                         存储路径。
PLNSOL,U,SUM,0,1                       ! 显示结构总位移
PLESOL,S,EQV,0,1                       ! 显示结构应力分布
FINISH                                 ! 退出当前处理器
```

齿轮箱体结构总位移与应力分布如图 11-16 和图 11-17 所示。

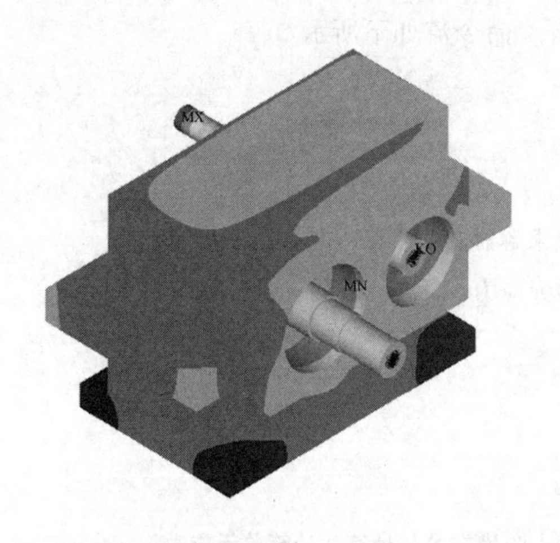

图 11-16　结构总位移

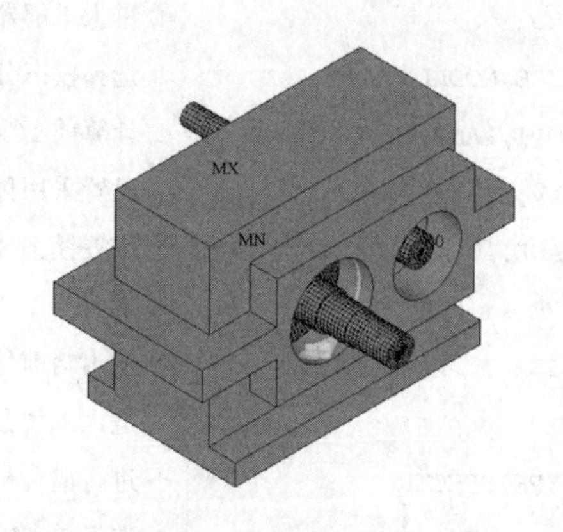

图 11-17　结构应力分布

11.3　回转叶片组的模态特性分析

在航空发动机中，叶片作为关键的零部件，其性能的好坏直接影响发动机的使用寿命。目前在发动机中，为减小叶片受迫振动的幅值，增强叶片的强度，在叶片与叶片之间设计凸肩结构进行相互连接，如图 11-18 所示，可以发现这种结构属于轴向循环对称结构。为了研究这种结构的振动性质，建立如图 11-19 所示的叶肩连接叶片的简单结构，进行建模的分析工作。这里已知其材料性能参数为弹性模量 $E=200$ GPa，泊松比 $\nu=0.3$，材料密度为 $\rho=7\,850$ kg/m^3。叶片及凸肩的几何尺寸见表 11-3。试分析该叶片组的振动特性。

图 11-18　带凸肩叶片组

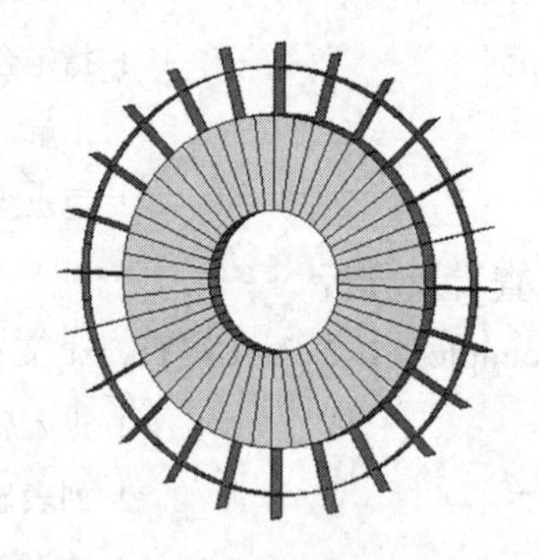

图 11-19　直板叶片模拟结构示意图

表 11-3　叶片及凸肩几何尺寸

序　　号	物　理　量	值
1	轮盘内径 R_1/mm	150
2	轮盘外径 R_2/mm	350
3	轮盘厚度 H/mm	60
4	叶片长度 L/mm	150

（续）

序　号	物 理 量	值
5	叶片宽度 b_1/mm	60
6	叶片厚度 h_1/mm	7
7	凸肩位置（2L/3）/mm	100
8	凸肩宽度 b_2/mm	40
9	凸肩厚度 h_2/mm	5
10	叶片个数 N/个	24

1. 建立几何模型及单元划分

1）单叶片的建模：在对单叶片进行建模时，要考虑到整周叶片的个数，从而计算出单叶片扇形区所对应的圆心角。同时，在叶片凸肩与叶身相交的地方应注意节点合并，使其合并为一整体。运行“Example_11. 3. 1. 1. ANSYS. txt”文件完成单叶片有限元模型的建立。具体命令流如下所示：

```
FINISH                                  ! 退出当前处理器
/CLEAR,START                            ! 开始一个新的分析过程
PI = ACOS( -1)                          ! 给 PI 赋值
RD_1 =0.15  $  RD_2 =0.35  $  W_D=0.06
                                        ! 轮盘内径 $ 外径 $ 厚度
L_B=0.15  $  W_B=0.06  $  H_B=0.007
                                        ! 叶片长度 $ 宽度 $ 厚度
NUM_B=24                                ! 叶片个数
POS_SD=2 * L_B/3                        ! 凸肩位置,距离叶根 2L/3
GAMA=360/NUM_B                          ! 每个叶片对应的圆心角
W_SD=0.04  $  H_SD=0.005                ! 凸肩宽度 $ 厚度
E_SIZE=0.01                             ! 定义单元尺寸
/PREP7                                  ! 进入前处理器
ET,1,SHELL181                           ! 指定单元类型 1
ET,2,SOLID45                            ! 指定单元类型 2
R,1,H_B                                 ! 指定实常数 1
R,2,H_SD                                ! 指定实常数 2
MP,EX,1,2E11                            ! 定义弹性模量
MP,PRXY,1,0.3                           ! 定义泊松比
MP,DENS,1,7850                          ! 定义密度
CSYS,1                                  ! 转换到柱坐标系下进行建模
K,1,0,0,0                               ! 创建轴线的第一个关键点
K,2,0,0,W_D                             ! 创建关键点 2
K,3,RD_2,0,0                            ! 开始创建叶片所需的关键点 3
K,4,RD_2,0,W_D                          ! 创建关键点 4
```

```
K,5,RD_2 + L_B,0,0                        ! 创建关键点 5
K,6,RD_2 + L_B,0,W_B                      ! 创建关键点 6
A,3,4,6,5                                 ! 生成叶片面
K,7,RD_2 + POS_SD,0,(W_B - W_SD)/2        ! 创建凸肩面所需的关键点 7
K,8,RD_2 + POS_SD,0,(W_B - W_SD)/2 + W_SD ! 创建关键点 8
L,7,8                                     ! 创建直线
LSEL,S,LOC,X,RD_2 + POS_SD                ! 选择 X = RD_2 + POS_SD 的线
LSEL,R,LOC,Z,(W_B - W_SD)/2,(W_B - W_SD)/2 + W_SD
                                          ! 从中选择该范围内的线
CM,L1,LINE                                ! 命名 L1
AROTAT,L1,,,,,,1,2,GAMA/2,,               ! 将 L1 绕节点 1,2 转 GAMA/2 度生成面
AROTAT,L1,,,,,,1,2,-GAMA/2,,              ! 将 L1 绕节点 1,2 转 -GAMA/2 度生成面
ALLS                                      ! 选择所有元素
K,13,RD_1,0,0                             ! 创建轮盘所需的关键点 13
K,14,RD_1,0,W_D                           ! 关键点 14
A,3,4,14,13                               ! 创建面
ASEL,S,LOC,X,RD_1,RD_2                    ! 选择该范围内的面
CM,A1,AREA                                ! 命名 A1
VROTAT,A1,,,,,,1,2,GAMA/2,,               ! 将 A1 绕节点 1,2 旋转 GAMA/2 度生成体
VROTAT,A1,,,,,,1,2,-GAMA/2,,              ! 将 A1 绕节点 1,2 旋转 -GAMA/2 度生成体
ALLS                                      ! 选择所有元素
! 划分
ESIZE,E_SIZE                              ! 设定单元尺寸
TYPE,1  $  REAL,1                         ! 选择单元类型 1  $  实常数 1
ASEL,S,AREA,,1                            ! 选择面 1
MSHKEY,1                                  ! 映射划分方式
AMESH,ALL                                 ! 划分面 1
ALLS                                      ! 选择所有元素
TYPE,1  $  REAL,2                         ! 选择单元类型 1  $  实常数 2
ASEL,S,AREA,,2,3                          ! 选择面 2 和 3
MSHKEY,1                                  ! 映射划分方式
AMESH,ALL                                 ! 划分面 2 和 3
ALLS                                      ! 选择所有元素
TYPE,2                                    ! 选择单元类型 2
VSEL,S,VOLU,,1,2                          ! 选择体 1 和 2
MSHKEY,1                                  ! 映射划分方式
VMESH,ALL                                 ! 划分体
ALLS                                      ! 选择所有元素
NUMMRG,NODE,,,,LOW                        ! 合并节点
/ESHAPE,1                                 ! 显示单元形状
```

```
/REPLOT
FINISH                                      ! 退出当前处理器
```

到此，单叶片建模过程完成，模型如图 11-20 所示。

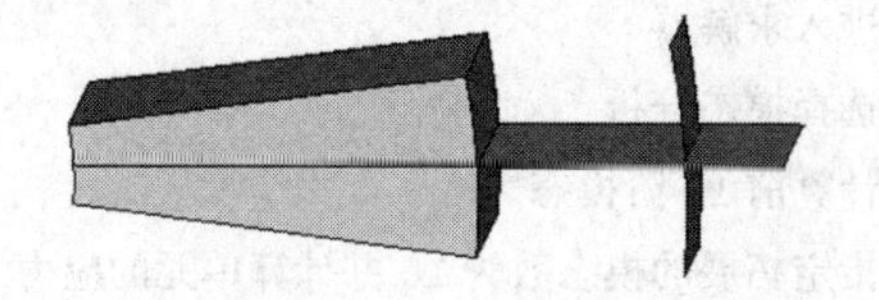
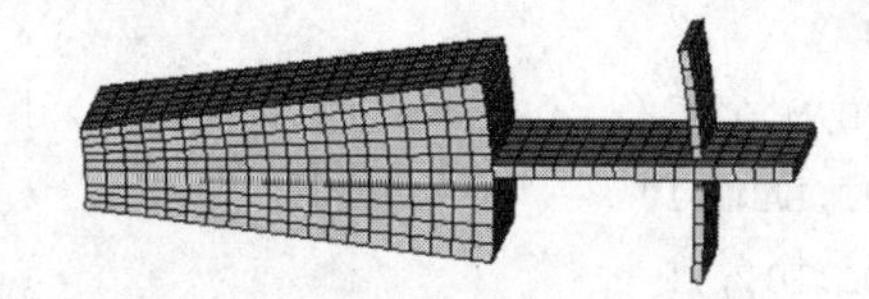

图 11-20　单叶片模型

2）循环对称建模：在已完成的单叶片建模基础上进行循环对称模型的建模，运行“Example_11. 3. 1. 2. ANSYS. txt”文件完成循环对称模型。命令流如下：

```
/PREP7
CYCLIC,,,,'CYCLIC'                          ! 建立循环对称
FINISH                                      ! 退出当前处理器
```

到此循环对称建模结束。

3）整周叶片建模：在已完成的单叶片建模基础上进行整周叶片模型的建模，运行“Example_11. 3. 1. 3. ANSYS. txt”文件完成整周叶片模型的建立。命令流如下：

```
/PREP7
ASEL,S,AREA,,1,3                            ! 选择已建立的叶片/凸肩平面
AGEN,NUM_B,ALL,,,,GAMA,,,0                  ! 复制一周 NUM_B 个
ALLS                                        ! 选择所有元素
VSEL,S,VOLU,,1                              ! 选择体 1
VGEN,NUM_B,ALL,,,,GAMA,,,0                  ! 复制一周 NUM_B 个
ALLS                                        ! 选择所有元素
VSEL,S,VOLU,,2                              ! 选择体 2
VGEN,NUM_B,ALL,,,,GAMA,,,0                  ! 复制一周 NUM_B 个
ALLS                                        ! 选择所有元素
NUMMRG,NODE,,,,LOW                          ! 合并节点
FINISH                                      ! 退出当前处理器
```

到此整周叶片建模完成，模型如图 11-21 所示。

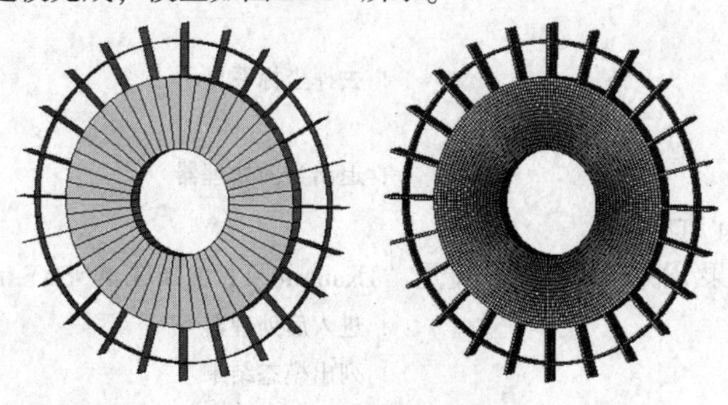

图 11-21　整周叶片模型

2. 施加约束及模态求解（三种情况讨论：1 单叶片；2 循环对称；3 整周叶片）

在对单叶片或者是叶片循环对称模型抑或是整周叶片模型进行模态求解时，其求解程序相同。运行“Example_11. 3. 2. ANSYS. txt”文件即可。具体命令流如下所示：

```
/SOLU                              ! 进入求解器
ANTYPE,MODAL                       ! 选择模态分析
MODOPT,LANB,10                     ! 计算前 10 阶模态
MXPAND,10,,,1                      ! 指定拓展的模态数为 10 并计算单元的应力
NSEL,S,LOC,X,RD_1                  ! 选择 X = RD_1 的所有节点
D,ALL,ALL                          ! 对所选择的节点施加全约束
ALLS                               ! 选择所有元素
CSYS,0                             ! 转换到笛卡尔坐标系下
SOLVE                              ! 求解
FINISH                             ! 退出当前处理器
```

以上三种建模方法的求解过程相同。在查看结果时循环对称建模方法有所不同，下面会详细介绍。

3. 结果查看与分析

1）单叶片分析结果查看。命令流见“Example_11. 3. 3. 1. ANSYS. txt”文本。

```
/POST1                             ! 进入后处理器
SET,LIST                           ! 列出模态结果
SET,,,1,,,,1,                      ! 提取第 1 阶模态
PLNSOL,U,SUM,0,1                   ! 显示振型
/GLINE,1, -1
/REPLOT
FINISH                             ! 退出当前处理器
```

2）循环对称分析结果查看。命令流见“Example_11. 3. 3. 2. ANSYS. txt”文本。

```
/POST1                             ! 进入后处理器
SET,LIST                           ! 列出模态结果
SET,,,1,,,,1,                      ! 提取第 1 阶模态
/CYCEXPAND,,ON                     ! 进行模态拓展
PLNSOL,U,SUM,0,1                   ! 显示振型
/GLINE,1, -1
/TRIAD,OFF                         ! 去掉坐标系显示
/REPLOT
FINISH                             ! 退出当前处理器
```

结果如图 11-22a 所示。

3）整周叶片结果分析查看。命令流见“Example_11. 3. 3. 3. ANSYS. txt”文本。

```
/POST1                             ! 进入后处理器
SET,LIST                           ! 列出模态结果
SET,,,1,,,,1,                      ! 提取第 1 阶模态
```

```
PLNSOL,U,SUM,0,1                            ! 显示振型
/GLINE,1, -1
/REPLOT
FINISH                                      ! 退出当前处理器
```

结果如图 11-22b 所示。

表 11-4　叶盘系统固有频率对比　（单位：Hz）

建模方法	第一阶	第二阶	第三阶	第四阶	第五阶	第六阶	第七阶	第八阶	第九阶	第十阶
循环对称模型	116.92	775.60	783.15	784.96	822.45	997.69	1005.3	1010.2	1024.8	1048.1
整周叶片模型	116.92	775.60	783.15	784.96	822.45	997.69	1005.3	1010.2	1024.8	1048.1

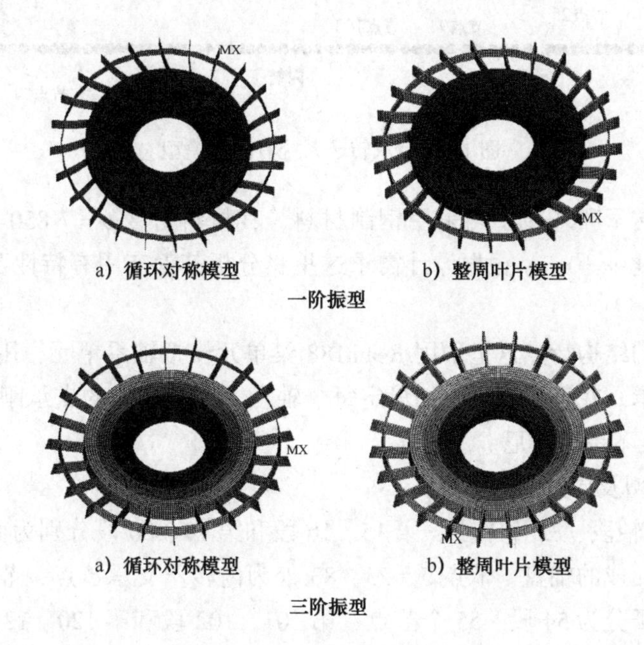

a）循环对称模型　b）整周叶片模型

一阶振型

a）循环对称模型　b）整周叶片模型

三阶振型

图 11-22　叶片振型对比

11.4　旋转轴系的模态及不平衡响应分析

某模拟航空发动机双转子系统实验台简化三维剖视模型图如图 11-23 所示（不考虑风扇转子），转子系统由内、外两个转子组成，其中内转子为低压转子，外转子为高压转子，压气机轮盘和涡轮均用圆盘模拟。该类型发动机的转子支承方式如图 11-24 所示，内转子的支承形式为 1-2-1 型，即压气机风扇之前有一组轴承支承Ⅰ，风扇和涡轮之间有两组轴承支承Ⅱ、Ⅴ，涡轮后有一组轴承支承Ⅲ；外转子采用 1-0-1 型，即压气机风扇之前有一组轴承支承Ⅳ，风扇和涡轮之间没有支承，涡轮后有一组轴承支承Ⅴ，其中轴承支承Ⅴ是中介轴承，位于内转子和外转子之间。其中内转子总长度为 1 500 mm，内转子圆盘的直径和厚度分别为 400 mm 和 20 mm；外转子总长度为 1 000 mm，外转子圆盘的直径和厚度分别为 400 mm

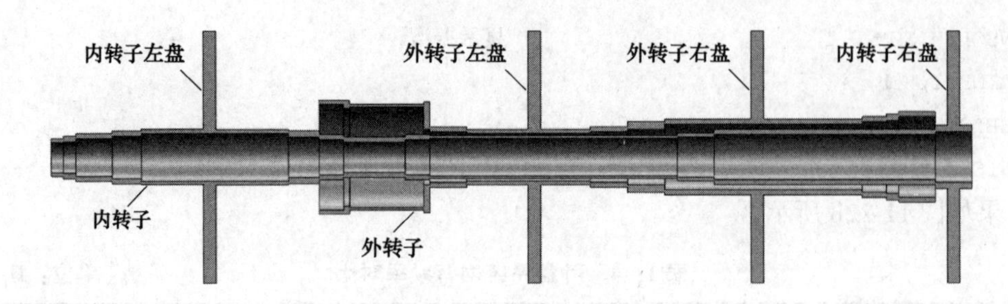

图 11-23　双转子系统三维模型

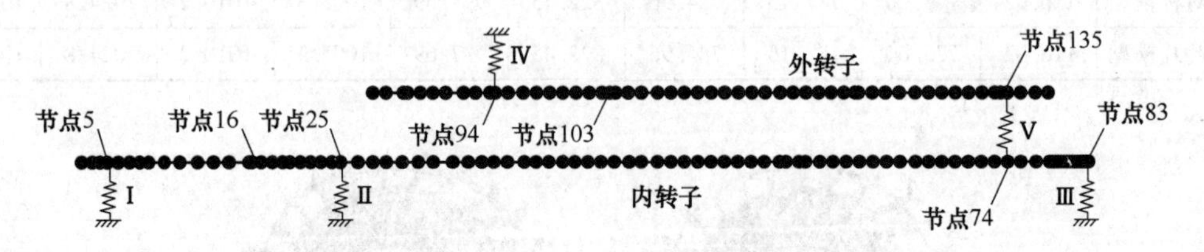

图 11-24　双转子系统有限元模型

和 20 mm。已知内转子和外转子均采用钢制材料，其材料密度 $\rho=7\ 850\ \mathrm{kg/m^3}$，弹性模量 $E=206\ \mathrm{GPa}$，泊松比 $\nu=0.3$。根据设计需求这里将分析其静态固有特性及临界转速和幅频特性。

根据研究对象的结构特点这里采用 Beam188 梁单元模拟轴系单元，用 Combin14 弹簧阻尼单元模拟弹性支承。在设计阶段我们设定每个轴承 x 向和 y 向的支承刚度均为 5×10^7 N/m，无交叉刚度并且不考虑阻尼。

1. 建立几何模型及单元划分

内转子分为 82 轴段、83 个节点，第 15、16 段和第 79、80 段分别为由内转子压气机和内转子涡轮盘等效而成的轴盘，节点 5、25、83 处为内转子支承节点，节点 74 为中介轴承内转子支点；外转子分为 54 段、55 个节点，第 101、102 段和第 120、121 段分别为外转子压气机和外转子涡轮轮盘等效而成的轴盘，节点 94 处为外转子支承节点，节点 135 为中介轴承外转子支点；其 ANSYS 有限元模型如图 11-21 所示。

运行“Example_11. 4. 1. ANSYS. txt”文本完成双转子建模。命令流如下所示：

```
FINISH                                  ! 退出当前处理器
/CLEAR,START                            ! 开始一个新的分析过程
/CONFIG,NRES,100000                     ! 子步数上限设置为 100000
/FILNAME,DUALROTOR - RESPONSE
/PREP7                                  ! 进入前处理器
/TITLE,DUALROTOR - RESPONSE
ET,1,BEAM188,,,2                        ! 定义轴的单元类型
MP,EX,1,2.06E11                         ! 定义弹性模量,均为标准单位
MP,DENS,1,7850                          ! 定义密度
MP,PRXY,1,0.3                           ! 定义泊松比
AA =136                                 ! 轴段数
```

```
*DIM,LENGTH,ARRAY,AA,3,1                    ! 定义数组,存放轴段数据(3行AA列)
*VREAD,LENGTH(1,1),'Data',csv,,JIK,3,AA,1,2
                                            ! 读入轴段数据到数组LENGTH中
(3F10.0)                                    ! 读入数据格式
*DIM,SHLEN,ARRAY,AA                         ! 用于存放轴段长度
*DIM,OUTDIA,ARRAY,AA                        ! 用于存放轴段外径
*DIM,INDIA,ARRAY,AA                         ! 用于存放轴段内径
*DO,I,1,AA                                  ! 存入轴段参数,并化成标准单位
SHLEN(I,1)=LENGTH(I,1)/1000                 ! 输入轴段长度(M)
OUTDIA(I,1)=LENGTH(I,2)/1000                ! 输入轴段外径(M)
INDIA(I,1)=LENGTH(I,3)/1000                 ! 输入轴段内径(M)
*ENDDO
! 绘制节点
NODESUM=AA+2                                ! 双转子结构总节点数
INSUM=83                                    ! 内转子总共节点数
*DIM,NODEZB,ARRAY,NODESUM                   ! 用于存放节点坐标  NODEZB=节点坐标
NODEZB(1,1)=0                               ! 第一个为0,即坐标原点
*DO,I,2,INSUM                               ! 首先定义内转子各节点坐标
NODEZB(I,1)=NODEZB(I-1,1)+SHLEN(I-1,1)
                                            ! 沿轴向将每一个节点的坐标求出
*ENDDO
NODEZB(INSUM+1,1)=0.44                      ! 定义外转子第一个节点坐标
*DO,I,INSUM+2,NODESUM                       ! 定义外转子各节点坐标
NODEZB(I,1)=NODEZB(I-1,1)+SHLEN(I-2,1)
                                            ! 沿轴向将每一个节点的坐标求出
*ENDDO
*DO,I,1,INSUM                               ! 绘制节点(内转子轴段)
N,I,,,NODEZB(I,1)
*ENDDO
*DO,I,INSUM+1,NODESUM                       ! 绘制节点(外转子轴段)
N,I,,,NODEZB(I,1)
*ENDDO
! 创建单元
TYPE,1                                      ! 选择单元类型1
MAT,1                                       ! 选择材料1
*DO,I,1,INSUM-1                             ! 绘制内转子上的单元
SECTYPE,I,BEAM,CTUBE                        ! 定义梁截面类型
SECDATA,INDIA(I,1)/2,OUTDIA(I,1)/2,32       ! 定义梁截面参数
SECNUM,I                                    ! 选择梁截面
E,I,I+1                                     ! 绘制单元
*ENDDO
```

```
CM,INSPOOL,ELEM                                 ! 定义为“INSPOOL”部件
*DO,I,INSUM,AA                                  ! 绘制外转子上的单元
SECTYPE,I,BEAM,CTUBE                            ! 定义梁截面类型
SECDATA,INDIA(I,1)/2,OUTDIA(I,1)/2,32           ! 定义梁截面参数
SECNUM,I                                        ! 选择梁截面
E,I+1,I+2                                       ! 绘制单元
*ENDDO
ESEL,U,,,INSPOOL                                ! 仅选择外转子上的单元
CM,OUTSPOOL,ELEM                                ! 定义为“OUTSPOOL”部件
ALLSEL                                          ! 选择所有实体
! 定义弹簧单元及实常数(刚度,阻尼)
ET,2,COMBIN14,,1                                ! X方向弹簧
ET,3,COMBIN14,,2                                ! Y方向弹簧
! 定义实常数,即弹簧刚度和阻尼
R,21,5E7  $  R,22,5E7 $  R,23,5E7  $  R,24,5E7  $  R,25,5E7
R,31,5E7  $  R,32,5E7 $  R,33,5E7  $  R,34,5E7  $  R,35,5E7
! 创建弹簧单元节点
N,1000,0.1,0,NODEZB(5,1)    $   N,1001,0,0.1,NODEZB(5,1)
N,1002,0.1,0,NODEZB(25,1)   $   N,1003,0,0.1,NODEZB(25,1)
N,1004,0.1,0,NODEZB(83,1)   $   N,1005,0,0.1,NODEZB(83,1)
N,1006,0.1,0,NODEZB(94,1)   $   N,1007,0,0.1,NODEZB(94,1)
! 创建X方向弹簧单元
TYPE,2                                          ! 选择单元类型2,然后开始绘制X方向弹簧单元
REAL,21   $  E,5,1000
REAL,22   $  E,25,1002
REAL,23   $  E,83,1004
REAL,24   $  E,94,1006
REAL,25   $  E,74,135
! 创建Y方向弹簧单元
TYPE,3                                          ! 选择单元类型3,然后开始绘制Y方向弹簧单元
REAL,31   $  E,5,1001
REAL,32   $  E,25,1003
REAL,33   $  E,83,1005
REAL,34   $  E,94,1007
REAL,35   $  E,74,135
! 定义约束条件
D,1000,ALL $ D,1001,ALL $ D,1002,ALL $ D,1003,ALL
D,1004,ALL $ D,1005,ALL $ D,1006,ALL $ D,1007,ALL
                                                ! 将节点1000到1007全约束
D,ALL,UZ,,,,,ROTZ                               ! 将所有节点约束Z平移自由度和绕Z转动自由度
/ESHAPE,1
```

```
EPLOT                                    ! 显示单元形状
FINISH                                   ! 退出当前处理器
```

到此双转子结构有限元建模过程结束，结果如图11-25所示。

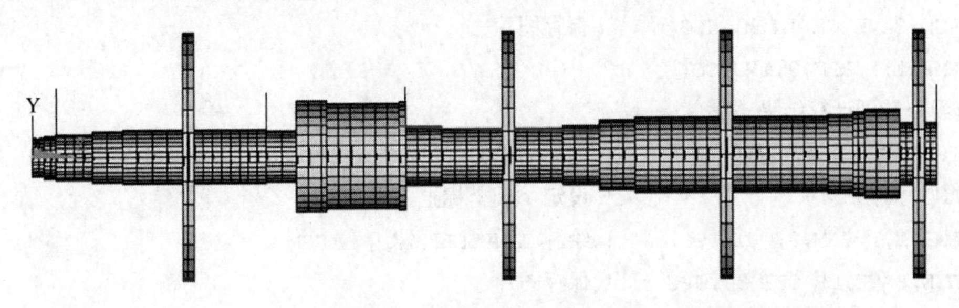

图11-25 双转子有限元模型

2. 双转子系统的临界转速计算（双转子系统的临界转速图谱，转速比为1.5时的Campbell图）

运行“Example_11.4.2.ANSYS.txt”文本完成求解及结果查看。命令流如下所示：

```
/SOLU                          ! 进入求解器
*DIM,SPIN,ARRAY,31,1           ! 定义速度数组,单位R/MIN
*VFILL,SPIN,RAMP,0,1000        ! 定义转速按斜坡函数递增,初值为0,斜率为1000
RATIO=ACOS(-1)/30              ! RPM与RAD/S之间的转换关系
NBF=20                         ! 指定模态数
ANTYPE,MODAL                   ! 模态分析
CORIOLIS,ON,,,ON               ! 考虑科里奥利效应
MODOPT,QRDAMP,NBF,1,,ON        ! 选择QRDAMP方法
QRDOPT,ON
*DO,I,1,31                     ! 施加转速
CMOMEGA,INSPOOL,,,SPIN(I)*RATIO
                               ! 内转子施加转速
CMOMEGA,OUTSPOOL,,,SPIN(I)*RATIO*1.5
                               ! 外转子施加转速,速率比为1.5
MXPAND,NBF
SOLVE
*ENDDO
FINISH                         ! 求解完成
/POST1                         ! 进入后处理器
/GROPTS,VIEW,1                 ! 改变观察角度为正视图
/VIEW,1,0,0,1
/ANG,1
/AUTO,1
/REP
!查看内转子计算结果
```

```
/OUTPUT,CR_IN_30,TXT            ! 输出结果文本
/YRANGE,0,550                   ! 设定 Y 轴坐标上下限
PLCAMP,1,1,RPM,0,INSPOOL        ! 绘制 CAMPBELL 图,单位 RPM
/IMAGE,SAVE,CR_IN_30,JPG        ! 保存图片
PRCAMP,1,1,RPM,0,INSPOOL
! 查看外转子计算结果
/OUTPUT,CR_OUT_30,TXT           ! 输出结果文本
/YRANGE,0,550                   ! 设定 Y 轴坐标上下限
PLCAMP,1,1,RPM,0,OUTSPOOL       ! 绘制 CAMPBELL 图,单位 RPM
/IMAGE,SAVE,CR_OUT_30,JPG       ! 保存图片
PRCAMP,1,1,RPM,0,OUTSPOOL
FINISH                          ! 退出当前处理器
```

以上为双转子临界转速分析的命令流。当内外转子转速比为 1∶1.5 时，直接计算此转速比时双转子系统的 Campbell 图，如图 11-26 所示。此时不考虑边界弹簧阻尼；从而得到正反进动时双转子系统分别与内外转子同步的前三阶临界转速，如表 11-5 所示。

图 11-22 中线Ⅰ表示内转子转速，线Ⅱ表示外转子转速，①～⑥分别为双转子系统同步正进动引起的与内外转子同步的前三阶临界转速，其中①、③、④为与双转子系统同步正进动时外转子的前三阶临界转速，②、⑤、⑥为双转子系统同步正进动时与内转子同步的前三阶临界转速。

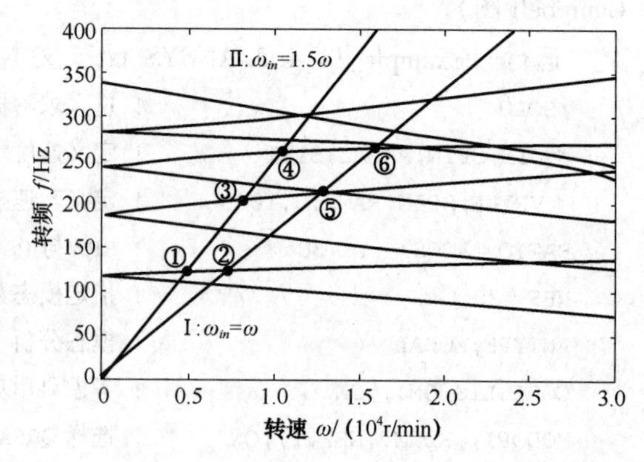

图 11-26　转速比为 1.5 时双转子系统的 Campbell 图

表 11-5　转速比为 1.5 时双转子系统的前六阶临界转速　（单位：r/min）

阶　　数	与外转子同步的临界转速	与内转子同步的临界转速
一阶反进动	6642.260	6476.799
一阶正进动	**7255.872①**	**7388.938②**
二阶反进动	10202.018	9781.930
二阶正进动	**12332.207③**	**12868.393⑤**
三阶反进动	13346.058	12841.715
三阶正进动	**15602.500④**	**15878.099⑥**

3. 双转子系统瞬态响应分析

在完成双转子有限元建模后，接下来进行瞬态响应分析。仅考虑不平衡故障时的双转子系统动力学响应，在四个盘心处（即节点 16、80、103、122）的不平衡量 $m_e r$ 均为 400 g · mm，且无相位差。当内转子转速为 10 000 r/min、外转子转速为 15 000 r/min，即内外转子的转速比为 1∶1.5 时，计算双转子系统的稳态不平衡响应。为了研究在双转子系统不平衡稳态

响应，以及中介轴承的耦合作用对内外转子动态响应特性的影响，取内转子左盘盘心（即节点16），中介轴承内转子支点（即节点74），外转子左盘盘心（即节点103），中介轴承外转子支点（即节点135）作为关键点侧重分析。这四个节点处的轨迹图，x 向时域波形及其幅值谱图依次如图11-27中的a1～b1、a2～b2、a3～b3、a4～b4所示。这些图可以用MAT-

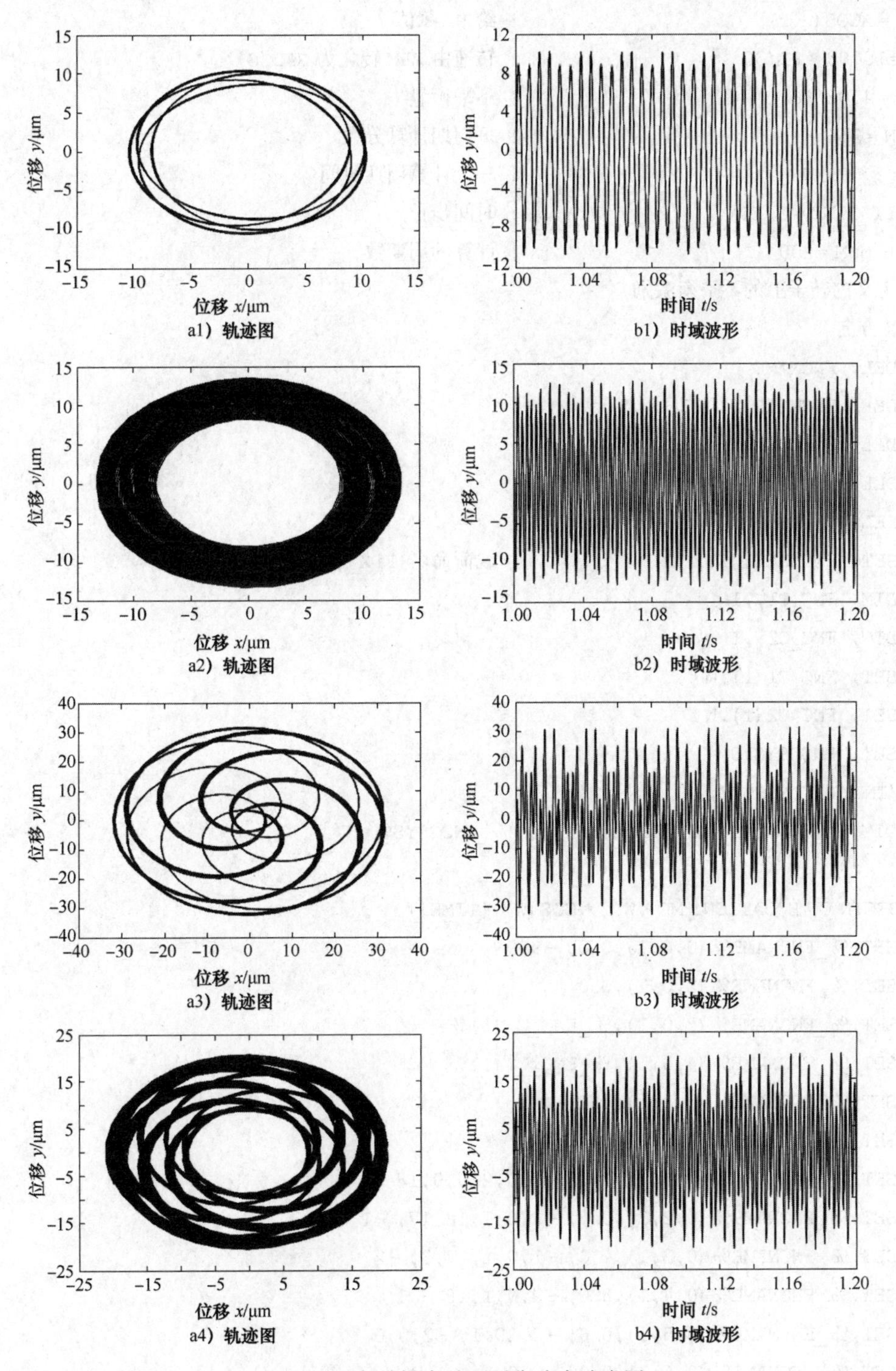

图11-27　各关键点处不平衡稳态响应图

LAB 软件编制程序绘制，具体数据采用 ANSYS 计算保存的结果文档。

在双转子建模的命令流基础上进行编程，运行“Example_11. 4. 3. ANSYS. txt”文件完成双转子的瞬态响应分析。程序如下所示：

```
/SOLU
PI=ACOS(-1)                          ! 给 PI 赋值
W=10000*PI/30                        ! 转速由 RPM 转化为 RAD/S
MR=400E-6                            ! 不平衡量
FEN=256                              ! 每周期计算分数
T=2*PI/W                             ! 一个计算周期时间
DELT_TIME=T/FEN                      ! 时间步长
CAL_NUM=200                          ! 计算的周期数
! 定义内转子上的不平衡激励
! X 方向
*DEL,_FNCNAME
*DEL,_FNCMTID
*DEL,_FNC_C1
*DEL,_FNC_C2
*DEL,_FNCCSYS
*SET,_FNCNAME,'F1X_IN'               ! 载荷命名:F1X_IN。
*DIM,_FNC_C1,,1
*DIM,_FNC_C2,,1
*SET,_FNC_C1(1),MR
*SET,_FNC_C2(1),W
*SET,_FNCCSYS,0
! /INPUT,F1X.FUNC,,,1
*DIM,%_FNCNAME%,TABLE,6,7,1,,,,%_FNCCSYS%
!
! BEGIN OF EQUATION: MR*W^2*COS(W*{TIME})
*SET,%_FNCNAME%(0,0,1),0.0,-999
*SET,%_FNCNAME%(2,0,1),0.0
*SET,%_FNCNAME%(3,0,1),%_FNC_C1(1)%
*SET,%_FNCNAME%(4,0,1),%_FNC_C2(1)%
*SET,%_FNCNAME%(5,0,1),0.0
*SET,%_FNCNAME%(6,0,1),0.0
*SET,%_FNCNAME%(0,1,1),1.0,-1,0,2,0,0,18
*SET,%_FNCNAME%(0,2,1),0.0,-2,0,1,18,17,-1
*SET,%_FNCNAME%(0,3,1),  0,-1,0,1,17,3,-2
*SET,%_FNCNAME%(0,4,1),0.0,-2,0,1,18,3,1
*SET,%_FNCNAME%(0,5,1),0.0,-2,10,1,-2,0,0
*SET,%_FNCNAME%(0,6,1),0.0,-3,0,1,-1,3,-2
```

```
*SET,%_FNCNAME%(0,7,1),0.0,99,0,1,-3,0,0
! END OF EQUATION: MR*W^2*COS(W*{TIME})
! Y方向
*DEL,_FNCNAME
*DEL,_FNCMTID
*DEL,_FNC_C1
*DEL,_FNC_C2
*DEL,_FNCCSYS
*SET,_FNCNAME,'F1Y_IN'              ! 载荷命名:F1Y_IN。
*DIM,_FNC_C1,,1
*DIM,_FNC_C2,,1
*SET,_FNC_C1(1),MR
*SET,_FNC_C2(1),W
*SET,_FNCCSYS,0
! /INPUT,F1Y.FUNC,,,1
*DIM,%_FNCNAME%,TABLE,6,7,1,,,,%_FNCCSYS%
!
! BEGIN OF EQUATION: MR*W^2*SIN(W*{TIME})
*SET,%_FNCNAME%(0,0,1),0.0,-999
*SET,%_FNCNAME%(2,0,1),0.0
*SET,%_FNCNAME%(3,0,1),%_FNC_C1(1)%
*SET,%_FNCNAME%(4,0,1),%_FNC_C2(1)%
*SET,%_FNCNAME%(5,0,1),0.0
*SET,%_FNCNAME%(6,0,1),0.0
*SET,%_FNCNAME%(0,1,1),1.0,-1,0,2,0,0,18
*SET,%_FNCNAME%(0,2,1),0.0,-2,0,1,18,17,-1
*SET,%_FNCNAME%(0,3,1),  0,-1,0,1,17,3,-2
*SET,%_FNCNAME%(0,4,1),0.0,-2,0,1,18,3,1
*SET,%_FNCNAME%(0,5,1),0.0,-2,9,1,-2,0,0
*SET,%_FNCNAME%(0,6,1),0.0,-3,0,1,-1,3,-2
*SET,%_FNCNAME%(0,7,1),0.0,99,0,1,-3,0,0
! END OF EQUATION: MR*W^2*SIN(W*{TIME})
! 定义外转子上的不平衡激励
! X方向
*DEL,_FNCNAME
*DEL,_FNCMTID
*DEL,_FNC_C1
*DEL,_FNC_C2
*DEL,_FNCCSYS
*SET,_FNCNAME,'F2X_OUT'             ! 载荷命名:F2X_OUT。
*DIM,_FNC_C1,,1
```

```
*DIM,_FNC_C2,,1
*SET,_FNC_C1(1),MR
*SET,_FNC_C2(1),1.5*W
*SET,_FNCCSYS,0
!/INPUT,F2X.FUNC,,,1
*DIM,%_FNCNAME%,TABLE,6,11,1,,,,%_FNCCSYS%
!
! BEGIN OF EQUATION: MR*(1.5*W)^2*COS((1.5*W)*{TIME})
*SET,%_FNCNAME%(0,0,1),0.0,-999
*SET,%_FNCNAME%(2,0,1),0.0
*SET,%_FNCNAME%(3,0,1),%_FNC_C1(1)%
*SET,%_FNCNAME%(4,0,1),%_FNC_C2(1)%
*SET,%_FNCNAME%(5,0,1),0.0
*SET,%_FNCNAME%(6,0,1),0.0
*SET,%_FNCNAME%(0,1,1),1.0,-1,0,1.5,0,0,18
*SET,%_FNCNAME%(0,2,1),0.0,-2,0,1,-1,3,18
*SET,%_FNCNAME%(0,3,1),  0,-1,0,2,0,0,-2
*SET,%_FNCNAME%(0,4,1),0.0,-3,0,1,-2,17,-1
*SET,%_FNCNAME%(0,5,1),0.0,-1,0,1,17,3,-3
*SET,%_FNCNAME%(0,6,1),0.0,-2,0,1.5,0,0,18
*SET,%_FNCNAME%(0,7,1),0.0,-3,0,1,-2,3,18
*SET,%_FNCNAME%(0,8,1),0.0,-2,0,1,-3,3,1
*SET,%_FNCNAME%(0,9,1),0.0,-2,10,1,-2,0,0
*SET,%_FNCNAME%(0,10,1),0.0,-3,0,1,-1,3,-2
*SET,%_FNCNAME%(0,11,1),0.0,99,0,1,-3,0,0
! END OF EQUATION: MR*(1.5*W)^2*COS((1.5*W)*{TIME})
! Y方向
*DEL,_FNCNAME
*DEL,_FNCMTID
*DEL,_FNC_C1
*DEL,_FNC_C2
*DEL,_FNCCSYS
*SET,_FNCNAME,'F2Y_OUT'            ! 载荷命名:F2Y_OUT。
*DIM,_FNC_C1,,1
*DIM,_FNC_C2,,1
*SET,_FNC_C1(1),MR
*SET,_FNC_C2(1),1.5*W
*SET,_FNCCSYS,0
!/INPUT,F2Y.FUNC,,,1
*DIM,%_FNCNAME%,TABLE,6,11,1,,,,%_FNCCSYS%
!
```

```
! BEGIN OF EQUATION: MR * (1.5 * W)^2 * SIN(1.5 * W * {TIME})
* SET,%_FNCNAME%(0,0,1),0.0, -999
* SET,%_FNCNAME%(2,0,1),0.0
* SET,%_FNCNAME%(3,0,1),%_FNC_C1(1)%
* SET,%_FNCNAME%(4,0,1),%_FNC_C2(1)%
* SET,%_FNCNAME%(5,0,1),0.0
* SET,%_FNCNAME%(6,0,1),0.0
* SET,%_FNCNAME%(0,1,1),1.0, -1,0,1.5,0,0,18
* SET,%_FNCNAME%(0,2,1),0.0, -2,0,1, -1,3,18
* SET,%_FNCNAME%(0,3,1),  0, -1,0,2,0,0, -2
* SET,%_FNCNAME%(0,4,1),0.0, -3,0,1, -2,17, -1
* SET,%_FNCNAME%(0,5,1),0.0, -1,0,1,17,3, -3
* SET,%_FNCNAME%(0,6,1),0.0, -2,0,1.5,0,0,18
* SET,%_FNCNAME%(0,7,1),0.0, -3,0,1, -2,3,18
* SET,%_FNCNAME%(0,8,1),0.0, -2,0,1, -3,3,1
* SET,%_FNCNAME%(0,9,1),0.0, -2,9,1, -2,0,0
* SET,%_FNCNAME%(0,10,1),0.0, -3,0,1, -1,3, -2
* SET,%_FNCNAME%(0,11,1),0.0,99,0,1, -3,0,0
! END OF EQUATION: MR * (1.5 * W)^2 * SIN(1.5 * W * {TIME})
/GST,ON
ANTYPE,4                                  ! 指定瞬态分析
TRNOPT,FULL                               ! 指定瞬态分析选项 FULL 完全法
EQSLV,SPARSE
CORIOLIS,ON,,,ON                          ! 考虑陀螺响应影响,激活静参考坐标系
F1 =116.05                                ! 系统第一阶固有频率(HZ)
F2 =186.81                                ! 系统第二阶固有频率(HZ)
ZUNIBI =0.01                              ! 阻尼比系数
ALPHA =4 * PI * F1 * F2 * ZUNIBI/(F1 + F2)  ! 计算瑞利阻尼系数
BEITA = ZUNIBI/PI/(F1 + F2)
ALPHAD,ALPHA                              ! 给阻尼系数赋值
BETAD,BEITA
TIMINT,ON                                 ! 打开瞬态效应
TINTP,0.005                               ! 二阶瞬态积分的振幅衰减系数默认值为 0.05
OUTRES,ALL,ALL                            ! 控制写入到数据库中的结果数据
KBC,0                                     ! 斜坡递增
AUTOTS,ON                                 ! 使用自动时间步长跟踪
TIME,T * CAL_NUM                          ! 总共计算时长
DELTIM,DELT_TIME,DELT_TIME,DELT_TIME * 4
                                          ! 时间步长最小的步长时间最大的步长时间
CMOMEGA,INSPOOL,,,W                       ! 内转子施加转速
CMOMEGA,OUTSPOOL,,,1.5 * W                ! 外转子施加转速
```

```
! 施加载荷
F,16,FX,%F1X_IN%                                   ! 在节点16上施加X方向激励载荷
F,16,FY,%F1Y_IN%                                   ! 在节点16上施加Y方向激励载荷
F,80,FX,%F1X_IN%                                   ! 在节点80上施加X方向激励载荷
F,80,FY,%F1Y_IN%                                   ! 在节点80上施加Y方向激励载荷
F,103,FX,%F2X_OUT%                                 ! 在节点103上施加X方向激励载荷
F,103,FY,%F2Y_OUT%                                 ! 在节点103上施加Y方向激励载荷
F,122,FX,%F2X_OUT%                                 ! 在节点122上施加X方向激励载荷
F,122,FY,%F2Y_OUT%                                 ! 在节点122上施加Y方向激励载荷
SOLVE                                              ! 求解
FINISH
/POST26                                            ! 进入后处理器
/VIEW,1,,,1                                        ! 调整视角
/ANG,1
/REP,FAST
FILE,'DUALROTOR-RESPONSE','RST','.'
NSOL,2,16,U,X,UX_16,                               ! 提取节点16的X方向位移
NSOL,4,103,U,X,UX_103,                             ! 提取节点103的X方向位移
PLVAR,2,                                           ! 显示节点16的X方向位移波形
/IMAGE,SAVE,UX_16,JPG                              ! 保存图片
PLVAR,4,                                           ! 显示节点103的X方向位移波形
/IMAGE,SAVE,UX_103,JPG                             ! 保存图片
FINISH
```

小　结

通过本部分内容的学习，读者应该能够：对于类似本章介绍的机械结构（振动筛、增速机、整周叶盘系统和转子系统）能用ANSYS软件进行简单机械结构的有限元建模和动态特性分析；应该基本具备对机械结构的有限元模型简化建模的能力；应该具备对机械结构进行谱分析的能力；应该具备对回转类结构进行简化建模和循环对称边界条件加载的能力；应该具备转子系统的临界转速计算和瞬态响应分析的能力。

习　题

11.1　请结合自己专业中的典型机械结构零部件，考虑对其结构进行简化的思路，并思考其边界条件的处理和载荷施加方法，利用ANSYS软件进行静力求解，尝试验证其正确性。

11.2　利用上一题中的模型，分析其自由模态和约束模态特性，进行其约束情况下的谐响应分析。

11.3　请寻找一容易受地震影响的典型机械结构，在正确考虑其边界条件的前提下，分析在本章11.2节中的地震位移谱下的响应情况。

11.4　选择某一回转结构为研究对象，分析其循环对称结构和完整结构的模态结果区别。

11.5　尝试寻找一偏心转子结构，参考本章中11.4节中的方法，分析其在不平衡力的情况下转子的响应情况，绘制其时域波形图和轴心轨迹图。

参考文献

[1] 徐芝纶. 弹性力学［M］. 北京：高等教育出版社，2016.

[2] 刘鸿文. 材料力学［M］. 北京：高等教育出版社，2008.

[3] 米海珍. 弹性力学［M］. 北京：清华大学出版社，2016.

[4] 王者超，乔丽苹. 弹性力学［M］. 北京：中国建筑工业出版社，2016.

[5] 陈雪峰，李兵，曹洪瑞. 有限元方法及其工程案例［M］. 北京：科学出版社，2014.

[6] ZHU Z H，POUR B H. A nodal position finite element method for plane elastic problems［J］. Finite Elements in Analysis and Design，2011，47（2）：73－77.

[7] OÑATE E. Structural analysis with the finite element method. linear statics：Volume 1 Basis and Solids［M］. Dordrecht：Springer，2009.

[8] 韩清凯，孙伟，王伯平，等. 机械结构有限单元法基础［M］. 北京：科学出版社，2013.

[9] 陈文灯，杜之韩. 线性代数［M］. 北京：高等教育出版社，2006.

[10] 徐斌，高跃飞，余龙. Matlab 有限元结构动力学分析与工程应用［M］. 北京：清华大学出版社，2009.

[11] 曾攀. 有限元基础教程［M］. 北京：高等教育出版社，2009.

[12] 刘铁军. 有限单元法导论［M］. 北京：清华大学出版社，2009.

[13] 赵均海，汪梦甫. 弹性力学及有限元［M］. 2 版. 武汉：武汉理工大学出版社，2008.

[14] 冷纪桐，赵军，张娅. 有限元技术基础［M］. 北京：化学工业出版社，2016.

[15] 傅永华. 有限元分析基础［M］. 武汉：武汉大学出版社，2015.

[16] 曾攀. 有限元分析与应用［M］. 北京：清华大学出版社，2004.

[17] 商跃进，王红. 有限元原理与 ANSYS 实践［M］. 北京：清华大学出版社，2012.

[18] 徐斌，高跃飞，余龙. MATLAB 有限元结构动力学分析与工程应用［M］. 北京：清华大学出版社，2009.

[19] CHANDRUPATLA T R，BELEGUNDU A D. 工程中的有限元方法［M］. 曾攀，雷丽萍，译. 北京：机械工业出版社，2014.

[20] CHANDRUPATLA T R，BELEGUNDU A D，RAMESH T，et al. Introduction to finite elements in engineering［M］. Upper Saddle River NJ：Prentice Hall，2002.

[21] 王新敏，李义强，许宏伟. ANSYS 结构分析单元与应用［M］. 北京：人民交通出版社，2015.

[22] 龚曙光，边炳传. 有限元基本理论及应用［M］. 武汉：华中科技大学出版社，2013.

[23] 刘怀恒. 结构及弹性力学有限元法［M］. 西安：西北工业大学出版社，2007.

[24] 姚伟岸，钟万勰. 辛弹性力学［M］. 北京：高等教育出版社，2002.

[25] 龚曙光，黄云清. 有限元分析与 ANSYS APDL 编程及高级应用［M］. 北京：机械工业出版社，2009.

[26] 龚曙光，谢桂兰，黄云清. ANSYS 参数化编程与命令手册［M］. 北京：机械工业出版社，2009.

[27] 李朝峰，周世华，杨树华，等. 含有碰摩故障的多盘双转子系统动态特性［J］. 东北大学学报（自然科学版），2014，35（5）：726－730.

[28] MADENCI E，GUVEN I. The finite element method and applications in engineering using ANSYS®［M］. Boston：Springer，2015.

[29] PRZEMIENIECKI J S. Finite element structural analysis: new concepts [M]. Reston: American Institute of Aeronautics and Astronautics, 2009.

[30] BRAUER J R. What every engineer should know about finite element analysis [M]. 2nd ed. Boca Raton: CRC Press, 1993.

[31] 杜平安，甘娥忠，于亚婷. 有限元法——原理、建模及应用 [M]. 北京：国防工业出版社，2004.

[32] 王勖成. 有限单元法 [M]. 北京：清华大学出版社，2003.

[33] BELYTSCHKO T, LIU W K, MORAN B. 连续体和结构的非线性有限元 [M]. 庄茁，等译. 北京：清华大学出版社，2002.

[34] KWON Y W, BANG H. The Finite Element Method Using Matlab [M]. 2nd ed. Boca Raton: CRC Press, 2000.

[35] 闻邦椿，刘淑英，张纯宇. 机械振动学 [M]. 北京：冶金工业出版社，2011.

[36] 师汉民，黄其柏. 机械振动系统：分析·建模·测试·对策 [M]. 武汉：华中科技大学出版社，2013.

[37] 关玉璞，陈伟，崔海涛. 航空航天结构有限元法 [M]. 哈尔滨：哈尔滨工业大学出版社，2009.

[38] 高长银，张心月，刘鑫颖，等. ANSYS 参数化编程命令与实例详解 [M]. 北京：机械工业出版社，2015.

[39] MOAVENI S. Finite element analysis theory and application with ANSYS [M]. 3rd ed. Hoboken: Pearson Inc, 2011.

[40] BRENNER S C, SCOTT L R. The mathematical theory of finite element methods: Vol. 15 [M]. New York: Springer Science & Business Media, 2008.

[41] BRAESS D. Finite elements theory, fast solvers, and applications in solid mechanics [M]. Cambridge: Cambridge University Press, 2007.